개정판

Automotive & Environment

자동차와 환경

정용일 | 이진욱 | 조규백 | 김홍석 공저

숭실대학교 출판부

개정판
Automotive & Environment
자동차와 환경

초판인쇄 2010년 9월 27일

초판발행 2010년 10월 1일

지 은 이 정용일, 이진욱, 조규백, 김홍석

펴 낸 이 김 대 근

펴 낸 곳 숭실대학교 출판부
서울 동작구 상도동 511

등 록 제14-2호(1982. 1. 25)
TEL 02-820-0771~2
FAX 02-817-5297
http://press.ssu.ac.kr

찍 은 곳 한다디자인
http://www.handapnt.co.kr
TEL 02-961-7500
FAX 02-961-7400

값 25,000원

ISBN 978-89-7450-254-6

머 리 말

자동차 발명은 인류의 기술발전 역사에서 가장 뛰어난 업적으로 평가되어 왔으며 현재도 가장 중요한 운송도구로 사용되고 있다. 또한 산업측면에서도 대량생산 품목으로 가격과 부가가치 면에서 자동차를 능가하는 제품은 아직 없어 자동차를 산업의 꽃이라 부르는 이유가 여기에 있다.

우리나라도 이미 세계의 중요한 자동차 생산국으로 자리하고 있으며 또한 자동차가 가장 중요한 기간산업으로 수출의 견인역할을 하고 있어 지속적인 자동차산업의 발전을 도모하지 않을 수 없다.

자동차에 대한 이와 같은 긍정적인 평가에도 불구하고 최근 들어 자동차에서 배출되는 유해가스에 의한 공해문제가 사회적인 문제로 대두되면서 자동차의 가치에 대한 부정적 요인들의 돌출과 자동차정책에 대한 새로운 각도에서의 재평가 필요성이 제기되고 있다. 즉 지금까지의 국내 자동차정책은 수출을 위한 산업성장과 차량 증가에 따르는 도시 교통소통 해소에 중점이 두어졌으며 환경문제를 동시에 고려할 여유가 없었다.

그러나 서울은 심각한 시정장애 현상과 여름철 오존 경보 발생이 당연시되고 있는 실정으로 이미 세계에서 대기오염이 가장 심한 도시의 하나로 지목되고 있으며, 주 원인이 자동차의 배출가스에 기인하는 것으로 밝혀져 있다. 더욱이 지구온난화가스인 이산화탄소 규제가 본격화되면서 전체 발생량의 20% 수준을 차지하는 자동차에 대한 대책까지 고려할 때 자동차환경 정책은 국내 자동차보급 뿐만 아니라 대외 수출 경쟁력을 위한 최우선적인 수단으로 인식되고 있다.

자동차에 의한 환경문제를 해결하기 위해서는 우선적으로 자동차기술과 환경기술의 상호관계를 이해하고 이를 문제해결에 적용할 수 있는 엔지니어, 환경전문가, 정책 입안자 등의 전문가 그룹의 확충이 필요하다.

실제 자동차가 환경에 미치는 영향평가나 폐해를 진단하는 전문가나 환경학자는 많지만 이를 해결할 수 있는 구체적 방법을 제시할 수 있는 전문가는 드문 것이 현실이다. 왜냐하면 자동차에 의한 공해문제 해결의 본질은 저공해기술의 개발과 보급이며, 이를 위해서는 전문적인 자동차 저공해기술의 이해와 예측을 기반으로 세계적인 기술동향의 파악과, 기술보급이 가능한 사회적, 정책적 상황의 이해와 활용, 환경공학적 측면에서의 분석과 결과 예측 등 복합적이고 종합적인 접근이 요구되기 때문이다.

이와 같은 자동차 저공해기술에 대한 체계적이고 거시적인 정리와 소개의 필요성을 인식하여, 본 저서는 엔진공학과 환경공학의 만남을 확장함으로서 새로운 학문적인 토론 분야를 제안해 보고자 하는 작은 소망을 갖고 있으며 동시에 자동차 환경에 관심이 많은 분들에게 한 걸음이나마 더 나아갈 수 있는 지침서로서의 역할을 기대하고 있다.

대학에서 자동차 엔진공학이나 내연기관을 공부하는 학생들에게는 이 분야의 기술이 환경에 어떠한 의미와 중요도를 갖고 있는지를 일깨우고, 현재의 기술수준과 문제점을 분석함으로서 향후의 연구, 개발방향을 제시하고 있다. 특히 이 분야 전공학생들의 대부분은 자동차나 관련부품회사에서 엔지니어로 활약할 것이라는 것을 예상할 때 이들이 자동차 환경문제에 대한 올바른 인식과 방향감각을 갖는 것은 향후 자동차 환경문제 해결을 위한 매우 중요한 투자일 것이라는 생각을 갖게 한다.

또한 도시의 대기환경에 관심을 갖고 있는 환경공학도에게는 자동차에 대한 이해가 절대적으로 필요하며, 본 저서는 기계공학에 대한 기초적인 이해가 다소 부족하더라도 자동차 저공해기술의 원리와 함께 저공해기술들 간의 상호관계 등을 이해할 수 있도록 설명하고 있다. 자동차 저공해기술은 엔진과 부품들의 다양한 기술개발로 진행되고 있으며, 이들은 상호보완 또는 경쟁적으로 적용되고 매칭되는 아주 복잡한 시스템 기술이다. 또한 이들 기술의 채택은 차량성능과 배기규제, 가격요인에 가장 크게 좌우된다는 것을 이해하는 것이 중요하다.

본 저서는 자동차환경 정책 전문가, 자동차환경 문제에 관심을 갖고 있는 일반인들에게도 친환경기술의 내용에 대한 큰 흐름과 개념을 파악하는 데에 도움이 될 수 있으리라 믿는다. 자동차기술의 변화주기는 매우 빨라서 3년 이후를 예측하기 어려운 것이 사실이며, 본 저서의 특징은 기초이론 보다는 자동차에 적용되고 있는 현재와 미래의 기술을 대상으로 하고 있다.

본 저서는 2000년에 초판이 출간된 이후, 10년 만에 보완판을 출간하게 되었는데, 필자들의 경험과 지식이 미천하기 때문에 내용에 부족한 점이 많으리라 생각된다. 따라서 이 분야에 종사하고 계시는 분들의 조언과 질책을 겸허하게 받아드리고, 끊임없는 지도편달과 성원을 기대한다. 또한 본 저서를 작성하는 데에 소중한 자료를 제공하여 주신 많은 분들에게도 이 지면을 빌어서 심심한 감사를 드린다.

2010년 10월 저자일동

CONTENTS

약어 설명

A/F	air fuel ratio	공기연료비
BAR	Bureau of Automotive Repair	캘리포니아 차량정비국
CARB	California Air Resource Bureau	캘리포니아대기자원국
CFR	cooperative fuel research	
CN	cetane number	연료의 세탄가
CNG	compressed natural gas	압축천연가스
CO	carbon monoxide	일산화탄소
CO_2	carbon dioxide	이산화탄소
CR	commonrail	커먼레일(연료분사장치)
CVCC	compound vortex controlled combustion	
DI	direct injection	직접분사
DISC	direct injection stratified combustion	직접분사식 성층연소
DME	dimethyl ether	
DOC	diesel oxidation catalyst	디젤산화촉매
DPF	diesel particulate filter trap	디젤매연여과장치
EFI	electronic fuel injection	전자연료분사
EGR	exhaust gas recirculation	배기가스재순환
EHC	electric heating catalyst	전기예열식 촉매
EPA	environmental protection agency	미 환경청
EUI	electronic unit injector	
EV	electric vehicle	전기자동차
FAS	fleet average system	
FCV	fuel cell vehicle	연료전지자동차
FIE	fuel injection equipment	연료공급장치
GDI	gasoline direct injection	가솔린직접분사식(엔진)
GHG	green house gas	지구온실가스
GTL	gas to liquid	액화연료
GVW	gross vehicle weight	차량총중량
HC	hydrocarbon	탄화수소
HCCI	homogeneous charge compression ignition	균일예혼합압축착화

HCHO	formaldehyde	포름알데히드
HEV	hybrid electric vehicle	하이브리드(혼합)자동차
HHV	high heating value; HHV	고발열량
HSDI	high speed direct injection	고속직접분사식(디젤엔진)
I/C	intercooler	냉각기
IDI	indirect injection	간접분사
LEV	low emission vehicle	저공해자동차
LHV	low heating value	저발열량
LPG	liquified petroleum gas	액화석유가스
LPI	liquid phase LPG injection	LPG 액상분사
LNC	lean NOx catalyst	
LNG	liquefied natural gas	액화천연가스
LNT	lean NOx trap	
LTC	low temperature combustion	저온연소
MBT	minimum spark advance for best torque	
MIR	maximum incremental reactivities	
MSATs	mobile source air toxics	자동차 대기독성물질
MTBE	methyl tertiary butyl ether	
MVV	Mitsubishi vertical vortex	
NGV	natural gas vehicle	천연가스차량
NMHC	non-methanic hydrocarbons	비메탄탄화수소
NMOG	non-methanic organic gases	비메탄유기가스
NOx	nitrogen oxide	질소산화물
OBD	on-board dagnostics	차량자가진단장치
ON	octane number	연료의 옥탄가
ONR	octane number requirement	요구 옥탄가
ORVR	onboard refueling vapor recovery	
PAH	polynuclear aromatic hydrocarbon	다방향족탄화수소
PAN	peroxyacylnitrate	과산화질산 아씰
PFI	port fuel injection	포트분사식
PM	particulate matters	입자상물질
POM	polycyclic organic matter	
RAF	reactivity adjustment factor	
RCHO		알데히드

RW	real weight	실제중량
S/C	supercharger	
SCV	swirl control valve	
SOF	soluble organic fraction	용해성유기물질
T/C	turbocharger	터보과급기
TDC	top dead center	상사점
THC	total hydrocarbon	총탄화수소
TICS	timing injection control system	
TLEV	transient low emission vehicle	
TWC	three way catalyst	삼원촉매
UBHC	unburnt hydrocarbon	미연탄화수소
UI	unit injection	
ULEV	ultra low emission vehicle	초저배기자동차
VGT	variable geometry turbocharger	
VKT	vehicle kilometer travelled	자동차 주행거리
VOC	volatile organic compounds	휘발성유기화합물
VTEC	variable valve timing lift electronic control	
WGT	waste gate turbocharger	
ZEV	zero emission vehicle	

$$\text{NMOG} = \text{NMHC} \times \text{RAF} + \sum_{n=1}^{m} (\text{carbonyl})_n \times (\text{RAF})_n$$

RAF : reactivity adjustment factor to reflect the ozone forming potential of the particular NMOG produced. (CARB Title 13 § 1960.1 (g)(2)에 규정)

m : number of carbonyl derivatives

NMOG cover non-oxygenated hydrocarbons containing up to 12 carbon atoms and oxygenated hydrocarbons (alcohols, ketons, aldehydes, ethers, etc.) with less than 6 carbon atoms.

· λ = 공기과잉율 = 실제공연비/이론공연비($\lambda > 1$: 희박(lean))

· φ = 당량비(Equivalent ratio) = 이론공연비/실제공연비($\varphi > 1$: 농후(rich))

➔ λ와 φ는 보통 질량비로 표시하며, 서로 상반되는 정의로서 혼돈하기 쉬우며 물리적으로 이해하기 쉬운 공기과잉율 λ를 사용하기로 한다.

η = 몰(mole) : 분자중량(molecular weight)와 같은 량을 갖는 물질 량

O_2 1kmol의 중량은 32kg이며 체적은 22.4Nm^3

M = 1mol의 분자중량(molecular weight) : O_2 1kmol 중량은 32kg

m = 물질의 실제중량(mass of subs tance)

M^* = 분자 1개의 중량(mass per molecule)

N = 분자갯수(number of molecular)

N_O = Avogadro's number = number of molecular per mole(1몰의 분자갯수)

= 6.022045×10^{23}

$\Re$ = universal gas constance = 8314.41 J/kmol · K

R = gas constance

$$m = \eta M$$

$$N = \eta N_O$$

$$M = m/\eta = M^* \cdot N_O$$

$$PV = \eta \Re T = mRT$$

$$P = (m/V)RT = \rho RT$$

예를 들면

$H_2 + 1/2 \cdot O_2 = H_2O$

- 1 kmol H_2 와 1/2 kmol O_2가 화학반응에 의해 1 kmol의 H_2O 생성
- M : H_2 1kmol 중량 M=2kg, O_2 M=32kg, H_2O M=18kg
- m : H_2 m=2kg, O_2 m=16kg, H_2O m=18kg
- V : H_2 1kmol 체적

$$V = \eta \Re T/P = 1\text{kmol} \cdot 8314.14\ (\text{J/kmol} \cdot \text{K}) \cdot 273\text{K}/1\text{atm}$$

$$= 1\text{kmol} \cdot 8314.14\ (\text{Nm/kmol} \cdot \text{K}) \cdot 273\text{K}/1.01325\text{x}10^5\ (\text{N/m}^2)$$

$$= 22.4\ \text{m}^3$$

· light-off : 촉매 전환율이 50%가 되는 온도

Part I 자동차에 의한 공기오염과 대책기술

제1장
자동차에 의한 공기오염과 대책기술

1.1 자동차의 대기오염 현황

1.1.1 국내현황

표 1.1에서 보는 바와 같이 전국의 자동차에서 배출되는 오염물질은 2006년 기준으로 119.9만톤으로 전국 전체 오염물질의 32.7%를 차지하며, 이중 CO의 기여도는 73.6%를 차지하고 있으며, NOx는 35.3%, PM_{10}은 36.9%에 달하고 있다.

반면, 서울에서의 자동차 오염기여도는 전국에 비해 두 배가 넘는 68%(표 1.2)이며, 특히 NOx, PM_{10}, VOC의 비중이 전국에 비해 두 배 이상씩 높아진 것을 알 수 있다.

서울시의 자동차 배출오염물질에서는 CO가 62.9%로 가장 많은 양이 배출되며, NOx가 24.8%, VOCs 10.1% 순으로 배출되고 있다.(그림 1.1)

특히 서울의 시정장애현상은 80년 이후부터 계속 심화되고 있어 "서울 스모그"라는 새로운 용어를 탄생시키기에 이르렀다. 서울 스모그 발생은 가정용 연료의 연소와 노천 소각에 의한 일부 원인과 함께, 대부분은 자동차 배출물질에 의해 유발되는 대기 스모그 등의 미세입자상물질에 의해 복합적으로 나타나는 것으로 알려지고 있다.

표1.1 전국의 도로이동오염원 오염물질 기여도 (2006년)

	오염물질(천톤/년)						
	계	CO	NOx	SO_2	PM_{10}	VOCs	NH_3
총 량	3,669	830	1,275	446	65 88(TPS)	794	236
도로이동오염원 (자동차, 이륜차)	1,199 (32.7%)	611 (73.6%)	450 (35.3%)	1 (0.2%)	24 (36.9%)	102 (12.8%)	11 (4.7%)

주: 도로이동 날림먼지 배출량은 제외 (출처: 2009 환경백서, 환경부)

표1.2 서울시의 도로이동오염원 오염물질 기여도 (2006년)

	오염물질(톤/년)						
	계	CO	NOx	SO_2	PM_{10}	VOCs	NH_3
총 량	331,762	159,770	87,893	7,276	3,433	68,142	5,248
도로이동오염원	225,627 (68.0%)	141,927 (88.8%)	56,040 (63.7%)	213 (2.9%)	2,690 (78.3%)	22,879 (33.6%)	1,878 (35.8%)

주: 도로이동 날림먼지 배출량은 제외 (출처: 2009 환경백서, 환경부)

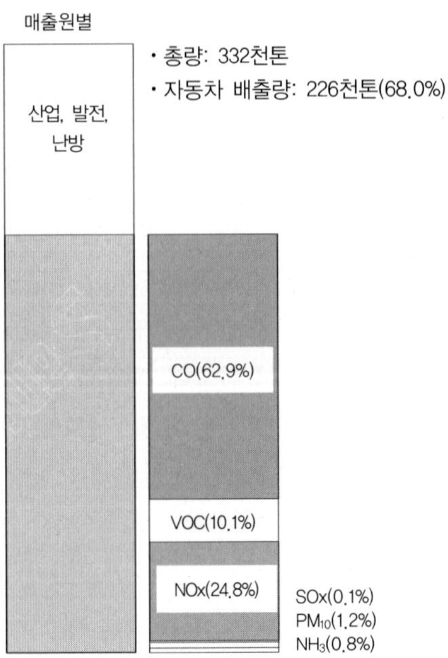

그림1.1 서울시의 도로 이동오염원의 분포현황(2006)

1.1.2 수도권지역 대기질 개선 특별대책

환경부에서는 수도권 지역의 대기오염 문제가 심각함을 인식하고 선진국 수준으로 향상시키기 위해 『수도권 대기환경개선에 관한 특별법』을 수립하여 2005년 1월부터 10년 계획으로 시행하고 있다.

대기관리 권역에는 그림 1.2와 같이 서울시, 인천시, 경기도가 포함되며, 미세먼지와 이산화질소를 대상으로 단계별로 삭감하는 환경개선 목표(표 1.3)를 설정하여 2014년에는 서울 남산에서 인천 앞바다가 보일 수 있는 수준으로 수도권의 대기수준을 획기적으로 개선하고자 하는 계획을 수립하였다.

개선 목표를 달성하기 위해서는 약 2조원 이상의 예산이 필요할 것으로 추정하고 있으며, 다양한 세부 삭감대책을 수립하였다.

특히 자동차 분야에서 큰 역할을 하여야 하며, 제작자동차 배출허용기준을 선진국 수준으로 강화하고 다양한 저공해자동차(CNG차량, 하이브리드자동차 등)를 보급하며, 운행자동차로부터의 오염물질을 저감하기 위한 배출가스저감장치(매연여과장치, NOx 저감장치) 부착, 저공해엔진 개조, 노후차 조기폐차 등을 추진하고 있다.

또한 연료품질 기준을 강화하고 환경지역(Environment Zone) 및 교통혼잡지역(Congestion Zone) 지정 등을 도입하는 방안도 검토되고 있다.

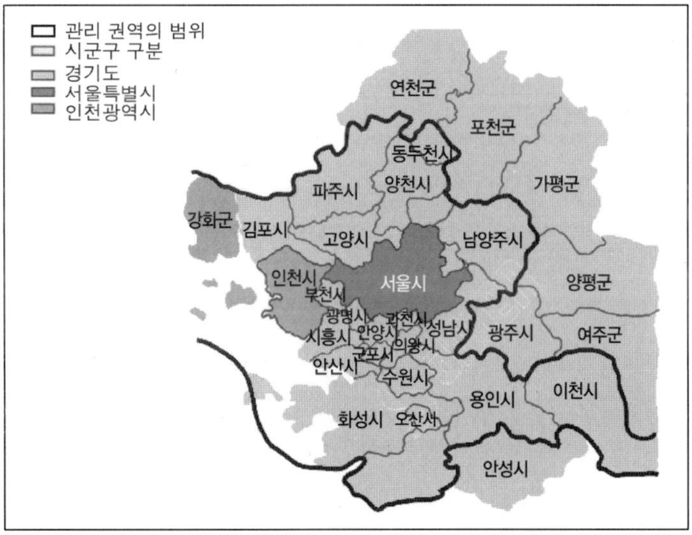

그림 1.2 수도권특별대책 관리 영역

표1.3 수도권특별대책의 단계별 대기환경 개선 목표(서울시)

오염물질	2003	2007	2009	2011	2014
미세먼지(㎍/㎥)	69	60	55	50	40(동경수준)
이산화질소(ppb)	38	35	32	28	22(파리수준)

그 동안 자동차 분야의 특별대책의 적극적인 시행으로 미세먼지 오염도는 목표 수준으로 개선되고 있는 것이 확인되고 있으나(그림 1.3) 이산화질소의 개선은 전혀 나타나지 않고 있어 이에 대한 대책의 수정개선이 필요함을 알 수 있다.

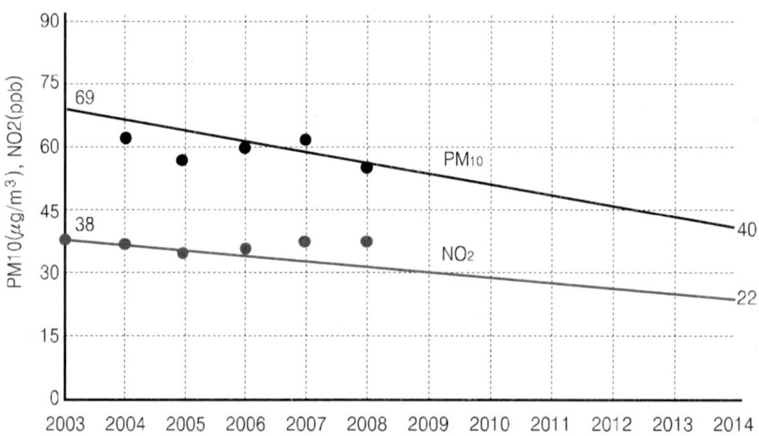

(서울시 보건환경연구원 자료)

그림1.3 수도권특별대책 효과 분석

1.1.3 세계적인 대기오염 사건

세계적인 대기오염 사건을 살펴보면 1930년대부터 제강이나 발전설비 등의 공장 밀집지역의 공장에서 배출되는 유해가스에 의한 인명피해가 발생하여 최초의 근대화에 의한 대기오염 사고로 기록되었다.

1952년 대도시인 영국 런던에서 석탄연료 사용에 의한 공기오염 사고(London smog)가 발생하면서 본격적인 공기오염방지법(Clean Air Act)이 제정되기 시작하였다.

1954년 이후 미국 로스앤젤레스에서 발생한 대기오염 사건(LA smog)은 자동차에서 발생하는 2차 오염물질인 오존에 의한 최초의 대기오염 사건으로 기록되었다. 이 사건으로 인하여 Clean Air Act 제정과 환경문제를 담당하는 EPA(Environmental Protection Agency; 환경청)를 설치하게 되었으며, 이후부터 본격적으로 자동차의 배기규제가 시작되었다.

표1.4 세계적인 대기오염사건

사건명	발생년도 및 장소	원 인	피 해	비 고
뮤즈계곡 사건	1930. 12 벨지움 뮤즈계곡	3일간의 안개현상과 무풍에 기온역전 (CO, SO_2)	기관지 점막증 등 급성호흡기환자 6,000명 발생 ⇨ 60명 사망	제강, 발전설비, 아연공장, 황산공장이 있는 공장지대
도노라 사건	1948. 10 미국 펜실베니아 도노라	4일간의 안개 현상 SO_2+황산미립자	호흡곤란, 폐통증 등 호흡기질환자 급증 ⇨ 인구 14,000 중 5,900 환자 ⇨ 18명 사망	대규모 제강공장, 황산공장이 위치
런던 스모그	1952. 12 영국 런던	고기압, 무풍, 기온역전, 석탄연료 사용에 따른 SO_2, CO, 분진	호흡기 및 안질환자 발생 ⇨ 발생 3주후 4,000 과다사망, 발생 2개월후 8,000명 과다사망	1953년 Committee on Air Pollution 설치 ⇨ 1956년 Clean Air Act 제정
로스앤젤레스 스모그	1954이래, 8~9월	무풍, 기온역전 자동차배출가스	안질 및 호흡기질환자 발생	Dorano, LA smog 이후 1957년 Clean Air Act 제정 ⇨ 1971년 EPA 설치

1.2 오염물질 종류 및 인체영향

1.2.1 유해가스 종류

가솔린자동차의 배출가스 중에서 유해가스로 규제하는 성분은 CO, HC, NOx이며, 디젤자동차에서는 이들에 추가하여 PM과 매연(smoke)도 규제되고 있다. 디젤자동차에서는 특히 NOx와 PM의 배출량이 많아 문제시 되고 있다.

이와 같은 규제대상가스 이외에도 CO_2, O_3, SOx, VOC, Freon, N_2O, CH_4 등 지구환

경에 직접 영향을 미치는 유해가스가 많으며 상당 부분은 자동차에서 생성되고 있다.

표1.5 사용연료별 주요 배출가스

차 종	CO 일산화 탄소	HC 탄화 수소	NOx 질소 산화물	PM 입자상 물질	CO_2 이산화 탄소	O_3 오존	SOx 황 산화물	VOC 휘발성 유기물
휘발유	◎	◎	◎		△	○		○
경 유	○	○	◎	◎	▽	○	○	○

주: ◎ 중요, ○ 보통, △ 불리, ▽ 유리

자동차배출가스가 지구환경에 미치는 영향으로는 CO_2, CH_4, Freon, Halon, N_2O등에 의한 지구온난화, Freon, Halon, H_2O, N_2O 가스에 의한 오존층파괴, SOx, NOx 성분에 의한 산성비 등의 중대한 환경오염이 발생하고 있다. 또한 인체에 미치는 영향은 주로 호흡기 및 신경성 장애 등이나, HC와 NOx의 광화학반응에 의한 오존발생 문제와 최근에 PM이 폐암의 원인으로 밝혀지고 있어 자동차배출가스의 인체에 미치는 영향에 대한 관심이 증폭하고 있다.

표1.6 일반적인 자동차 배출오염물질의 환경에의 영향

영 향	PM	납	SO_2	NOx	VOC	CO	CH_4	CO_2	N_2O	CFCs
• 국부적 영향										
– 건강 및 후생	○	○	○	○	○	○				
• 지역적 영향										
– 산성침적			○	○						
– 광화학산화물				○	○	○				
• 지구적 영향										
– 간접 온실효과				○	○	○	○			○
– 직접 온실효과							○	○	○	○
– 성층권오존파괴				○					○	○

표1.7 지구환경을 파괴하는 유해물질

환 경 파 괴	유 해 물 질
지구 온난화	CO_2, CH_4, Freon, Halon, N_2O
오존층 파괴	Freon, Halon, H_2O, N_2O
산 성 비	SOx, NOx
광화학스모그	HC, NOx
호흡기 장애	NOx, 미립자(PM)
신경성 장애	CO

이와 같은 지구환경에 미치는 영향을 개선하기 위해 많은 국제환경회의 개최와 협약이 이루어지고 있으며, 특히 1992년에 채택된 기후변화협약은 자동차배출가스의 CO_2를 직접적으로 규제하는 동기가 되고 있다. 미국 대법원에서는 온실가스를 유해오염물질로 규정하였으며, 2012년부터 유럽과 미국, 우리나라 등에서 자동차 CO_2 배출가스 규제가 시작된다.

표1.8 자동차산업관련 국제환경협약

구 분	가입국수 (비준국)	내 용	자동차산업 관련정도
빈 협약	122	지구오존층 보호	작다
몬트리올 의정서	128	CFC, Halon에 의한 오존층 보호	작다
기후변화 협약	50	온실가스(CO_2, 메탄, CFC, NOx)에 의한 지구 온난화, 기상이변, 사막화, 극지 해빙 등 생태계 파괴방지	크다
바젤 협약	49	국가간 유해폐기물(폭발성, 인화성, 중금속 등의 산업폐기물) 이동규제	작다
ISO 18000 (국제환경 경영규격)	-	연구개발 단계에서 부터 사용, 폐기단계까지 환경유해여부 검사로 품질강제 인증	크다

1.2.2 일산화탄소(CO)

서울시의 예에서 보았듯이 자동차 유해배출물 중에서 발생량이 가장 많아 영향이 크다.

무색·무미·무취 가스로 피부나 점막에 대한 자극도 없어 감지가 어려우며 물에 잘 녹지 않고 공기에 비해 비중이 0.967배이다. 헤모글로빈(Hb)과의 결합력이 산소에 비해 300배 이상 커서 체내 산소운반작용을 저해하여 조직의 저산소증을 일으켜 중독 내지는 사망에 이르게 된다.

인지작용과 사고능력 감퇴, 반사작용 저하, 졸음과 협심증 유발, 무의식 및 사망을 유발하며, 임신여성에 있어 태아성장 및 어린아이의 조직발달에도 영향을 미친다.

COHb 포화도	10%	20%	40%	60%	70%
증상	자각증상	두통, 현기증, 수족마비감	구토, 판단력 감퇴	경련, 혼수	사망

발생원 비율을 보면 자동차와 수송분야가 절대적인 비중을 차지하고 있으며, 난방과 발전, 산업 등의 순서이다.

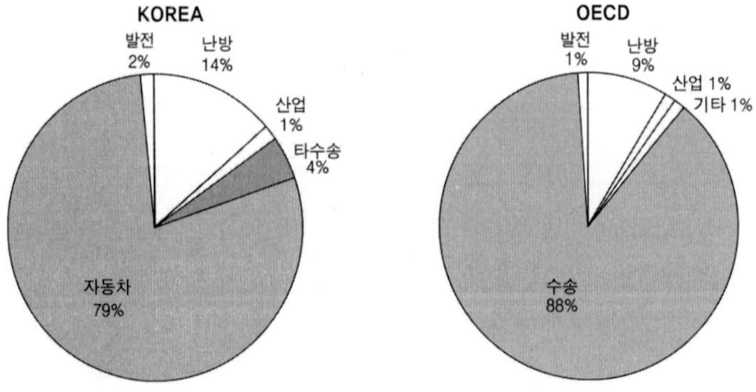

그림 1.4 CO의 발생원별 비교

- 반응식은 다음과 같다.
  - 공기 중에서의 주반응식 : $CO + 1/2\ O_2 \Leftrightarrow CO_2$ (1-1)
  - Water gas equation : $CO + H_2O \Leftrightarrow CO_2 + H_2$

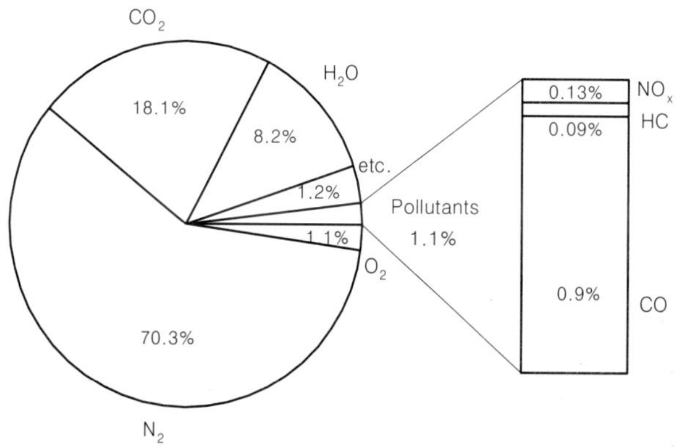

그림1.5 중형 가솔린 승용차의 배출물 분포(ECE 운전모드에서 삼원촉매 이전)

1.2.3 질소산화물(NOx)

NOx는 일산화질소(NO)와 이산화질소(NO_2)를 합해서 통칭하는 용어이며 NO가 대부분을 차지하나 유해성은 NO_2가 더 심하다.

NO는 무색, 무취의 기체로 물에 녹기 어렵고 공기와 서서히 반응하여 NO_2로 산화한다. NO_2는 적갈색의 자극냄새가 있는 기체로 물에 녹기 쉽고 물과 반응하여 아초산이나 초산이 된다.

$$N_2 + O \Leftrightarrow NO + N \qquad (1-2)$$
$$2NO + O_2 \Leftrightarrow 2NO_2$$
$$NO_2 + OH \Leftrightarrow HNO_3$$

NO_2는 호흡시 체내의 폐세포에 침투하여 점막 분비물에 흡착되어 강한 질산을 형성함으로서 호흡기질환을 유발시킨다. 따라서 유행성 독감과 같은 호흡기성 전염병에 대한 감수성이 증가하고 폐수종, 기관지염, 폐렴을 일으킬 수도 있으며 천식환자에게는 먼지나 꽃가루에 대한 감수성을 증가시킨다. 또한 탄화수소와 반응하여 광화학스모그 원인이 된다.

발생원별로 보면 자동차 등 수송 분야에서 가장 많이 배출되며, 산업, 발전(국내의 경우) 순으로 나타나고 있다.

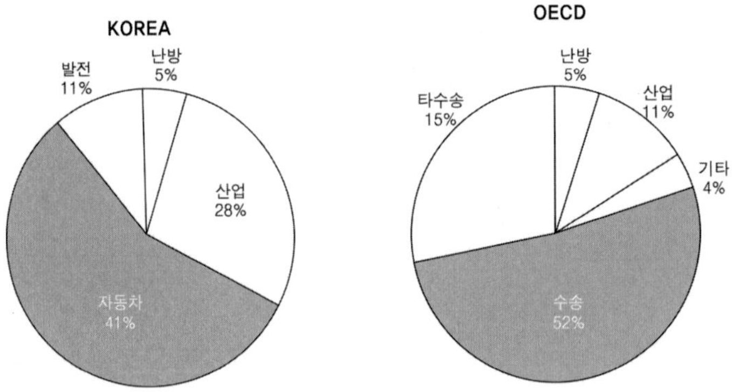

그림 1.6 NOx의 발생원별 비교

그리고 thermal NO의 생성은 다음의 반응식(Zeldovich mechanism)으로 표현될 수 있다.

$$N_2 + O \Leftrightarrow NO + N \qquad (1-3)$$
$$O_2 + N \Leftrightarrow NO + O$$
$$OH + N \Leftrightarrow NO + H$$

1.2.4 탄화수소(HC)

화학적 성질에 따라 파라핀, 나프틴, 올레핀, 방향족으로 분류되며 이중 방향족화합물인 PAHs(polynuclear aromatic hydrocarbon)가 특히 인체에 유독하며 대부분 입자상물질에 흡착되어 있다.

HC가 저농도에서는 호흡기 계통을 자극하는 정도이나, 산화되어 알데히드가 발생되면 눈, 점막, 피부 등을 심하게 자극한다. 알데히드가 다시 산화되면 과산화물이 형성되어 광화학스모그의 원인이 되어 눈을 더욱 자극한다.

HC는 고분자량탄화수소(미연소), 저분자량탄화수소(열분해)로 대별되며, 저분자량탄화수소는 눈 염증, 기침 및 재채기, 졸음 및 술취한 것과 유사한 증세를 유발하고,고분자량탄화수소는 발암성 또는 돌연변이를 유발할 수 있으며, 광화학스모그 생성성분을 함유하고 있다.

국내의 경우 자동차와 수송분야에서 대부분 발생됨을 알 수 있다. OECD의 경우는 VOC를 비교한 것으로 수송분야가 44%로 가장 많으며, 산업 34% 순이다.

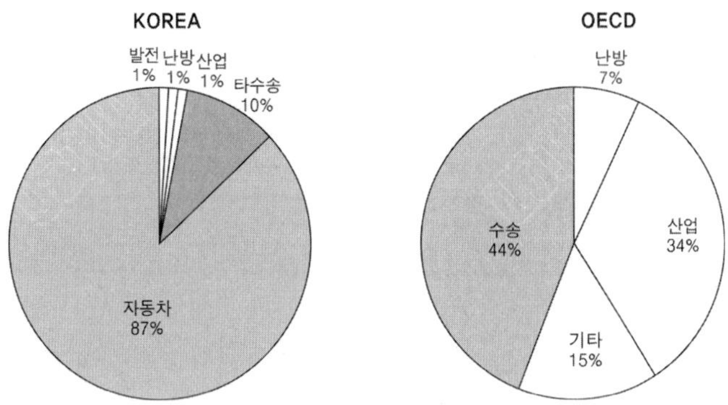

그림 1.7 HC의 발생원별 비교

1.2.5 입자상물질(Particulate Matters; PM)

입자상물질은 크기가 미세하여 75% 이상이 직경 1㎛ 이하인 고체입자이다. 입자상물질은 탄소입자가 대부분이나 용해성유기물(soluble organic fraction; SOF)도 다량 포함되어 있다.(2.7장 참조)

호흡기에 쉽게 흡입되며 탄화수소와 중금속의 운반체인 것으로 규명되고 있고 점막염증, 다양한 호흡기 질환을 유발하고 폐암의 원인이 되며, 최근에는 혈관에도 침투하여 심혈관계 질환을 유발하는 것으로 발표가 되고 있다.

- TPM = SOL + SOF + SO_4

TPM : Total PM

SOL : Solid carbon spheres (0.01~0.08㎛) form to make solid particles agglomerates (0.05~1.0㎛) with adsorbed hydrocarbons (Nonsolubles, Soot)

SOF : Hydrocarbons adsorbed to the SOL, can be removed by an organic solvent

SO_4 : Sulfates, can be removed by waters

인체 유해성 측면에서 중량비율은 미미하나 입자수량 면에서는 대부분을 차지하고 있는 nm 크기의 입자가 ㎛ 크기의 입자에 비해 인체 유해도가 크다. 따라서 현재는 PM 중량규제를 하고 있지만 2014년부터는 수량규제를 병행하는 것으로 유럽에서는 입법되어 있으며, 우리나라도 동일하게 시행할 예정이다.

대기규제에서는 PM_{10}(직경이 10㎛ 이하인 입자)의 규제에서 $PM_{2.5}$ 규제로 강화되고 있다.

1.2.6 오존(O_3)

자동차에서 직접 발생하는 것보다는 질소산화물과 탄화수소가 햇빛과 반응하여 생성되는 광화학옥시탄트(Photochemical Oxidants)의 주성분으로, 자동차배출가스의 2차 생성물이며 광화학스모그 현상의 주범이다.

옥시탄트의 주성분은 오존이며 일부 알데히드(RCHO)와 PAN과 같은 과산화물도 섞여 있다.

공기에 대한 비중은 1.72이며 30km 상층대기에서는 자연히 소량 생성된다.

오존은 호흡계 점막에 염증을 일으키고, 기침이나 질식을 일으키며 폐기능을 손상시킨다. 또한 눈의 염증, 두통 및 신체적 불쾌감 유발, 감기 및 폐렴에 대한 저항성을 감소, 만성적 심장질환, 천식, 기관지염 및 기종을 악화시킨다.

· 농도별 인체영향

0.12 ppm	호흡기 자극, 기침눈물
0.18 ppm	호흡 가쁨
0.37 ppm	가벼운 운동 중 호흡곤란
0.50 ppm	호흡곤란, 마른기침, 가슴답답
4.0 ppm	점막침해
5.0~10.0 ppm	사망

· 반응식(Photochemical reaction)

$$NO_2 + hv \Leftrightarrow NO + O \quad (1-4)$$

$$NO + O_3 \Leftrightarrow NO_2 + O_2$$

국내에는 95년 7월에 서울지역에 오존경보제를 처음 실시하였으며, 96년 인천, 97년 4개 광역시 및 경기일원, 98년 과천, 구리, 청주, 99년 울산시를 오존경보지역으로 지정하였다.

오존경보는 시간평균 오존오염도에 따라 주의보, 경보, 중대경보로 구분하여 시・도지사가 발령하고 이에 따른 조치사항이 단계별로 실시되고 있다.

・오존경보 기준 및 조치사항

구분	발령기준 (오존농도)	해제기준 (오존농도)	조치사항
주의보	0.12ppm 이상	0.12ppm 미만	・주민의 실외활동자제 요청 ・자동차 사용자제 요청
경보	0.3ppm 이상	0.12ppm 이상, 0.3ppm 미만 ⇒ 주의보전환	・주민의 실외활동제한 요청 ・자동차 사용제한 명령 ・사업장 연료사용량 감축권고
중대경보	0.5ppm 이상	0.3ppm 이상, 0.5ppm 미만 ⇒ 경보전환	・주민의 실외활동금지 요청 ・자동차 통행금지 ・사업장 조업시간 단축명령

표1.9 국내 지역별 오존주의보 발령 일수

연도별		'00	'01	'02	'03	'04	'05	'06	'07	'08
계		17(52)	15(29)	9(45)	17(48)	27(156)	19(84)	22(52)	30(82)	32(101)
수도권	계	14(49)	12(24)	7(43)	9(27)	14(100)	9(63)	8(21)	14(50)	16(51)
	서울	8(16)	4(5)	1(1)	2(2)	5(9)	5(17)	1(3)	7(23)	8(23)
	인천	2(4)	2(2)	2(4)	2(2)	6(8)	4(7)	1(1)	8(11)	12(15)
	경기	12(29)	11(17)	7(38)	8(23)	14(83)	9(39)	7(17)	11(26)	8(13)
기타지역		3(3)	2(5)	2(2)	10(21)	23(56)	13(21)	18(31)	19(32)	24(50)

주: 발령일수(발령 횟수), 기타지역은 수도권을 제외한 지역

1.2.7 지구온실가스

지구온난화(Green Effect)의 주범으로 문제시 되고 있으며, 주요 물질로는 이산화탄소(50%), 메탄(19%), CFC(17%), 오존(8%), 이산화질소(6%) 등이 있다.

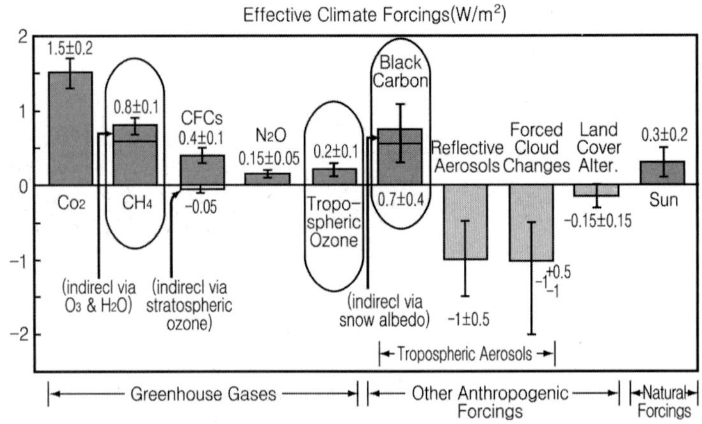

그림1.8 온실가스 종류별 Effective Climate Forcings

지역별, 국가별 이산화탄소 발생율을 보면 북미, 중국, 러시아, 일본, 인도 순이며 이들 국가에서 전세계 발생량의 50% 이상을 차지하고 있다.

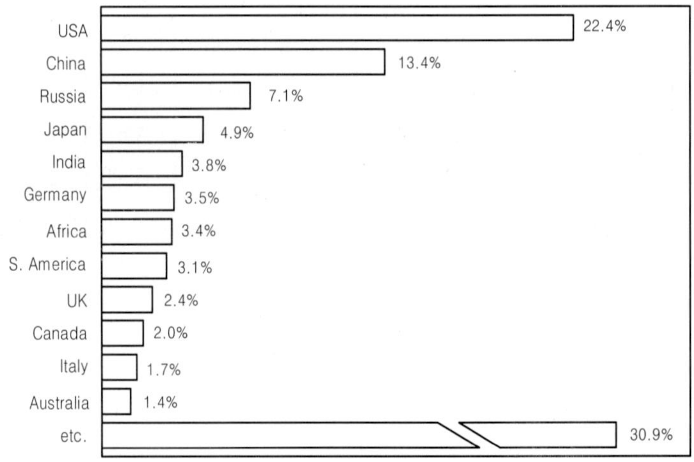

그림1.9 국가별 CO_2 배출비율

· 반응식(Photochemical reaction): Iso-octane(가솔린) 경우

$$C_8H_{18} + 12.5O_2 \Leftrightarrow 8CO_2 + 9H_2O \quad (1-5)$$

$$1kgC_8H_{18} + 3.509kgO_2 \Leftrightarrow 3.088kgCO_2 + 1.421kgH_2O$$

대기 중의 CO_2 증가 추세를 그림 1.10에서 보면 근세기 들어 급격하게 증가하고 있음을 알 수 있으며, 이의 증가에 따른 지구온난화 추세는 매우 심각하여 향후 30년 동안 지구 대기온도가 최소 1.5°C에서 4°C까지 상승할 것으로 예상하고 있다.(그림 1.11)

이와 같은 지구온난화를 억제하기 위한 국제사회의 노력이 1980년대 이후부터 진행되어 오고 있다. 제1라운드는 1992년 브라질의 리우에서 채택된 기후변화협약이며, 제2라운드는 1995년부터 1997년에 걸쳐 협의되어 구속력 있는 온실가스 감축목표를 설정한 2007년에 채택된 교토의정서이다.

교토의정서에는 선진 40개국으로 구성된 Annex I 국가 (온실가스 배출량을 2008년부터 2012년까지의 기간 중에 선진국 전체의 온실가스 배출량을 1990년 수준보다 적어도 5.2% 이하로 감축하는 것을 목표)와 Annex II 국가 (Annex I 국가 중 OECD 가입국), 개도국으로 구성된 기타국가로 구분하여 각각 다른 의무를 부과하고 있으며, 우리나라는 개도국으로 분류되어 있다.

2012년 이후의 국제적 협력에 대한 교섭이 2007년 발리에서 개최된 COP13에서 채택되었으며(발리행동계획) 2008년부터 2년간으로 예정된 제3라운드 교섭이 시작되었다. 특히 2007년에 발표된 IPCC 제4차 평가보고서(IPPC AR4)가 지구온난화에 대한 여론을 급격하게 변화시켰다.

2009년 12월 코펜하겐 기후변화협약 당사국총회(COP15)가 개최되었으며 여기에서 2012년 이후의 국가별 대책에 대해서 협의하기로 하였으나, 선진국과 개도국의 입장차이로 인하여 구속력 있는 합의 설정은 차기로 유보하였다. 그러나 향후 지구 온실가스 수준을 450ppm 수준으로 안정시켜야 한다는 의견들이 개진되었다.

우리나라도 조만간 온실가스 감축 의무당사국에서 포함될 가능성이 매우 높으며, 정부에서는 이에 대비하여 2020년에 BAU 대비 30%를 삭감한다는 목표치를 발표하였다. 현 상태로 그대로 가면 2020년에 8억1300만톤의 온실가스를 배출하게 되나 이를 5억 6900만톤으로 억제하겠다는 것이며, 2005년 배출량 5억 9400만톤에 비해서도 4% 감축된 값이다.

1992년 6월에 채택된 기후변화협약 이후 자동차 CO_2 규제에 대한 국제적 규제도 본격화되었으며, EU에서는 1998년 10월 룩셈부르크에서 개최된 EU 환경이사회에서 2008년까지 신규자동차의 CO_2 배출량을 140g/km으로 규제하는 새로운 자동차 이산화탄소 배출제한 협약을 승인하여 제작사의 자발적 협약에 의한 규제를 시행하여 오고 있으며, 2012년부터는 강제기준(신차의 65%:130g/km)을 적용한다.

현재로서는 CO_2 자체를 연소나 후처리기술로 저감할 수 있는 방안은 제시되어 있지 못하며 연료를 적게 사용함으로서 CO_2의 생성량을 줄이는 것이 가장 현실적인 대책으로 알려져 있다. 이산화탄소 배출이 가솔린엔진에 비해 20~30% 적게 배출되는 디젤자동차와 연비가 우수한 하이브리드자동차 등 저 CO_2 자동차가 향후 자동차 기술과 시장 변화를 주도할 것으로 예상된다.

자동차 CO_2 기준은 자동차 무역의 새로운 장벽이며 향후 자동차 시장에 새로운 질서를 가져올 매우 중요한 변수로서, 미국과 유럽, 일본 등 선진국에서는 국가적인 차원의 저 CO_2, 초저연비 그린카자동차기술개발을 지원하고 있으며 이미 그린카 시장의 경쟁이 시작되고 있다.

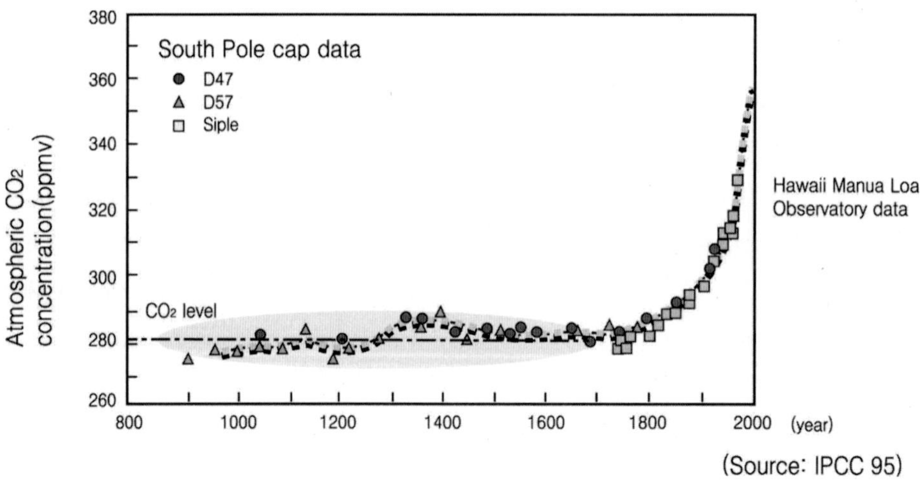

그림1.10 대기중 CO_2 농도증가 (ppm)

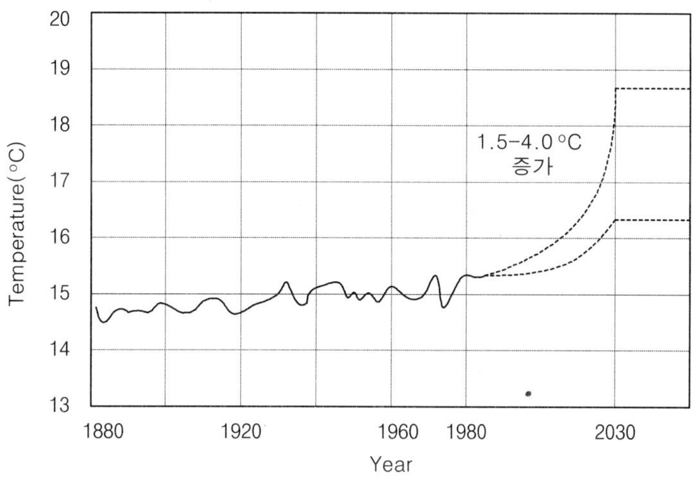

그림 1.11 대기온도 증가 예상 (℃)

1.2.8 아황산가스(SOx)

무색이며 자극성이 있는 기체로 물에 녹기 쉬우며 공기에 대한 비중은 2.265이다.

산성비(acid rain)의 가장 중요한 원인으로 연료 중 유황성분의 연소에 의해 발생한다. 가솔린에는 거의 유황성분이 없지만 디젤에는 약간의 유황성분이 있어 아황산가스가 배출되기 때문에 우리나라에서는 2009년부터는 자동차용 디젤에도 유황 기준을 휘발유와 동일하게 10ppm 이하로 낮추었다.

대기 중에 존재하는 시간은 약 12시간에서 2일간이며 물과 반응하여 쉽게 H_2SO_4로 변한다.

$$SO_2 \Rightarrow SO_3 \text{ (일광산화)} \qquad (1\text{-}6)$$
$$SO_3 + H_2O \Rightarrow H_2SO_4$$

건강에 미치는 영향으로는 H_2SO_4가 점액과 함께 위속으로 들어가 위장장애를 일으킬 수 있고, 점막을 자극하거나 기관지염 또는 천식을 일으킨다.

1.2.9 알데히드(Aldehyde)

자동차 배출물 중 알데히드류 농도는 20~200ppm 정도이며 주로 formaldehyde (HCHO)가 대부분이며 acetaldehyde (CH_3CHO), acrolein(CH_2=CHCHO)도 포함되어 있다.

Formaldehyde는 목과 기관지를 자극하며, acetaldehyde는 눈과 피부를 자극하며, acrolein은 가장 독성이 강하여 눈과 코를 자극한다.

피부, 점막, 눈을 자극하고 20ppm에서는 1~2분으로 재채기가 나며, 1ppm에서 5분간 있으면 눈을 자극한다.

특히 어린이에 민감하며 호흡기 감염율을 증가시키는 것으로 보고되고 있다. 허용치는 HCHO 2ppm, CH_3CHO 100ppm, CH_2=CHCHO 0.1ppm이다.

알데히드발생은 화염소실이나 낮은 온도에서의 완만한 연소 등에 의해 발생하며, 특히 공연비가 희박한 영역에서 급격하게 증가하는 것을 볼 수 있으며 이것은 HC의 불완전산화에 기인한다.

1.2.10 과산화질산 아씰(PAN)

탄화수소는 광화학적으로 분해하여 과산화기(RO_2)를 생성하여 NO_2와 반응하여 PAN(peroxyacylnitrate)를 형성한다.

$$RCO(O_2) + NO_2 \Rightarrow RCO(O_2)NO_2 \qquad (1-7)$$

$$R = CH_3;\ PAN$$

PAN은 눈에 자극이 가장 크며 민감한 농작물에 스모그피해를 야기시킬 수 있다. 0.3ppm 농도에서 5분간 노출되면 심장순환기 등에 변화도 나타난다.

PAN은 물에 잘 녹지 않기 때문에 비교적 긴 수명을 가지고 있다. 또한 이 물질은 NOx의 중요한 저장소이자 운반기이다.

1.2.11 성층 오존층 파괴

성층권의 오존은 프레온가스가 주범이지만 CO_2, 메탄(CH_4), 산화질소(N_2O) 영향도 크다. 오존층은 자외선을 흡수하여 지상에 도달하는 강한 자외선을 막아주어 생물학적, 기후학적으로 중요한 역할을 한다.

자외선 종류중 UV-B가 오존의 양에 크게 영향을 받으며, O_3 10% 감소시 지상의 UV-B가 20% 증가하여 피부암 발생율이 30~50% 증가하는 것으로 보고되어 있다. 이외에도 엽록체 파괴로 농작물 수확량 감소, 가축발육저하, 어획량 감소, 수중 프랑크톤 파괴 등의 생태계 영향이 크다.

이 밖에도 미량이지만 최근 문제시되고 있는 대기오염물질로는 벤젠, 1,3-부타디엔, 카드뮴, 니켈, 다이옥신 등이 있다.

자동차의 불완전 연소배출물질이나 부타디엔, 벤젠 등으로 발암위해성 물질이 55%를 차지하는 것으로 보고되고 있다.

1.2.12 Polycyclic Aromatic Hydrocarbons (PAH)

PAH는 두개 이상의 benzene이나 cyclopentane ring을 가진 방향족 탄화수소계로서 발암물질의 원인으로 알려져 있어 주목받고 있다. Soot 생성의 초기단계에 핵심적인 역할을 한다. 대부분의 PAH는 고온 반응시 발생한다.

1.2.13 휘발성유기화합물질(VOC; Volatile Organic Compound)

VOC는 대부분 C_{12} 이하의 탄화수소로 구성된 화합물로 formaldehyde, benzene, acetaldehyde, benzo(a)pyrene, ethylene, 1,3-butadine, 크실렌, PAHs 등과 같이 인체에 매우 유해한 물질이 포함되어 있다. Hydrocarbons은 FID법으로 측정되는 organic 성분으로 VOC와는 약간의 차이가 있다.

VOC는 알칸류(메탄), 알콜유(메탄올), 저분자탄화수소(벤젠,톨루엔), 할로겐방향족화합물(클로르벤젠), 할로겐족 용매(트리클로르에탄)와 같이 광범위한 휘발성유기화합물을 대표하는 용어이다. 물리화학적 특성으로 100 ℃ 이하의 비점을 갖고 있어 대기중에 강한 휘발성과 휘산성을 띄며, 일부 화합물의 경우 강한 냄새, 마취성, 독성, 발암성을 갖기도 한다. 이외에도 대기 중에 존재하는 VOC가 산화질소류의 화합물과 반응하여 오존형성에 직접적으로 작용한다는 사실도 밝혀져 있다.

1.2.14 자동차 대기독성물질(MSATs; Mobile Source Air Toxics)

미국 EPA는 자동차에서 배출되는 유해대기오염물질(HAPs: Hazardous Air Pollutants)을 저감시키기 위하여 이동오염원에 의한 대기독성물질 저감대책(Control of hazardous air pollution from mobile source)을 규제(2007.2.9)하고 있다.

표1.10 자동차에 의한 대기독성물질 목록

Acetaldehyde	Ethylbenzene	Naphthalene
Acrorain	Formaldehyde	Nickel compounds
Arsenic compounds	n-Hexane	Polycyclic organic matter (POM)
Benzene	Lead compounds	Styrene
1,3-Butadiene	Manganese copounds	Toluene
Chromium compounds	Mercury copounds	Xylene
2,3,7,8-tetrachlorodibenzo-p-dioxine(and cogeners and TCDF cogeners)		
Diesel Particulate Matter Diesel Exhaust Organic Gases	MTBE	

이동오염원에 의한 대기독성물질(MSATs)은 다음의 4가지 배출원에 의해 배출된다.

- 연료속에 함유되어 있다가 연료의 증발 또는 불안전 연소에 의해 배출: 벤젠 등
- 엔진의 연소과정에서 생성: 휘발유에 함유되어 있는 벤젠과 유사한 토루엔 및 자이렌이 불완선 연소 생성물로서 배출되며 디젤입자상물질(DPM: Diesel Particulate Matter), 디젤배출 유기물질(DEOG: Diesel Exhaust Organic Gases), Formaldehyde, Acetaldehyde, 1,3-Butadiene.
- 자동차 배출가스가 대기 중에서 화학반응을 일으켜 이차오염물질 생성: Formaldehyde, Acetaldehyde.

· 엔진의 마모와 엔진오일과 연료의 불순물 또는 첨가제의 연소에 의한 금속산화물 배출

MSATs는 암을 유발하거나 심각한 건강상 또는 환경에 영향을 미친다고 알려졌거나 가능성이 있는 물질이다.

벤젠은 발암물질로 알려져 있기 때문에 특별한 관심을 가지고 있으며, 대부분의 벤젠 배출량은 자동차에 기인한다. 주요 간선도로 변에서 살거나 일하는 사람들이나 자동차 안에서 대부분의 시간을 보내는 사람들은 더 높은 노출로 더 많은 위험성을 갖게 된다. 차고가 붙어 있는 집에 사는 사람들은 벤젠에 대한 노출이 평균보다 더 높은 것으로 보고되고 있다.

많은 MSATs는 휘발성유기물질(VOC: Volatile Organic Compounds)로 알려진 자동차에서 배출되는 오염물질의 많은 부분을 차지하고 있다. VOC는 오존과 입자상물질(PM: Particulate Matter)을 형성하는데 기여한다.

오존과 PM은 조기 사망률, 호흡기 악화, 심장혈관 질환, 폐조직 및 구조의 손상, 호흡기 방어 기전의 변화 및 만성기관지 염과 같은 심각한 공중보건상의 문제를 일으킨다.

1.3 저배기기술 동향

1.3.1 저배기기술 현황 및 방향

현재 자동차는 가솔린(Spark Ignition 엔진)과 디젤자동차(Compression Ignition 엔진)로 대별되어 있으며 이들의 배기대책 기술은 상당히 다르게 발전하고 있다.

근본적인 차이는 연소방식의 차이에 따른 공해배출물의 특성에 있으며, 가솔린 엔진의 경우 CO, HC, NOx가 주 배출물인 반면, 디젤엔진은 CO와 HC 농도는 가솔린 엔진에 비해 낮으나 NOx와 PM이 높아 이의 저감이 관심의 대상이다.

표1.11 자동차 핵심기술 변환주기

	1970년대	1980년대	1990년대	2000년대	2010년대
핵심기술	Fuel Economy	Safety	Emission	Emi. & FE.(CO_2)	
(대응기술) 가솔린	*대체연료* CNG 알콜연료	ABS Air Bag	*EFI* TWC EHC EGR	DeNOx E-EGR	
디젤			FIE(CR/UI) DOC	TC/IC DPF E-EGR	DeNOx
엔진 및 차량			NGV HSDI	· Super Car Project · 3L Car Program HEV EV	
규제	▸ 연비규제	▸ 안전규제	▸ 배기규제 CO, HC, NOx, PM	CO_2 규제 NanoPM(수량) 규제	

70년대의 1, 2차 유류 파동을 거치면서 저연비기술에 대한 연구가 활발하게 진행되었으며, 이때 대체연료인 압축천연가스(CNG) 및 알콜연료를 사용하는 대체연료엔진에 관한 많은 연구가 이루어졌으며 자동차 연비규제가 시행되었다. 또한 연비저감을 위하여 자동차경량화 기술에 관한 관심도 갖게 되었다.

80년대에 접어들면서 ABS(Anti-skid Brake System)와 air bag기술이 개발되면서 안전이 자동차기술의 중요한 관심분야가 되었다.

80년대 중반에 기존 가솔린엔진에 삼원촉매를 사용함으로서 CO, HC, NOx를 모두 90% 이상 저감할 수 있는 기술이 개발되어 자동차 저배기기술에 매우 중요한 계기를 가져왔다. 삼원촉매 적용을 위해서는 연료의 무연화, 연료를 이론공연비(λ=1.0)로 제어하기 위한 인젝터방식에 의한 전자제어식 연료분사시스템 기술이 도입되었다.

향후 가솔린엔진 기술개발 방향은 성능 및 연비향상에 있으며, 다운사이징, 고압축비, VVA(Variable Valve Actuation), 성층(희박)방식 연소실 연료직접분사(GDI) 등의 기술개발이 예상되고 있다.

디젤 자동차는 가솔린 자동차에 비해 저배기기술 개발에 대한 투자가 적었기 때문에 기술 수준이 뒤져 있으나 낮은 연료소비율과 CO_2 규제에 유리한 점으로 인하여 향후 사용이 계속 증가할 것으로 예상되나, NOx와 PM을 동시에 해결할 수 있는 기술개발이 필수적이다.

디젤승용차가 많은 유럽에서는 PM 규제가 강화되면서 휘발유차 수준 이하로 PM 배출을 저감할 수 있는 매연여과장치(DPF)를 뿌조디젤에서 2000년에 최초로 적용하였으며, 현재는 모든 경유승용차에 표준부품으로 장착하고 있다. Urea SCR 촉매도 최근에 장착함으로서 휘발유 배출허용기준과 동일한 기준을 적용하고 있는 미국시장에 경유승용차(Diamler-Chrysler BlueTech)를 진출하고 있다.

향후 경유엔진 기술은 2000bar 수준의 고압연료분사시스템, super cooled EGR, 16:1 이하의 저압축비, 연소개선(PPCC, HCCI), TC/IC 개선, 저가의 4원후처리기술 등이 개발될 것으로 예상된다.

그러나 80년대 후반부터 지구환경에 관한 관심이 전세계적으로 높아지기 시작하였고 특히 1992년 채택된 기후변화협약을 기점으로 대기오염과 함께 온실가스 저감대책에 대해서 범세계적으로 논의되기 시작하였다.

EU와 미국, 일본과 우리나라에서도 자동차 CO_2 배출기준 적용을 결정하여 향후 CO_2 저감기술이 자동차의 가장 중요한 경쟁기술이 될 것이다.

아직까지 CO_2 자체를 연소나 후처리기술로 저감할 수 있는 방안은 제시되어 있지 못하며 연료를 적게 사용함으로서 CO_2의 생성량을 줄이는 것이 가장 효율적인 대책으로 알려져 있다.

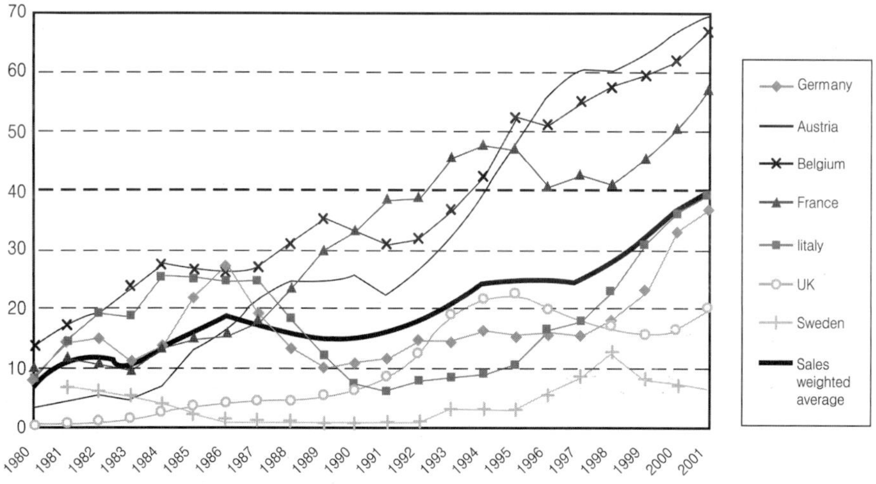

그림 1.12 유럽의 경유승용차 보급현황

또한 연료 소모가 적은 자동차는 소비자의 입장에서는 매우 매력적이기 때문에 획기적인 초저연비자동차 기술이 개발된다면 CO_2를 포함한 배출가스 문제뿐만 아니라 자동차 판매력에서도 결정적인 우위를 차지하게 되기 때문에 초저연비자동차기술이 향후 가장 뜨거운 경쟁분야가 될 것으로 예상된다.

자동차 CO_2 규제는 기후변화협약에 대응하기 위하여 자동차산업 분야에서의 CO_2 삭감 목표 달성의 목적뿐만 아니라 새로운 자동차 무역 규제의 수단으로 사용될 것이 확실하다. 따라서 자동차 CO_2 규제는 향후 자동차기술 경쟁의 핵심이 되고 자동차 산업구조에 지대한 영향을 가져올 수 있음을 예상할 수 있다.

자동차 CO_2 기준 설정에서부터 연비개선 목표 설정, 저공해자동차 정책 개선, 경유자동차와 하이브리드 자동차 개발 및 보급방향, 특히 지금까지 보급을 억제해 오고 있는 경유자동차에 대한 보급 확대 정책으로의 전환 여부 및 방법, 연료가격 조정과 신재생저탄소연료 의무 보급정책 등의 쉽지 않은 정책들이 새로운 각도에서 검토되고 추진되어야 할 것이다.

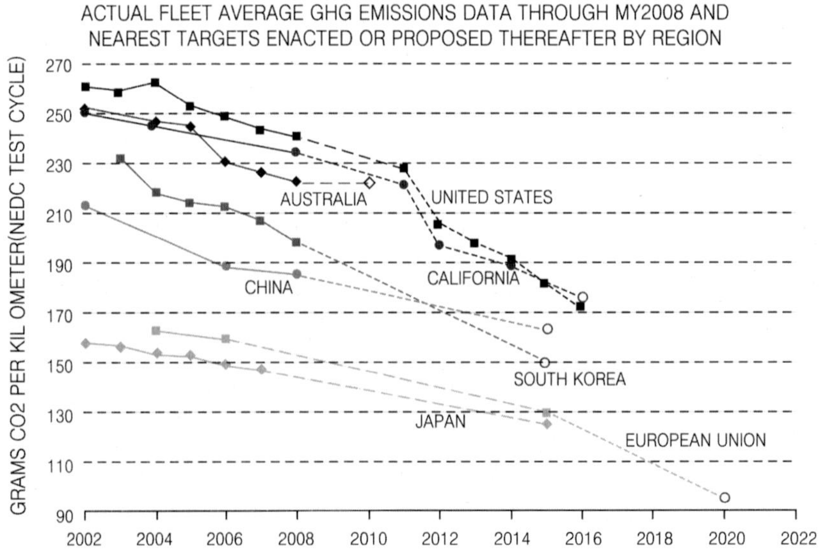

그림1.13 자동차 CO_2 현황 및 향후 전망

1.3.2 그린카 전망

자동차용 연료인 원유 생산추세를 보면 2000년대 중반부터 생산량이 감소할 것으로 예측하고 있으나 중국 등 잠재 수요국들이 등장하여 수요량은 당분간 계속 늘어날 것으로 예상되어 원유수급에 어려움이 예상되며 대체에너지 개발이 시급한 과제로 제시되고 있다.

이와 같은 에너지 자원의 부족에 대한 위기해소 방안과 함께, 지구온난화 방지를 위한 온실가스 저감대책으로 연료절약 방안과 신재생 대체연료개발에 대해 요구가 심각하게 대두되고 있다.

따라서 자동차분야에서도 자동차의 연비향상 기술과 신재생저탄소연료를 사용하는 자동차 개발이 향후 가장 중요한 기술방향이다.

그림 1.15와 1.16의 예측에서 보듯이 향후 세계 자동차 기술 및 시장 전망은 내연기관에서 하이브리드자동차, 전기자동차, 수소연료자동차 시장으로 이행되어 갈 것으로 전망하고 있으며, 이행 시기는 기술의 발전속도와 연료 및 전기충전시설 구축과 연계되어 변동이 많을 것으로 예상되고 있다.

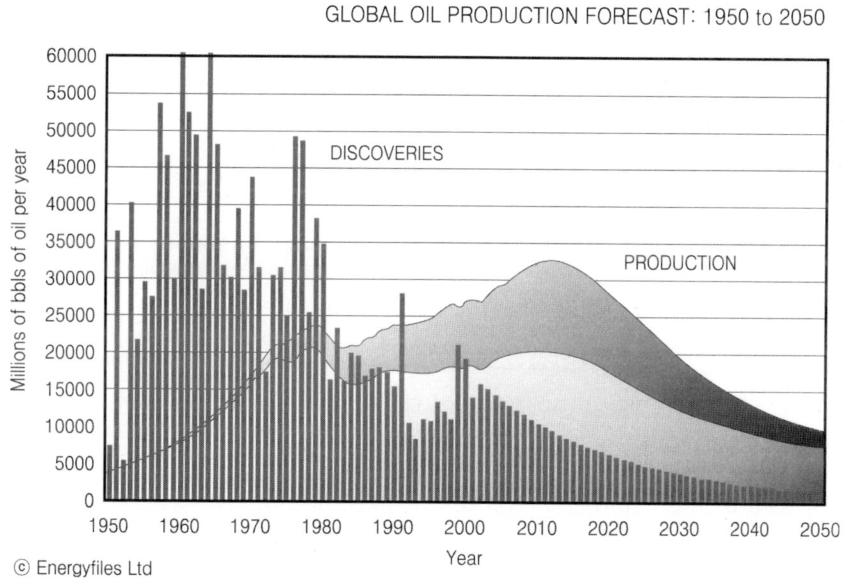

그림 1.14 원유의 공급 및 잠재수요 예측

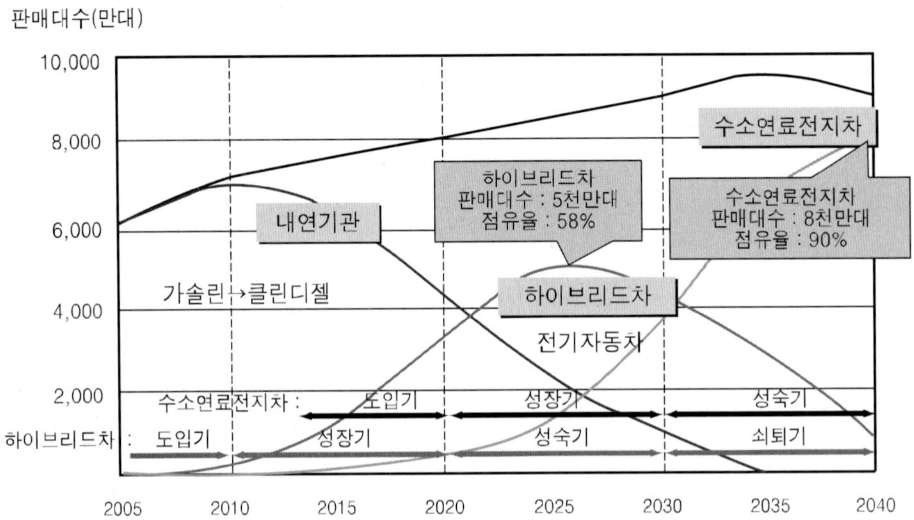

(출처: Automotive World Car Industry Forecast Report, Global Insight 참고)

그림1.15 향후 그린자동차 개발 및 보급 예측

현재 자동차의 세계시장 규모는 년간 $1.5조이며, 2018년까지는 매년 2~3%, 2018년 이후 1~2%의 지속적인 성장이 있을 것으로 전망되고 있다.

또한 휘발유자동차가 주도하고 있는 자동차 시장은 경유자동차와 하이브리드자동차가 주도하게 될 것이다. 클린디젤자동차는 2000년대 후반부터 2010년대까지 빠른 속도로 보급되어 시장점유율 20%를 달성한 이후 하이브리드차 보급 등의 영향으로 증가세는 완화될 것으로 예상된다.

연료전지자동차는 인프라 구축의 지연 등으로 2030년까지 전체 시장의 10% 이내를 점유할 것으로 예상하고, 보다 장기적인 전망(2040년 이후)으로는 연료전지자동차 시장으로 이행되어 갈 것으로 전망하고 있다.

최근에는 축전지의 기술발전과 실용성에 대한 가능성이 높아지면서 전기자동차 시대가 올 수도 있다는 예상들을 일부에서는 하고 있으나 축전지의 성능과 가격이 현재보다는 2~3배 향상되어야 상용화가 가능할 것으로 기대된다.

자동차 대체연료(바이오연료 및 합성연료, 천연가스 및 LPG 포함)는 2005년 현재 세계 자동차연료의 4.3%를 차지하고 있으나, 2020년에 11%까지 증가할 것으로 전망된다. 또한 에너지 위기와 기후변화에 대처하기 위하여 신재생 저탄소연료자동차의 보급이 증가할 것으로 예상되며, 선진 각국에서는 2020년에 에너지의 20%를 신재생저탄소 연료 사용을 의무화하는 법안을 마련하고 있으며, 사용비율이 계속하여 증가할 것임을 예상할 수 있다.

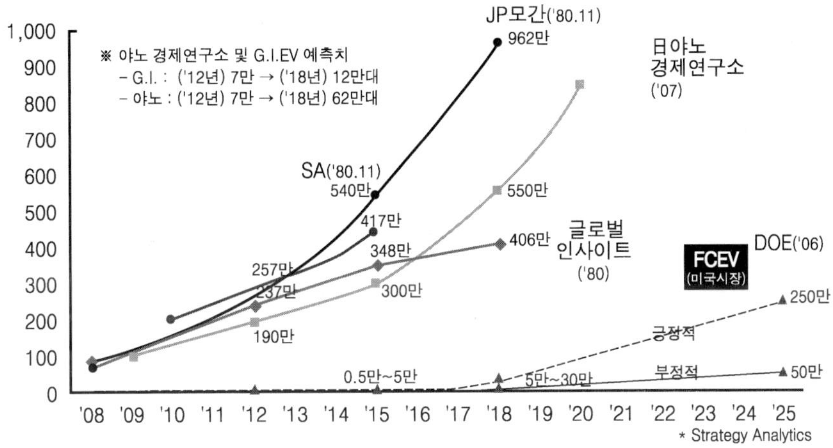

그림1.16 향후 그린자동차 시장 예측

Part Ⅱ 엔진배출물 생성원인

제2장
엔진배출물 생성원인

2.1 연료연소

2.1.1 이론공연비

자동차 엔진에 사용되는 연료는 주로 탄소(C), 수소(H)의 화합물로 구성되어 있으며 소량의 유황(S)과 산소가 함유되어 있다. 예를 들면 가솔린 평균조성은 c=0.865, h=0.144로 C_8H_{18}(iso-octane), 디젤은 c=0.875, h=0.125로서 $C_{16}H_{30}$에 근사하다.

공기의 조성성분은 몰분율(체적비율)로 질소(N_2) 78.1%, 산소(O_2) 20.9%, 아르곤(Ar) 0.9%와 기타성분으로 이루어져 있으나, 보통 N_2=79%, O_2=21%로 계산하며, 질량비율로는 N_2=76.8%, O_2=23.2%로 취급하고 공기 상당분자량은 28.97kg/kmol로 계산한다.

연료성분의 연소 화학반응식을 살펴보면

$$C + O_2 = CO_2 \tag{2-1}$$

(12kg) (32kg) (44kg) ⇒ C 1kg 연소에 O_2 8/3kg이 필요하며, 연소 후 CO_2 11/3kg

(1/12kmol) 발생

$$H_2 + O_2/2 = H_2O \tag{2-2}$$

(2kg) (16kg) (18kg) ⇒ H_2 1kg에 O_2 8kg 필요, H_2O 9kg (1/2kmol) 발생

$$S + O_2 = SO_2 \tag{2-3}$$

(32kg) (32kg) (64kg) ⇒ S 1kg에 O_2 1kg 필요, SO_2 2kg (1/32kmol) 발생

따라서 연료 1kg에 탄소 c, 수소 h, 유황 s, 산소 o kg이 함유되어 있는 연료를 완전연소시키기 위해 필요 산소중량과 산소체적은

$$O_2(mass) = (8/3 \cdot c + 8 \cdot h + s - o)\ kg/kg \tag{2-4}$$
$$O_2(vol) = 22.4/32 \cdot (8/3 \cdot c + 8 \cdot h + s - o)\ Nm^3/kg$$

필요로 하는 공기중량은 $Air(mass) = O_2(mass)/0.232$ (2-5)

$$= 4.31(8/3 \cdot c + 8 \cdot h + s - o)\ kg/kg$$

필요로 하는 공기체적은 $Air(vol) = O_2(vol)/0.21$ (2-6)

$$= 3.33(8/3 \cdot c + 8 \cdot h + s - o)\ Nm^3/kg$$

위의 식들에서 가솔린과 디젤의 이론 공기량을 구해보면

가솔린: Air(kg)/Fuel(kg) = 14.80, Air(Nm^3)/Fuel(kg) = 11.44
디젤 : Air(kg)/Fuel(kg) = 14.37, Air(Nm^3)/Fuel(kg) = 11.10

연료가 완전연소 되었을 때의 연소가스 중량은 사용된 공기와 연료의 합한 값이지만 연소가스 체적은 연료와 공기체적의 합한 값과는 다르다.

공기과잉율을 λ라 하면 $0.21 \cdot (\lambda - 1) \cdot Air(vol)$만큼의 O_2가 남으며, $0.79 \cdot \lambda \cdot Air(vol)$ 만큼의 N_2가 남는다. 즉,

연소가스량 = (CO_2 + H_2O + SO_2 + N_2(연료중) + H_2O(연료중))량 +
공급공기중의 N_2와 과잉공기중의 O_2량

$$Exh(vol) = 22.4\times(c/12 + h/2 + s/32 + n/28 + w/18)+(\lambda-0.21)\cdot Air(vol)\ Nm^3/kg$$

$$= 22.4\times(c/12 + h/2 + s/32 + n/28 + w/18)+ \lambda\cdot Air(vol) - O_2(vol)$$

$$= 22.4\times(c/12 + h/2 + s/32 + n/28 + w/18)+ \lambda\cdot Air(vol) - 22.4/32\cdot(8/3\cdot c + 8\cdot h + s - o)$$

$$Exh(vol) = \lambda\cdot Air(vol) + 22.4\times(h/4 + o/32 + w/18 + n/28)\ Nm^3/kg \qquad (2-7)$$

➡ Air(kg)/Fuel(kg)을 이론공연비(Stoichiometric air-fuel ratio; A/F)라고 부르며 실제의 A/F는 다음과 같다.

표 2.1 연료의 실제공연비

연료 종류	중량비		A/F	비고
	C	H		
고급휘발유	0.865	0.135	14.6	
보통휘발유	0.855	0.145	14.8	
이소옥탄(C_8H_{18})	0.842	0.158	15.1	ON = 100
헵탄(C_7H_{16})	0.840	0.16	15.2	ON = 0
경유	0.863	0.137	14.6	
세탄($C_{16}H_{34}$)	0.850	0.150	14.9	
메탄(CH_4)	0.750	0.250	17.2	
프로판(C_3H_8)	0.818	0.182	15.7	
벤젠(C_6H_6)	0.923	0.077	13.3	

· λ = 공기과잉율 = 실제공연비/이론공연비($\lambda > 1$: 희박(lean))
· φ = 당량비(Equivalent ratio) = 이론공연비/실제공연비($\varphi > 1$: 농후(rich))
注: λ와 φ는 보통 질량비로 표시하며, 서로 상반되는 정의로서 혼돈하기 쉬우며 물리적으로 이해하기 쉬운 공기과잉율 λ를 주로 사용하기로 한다.

2.1.2 발열량

단위량의 연료가 연소를 시작한 후 연소가스가 최초의 온도로 냉각될 때에 발생하는 열량을 발열량(calorific value; heat value)이라고 한다. 이것은 다시 말하면, 단위량의 연료가 완전 연소할 때 발생하는 열량을 의미한다.

보통은 연소에 의해 수증기(H_2O)가 발생하며, 이 수증기를 물로 응결시키면 증발열을 발생하며 이것까지를 포함하는 경우를 고발열량(high heating value; HHV)이라 부른다. 그러나 대부분의 연소에서는 수증기는 냉각되지 않고 그대로 유지되며 이때의 경우를 저발열량(low heating value; LHV)이라 한다. 일반적으로 저발열량을 주로 사용한다.

연료 1kg 연소시 H_2O가 w kg 발생하면 고발열량은 저발열량에 비해 증발열에 해당하는 (600w)kcal 만큼 크다.

연료 성분을 알면 고체와 액체연료에서는 대략적인 발열량을 구할 수 있다. 예를 들면, 연료 1kg에 탄소 c, 수소 h, 유황 s, 산소 o, 물 w kg이 함유되어 있을 경우 다음 식에서 구할 수 있다.

$$\text{저발열량} \quad LHV = 8100c + 29000(h-o/8) + 2200s - 600w \ (kcal/kg)$$

$$\text{고발열량} \quad HHV = 8100c + 29000(h-o/8) + 2200s \ (kcal/kg)$$

표 2.2 연료의 발열량표

Formula	Name	Specific Gravity	Low Heating Value			High Heating Value		
			kcal/kg	kcal/Nm^3	kcal/l	kcal/kg	kcal/Nm^3	kcal/l
CH_4	Methane	0.3	11830	8620		13320	9570	
C_2H_4	Ethylen			14470			15470	
C_2H_6	Ethane	0.37	11260	15170			16600	
C_3H_6	Prophylen			20850			22270	
C_3H_8	Propane	0.5	10980	21670			22500	
C_4H_{10}	Butane	0.579	10830	28300			30600	
C_4H_{10}	Isobutane	0.557	10800					
C_5H_{12}	Pentane	0.626	10740		6850			
C_6H_6	Benzene	0.879	9590					
C_7H_8	Toluene	0.867	9680					
C_7H_{16}	Heptane	0.684	10640		7370			

표2.2 계속

Formula	Name	Specific Gravity	Low Heating Value			High Heating Value		
			kcal/kg	kcal/Nm^3	kcal/l	kcal/kg	kcal/Nm^3	kcal/l
C_8H_{18}	Octane	0.703	10610		7660			
C_8H_{18}	Isooctane (2,2,4-trimethyl pentane)	0.692	10590					
CH_4O	Methanol	0.792	4800					
C_2H_6O	Ethanol	0.785	6445		5170			
C_3H_8O	Propanol	0.799	7390					
$C_4H_{10}O$	Butanol	0.805	7935					
	가솔린	0.75	10270		7703			
	경유	0.84	10030		8425			
	MTBE	0.74	8425					
	ETBE	0.75	8605					
	LPG	0.51	11060					
	LNG	0.42	13065					
	DME	0.668	6780					
H_2	Hydrogen	0.0708	28510	2570		34000	3057	

kcal/kg = kcal/Nm^3 × 22.4/분자량
kcal/l = kcal/kg × 비중

2.1.3 화학평형(Chemical equilibrium) 연소

실제의 엔진연소에서는 공급공기량이 충분할 경우라도 완전연소는 어려우며 실제로는 공기가 부족한 경우와 열해리 등에 의해 다양한 연소가스 성분이 발생한다.

연료 공기 혼합기가 식(2-8)과 같은 화학반응으로 13종의 연소가스가 발생한다고 가정하고 결과를 살펴보기로 한다.

$$C_nH_m + (n+m/4)\lambda(O_2 + 3.714N_2 + 0.048Ar) + Egr \cdot \Sigma(a_i \cdot S_i) \Rightarrow \Sigma(b_i \cdot S_i) \quad (2-8)$$

여기서

S_i ⇒ CO_2, CO, O_2, H_2O, H_2, OH, H, O, N_2, NO, NO_2, N, Ar

a_i ⇒ EGR(Egr율) 되는 배기가스의 몰값

b_i ⇒ 연소된 배기가스의 몰값

λ ⇒ 공기과잉율

위의 연소반응이 충분한 평형상태에 도달하였다고 볼 때 다음과 같은 평형반응식을 예상할 수 있다.

$$
\begin{aligned}
CO_2 &\rightleftharpoons CO + 1/2\ O_2 \\
H_2O &\rightleftharpoons H_2 + 1/2\ O_2 \\
H_2O &\rightleftharpoons 1/2\ H_2 + OH \\
1/2\ H_2 &\rightleftharpoons H \\
1/2\ O_2 &\rightleftharpoons O \\
NO &\rightleftharpoons 1/2\ O_2 + 1/2\ N_2 \\
1/2\ N_2 &\rightleftharpoons N \\
NO_2 &\rightleftharpoons NO + 1/2\ O_2
\end{aligned}
\tag{2-9}
$$

각 반응의 평형상수와 질량보존법칙을 적용하여 컴퓨터로 계산할 수 있으며 가솔린 엔진의 경우에 대한 계산 결과를 살펴보면 그림 2.1과 같다. (EGR=0)

- CO, H_2는 희박영역(λ>1.0)에서는 아주 적지만 λ<1.0에서 거의 직선적으로 증가한다.
- 반면 O_2는 CO와 반대로 희박영역(λ>1.0)에서 거의 직선적으로 증가한다.
- H_2O, CO_2는 λ=1.0에서 최대치를 보이고 N_2는 희박해질수록 증가하지만 λ>1.0 에서는 증가율이 약간 둔화된다.
- NO는 약간 희박한 지점(λ≈1.07)에서 최대 값을 보이고 있다.

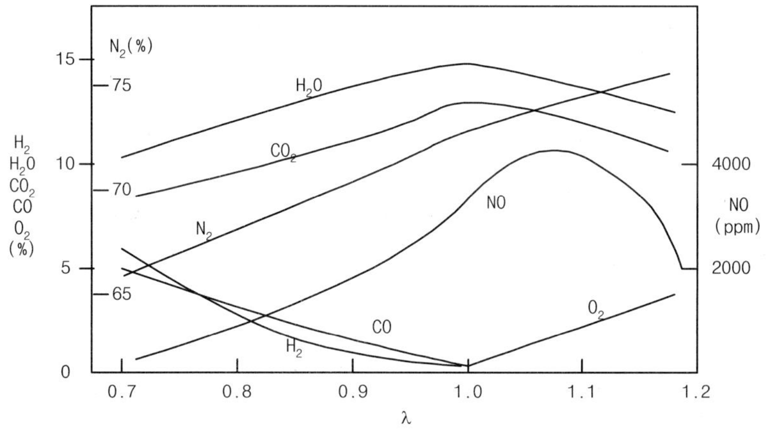

그림 2.1 공연비에 따른 배출가스 농도(가솔린엔진)

2.1.4 비평형(Chemical kinetics) 연소

화학평형 연소에서는 연료가 연소하면 즉시 평형상태에 도달한다고 가정하고 생성물 농도를 계산하는 개념이나, 실제는 평형상태에 도달하는데는 반응시간이 필요하다.

특히 NO는 반응속도가 느려서 평형연소모델로 예측한 결과는 실제와 상당히 큰 차이가 있다.

일반적으로 NO 계산은 Zeldovich Mechanism(식1-3)을 기본으로 하지만 보다 정확한 계산을 위하여 다음의 Extended Zeldovich Mechanism을 사용하기도 한다.

$$\begin{aligned}
NO + N &\rightleftharpoons N_2 + O \qquad (2\text{-}10)\\
O_2 + N &\rightleftharpoons NO + O\\
OH + N &\rightleftharpoons NO + H\\
H + N_2O &\rightleftharpoons N_2 + OH\\
O + N_2O &\rightleftharpoons N_2 + O_2\\
O + N_2O &\rightleftharpoons NO + NO\\
N_2O + M &\rightleftharpoons N_2 + O + M
\end{aligned}$$

실제 엔진에서 배출되는 NO 농도는 비평형으로 계산한 결과와 농도 오더가 유사하다.

비평형으로 계산한 NO는 화학평형 계산 값에 비해 희박영역에서는 50~100배, 농후 영역에서는 10^7 오더로 높다.(그림 2.2)

- N_2, H_2O, CO_2, Ar은 λ변화의 영향이 적으며 %단위의 농도수준이다.
- CO, H_2는 λ<1.0(공연비농후)에서, O_2는 λ>1.0(공연비희박)에서 농도가 증가하며 %단위의 농도이다. 그러나 λ값이 반대의 경우는 ppm 수준으로 급격하게 낮아진다.
- 기타 H, OH, O, NO_2 값들도 λ=1.0을 기점으로 변화가 급격하나 농도는 ppm 단위 이하로 매우 낮다.

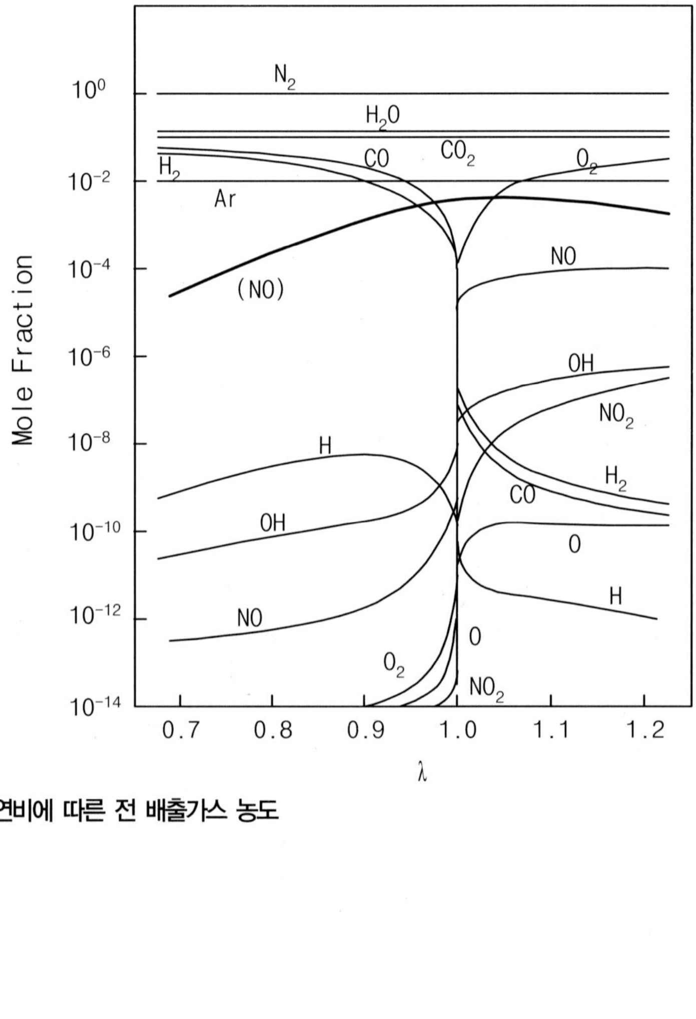

그림 2.2 공연비에 따른 전 배출가스 농도

2.2 엔진 효율

2.2.1 공기사이클 열효율 (η_{th})

복합사이클: Sabathe 사이클이라고도 하며 실제의 내연기관은 이 사이클에 가깝다. 사이클 과정을 아래와 같이 고려한다.

1 → 2 : 단열압축

2 → 3': 정적연소(일정용적에서 열량 Q_v 공급)

3'→ 3 : 정압연소(일정압력에서 열량 Q_p 공급)

3 →4 : 단열팽창

4 →1 : 일정용적에서 열량 Q_2 제거

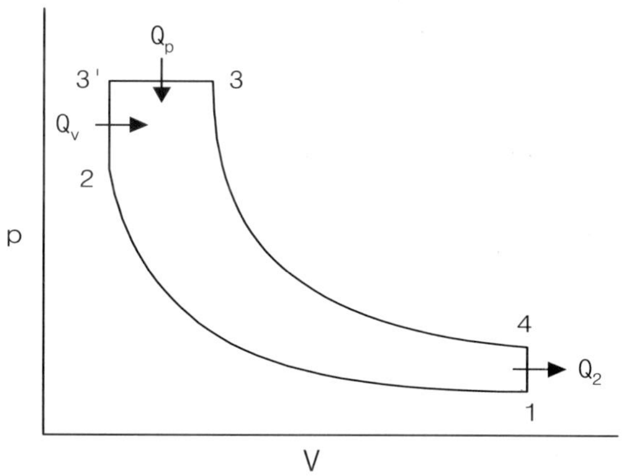

그림 2.3 복합사이클 과정

$$Q_1 = Q_v + Q_p = G \cdot C_v(T_3' - T_2) + G \cdot C_p(T_3 - T_3')$$

$$Q_2 = G \cdot C_v(T_4 - T_1)$$

$$T_2 = T_1 \cdot \varepsilon^{\kappa-1}$$

$$T_3' = T_1 \cdot \rho \cdot \varepsilon^{\kappa-1}$$

$$T_3 = T_1 \cdot \rho \cdot \varepsilon^{\kappa-1} \cdot \sigma$$

$$T_4 = T_1 \cdot \rho \cdot \sigma^{\kappa}$$

여기서 C_v 정적비열, C_p 정압비열, $\varepsilon=V_1/V_2$ 압축비, $\kappa=C_p/C_v$ 비열비, $\rho=p_3'/p_2$ 폭발비(degree of explosion), $\sigma=V_3/V_3'$ 등압비(constant pressure expansion ratio)이다.

· 이론열효율 $\eta_{th} = 1 - \frac{Q_2}{Q_1} = 1 - \frac{1}{\epsilon^{\kappa-1}} \frac{\rho\alpha^{\kappa} - 1}{(\rho - 1) + \kappa\rho(\alpha - 1)}$

· 정적사이클: Otto 사이클로도 불리며 σ=1의 경우이다.

$$\eta_{th} = 1 - \frac{1}{\epsilon^{\kappa-1}} = 1 - \frac{T_1}{T_2} = 1 - \frac{T_4}{T_3}$$

· 정압사이클: Diesel 사이클로도 불리며 ρ=1의 경우이다.

$$\eta_{th} = 1 - \frac{1}{\epsilon^{\kappa-1}} \frac{\alpha^{\kappa} - 1}{\kappa(\alpha - 1)}$$

2.2.2 도시열효율(Indicated thermal efficiency; η_i)

동작가스가 실린더내의 피스톤 위에서 실제로 하는 일의 열효율이며, 이때 얻어지는 동력을 도시출력(indicated horse power; ihp)이라 한다. 도시열효율은 이론열효율보다 낮으며 이의 중요한 원인은 다음과 같다.

- 연소를 위한 시간지연
- 불완전 연소에 의한 연소효율 저하
- 실린더 벽면으로 누출되는 열손실
- 가스교환시의 일손실
- 실린더내 유동손실
- 피스톤링으로의 가스누출
- 피스톤 속도의 영향

2.2.3 정미열효율(Brake thermal efficiency; η_b)

실제 엔진 축으로부터 얻어지는 일의 열효율로 운동부분의 마찰과 밸브나 펌프 등의 보조장치 구동에 필요한 일을 제외한 것이다. 이때 엔진 축에서 얻어지는 동력을 정미출력(brake horse power; bhp) 또는 축출력(shaft horse power)이라 한다.

연료의 완전연소에 의해 발생한 에너지는 여러 가지 다른 형태의 에너지로 분배되며 이를 열정산(heat balance)이라 하며 통상 다음의 4분류로 나누어 생각한다.

① 배기가스에 의한 손실
② 냉각매질에 의한 손실
③ 보조장치 구동마찰, 복사 등에 의한 주변으로의 손실
④ 정미출력 (축출력)

➡ 연료에너지 = ① + ② + ③ + 정미출력 ④ = ① + ② + 도시출력

가솔린엔진의 경우 약 25%는 정미출력, 약 30%는 냉각수, 45%정도는 배기 및 기타에 상실되며, 디젤엔진의 경우는 약 35%가 정미출력으로 전환되며, 약 30%는 냉각수, 나머지 35%가 배기 및 기타에 상실된다.

	정미출력	냉각손실	배기손실	마찰, 기타
가솔린	24~32	40~27	30~35	나머지
디젤(자동차)	32~35	40~28	30~40	
디젤(대형선박용)	40~42	28~20	30~26	

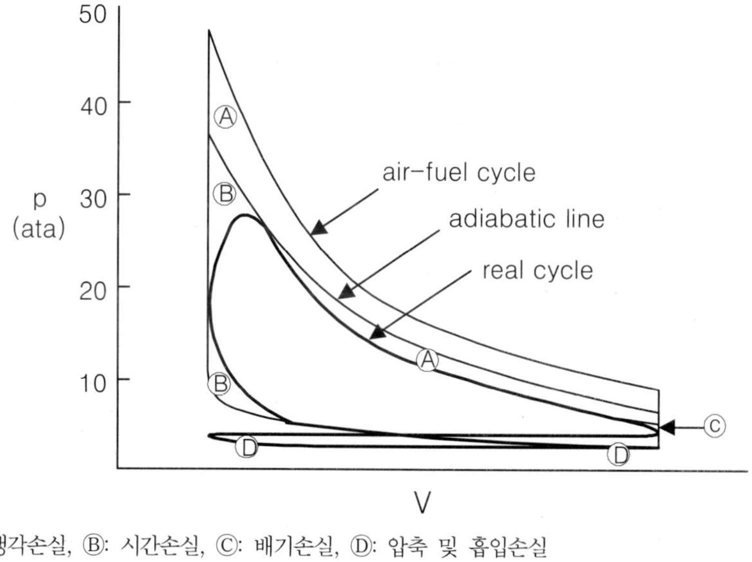

주: Ⓐ: 냉각손실, Ⓑ: 시간손실, Ⓒ: 배기손실, Ⓓ: 압축 및 흡입손실

그림 2.4 엔진작동 사이클 비교

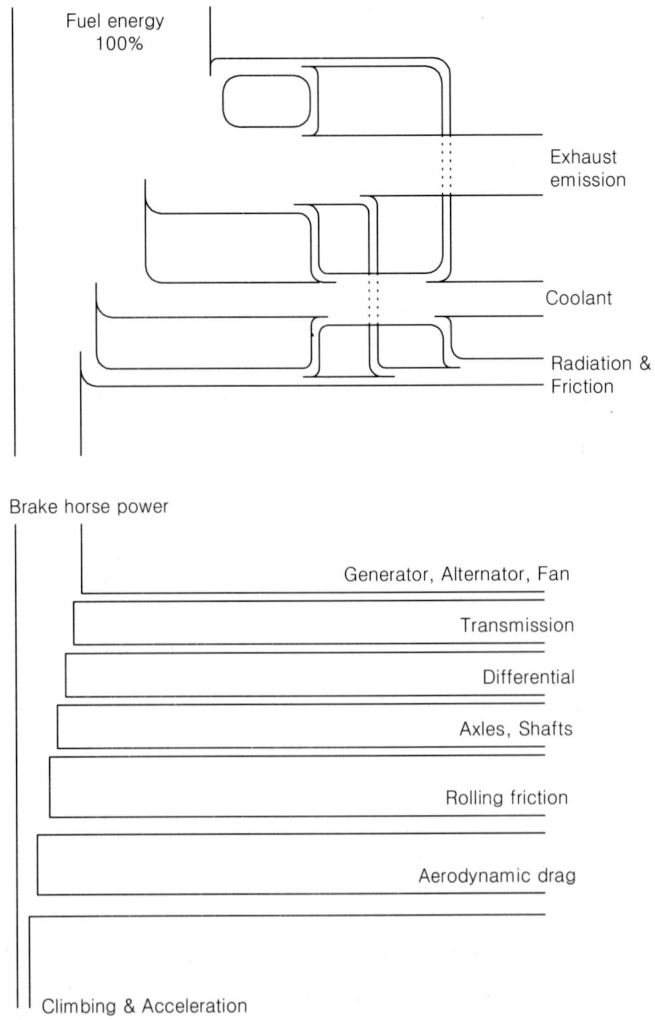

그림 2.5 엔진 및 차량의 열정산

➡ 자동차 구동에 사용되는 에너지 = Rolling friction + Aerodynamic drag + 등판 및 가속일

2.2.4 성능인자(factor)

(1) 출력

$ihp = bhp + fhp$

ihp : indicated horsepower (도시출력) = shaft horsepower

bhp : brake horsepower (정미출력)

fhp : friction horsepower (마찰출력)

(2) 도시평균유효압력

$P_i = 450000 \cdot ihp/V_h \cdot n \cdot i \ (kg/cm^2)$

$P_b = 450000 \cdot bhp/V_h \cdot n \cdot i \ (kg/cm^2)$

$P_f = P_i - P_b$

n: 엔진 rpm

i: 4사이클 i=1/2, 2사이클 i=1

V_h: 행정체적(cc)

ihp, bhp 의 단위는 PS

P_i = imep: indicated mean effective pressure (도시평균유효압력)

P_b = bmep: brake mean effective pressure (정미평균유효압력)

P_f = fmep: friction mean effective pressure (마찰평균유효압력)

(3) 토오크

$T_i = 71620 \cdot ihp/n = P_i \cdot V_h \cdot i/6.283 \ (kg\text{-}cm)$

➔ 토오크는 엔진 크기에 비례하며, 출력도 엔진 크기와 엔진 회전속도에 비례하기 때문에 이것만으로 엔진성능을 비교하는 것은 불충분하며, 1사이클동안의 일을 행정체적으로 나눈 개념인 연소실내의 평균유효압력이 중요한 비교인자로 사용된다.

(4) 연료소비율

· 차량을 대상으로 사용하는 단위.

- 단위시간당 사용한 연료중량 (g/h)
- 단위거리를 주행하는데 사용한 연료체적 (l/km)
- 단위 연료체적으로 주행하는 거리 (km/l): 일반적으로 국내에서 사용되는 차량 연비 표시임.

· specific fuel consumption (sfc)

- 단위일을 위해 사용된 연료중량(g/PS · h; g/kw · h)으로 차량보다는 엔진이 연료를 얼마나 효율적으로 일로 변환시키는가의 척도이며, 주로 공학에서 사용하는 단위임.

· "7.4.4 자동차 연료소비율 측정 및 표시방법" 참고

2.3 가솔린 및 디젤엔진 특성

가솔린엔진은 연료와 공기를 예혼합하여 연소실에 공급하며, 혼합기를 피스톤으로 압축하고 충분한 연소 분위기가 될 때 점화플러그의 전기점화 에너지(약 15kV)로서 혼합기를 점화시켜 연소시킴으로서 연소시 발생하는 에너지를 이용한다. 반면, 디젤엔진은 공기를 먼저 연소실에 공급하여 피스톤으로 압축하고 연료분사장치로서 연료를 분사함으로서 점화 및 연소를 시키며 외부의 강제 점화원을 사용하지 않는다.

일반 연소개념으로 보면 가솔린은 예혼합연소(premixed combustion), 디젤은 확산연소(diffusion combustion)에 가깝다고 볼 수 있다.

자동차는 다양한 엔진출력을 요구하며 이를 위해, 가솔린엔진에서는 흡입공기 공급량을 트로틀밸브 개도로 조정하고 여기에 적합한 연료량을 공급함으로서 조정하나, 디젤엔진의 경우는 흡입공기량의 제어는 없으며 연소실에 분사되는 연료공급량으로만 조정한다.

연료의 특성상 가솔린은 자발화 온도가 높아 피스톤의 압축에 의해 상승된 공기온도만으로는 연소가 어려우며 외부에서의 점화원이 필요하다. 반면 디젤의 경우는 자발화온도가 상대적으로 낮아 외부 열원 없이 피스톤 압축에 의해 온도가 상승된 공기에 연료를 분사하면 연소가 진행된다.

가솔린엔진 연소는 점화플러그에서 점화된 화염이 연료공기 혼합기에 전파되면서 연소가 이루어지며 화염전파속도 변화 폭은 크지 않기 때문에 고속 엔진회전속도에서도

화염면이 벽면까지 충분하게 전파되어 연소를 원만하게 마치기 위해서는 연소실 크기에 제한이 있다. 디젤엔진의 경우는 공기 중에 분사된 연료가 연소되기 때문에 연소에 소요되는 시간이 짧아 연소실 크기에 제한이 없어 특히 대형엔진은 디젤엔진만이 가능하다.

가솔린엔진의 연소속도가 너무 빠르면 노킹(knocking)을 수반하는 급격한 압력상승이 발생하여 연소실내에 손상을 가져온다. 엔진의 연소효율을 높이기 위해서는 압축비를 높여주는 것이 효율적이나 노킹한계와 잘 조화시켜야 한다. 연료측면에서는 연소속도를 느리게 해주는 고옥탄가연료를 사용함으로서 압축비를 높일 수 있으며 노킹방지에 도움이 된다.

표 2.3 가솔린엔진과 디젤엔진의 특성비교

특성		가 솔 린	디젤
연료공급방식		▸ 압축전 연료공기혼합 (예혼합) ▸ 연소실 바깥에서 인젝트로 공급	▸ 공기압축후 연료공급 (확산연소) ▸ 연소실내에서 인젝트로 공급
열효율		25~32%	32~38%
점화방식		전기점화	자기착화
사용연료		가솔린 ▸ 자기착화온도 높음 ▸ 인화점 낮음	경유 ▸ 자기착화온도 낮음 ▸ 인화점 높음
연소실(실린더 직경)크기		제한적 (노킹때문에 160mm 이하)	제한없음 ⇨ 고출력
유해배출가스		▸ CO, HC, NOx 현재 TWC기술로 해결 장래기술: Lean-Burn+DeNOx	▸ PM, NOx, CO, HC (PM, NOx가 문제) 장래기술: 고압연료분사+DPF +DeNOx
기타	수명	짧다	길다
	중량	가볍다	무겁다
	소음, 진동	적다	크다

디젤엔진에서는 연료가 짧은 시간에 동시에 연소하기 때문에 가솔린엔진의 노킹과 유사한 연소가 일어난다. 분사된 연료가 쉽게 연소할 수 있도록 압축공기온도를 충분히 올려주기 위하여 (특히 cold start시 self-ignition temperature까지 올릴 수 있는 압축비 요구) 압축비가 가솔린에 비해 높다. 이에 따라 연소효율이 좋으나 압축비가 너무

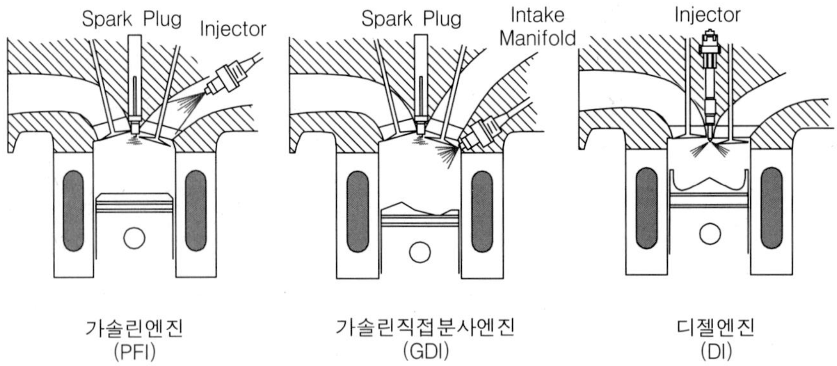

그림 2.6 가솔린엔진과 디젤엔진 구조비교

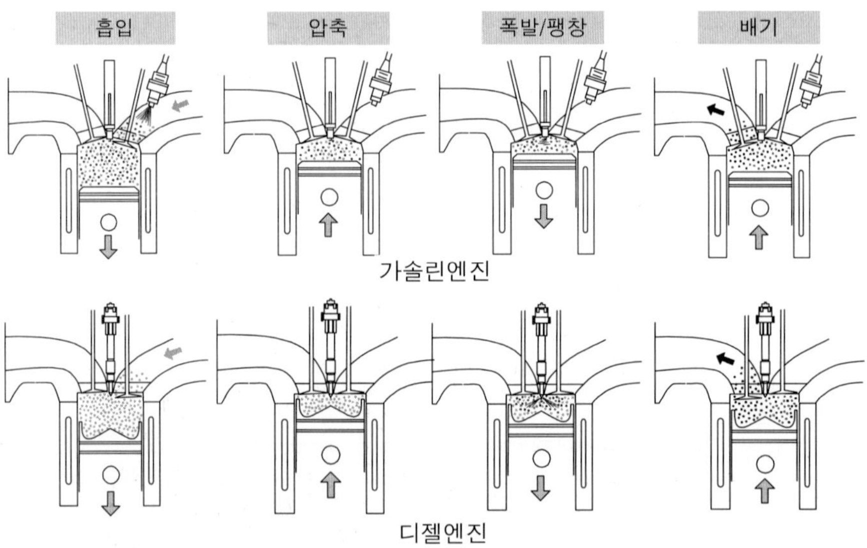

그림 2.7 가솔린엔진과 디젤엔진 작동비교

높으면 연소압력이 높아 연소실 손상우려와 피스톤 압축에 소요되는 에너지와 기타 기계적 마찰손실이 크며, 진동과 소음문제도 가솔린에 비해 크기 때문에 연소효율 저하를 최소화하면서 압축비를 낮출 수 있는 방안이 필요하다.

디젤엔진은 공급공기가 많기 때문에 배기가스 온도가 낮아 엔진 내구성에 유리하다. 그러나 분사된 연료가 연소될 때 국부적으로 공기가 부족하여 매연이 발생하며, 전체적으로는 희박연소이기 때문에 삼원촉매나 산화촉매 적용이 곤란하다. 또한 압축비가 높기 때문에 연소 최고 온도가 높아 NOx 발생량이 많다. 반면, 가솔린엔진의 경우는 연료와 공기를 사전에 혼합하여 공급하기 때문에 공연비 제어가 용이하여 삼원촉매를 적용할 수 있어 배출가스 제어에 유리하다.

2.3.1 열발생율(Heat release rate)

연료의 화학적 에너지가 연소과정에서 열로 방출되는 율을 말하며, 연료질량 연소율(fuel mass burning rate)와 함께 연소과정을 이해하는데 중요한 인자이다.

$$\frac{dQ}{dt} - p\frac{dV}{dt} + \sum_i \dot{m}_i h_i = \frac{dU}{dt} \tag{2-11}$$

여기서

$\frac{dQ}{dt}$: 시스템(엔진)으로 공급되는 열전달율(열발생율)

$p\frac{dV}{dt}$: 시스템에 의해서 행해진 일

$\dot{m}_i$: 시스템에 공급되는 질량(주로 연료량)

h_i : 연료의 엔탈피

U : 시스템에 저장되는 내부에너지

가솔린엔진의 열발생율은 초기에는 적고 화염이 전파되어 확대되는 후기에 급속히 증가하며 화염 전파가 끝나면 급격하게 감소한다.

직접분사식(DI) 디젤엔진의 연소과정은 4단계로 진행된다.

- 점화지연기간(ignition delay): 분사된 연료가 발화온도까지 가열되어 점화되는 기간을 말하며 열발생율은 거의 없다. 주로 분사초기의 연소실 내 온도 및 압력에 좌우된다.
- 예혼합에 의한 급속연소기간(rapid combustion by premixed fuel): 분사된 연료 중 점화지연기간동안 혼합된 연료가 급속하게 연소하여 열발생율 최고점에 도달한다. 이 기간의 연소는 공급된 연료의 미립화, 휘발성, 연소실내 연료분포 등에 의해

지배된다.

- 제어 연소기간(mixing-controlled combustion): 급속연소 이후에도 잔류 연료와 추가 공급되는 연료가 공기와 혼합하여 연소를 계속하며 제2의 열발생율 최고점을 만들기도 한다. 연료의 무화(atomization), 증발도(vaporization), 공기연료의 혼합도, 연료의 분사율 등에 의해 제어된다.
- 후연소기간(late combustion): 팽창기간에도 낮은 열발생율로 연소가 상당기간 진행된다. 이것은 적은 량이지만 미연소 잔류연료가 타거나, soot와 농후한 연료의 연소 발생물 등의 에너지가 지속적으로 방출되는 과정이다.

간접분사식(IDI) 디젤엔진의 경우는 분사된 연료가 부실실(swirl prechamber, turbulent prechamber)에 분사되어 대부분 연소실 벽면에서 증발하기 때문에 점화지연기간동안의 연료혼합이 적어 급속연소기간에서의 열발생율이 DI와 같은 피크는 없으나, 점화후 혼합이 가속되어 열발생율이 점차적으로 증가한다.

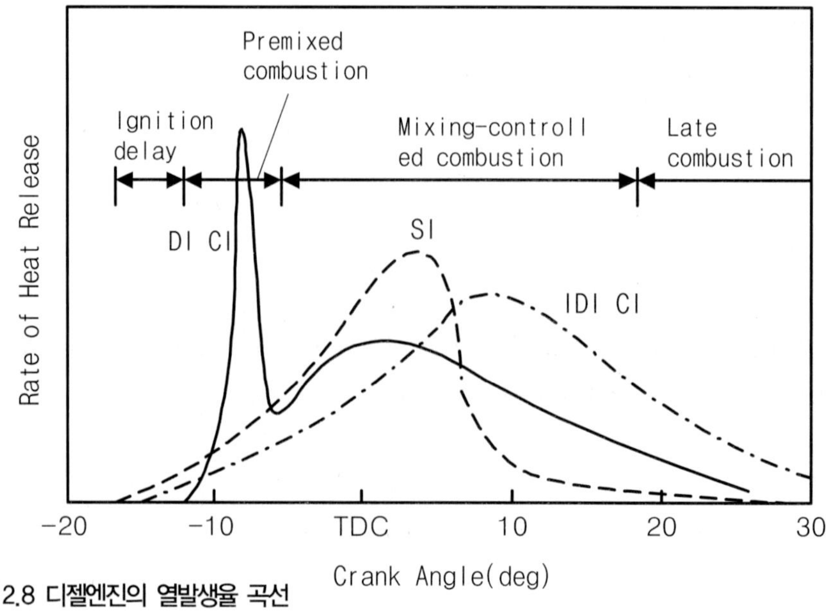

그림 2.8 디젤엔진의 열발생율 곡선

2.3.2 연료공기비(Air fuel ratio)

가솔린엔진의 경우 공연비가 대부분 λ=1.0±0.1 범위에서 작동하나, 흡기관 연료분사방식 희박연소엔진의 경우 λ=1.5(A/F=23)까지 작동이 가능하다.

최근 초저연비엔진으로 연구되고 있는 연소실내 가솔린직접분사식(GDI) 엔진에서는 그림 2.9에서 보듯이 저부하영역에서 λ=3.0(A/F=40~50)까지 연소할 수 있는 것으로 발표되고 있다.

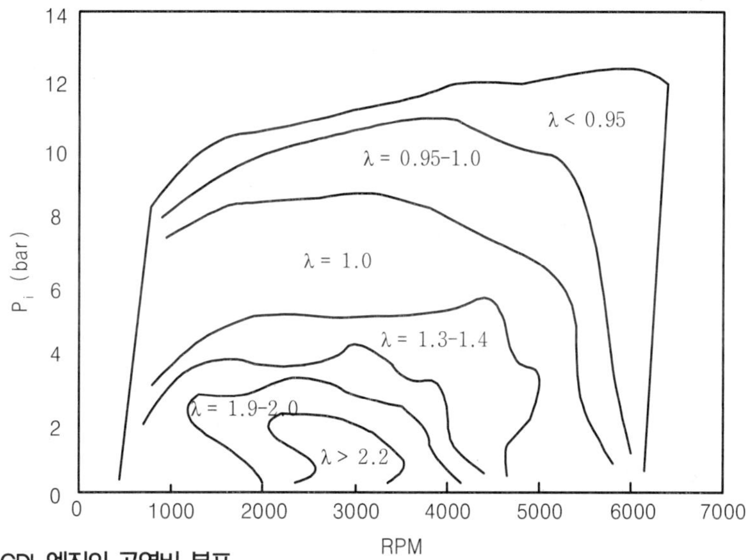

그림 2.9 GDI 엔진의 공연비 분포

가솔린엔진의 공연비에 따른 배출가스 성분을 그림 2.10에서 보면 NOx 배출농도는 λ=1.05 부근에서 최대이며 더 농후하거나 희박하면 농도가 줄어든다. CO는 λ<1.0 영역에서 배출농도가 상당히 높으나 희박영역으로 가면서 농도가 급격히 줄어들며 λ>1.0에서는 배출농도가 매우 낮다. HC도 λ<1.0 에서는 CO와 비슷한 경향을 보이며 λ=1.2 근처에서 최저 값을 보이다가 다시 증가한다. HCHO는 공연비가 희박해짐에 따라 증가하며, CO_2는 λ=1.0 부근에서 최대농도를 보인다.

디젤엔진의 경우 국부적으로는 λ<1.0의 농후한 공연비도 존재하지만 전체적으로는 λ=10.0까지의 광범위한 희박영역에서 작동한다.

디젤엔진의 공연비에 따른 배출가스 농도는 그림 2.11과 같다. 직접분사식디젤에서의 NOx는 λ=1.0 근처에서 최대 값을 보이며 공연비가 희박함에 따라 농도가 줄어든다. CO는 λ=2.0 부근까지 최소치로 급격히 감소하다가 다시 λ의 증가에 따라 함께 증가한다. HC는 λ=2.0까지는 상당히 급격히 증가하다가 λ>2.0에서는 변화가 적다. Soot는 λ=2.2 부근까지는 급속하게 감소하고 그 이후부터는 완만한 감소를 보인다.

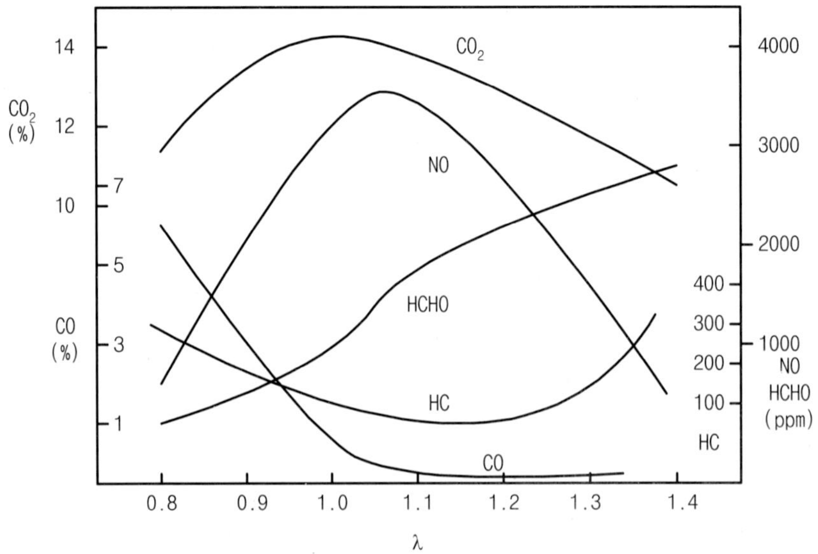

그림 2.10 가솔린엔진의 공연비에 따른 배출가스 농도

간접분사식에서는 NOx는 λ=2.0 근처에서 최대 값을 보이며 공연비가 희박함에 따라 농도가 줄어든다. CO는 λ=2.0 부근까지 급격히 감소한 후 λ가 증가함에 따라 약간 증가한다.

엔진의 연료, 설계, 운전조건 등의 차이에 따라 큰 격차는 있지만 대략적인 배출가스의 농도범위(order of magnitude)는 다음과 같다

배출가스	농도(ppm)	공급연료 대비 배출량(중량)
CO	1%~8%	20%
THC(ppm C)	1000~3000	1~2.5%
NOx	500~1000	2%
PM	–	0.2~0.5%

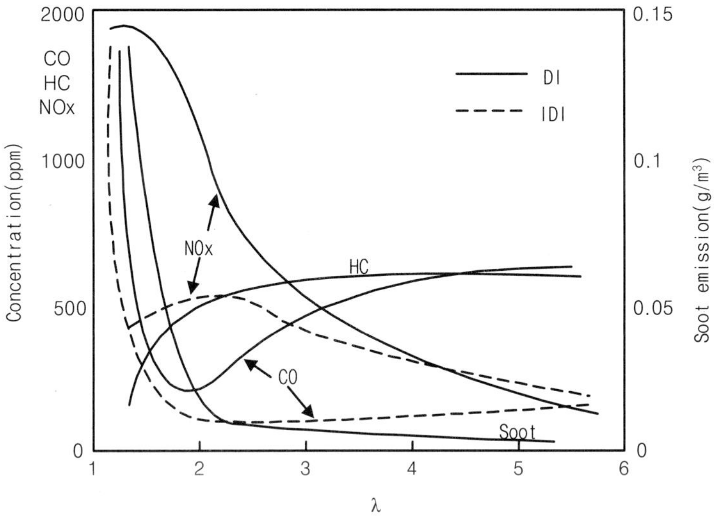

그림 2.11 디젤엔진의 공연비에 따른 배출가스 농도

2.4 일산화탄소(CO)

CO 발생량(농도)은 공기연료 혼합비에 가장 크게 좌우된다. 디젤엔진은 대부분 희박한 공연비영역에서 작동하기 때문에 CO는 크게 문제시되지 않는다. 그러나 가솔린엔진은 공연비가 농후한 영역에서도 작동하기 때문에 CO가 중요한 공해물질이다. 그림 2.10에서 보듯이 λ<1.0 영역에서의 CO 배출농도는 몇 %(수만pmm)수준으로 상당히 높으며 희박영역으로 가면서 농도가 급격히 줄어들며 λ>1.0에서는 몇 십ppm 수준으로 낮게 배출된다.

엔진 작동시의 CO 발생요인은 다음의 몇 가지로 분석할 수 있다.

① 실린더간의 혼합기 불균일성

② 저온시동시 농후한 연료공급

③ 과도운전시의 농후한 연료공급: 가감속시

산소가 부족한 영역에서의 CO 농도는 "water gas equation"에 지배되며, 공기가 충분한 영역에서는 산소와의 주 반응식에 의해 CO_2로 바뀐다.

공기 중에서의 주 반응식: $CO + 1/2\ O_2 \Leftrightarrow CO_2$

Water gas equation: $CO + H_2O \Leftrightarrow CO_2 + H_2$ (1600~1700K 온도에서)

배기관의 배출농도는 연소실내에서 측정된 값보다는 낮으나 화학평형 값보다는 훨씬 높으며, 이것은 실제 엔진에서의 CO 배출은 비평형(chemical kinetics)에 지배됨을 의미한다.

2.5 탄화수소(HC)

Hydrocarbons은 일반적으로 FID법으로 측정되는 THC(total hydrocarbon) 농도로 표시한다. FID 법은 탄소원자(C_1) 개수를 측정하는 분석방법이다.

가솔린엔진에서 배출되는 THC 중 HC 성분의 전형적인 분포비율은 다음과 같다.

	Parffins	Olefins	Acetylene	Aromatics
촉매 전(%)	33	27	8	32
촉매 후(%)	57	15	2	26

HC 성분 중 인체에 거의 영향을 미치지 않으며 광화학스모그 반응에도 관여하지 않는 성분(메탄 등)이 있으나, 일부는 광화학반응에 매우 민감하며, 발암물질도 포함되어 있다.

특히 광화학스모그 반응으로 oxidant formation(오존 등)을 생성하는 척도로 CARB에서는 RAF(reactivity adjustment factor)를 사용한다.

배출가스의 HC 성분과 농도에 미치는 중요한 요인 중의 하나는 연료성분이다. 특히 aromatics나 olefins 성분이 높은 연료는 RAF가 높은 HC 성분을 생성한다.

2.5.1 가솔린엔진의 HC

그림 2.10에서 보듯이 이론공연비에서 농후한 영역으로 갈수록 HC 농도가 상당히 급속하게 증가하며, 공연비가 아주 희박한 영역(λ〉1.85; A/F〉27)에서도 불완전연소나 실화(misfire)로 인하여 급격하게 증가한다.

연소시의 HC 발생원인은 다음과 같이 알려져 있다.

① 연소실 벽면에서의 화염 소실(quenching)

② 피스톤 톱랜드와 같은 틈새체적(crevice volume)에 남겨진 미연소 혼합기

③ 흡입 및 압축행정시 연소실벽면의 윤활막(oil layer)에 흡착된 연료성분이 팽창 및 배기 행정시에 탈착

④ 과도기 운전시의 공연비, EGR, 점화시기 등이 제대로 제어되지 못하였을 경우 발생할 수 있는 부분연소나 실화 등과 같은 불완전 연소

⑤ 연소실내에 부착되어 있는 퇴적물(deposits) 영향

엔진 연소실에서 배출된 HC는 배기관 내에서 일부 산화하며, 산화조건은 600℃ 온도에서 50ms 이상 체류할 수 있어야 한다.

2.5.2 디젤엔진의 HC

디젤연료는 가솔린에 비해 비등점(boiling point)이 높고 분자량(molecular weight)이 큰 성분이 많아 연료가 분무되었을 때 열분해(pyrolysis)가 일찍 일어난다. 이런 이유로 폭넓게 분자성분이 분포하며 이 중에서 무게가 무거운 HC의 대부분은 PM의 SOF에 흡착되어 배출된다.

정상적인 연소에서의 HC 발생요인은 공연비가 과도하게 농후하거나, 희박한 두 경우를 고려할 수 있다.

그림 2.12는 디젤의 연료분사노즐에서 분무된 연료의 국부적 공연비 분포를 공기과잉율(λ)로서 나타낸 것이다. 연료의 점화는 이론공연비(λ=1)보다 약간 희박한 점에서 발생하며, 희박연소한계($\lambda_L \approx 3$; A/F≈40)선 바깥영역은 공연비가 더욱 희박하여 자발

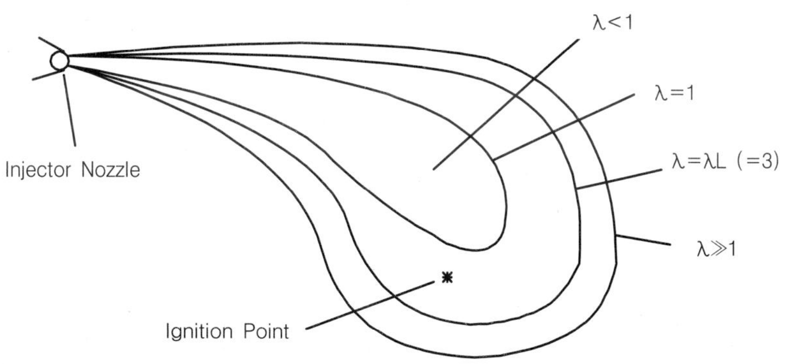

그림 2.12 디젤 분무연료의 국부적 공연비(λ) 분포

화(autoignition)가 일어나지 못한다.

이와 같은 초희박(overlean)영역에서는 산화반응이 느리기 때문에 반응이 제대로 끝나지 못하여 미연소연료, 연료분해생성물(fuel decomposition products), 부분산화물(알데히드, 옥시탄트) 등이 생성된다.

초희박영역에서의 HC 발생농도는 점화지연기간(그림 2.8 참조)동안 분사되는 연료량과 분사된 연료가 공기와의 혼합되는 비율에 크게 지배된다. 즉, 점화지연기간에 분사되는 연료가 많거나 또는 점화지연기간이 길면 HC 발생량이 증가한다.

반면 분사된 연료가 과농하게 되는 경우는 노즐의 sac volume에 남아 있던 연료가 연소과정 후기에 느린 속도로 분사되는 경우와, 연료가 처음부터 연소실에 과도하게 공급되는 경우의 두 가지로 볼 수 있다. 특히 sac volume의 체적과 HC 발생량은 거의 비례하는 경향을 가지고 있다.

2.6 질소산화물(NOx)

NOx는 일산화질소(NO)와 이산화질소(NO_2)를 말하며 NO가 대부분을 차지하고 있다.

NOx 발생의 주요 원은 공기중의 질소분자에 의한 것이며 연료에는 거의 질소성분이 없다.

2.6.1 NO 발생

공기질소에 의한 NO발생은 Zeldovich mechanism에 의한 것으로 다음의 반응기구를 갖는다.

$$N_2 + O \Leftrightarrow NO + N$$

$$O_2 + N \Leftrightarrow NO + O$$

$$OH + N \Leftrightarrow NO + H$$

연소시 NO는 화염전면(flame front)과 화염후면 가스(postflame gases)에서 발생한다. 엔진 연소실 내에서의 연소는 고압에서 진행되기 때문에 화염 반응면이 매우 얇고(약 0.1mm) 아주 짧은 시간 동안만 남아 있다. 또한 연소과정에서는 압력이 계속 상승하기 때문에 이미 연소된 화염후면 가스 온도가 이제 막 타기 시작한 화염전면 가스에 비해 훨씬 높다. 이런 이유 때문에 엔진 연소시 NO는 대부분 화염후면 가스에서 발생하며 화염전면에서 발생하는 NO량은 무시할 정도로 적다.

NO 발생농도는 온도에 크게 지배되며, 반응시간과 산소농도도 중요한 인자이다.

2.6.2 NO_2 발생

화학평행 계산에 의한 NO_2 발생량은 NO에 비해 무시해도 좋을 정도로 작다. 실제 가솔린 엔진에서의 NO_2/NO 비는 2% 수준으로 NO_2 발생량이 매우 낮으나 디젤엔진의 경우는 10~30% 정도로 높다.

화염영역에서 생성된 NO는 아래의 반응으로 급속하게 NO_2로 변환한다.

$$NO + HO_2 \Leftrightarrow NO_2 + OH$$

이렇게 생성된 NO_2는 차가운 유체에 급속하게 혼합되지 않으면 아래의 반응에 의해 다시 NO로 변환된다.

$$NO_2 + O \Leftrightarrow NO + O_2$$

따라서 연소실내에 차가운 영역이 많이 존재하게 되는 운전조건, 즉 아이들링 상태나 저부하 운전상태에서 NO_2/NO 비율이 높다.

2.6.3 가솔린엔진의 NOx 발생

가솔린엔진의 연료공급은 흡기관에서 미리 분사되어 공기와 혼합되어 연소실내로 공급됨으로 연료공기와 희석가스(잔류가스와 배기재순환가스)는 충분히 균일하게 (homogeneous) 혼합되어 연소된다고 볼 수 있다.

이와 같은 가정에서 가솔린엔진 연소시 NO발생은 연소가스온도와 연소행정 및 팽창행정 과정의 연소실 압력과의 상관관계를 고려한 Zeldovich mechanism으로 설명할 수 있다.

NO 발생에 영향을 미치는 중요한 엔진작동 요소는 공기연료비, 희석가스비, 점화시기이다.

(1) 공기연료비 영향

연소가스 온도는 공연비가 약간 농후한 영역인 λ=0.9 근처에서 가장 높으나 산소농도가 낮기 때문에 NO 발생이 억제되며, 도리어 λ=1.1의 희박한 영역에서 풍부한 산소가 연소온도가 낮아지는 것을 억제하여 NO가 최대로 발생한다.(그림 2.10 참조)

λ=1.1을 기점으로 희박한 영역에서는 NO가 팽창행정에서 증가속도가 일찍 동결(freeze)되어 발생량이 적으며, 농후영역에서는 NO 환원반응이 발생하여 농도가 낮다.

(2) 희석가스비의 영향

연소실내의 미연소된 가스는 연료가스와 공기 및 일부 연소가스 성분으로 이루어져 있으며, 연소가스는 앞 사이클의 잔류가스와 NOx 발생량을 제어하기 위하여 재순환시킨 배기가스(EGR)로 구분되며 N_2, He, Ar과 같은 불활성가스 역할을 한다.

앞 사이클 잔류가스는 주로 엔진작동 부하(load), 밸브 타이밍에 크게 영향을 받으며 작게는 엔진속도, 공연비, 압축비 등에도 영향을 받는다.

EGR은 NOx 저감에 값싸고 매우 효율적인 방법으로서 최대 EGR율 25% 정도에 NOx

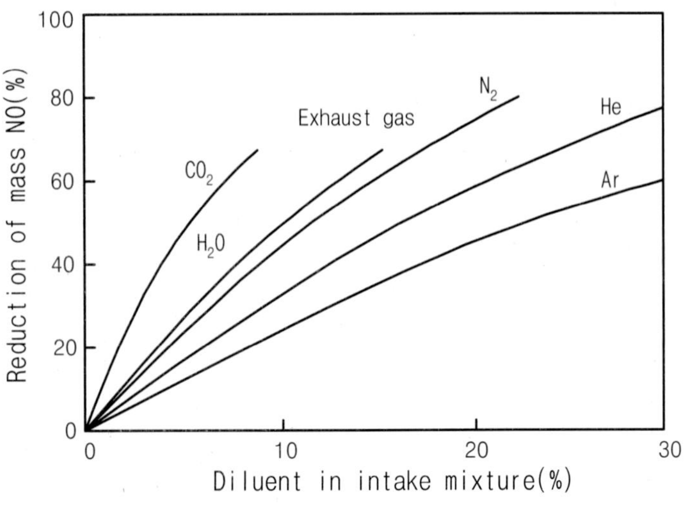

그림 2.13 여러 종류 불활성가스의 NO 저감영향

를 60% 이상 줄일 수 있다. 그러나 과도한 EGR은 엔진작동의 부조를 초래한다.

배기가스의 열용량(heat capacity)이 공기보다 높아 연소시 열발생량(heat release)이 일정하다고 가정하면 연소온도가 낮아지며 따라서 NOx 발생량이 적어진다.

또한 배기가스 중의 산소농도가 낮기 때문에 연소실 공급산소량이 적어지며, 연소속도도 느려져서 연소온도가 저하된다.

(3) 점화시기 영향

점화시기도 NO 발생에 매우 큰 영향을 미친다. 점화시기가 앞당겨지면 TDC 이전에 다량의 연료가 연소하기 때문에 연소 최고압력이 높아지며, 반대로 점화시기가 후퇴되면(retard) 많은 연료가 TDC 이후에 타기 때문에 연소 최고압력은 낮아져 NO가 저감된다.

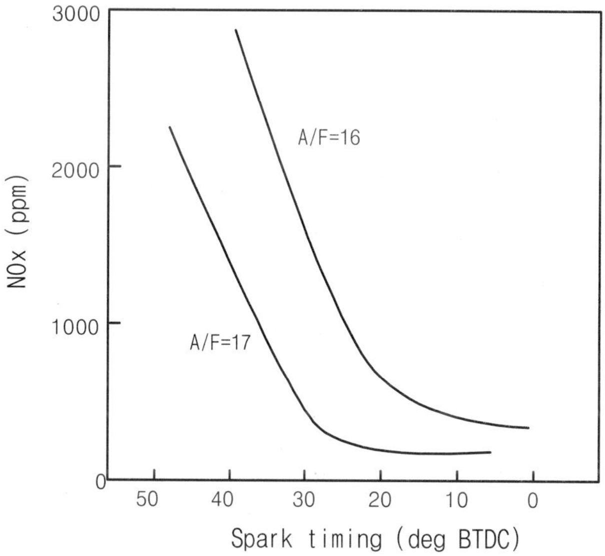

그림 2.14 점화시기 후퇴에 따른 NO 변화

그러나 점화시기를 너무 후퇴시키면 출력감소와 연비 악화가 발생하기 때문에 NO와 연비, 출력을 고려한 최적 점화시기 선정이 매우 중요하다.

출력만을 고려한 경우도 최고출력 점화시기점인 MBT (maximum brake torque; minimum spark advance for best torque) timing을 찾는 것이 쉽지 않으며, 일반적으로 사용되는 점화시기는 최대토크 값이 1~2% 감소하는 점으로 후퇴시켜 사용한다.

2.6.4 디젤엔진의 NOx 발생

디젤엔진 연소는 가솔린엔진 연소와 달리 연료가 연소행정 직전에 연소실내에 분사되어 공급됨으로서 공기와 연료가 충분하게 혼합되기 전에 연소가 시작되며 따라서 공연비 분포가 불균일(heterogeneous)하고 연소과정이 매우 복잡하다.

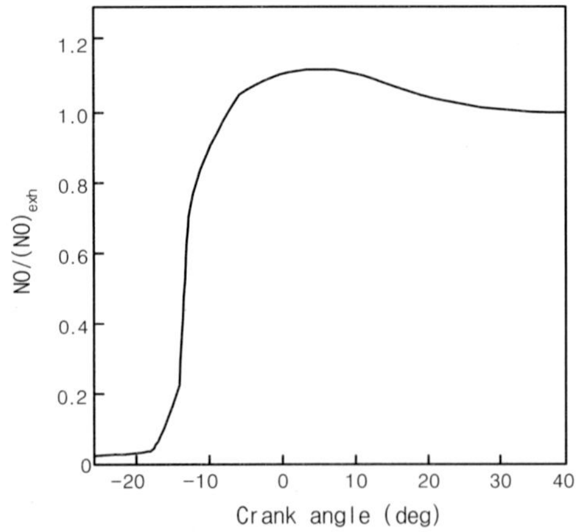

그림 2.15 크랭크 각도에 따른 NO 농도변화

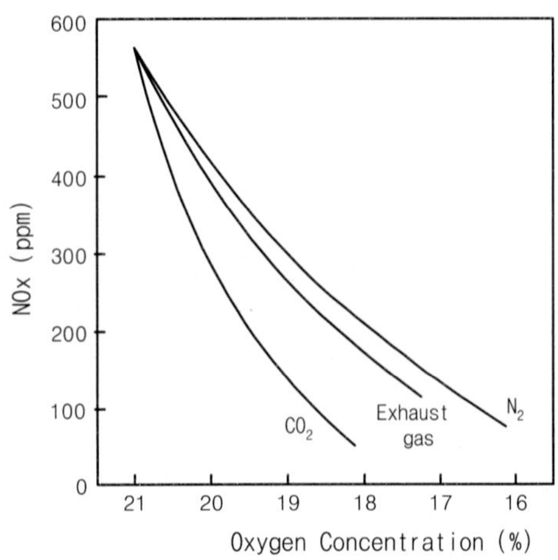

그림 2.16 NOx의 산소농도 영향

Ignition delay 기간 직후의 premixed combustion 에서는 이론공연비 농도의 혼합기가 동시에 연소되며, mixing controlled combustion에서도 이론공연비 농도의 혼합기가 확산화염(diffusion flame)을 계속한다. 전반적인 연소과정은 기연소가스와 공기, 희박하거나 농후한 미연소 공기연료 혼합기들의 복잡한 혼합과 연소가 동시에 진행된다.

연소 시작 후 20° CA에서 NO 발생이 대부분 완료되며(그림 2.15), NO_2 발생량은 전체 NOx의 10~20% 수준이다.

가솔린엔진과 마찬가지로 EGR 영향은 디젤엔진에서도 매우 크다. CO_2와 N_2, 배기가스에 의한 EGR시 연소실내 혼합기의 O_2 농도가 감소되어 NOx가 감소하며 산소농도에 의한 NOx 감소영향을 그림 2.16에 나타내었다.

2.7 입자상물질(Particulate Matters; PM)

2.7.1 가솔린엔진의 입자상물질

주로 납, 황산염(sulfates), 유기입자(soot 포함)의 3종류가 주성분이다. 황산염은 특히 산화촉매 반응에서 발생하며 발생량은 대략 20mg/km이다.

유연연료를 사용할 경우 50% 이상이 납성분이었으나 현재는 무연연료를 사용하기 때문에 납성분은 거의 없다.

연료공기비가 너무 농후할 경우 검은 매연이 발생하나 대부분 연료공기비가 이론연료공기비로 잘 조정되어 있기 때문에 가솔린에서는 입자상물질이 크게 문제시되지 않는다.

2.7.2 디젤엔진의 입자상물질

일반적으로 디젤 엔진에서 발생하는 입자상물질의 대부분은 연료의 탄화수소계의 불완전 연소에 기인하며, 일부는 엔진 윤활유에서 발생된다. 대체적으로 직경 1㎛ 이하의 작은 크기로, 유기물에 가까운 것들로서 유해한 성분 또한 많이 포함하고 있다. 디젤엔진의 입자상물질은 고온 (1,000~2,800K)상태에서 국부적 연료 과다로 인해 긴 사슬모양의 연료분자가 열분해(thermal decomposition)를 일으켜 발생한다. 생성된 초기 미립자는 아세틸렌, 분자량이 큰 화합물과 PAH로 구성되어 있으며, 직경은 약 2nm 이하의 초미립자이다. 이 입자는 엔진 연소실내 국부적 산소 부족(혼합기 유동형태가 주요

변수)과 연료성분, 연소온도, 확산속도, 반응 시간 등에 의한 탈수(dehydration) 및 분해 반응을 거치게 된다. 이를 통해 입자 표면성장, 응집, 엉김 그리고 집합 등의 과정을 거쳐 입자상물질을 형성하게 된다.

미국 CARB에서 PM을 51.7°C 이하의 공기로 희석되어 필터에 포집된 배출성분 중 응축수분(condensed water) 을 제외한 모든 배출성분 (fines, dust, soot, mist, fog, smog 등이 포함됨)으로 정의하고 있다.

PM 발생량은 연료량의 약 0.2~0.5%(중량)이며 대부분의 PM은 연료 탄화수소계의 불완전연소에 기인하고 일부는 엔진 윤활유에서 발생한다.

PM의 크게 SOL(solid frtaction), SOF(soluble organic fraction), SO_4(sulfate pareticles)로 구성되어 있다.

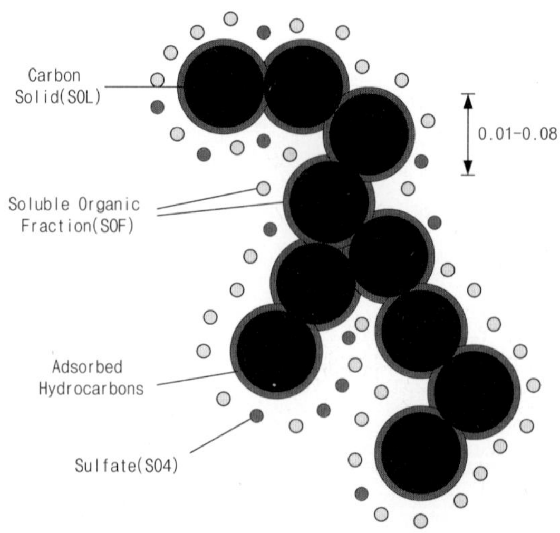

그림 2.17 PM 구성성분

SOL은 탄소입자가 대부분이며 재(ash)도 포함된다. 배기가스온도 500°C 이상에서는 직경 15~30nm의 탄소(carbon)입자나 입자의 덩어리(cluster)로서 H/C=0.2~0.3의 dry soot 상태이다. 엔진기술이 향상됨에 따라 carbon PM은 대폭 저감되었으며 이에 따라 ash 비중이 커지고 있다. Ash의 발생원인은 엔진 윤활유 첨가제에서 Ca, Zn, Mg 산화물이 발생하며, 엔진마모에 따른 Fe, Cu, Cr 산화물, 엔진배기관의 부식영향, 매연여과장치의 연료첨가제에 의한 발생 등이 있다.

반면 배기가스온도 500°C 이하에서는 H/C=1.2~1.7의 SOF(soluble organic fraction)가 PM에 흡착(adsorbed)되어 있다. SOF는 미연탄화수소, 산화탄화수소(oxygenated hydrocarbons; ketones, esters, ethers, organic acids), PAH 등으로 구성되어 있다. SOF 발생은 엔진종류(2행정/4행정)와 엔진 작동상태의 영향이 크며, 엔진오일로부터 생성된 SOF가 대부분이다.

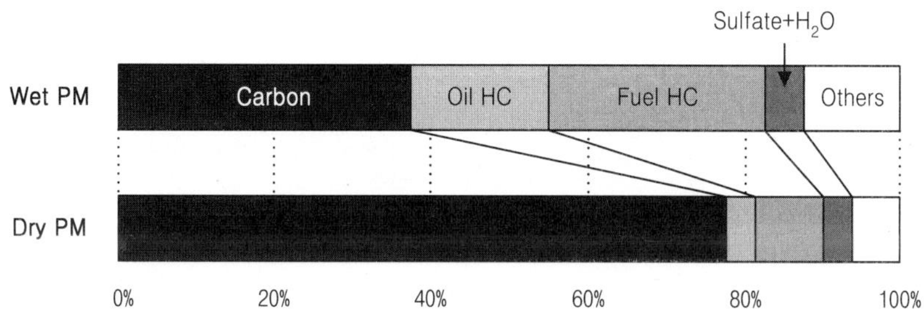

그림 2.18 PM 구성비율

Wet PM 에서는 SOF가 50% 이상까지 차지하나 dry PM에서는 SOF가 10%정도로 낮아진다.

또한 sulfur dioxide(SO_2), nitrogen dioxide(NO_2), sulfuric acid(sulfates) 등의 inorganic species도 PM에 응축(condensed)되어 있다.

디젤엔진에서 배출되는 PM 분포상태는 중량기준으로 할 경우 입자직경 30~500nm (accumulate mode)에 분포되어 있으며 100~200nm에 집중되어 있다. 그러나 수량기준으로 보면 그림 2.19에서 보듯이 3~30nm(nuclei mode)에 분포되어 있으며 10~20nm에 집중되어 있다. 중량은 전체의 10% 이내이나 수량은 90% 이상이다. Coarse mode는 직경 1㎛ 이상으로 전체중량의 5~20%이며 연소과정에서 보다는 배기관, 샘플과정에서 발생한다.

인체 유해성을 보면 중량비율은 미미하나 입자수량 면에서는 대부분을 차지하고 있는 50nm 이하의 nanoparticles의 유해도가 훨씬 큰 것으로 알려져 있어 앞으로 nanoparticles PM 저감이 주요 과제로 다루어질 전망이다.

현재까지 디젤 극미세입자의 크기에 대한 정확한 규정은 없으나, 대개 직경 50 nm 이하의 입자를 총칭하는게 일반적이다. 이러한 크기와 형태의 디젤 극미세입자는 매우 불안정한 휘발성이고 미연탄화수소와 함수 황산 응축물로 구성되어 있다. 또한 극미세

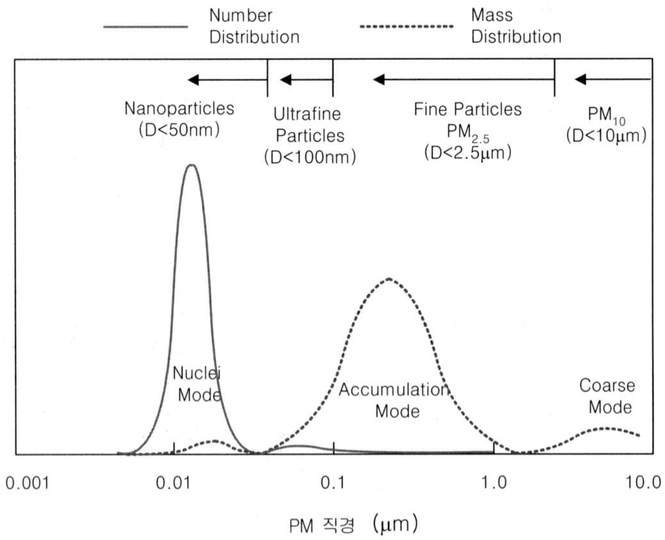

그림 2.19 입자상물질 분포상태

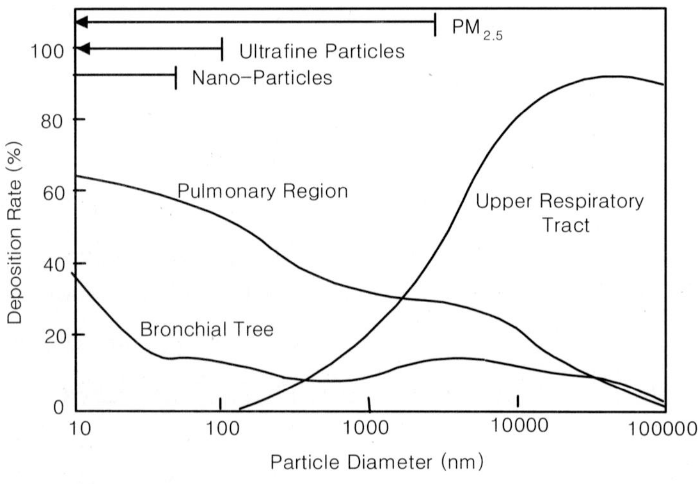

그림 2.20 입자상물질의 호흡계통 흡착비율

입자 최대 농도는 10~20nm에서 발생하며, 전체 입자 개수의 90% 이상을 차지하는 특징이 있다. 이는 전체 입자상물질의 중량(total PM mass)으로 볼 때 0.1~10%만을 차지하는 양이다.

$PM_{2.5}$ 이상의 굵은 PM은 코나 호흡관 등의 호흡계통의 상부에 흡착되나, nano-particle과 같은 미세한 PM은 폐나 기관지 등과 같은 깊숙한 호흡기 계통에 흡착된다. 또한 이들 입자는 세포막까지 침투할 수도 있을 것으로 예상된다.

1998년 CARB에서는 PM을 Toxic Air Contaminant로 지정하고 암의 원인이 될 수 있음(Diesel exhaust may cause an increase in the likelihood of cancer.)을 발표하였다. 2002년에 EPA에서도 PM을 발암물질로 지적(Diesel exhaust as likely to be carcinogenic)하였다.

호흡관은 20단계로 나누어져 있는 기관지를 거쳐 폐포(500만개)에 도달한다. 폐포 외부에 있는 모세혈관과 폐포벽을 통하여 호흡시 가스교환이 이루어져 산소와 이산화탄소가 교환된다.

폐포벽의 두께는 1㎛ 수준이며 폐포 흡입구는 호흡주기에 따라 2~10㎛ 정도이다. 따라서 호흡기를 통하여 흡입된 nano-PM 입자는 쉽게 폐포에 유입되며 몇 개월에서 1년 이상 잔류하는 것으로 알려져 있다. 또한 일부 PM 입자는 혈관으로 유입될 수 있는 위험성도 보고되고 있다.

현재의 PM 규제는 중량을 측정하는 방식이지만 수량규제의 필요성이 인식되고 있는데, 이들의 농도는 디젤엔진 기술과 샘플링 기술, 특히 희석조건(예, 희석비와 체류시간)에 의해 대부분 결정된다. 따라서 디젤 극미세입자의 구성 성분별 질량 및 입경을 직접적으로 정확히 샘플링하고 분석하는 것은 매우 어렵다.

디젤 극미세입자에 대한 정확한 체계적 분석은 입자 샘플링 시스템을 통해 구현되어져야 한다. 최근에는 실제 엔진에서 배출되는 극미세입자를 계측할 수 있는 측정 장비가

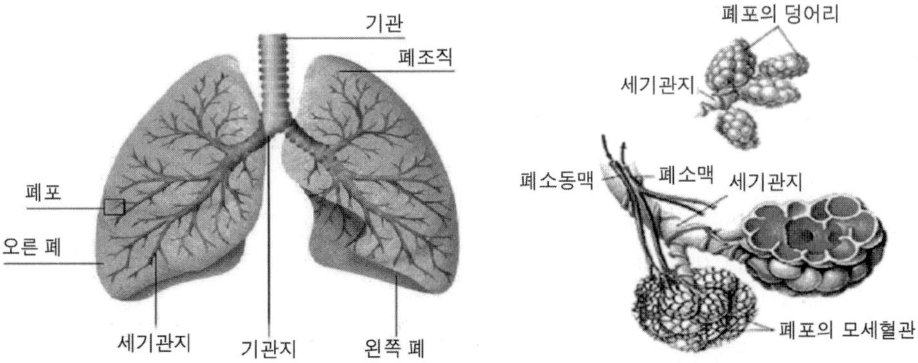

그림 2.21 호흡관 및 폐포

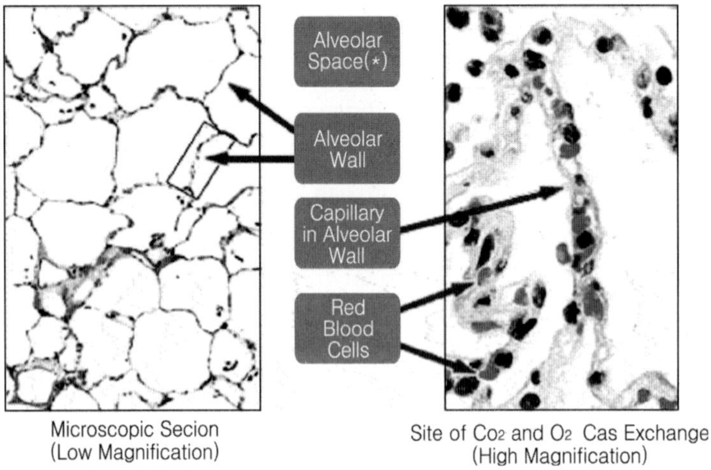

그림 2.22 폐포 구조

개발되어, 디젤 자동차 및 엔진을 대상으로 한 측정연구에 사용되고 있으며, 특히 측정장비 상호간의 비교 연구를 통해 데이터의 정확성 및 재현성에 대한 검증연구가 많이 수행되고 있다. 특히, 기존의 중량 규제 대상이 되고 있는 입자상물질에 비해, 입자의 직경이 100분의 1 정도 범위인 디젤 극미세입자는 입자 측정방법 및 조건에 따라, 디젤엔진의 배출가스 성분 중에 존재하는 수분(H_2O), 용해성 유기물(SOF, soluble organic fraction), 황(sulfate)성분 등이 응축 및 증발되어 이의 입자크기는 변하게 되는 특징이 있다.

2.7.3 Nanoparticle 특성분석기술

(1) PM **중량측정장치**: PM 기준이 현재의 측정장치의 오차범위 수준으로 강화됨에 따라 미세량을 측정할 수 있는 측정장치의 개발이 필요하다. 또한 측정방식이 steady mode와 함께 transient mode를 채용함에 따라 희석장치(dilution tunnel)를 full size로 대용할 수 있는 transient mini(또는 micro) dilution tunnel이 개발되고 있다.

(2) PM **수량측정장치**: nanoparticle 기준 적용에 따라 PM의 수량측정장치의 오차와 재현성을 확보할 수 있는 표준화가 필요하다. 극미세매연 기준의 측정방식이 결정단

계에 있으며, 측정 장치 및 DPF 개발에 영향을 미칠 것이다.

(3) **배출가스 샘플링과 희석인자**: 배기관으로부터 대기 중으로 배출되는 실제의 배출가스에 함유된 PM과 nanoparticle의 거동과 기준의 측정방식과의 유사성 확보가 중요하다. 현재 PM 측정(중량)방식은 배기관으로부터 채취된 배출가스를 10~20:1 정도로 희석하여 분석하지만 실제 대기 중으로 배출된 배출가스는 1000:1 수준으로 희석되어 확산된다. Nanoparticle의 경우는 희석율 뿐만 아니라 희석가스 냉각온도, 잔류시간, 습도 등 희석인자의 영향이 매우 큰 것으로 알려져 있다.

(4) **Volatile Particle 영향**: DPF에 포집된 PM이 고온으로 재생되면서 PM 중 SOF 성분이 volatile particle로 바꾸면서 nanoparticle 수량이 증가하는 것을 발견할 수 있다. Volatile particle은 수명은 수분 정도로 매우 짧지만(100~1000nm 이내에서 소멸) 이 기간 동안 90% 이상의 ultrafine particle을 생성한다. 따라서 volatile particle의 거동과 인체 영향에 대한 연구가 비중 있게 연구되고 있으며 향후 nanoparticle 기준과 DPF 개발 방향에 영향을 미칠 것으로 예상된다.

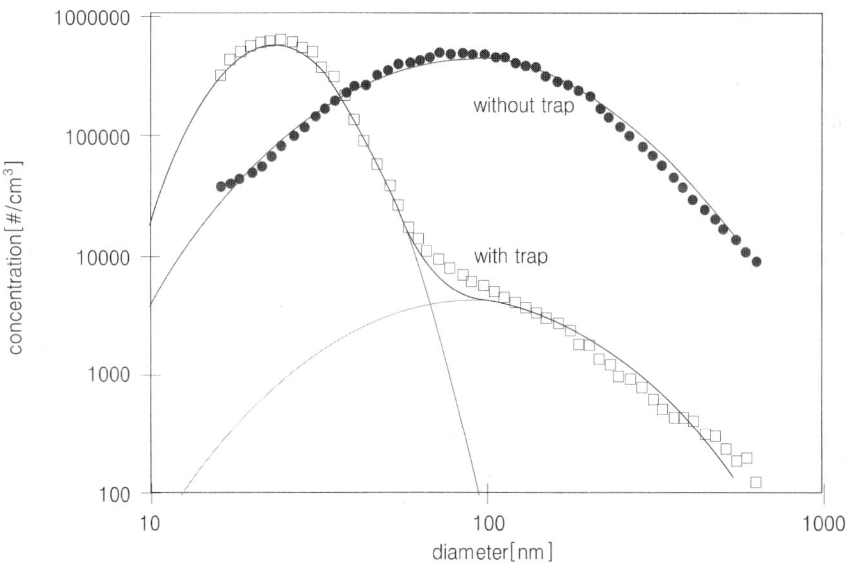

그림 2.23 DPF 전후의 nanaoparticle 비교

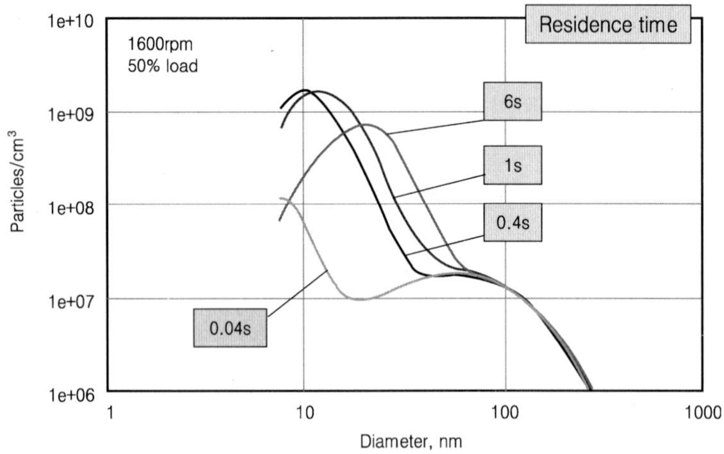

그림 2.24 PM의 잔류시간 영향

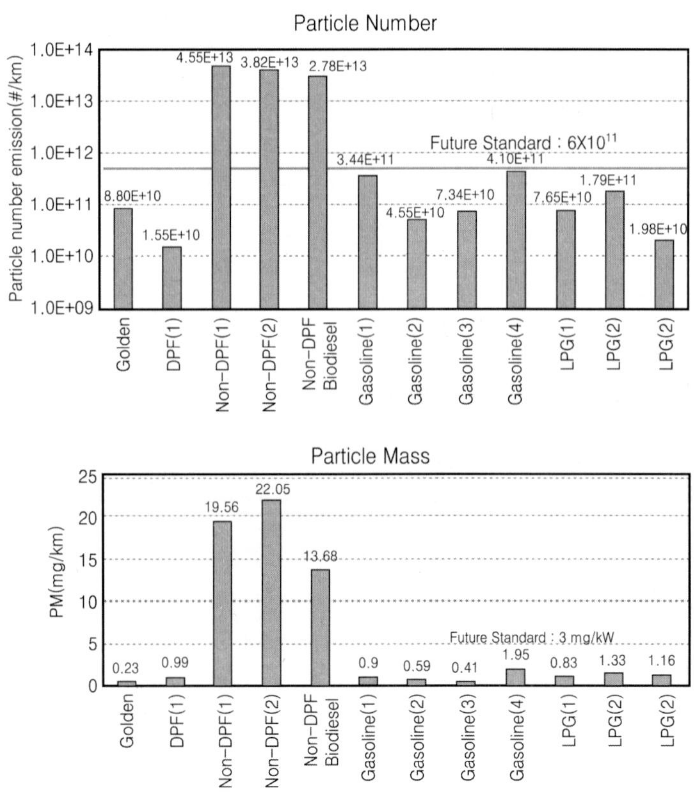

그림 2.25 승용차 차종별 PM 및 nanoparticle의 배출량

기존 CVS법의 경우, 측정된 입자상물질은 모든 배기 성분을 포함하게 되며, 발생량은 사용 연료량의 약 0.2~0.5% (중량)범위이다. 그리고 희석비는 10~30 정도로, 실제 디젤엔진의 배기관에서 배출된 가스가 대기중에서 희석되는 경우(500~1,000)와 비교해 볼 때, 매우 작은 값으로 실제 상황을 반영하지 못하며, 특히 대기의 습도조건이나 사용되는 공기필터의 성능 그리고 첨단엔진기술로 인한 저배기화로 개선이 필요한 상태이다. 따라서 2007년부터 미국 EPA에서는 이를 개선한 보다 새롭고 엄격한 샘플링 규정(예, 세분화된 온도범위 및 사용 필터조건 등)을 적용 중에 있다.

2.7.4 Soot 생성원인

탄소원자 12~22개 범위이며 H/C≈2의 연료가 연소에 의한 화학반응으로 H/C≈0.1인 직경 20~30nm의 입자 수백 개가 뭉쳐진 형태이다.

디젤엔진 soot는 온도 1000~2800K, 압력 50~100atm 조건에서 수 millisecond 사이에 생성되며, 국부적으로 공기가 과부족한 곳에서 long-chain molecule의 산소부족에 따른 열분해(thermal cracking)에 의해 발생한다.

초기 입자는 연료분자가 열분해에 의해 탈수분 반응을 일으켜 soot 전 단계의 미립자핵을 생성하며 acetylene과 higher homologogues($C_{2n}H_2$)과 PAH로 구성되어 있고 직경이 2nm 이하의 초미립자이다.

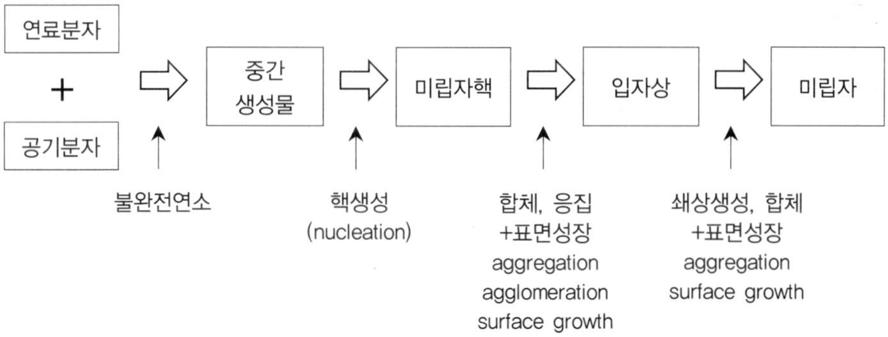

그림 2.26 PM 생성과정

이 입자가 surface growth(표면성장), agglomeration(응집), coagulation(엉김), aggregation(합체) 등의 과정을 통하여 soot로 성장한다.

엔진에서의 soot 발생은 국부적 산소부족, 탈수분(dehydration), 분류반응(cracking reaction) 등에 기인한다.

또한 연소온도, 혼합기 운동형태, 연료성분, 확산속도, 반응시간, 연료미립도 등의 요인에 따라 크게 변화한다.

디젤엔진의 확산연소 중에 대량의 soot가 발생하며 연소후기에 화염 중에 도입되어 재연소가 발생하여 soot가 급속히 감소한다.

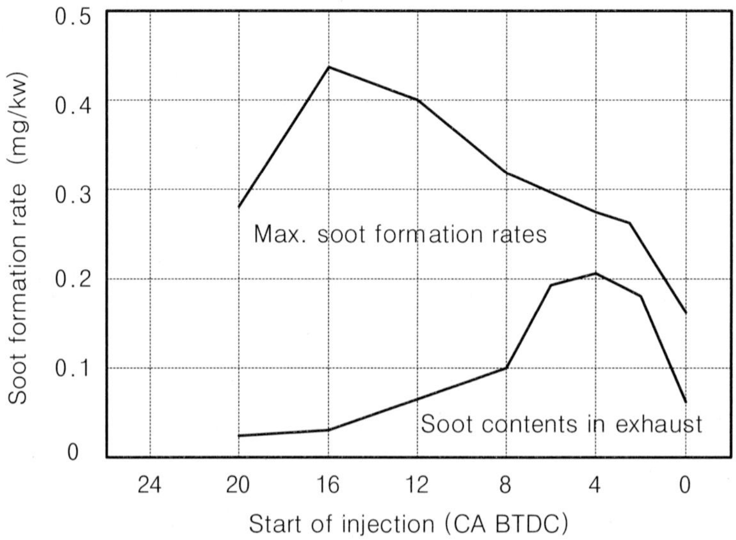

그림 2.27 분사시기에 따른 Soot 생성량

➡ PM 규제는 중량규제에서 수량규제가 병행되며 nanoparticle에 대한 대책이 향후 PM 저감기술의 핵심이 될 것이다.

2.8 오존(O_3)

오존은 산소분자(O_2)와 산소원자(O)의 반응에 의해 발생되며, 산소원자는 아래 반응식과 같이 NO_2 광분해(photolysis)에 의해 생성된다.

$$NO_2 + hv \Rightarrow NO + O$$
$$O_2 + O \Rightarrow O_3$$

이 외에도 수증기가 산소원자와 반응하여 OH radical 을 생성하며 이 OH는 HC와 반응하여 알데히드를 발생시킨다.

$$H_2O + O \Rightarrow 2OH$$

NMHC와 NO_X 두 성분은 오존 발생에 중요하며 아래 그림 2.28과 같은 상관관계를 갖고 있다.

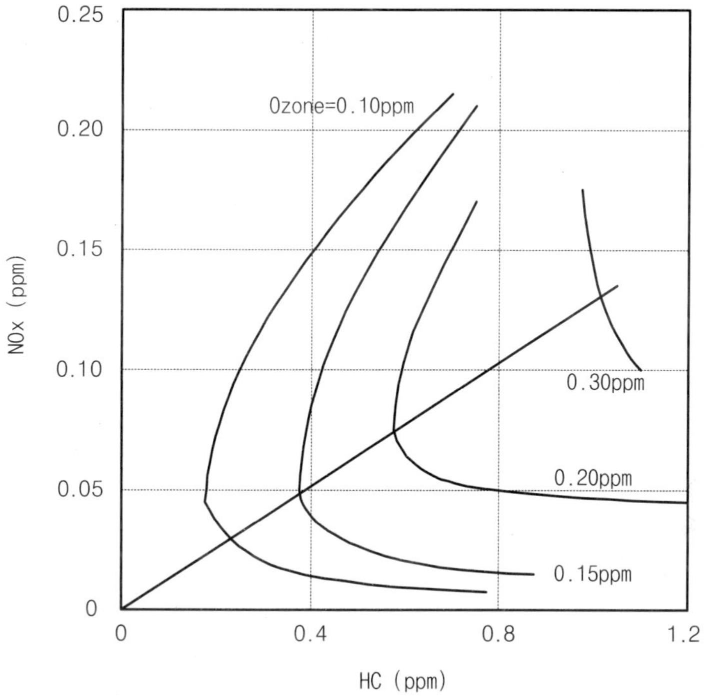

그림 2.28 오존발생에 미치는 HC와 NOx 영향

광화학반응이 사회적인 문제로 대두되면서 미국의 CARB에서는 가스 성분에 따라 광화학반응에 미치는 영향을 계산하기 위하여 Carter가 제안한 MIR(maximum incremental reactivities) 척도를 채용하고 있다.

표 2.4 Carter의 MIR 값 (O_3 (g)/NMOG (g))

성분	MIR	성분	MIR	성분	MIR
메탄	0.015	에틸렌	7.30	벤젠	0.42
에탄	0.25	프로필렌	9.41	포름알데히드	7.15
프로판	0.48	톨루엔	2.73	아세트알데히드	5.52
부탄	1.02	메탄올	0.56	아세톤	0.56
옥탄	0.61	에탄올	1.34	1-부탄	9.24

또한 저공해자동차의 배출가스를 평가할 때 NMOG를 사용하지만 연료마다 배출가스 성분에 차이가 있어 광화학반응 정도가 달라지며 이를 보정하기 위하여 연료의 반응조정계수 RAF(reactivity adjustment factor)를 사용한다.

$$RAF = \frac{\sum_i [NMOG_i \times MIR_i]}{[NMOG_{total}]}$$

NMOG(non-methane organic gases)는 NMHC(non-methane hydrocarbons)와 산화물(oxygenates)들의 합을 통칭하며 자동차 배출가스에서는 메탄을 제외한 C_{12} 이하의 HC, C_5 이하의 알콜류, 알데히드류, 케톤류를 합한 것으로 자동차 배출가스 중 오존생성 물질의 총칭이다.

표 2.5 각종 연료의 RAF 값 (LEV, ULEV 차량용)

연 료	RAF
가솔린	0.94
M85 (메탄올 85% + 가솔린 15%)	0.41
LPG	0.50
CNG	0.43

2.9 이산화탄소(CO_2)

Iso-octane(가솔린) 연료 완전연소 반응식을 보면 연료 1kg 연소시 CO_2가 약 3kg

발생함을 알 수 있다.

$$C_8H_{18} + 12.5O_2 \Leftrightarrow 8CO_2 + 9H_2O$$

$$1kg\ C_8H_{18} + 3.509kg\ O_2 \Leftrightarrow 3.088kg\ CO_2 + 1.421kg\ H_2O$$

CO_2 배출농도는 그림 2.10에서 보듯이 공연비의 영향이 크며 이론공연비(λ=1.0)에서 배출농도가 가장 높고 희박과 농후영역으로 가면 낮아진다.

CO_2를 저감시키는 가장 효율적인 방법은 연료 사용량을 줄이는데 있으며 이런 측면에서 보면 디젤엔진이 가솔린엔진에 비해 20~30% 유리하며 특히 직접분사식 디젤엔진이 가장 효율적이다. 최근 관심이 높아지고 있는 가솔린직접분사식엔진(GDI)은 간접분사식 디젤엔진 수준으로 평가되고 있다.

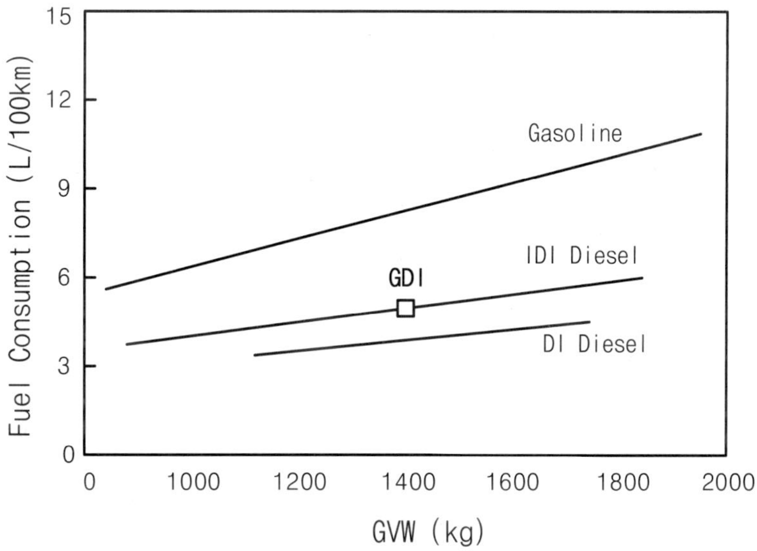

그림 2.29 최적엔진 조건에서의 엔진별 CO_2 배출량

그림 2.30에서 국내 자동차의 CO_2 발생수준을 보면 배기량 2000cc 급 승용차에서 200~250g/km 수준의 CO_2가 배출되며, 3000cc급 대형승용에서는 300g/km가 배출되고, 800cc와 1000cc급 경차도 140~150g/km 수준으로 배출되는 것을 알 수 있다.

2005~2007년 사이의 승용 및 승합의 판매대수에 대한 CO_2 평균배출량을 표 2.6에서 살펴보면, 승용차는 점진적으로 감소하여 2007년에 189.8g/km를 배출하나, MPV의 감소율은 상대적으로 적으며 2007년에 평균 230.2g/km를 배출하여, 전체 평균은 201.1g/km가 되는 것을 보여주고 있다.

표 2.6 국내 승용, 승합의 CO_2 평균배출량(판매기준)

년도	판매기준 평균 CO_2 배출량(g/km)					
	승용차		MPV		전체 평균	
2005	200.7	–	232.6	–	211.1	–
2006	196.6	–2%	228.3	–1.9%	206.1	–2.4%
2007	189.8	–3.5%	230.2	+0.8%	201.1	–2.5%

휘발유와 경유, LPG 연료 차이에 따르는 자동차 연비와 CO_2 배출량 관계를 그림 2.31에서 나타내었으며, 동일한 CO_2를 배출하는 차량일 경우, 경유, 휘발유, LPG 차량 순으로 연비가 나빠짐을 알 수 있다. 예를 들면, CO_2 200g/km를 배출하는 경유차의 연비가 13.8km/L이나, 휘발유차는 12km/L, LPG차는 9km/L로 차이가 상당함을 알 수 있다. 이는 연료가 가지고 있는 물성치(에너지 밀도)가 가장 큰 원인이지만, 이외에도 연료에 따르는 엔진의 연소특성과 적용기술의 차이에도 크게 기인한다.

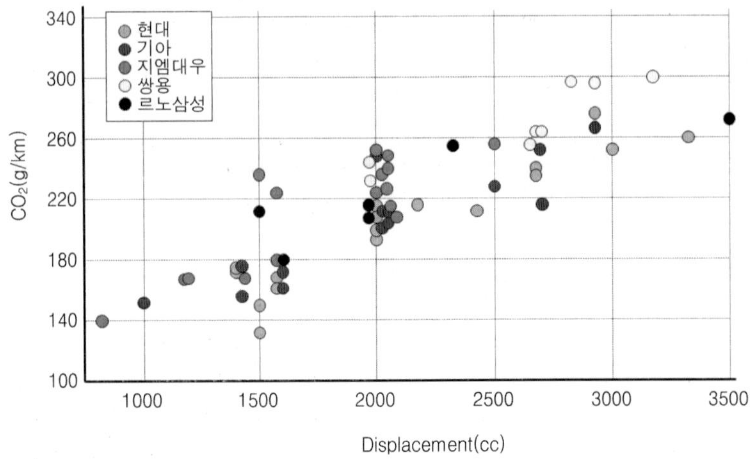

그림 2.30 국내 승용차의 배기량에 따르는 CO_2 발생량

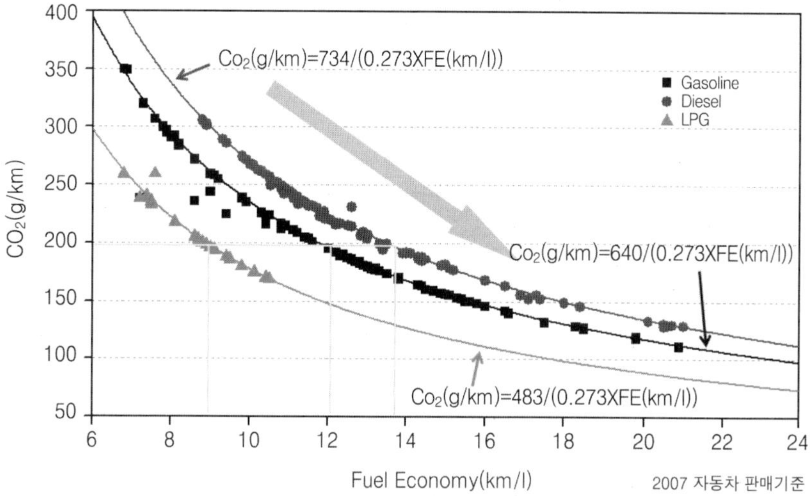

그림 2.31 국내 승용차의 연비와 CO_2 발생량 상관관계

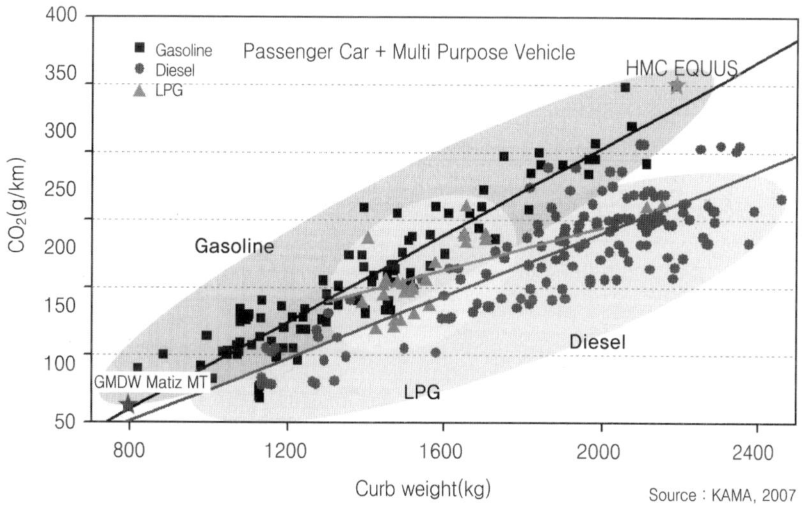

그림 2.32 국내 승용차의 공차중량에 따르는 연료별 CO_2 발생량

국내의 자동차 온실가스 저감대책으로, 승용차의 연비와 CO_2 기준을 각각 설정하고 자동차 제작사가 이중에서 한 가지 기준을 선택할 수 있도록 정하고 있다. 따라서 만약 제작사가 연비기준을 선택할 경우 그림 2.32와 표 2.7에서 보듯이 유사한 크기의 차종

에서 LPG 차가 CO_2 배출 측면에서는 불리하지 않은 데도 불구하고 연비가 나빠 LPG 자동차 시장이 위축될 수 있음을 예상할 수 있다.

표 2.7 국내 소나타 2.0의 연비와 CO_2 배출량 비교

년도	연비(km/L)	CO_2(g/km)
Sonata G(가솔린)	11.5	216
Sonata D(경유)	13.4	194
Sonata L(LPG)	9.0	203

자동차에서 CO_2를 삭감하기 위한 대책으로는 연료 종류 이외에도 많은 대응 기술들이 있다. 그림 2.33에서 보듯이 천연가스와 디젤 연료가 유리하며, 하이브리드자동차와 가솔린 GDI, downsizing 기술들도 자동차에서 CO_2를 저감할 수 있는 중요한 대책기술들이 된다.

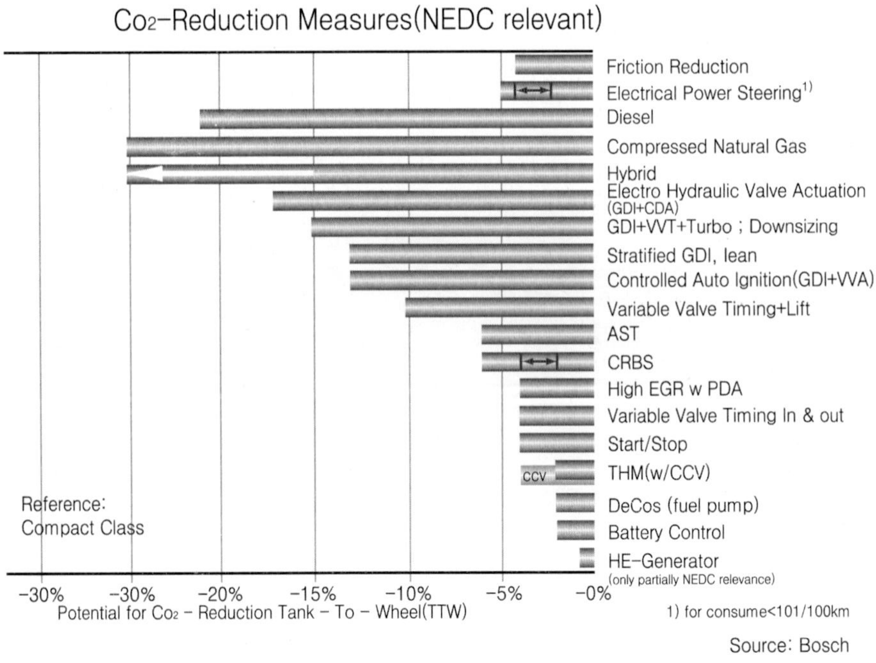

그림 2.33 CO_2 삭감대책(휘발유 승용 기준)

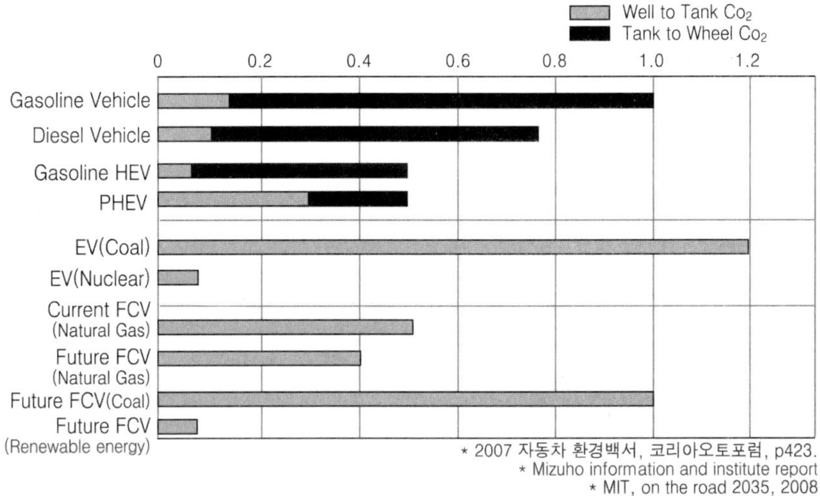

그림 2.34 Life cycle 기준의 CO_2 배출 수준비교

그러나 엔진배출량 뿐만 아니라 차량부품의 제조와 조립, 연료의 생산 및 공급, 차량의 생산 및 이용 등의 모든 과정을 포괄한 CO_2 전과정배출(life cycle emission)을 보면 가솔린, 디젤, 가솔린하이브리드, 전기자동차 순임을 알 수 있다. 그러나 석탄에서 생산된 전기를 사용하는 전기차의 경우는 가솔린보다도 도리어 더 많은 CO_2를 배출하게 되며, 따라서 원자력 발전이나 신재생연료에 의한 발전이 향후 전기차 시대를 대비해서 중요한 요소임을 알 수 있다.

Part Ⅲ 엔진기술

제3장

엔진기술

3.1 연소실 형상

3.1.1 연소실내 유동특성

엔진 흡기 및 압축과정의 연소실내 유동은 스월과 텀블 같은 큰 공기흐름과 난류(turbulent)유동이 혼합된 매우 복잡한 유동현상을 나타낸다. 연소실 내에 존재하는 회전유동(rotational flow) 중에서 회전축이 연소실 축과 평행한 회전유동을 스월(swirl)이라 하고 회전축이 연소실 축과 직각인 회전유동을 텀블(tumble)이라 부른다. 이들 스월과 텀블의 강도는 흡기포트 특성, 흡기밸브 치수, bore/stroke 비, 연소실 형상에 밀접하게 영향을 받는다.

스월성분은 텀블에 비해 점성소산(viscous dissipation)이 적어 압축행정에 오랫동안 남아있어 혼합기 성층화에 사용되며, 피스톤이 상사점에 도달할 때 발생하는 스퀴시(squish)유동과 합해진다.

텀블유동 성분은 TDC 근처에서 난류로 변환되어 큰 속도구배와 결합하고 압축말기에 강한 난류를 형성하여 특히 희박성층연소시 느린 화염속도를 보상하는 데에 매우 유용하다.

일반적인 연소실내 유동의 주요제어 인자로는 ① 평균유동(mean flow) 성분, ② 평균유동의 안정성, ③ 압축행정동안의 시간적 난류 변화, ④ 점화직전 스파크플러그 전극 주변의 유동평균속도(mean velocity)를 들 수 있다.

균질연소(homogeneous combustion) 가솔린엔진의 경우(PFI와 압축행정 초기에 연료를 분사하는 GDI 경우)는 공기와 연료의 혼합을 촉진시키기 위해서 점화전극 주변에서 높은 난류강도와 낮은 평균속도 유동이 요구되기 때문에 압축행정 후기에 평균유동(mean flow kinetic) 에너지가 난류운동에너지(turbulent kinetic energy)로 변환되는 것이 이상적이다.

압축행정 후기에 연료를 분사하는 GDI 엔진은 보다 안정된 성층혼합을 위하여 높은 유동평균속도와 적은 난류를 필요로 한다. 이와 같이 연소실내의 최적 유동은 연료분사방식에 따라 크게 좌우됨을 알 수 있다.

3.1.2 가솔린엔진 연소실

· 구조 요소: 실린더헤드와 피스톤상부(crown) 형상, 점화플라그 위치, 밸브의 크기와 개수, 흡기포트 설계가 가솔린엔진 연소실 구조의 주요 요소이다.

· 설계요인: 연소실의 콤팩트화(compactness), 표면적/체적(S/V) 비, 화염전파거리, 스월과 텀블과 스퀴시 유동의 이용도 등이다.

· 설계목표: ① 사이클 변동이 적으면서 연소를 신속하게 종료할 수 있고, ② 트로틀 전개시 높은 체적효율을 얻을 수 있으며, ③ 연소실 벽면으로의 열손실이 적고, ④ 저옥탄가 연료를 사용할 수 있는 연소실 설계가 목표이다.

최근의 가장 중요한 관심은 급속연소 연소실(fast-burning combustion chamber) 설계로서 특히 높은 EGR 율과 희박연소를 구현하는 데에 필수적이다. 급속연소를 실현시킬 수 있는 방법으로 연소실 구조를 보다 콤팩트하게 설계하고, 점화플라그를 중앙에 설치하거나 2개를 사용하기도 하며, 스월이나 텀블유동을 발생시켜 연소실 내 유동을 증가시킨다.

일반적으로 사용되는 가솔린엔진의 연소실은 그림 3.1에서 보듯이 욕조(bathtub)형, 보올인피스톤(bowl-in-piston)형, 4밸브 지붕(pent roof)형, 반구(hemispherical)형이 있다.

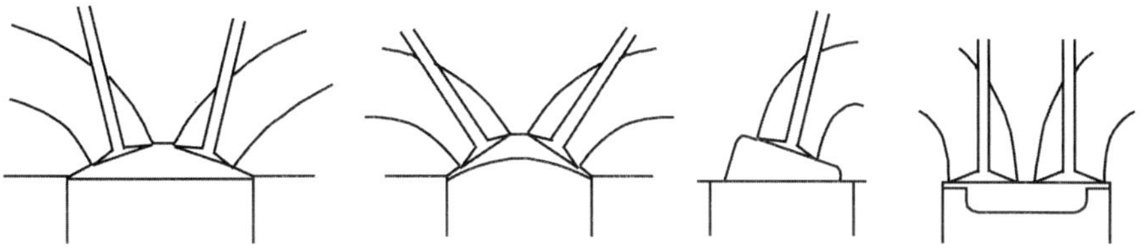

그림 3.1 가솔린엔진 연소실 종류

3.1.3 디젤엔진 연소실

디젤엔진 저배기 기술에서 가장 어려운 문제는 NOx와 PM(입자상물질)성분의 "트레이드오프 (trade-off)"이다. 즉 일반적으로 NOx 저감 기술은 PM의 증가를 초래하며 반대로 PM 저감 기술은 NOx 증가를 유발하기 때문에 두 성분을 동시에 줄이는 것이 디젤엔진 설계에서 가장 핵심이 되는 기술이다.

디젤엔진에서 NOx와 PM 생성은 기본적으로 연소실에서의 연료 연소율과 연계되어 있다. 디젤엔진의 확산연소(diffusion burning) 연소율은 연료입자(fuel droplets)의 증발(vaporization)과 연료입자로부터 멀리 떨어져 있는 기화연료의 확산에 좌우된다. 연료증발의 가장 중요한 인자는 연료입자의 크기와 충진공기 온도이며, 공급공기 이용이 확산에 주요한 요인이다. 따라서 공급연료의 입자크기를 최소화하고 신기 공급량을 최대화함으로서 연소율을 향상시킨다.

연소실 구조는 연료·공기 혼합과 연소발생을 결정하는 가장 중요한 요소이기 때문에 많은 연구와 발전이 진행되고 있다. 최근 들어 가장 두드러진 경향은 직접분사식 엔진에서의 "reentrant bowl-in-piston" 방식 채용이다.

그림 3.2에 기존의 연소실과 리엔트런트 연소실 내에서 스퀴시와 스월유동의 상호작용에 의한 유동차이를 보이고 있다. 기존 연소실에서는 스월이 보울 바깥벽면을 타고 바닥 아래로 내려가서 안쪽으로 흘러 중앙에서 위로 회전하는 토로이달(toroidal)운동을 보이는 반면, 리엔트런트 연소실에서는 스월이 보울의 벽면방향으로 비스듬하게 흘러내리면서 보울 벽면방향과 보울 바닥 방향으로 나누어져 두 개의 강한 스월을 발생시킨다.

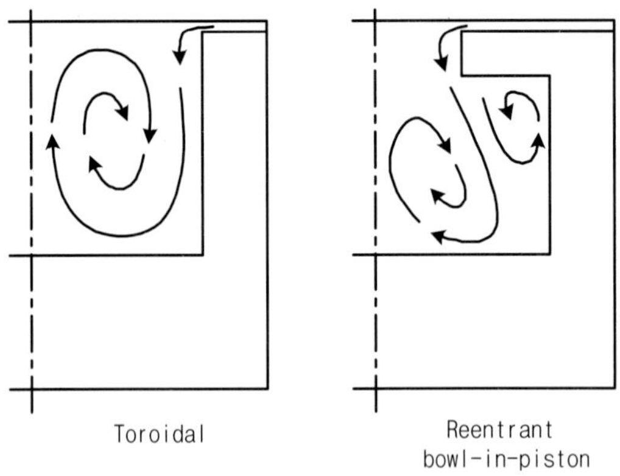

그림 3.2 Reentrant bowl-in-piston 연소실내의 유동모양

리엔트런트 연소실은 압축행정말기에 강한 스월 와류(vortices of swirling air eddies)를 발생시켜 연료·공기의 혼합을 촉진시키며, 팽창행정까지 높은 스월을 유지하여 추가로 보울 내에 난류를 생성시킴으로서 확산연소를 도와준다. 이와 같이 리엔트런트 연소실은 연료·공기 혼합의 향상과 급속한 연소로서 보다 완전연소를 얻음으로서 HC과 PM 저감에 뛰어난 효과를 가져온다.

그러나 고압연료분사시스템이 채용됨으로서 높은 스월은 과도한 연료·공기 혼합을

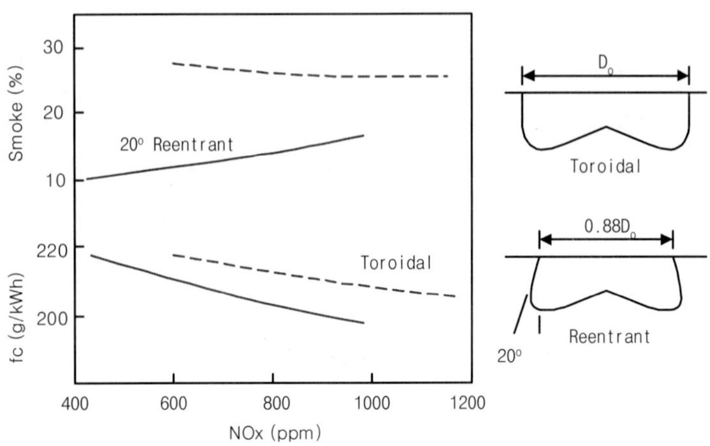

그림 3.3 Reentrant bowl-in-piston 연소실의 효과

초래하여 NOx가 증가하기 때문에 흡기포트 스월을 줄여 주고 있다. 즉 NOx와 PM을 동시에 저감하기 위해서는 리엔트런트 연소실을 채택하고 동시에 스월과 연료분사압을 매칭하는 것이 연소실 설계의 핵심기술이다.

그림 3.3에서 보듯이 종래의 토로이달연소실에 비해 리엔트런트연소실에서 동일 NOx 배출량을 기준으로 PM이 현저하게 저감되고 연료소비율도 양호해진 것을 알 수 있다.

이 외에도 NOx와 PM의 동시저감을 위해 제시되고 있는 연구들로서 교란연소방식과 분사된 연료의 벽면충돌을 이용한 연소촉진 방식을 들 수 있다.

교란연소방식은 일본의 교통안전공해연구소(TSNRI)에서 연구되고 있는 방법으로 초기연소기간에는 난류강도를 약하게 유지하여 NOx의 발생을 억제하고 확산연소가 진행될 때 교란용 연소실로부터 연소공기를 배출시켜 후기연소기간을 줄이고 PM을 감소하는 방식이다.

한편 분사연료의 벽면충돌을 이용하는 방식은 영국, 일본 등에서 연구되고 있으며, 분사된 연료를 미리 마련된 충돌부에 충돌시킴으로서 분사액적의 평균직경(SMD)을 작게하고 분사시기를 조절하여 NOx의 생성에 영향을 주는 점화지연기간을 줄이며, 충돌된 연료가 연소실 내부에 고르게 퍼지게 함으로서 가솔린엔진과 같은 효과를 얻어 PM을 감소하는 방식이다.

실험결과를 보면 NOx 약 40% 저감과 함께 smoke가 거의 100% 저감된 것을 보여주고 있다. 하지만 제작의 어려움과 내구성 등에 문제를 안고 있어 실용화를 위해서는 많은

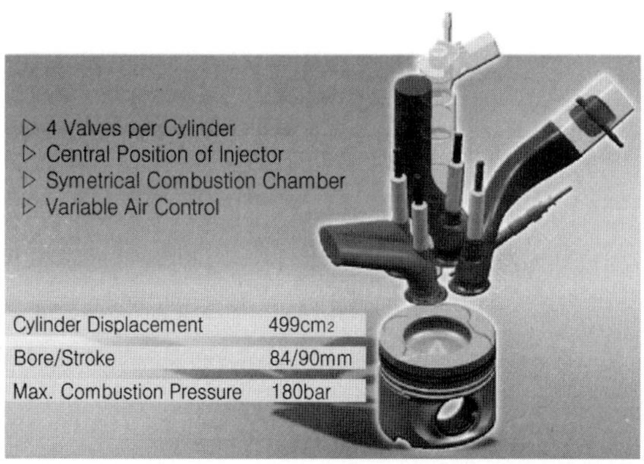

(출처: DEER Conference, 2008)

그림 3.4 디젤엔진 연소실 사례(BMW)

개선점들이 남아 있다.

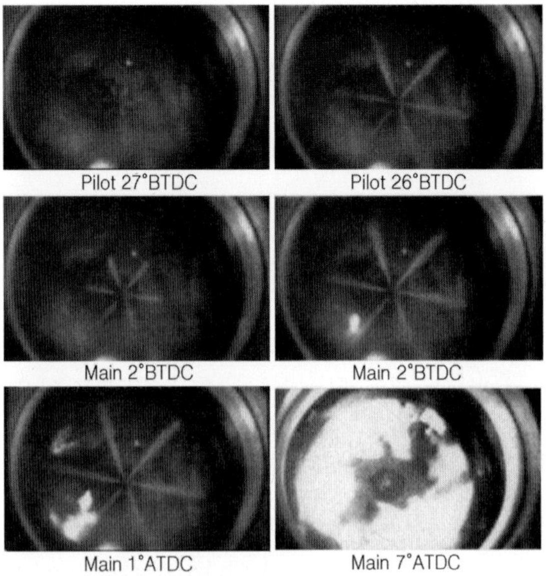

그림 3.5 2단 디젤 연료분사에 의한 연소실 화염 발생과정

3.2 연료공급시스템

3.2.1 NOx와 PM 저감 기본대책

디젤엔진의 유해 배기물질로는 NOx, CO, THC, PM 등이 있으나 CO, THC은 가솔린 엔진에 비해 상대적으로 낮게 배출되며, 배기가스 문제로 중요하게 취급되는 것은 NOx와 PM이다. 그러나 NOx와 PM을 한 가지 방법으로 동시에 저감하는 것은 쉽지 않으며 일반적으로 상반관계(trade-off)에 있다. 예를 들면, 연료 분사시기를 지연하여 NOx를 감소시키면 PM이 증가하고, 분사시기를 빨리 하여 PM을 감소시키면 NOx가 증가한다.

다양한 방법을 동시에 적용하여 NOx와 PM을 저감하고 있으며, 연료분사시스템에서는 분사압력의 고압화, 분사압력제어, 분사율제어, 전자제어기술, 분무미립화 기술 등이 개발되고 있으며 연료의 저유황화도 중요하다.

연료분사에서의 기본기술은 연소온도를 낮추어 NOx를 감소시키고 확산연소기간을 짧게 하여 soot 형성시간을 줄이면서 산화기간을 늘여 PM을 저감시키는 것이다.

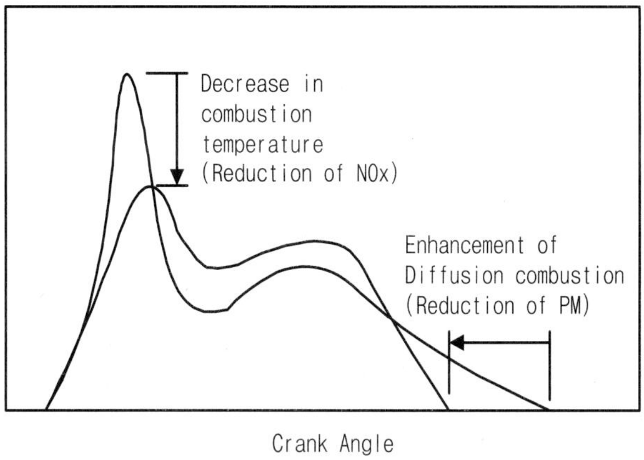

그림 3.6 연소개선에 의한 배출가스저감 기본원리

· PM 저감방법

Soot (Carbon) 저감 ⇦ 확산연소 기간단축 ⇦

연소말기 유동강화	⇦	‣ 리엔트런트연소실
연료 미립화	⇦	‣ 고압연료분사 ‣ 노즐구멍 소형화
공급공기 증가	⇦	‣ 과급
흡입공기 사용율 증가	⇦	‣ 노즐구멍 증가 ‣ 연소실 dead volume 감소

SOF 저감 ⇦ HC 저감 ⇦

연소실 온도증가	⇦	‣ 압축비 증가
후적(after dribble) 감소	⇦	‣ Sac 체적감소
오일소모량 감소		

Sulfate 저감 ⇦ ‣ 연료유황성분 감소

· NOx 저감방법

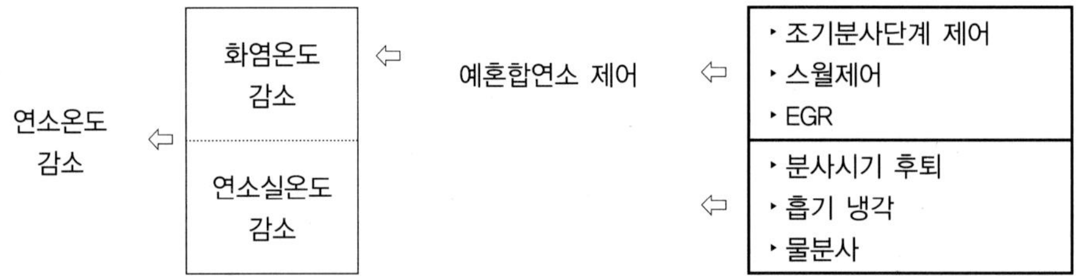

3.2.2 분사계 배출가스저감 기본기술

PM과 NOx를 저감하기 위한 디젤엔진 연료분사시스템에서의 접근방향은 ①연료분사압력의 고압화, ②분사압력 최적제어, ③분사율제어, ④분사시기제어기술이 주로 적용되고 있다.

(1) 고압연료분사

일반적으로 연료 분사압력을 증가시키면 노즐에서 분사되는 연료입자의 미립화가 촉진되고 증발율이 증가하여 연료·공기 혼합을 향상시켜 연소가 개선되며, 확산연소율이 급속해져 PM과 매연이 감소된다. 또한 연소말기의 잔류 미연소 연료량을 줄임으로서 연료소비도 감소시킨다. 여기에 추가로 분사시기를 지연시키면 NOx를 동시에 감소

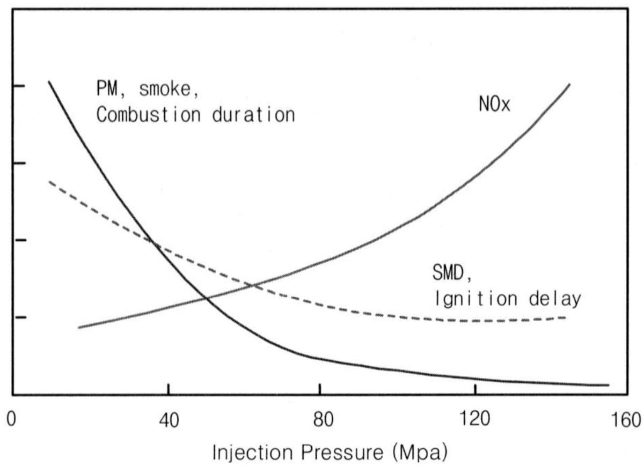

그림 3.7 분사압력 영향

시킬 수가 있다.

엔진속도 변화에 상관없이 분사압이 일정한 것이 이상적이나, in-line 펌프방식은 엔진속도에 비례하여 분사압력이 증가하기 때문에 특히 저속에서 분사압력이 낮은 단점이 있다.

분사압의 고압화에 따르는 문제점으로는 아이들링과 저부하시의 소음발생과 저속영역에서 충분한 분사압력을 얻기가 쉽지 않으며, 고압발생을 위한 동력손실, 고압의 누설에 따르는 안전성 문제 등이 있다.

(2) 분사율제어

분사압력이 높아짐에 따라 분사시작부터 연소가 시작되는 점화지연기간동안의 연료분사량이 증가하여 급속연소기간에 폭발연소가 발생하여 연소압력이 높아지며 연소온도도 증가하여 NOx와 소음이 증가한다. 이를 막기 위하여 분사시기를 지연시키면 연비악화와 PM 증가가 동반되기 때문에 한계가 있다.

이를 방지하기 위한 대책으로 분사율 형상을 바꿈으로서 분사율을 제어한다. 초기분사율 증가를 완화하여 점진적으로 증가시키는 델타형분사율 형상, 착화 전에 미소한 연료를 우선 분사하는 파일롯트분사 등이 사용된다. 또한 분사종료에 필요한 고압연료를 분사한 후 급속하게 종료하는 급속종료(sharp cut, rapid spill)를 구현하여 HC, 스모그, 연비의 개선을 도모하고 있다.

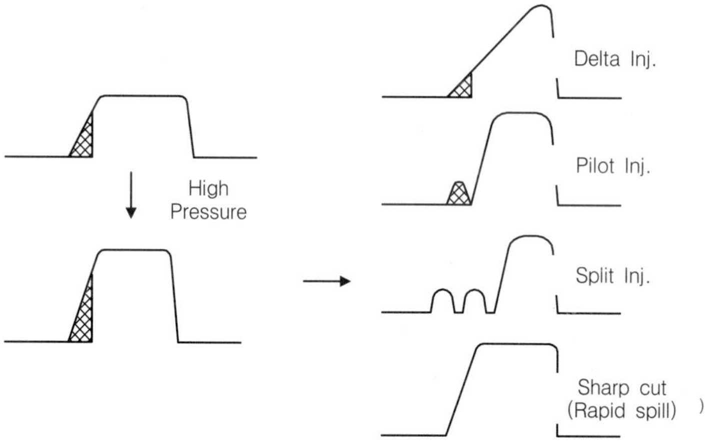

그림3.8 분사율 제어

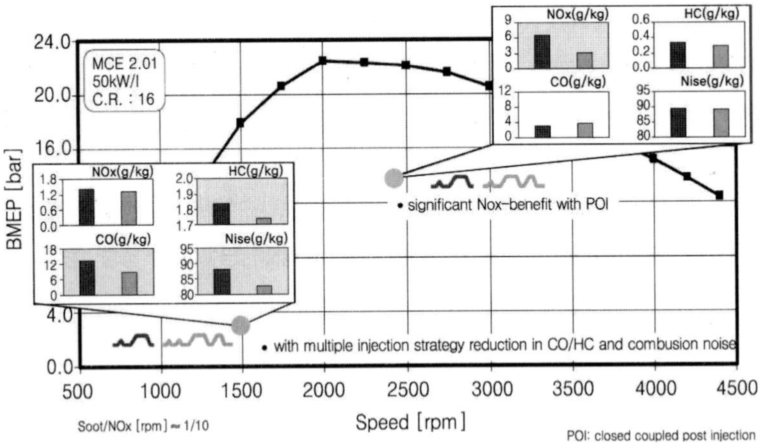

그림 3.9 운전조건에 따른 연료 분사 및 제어전략

(3) 전자제어

분사장치에서 연료 분사량과 분사시기의 제어는 고압화와 함께 필수적인 요구특성이 되었으며, 기존의 기계적 방식에 의한 제어는 한계가 있어 전자제어가 사용되게 되었다.

전자제어가 적용됨에 따라 제어의 자유도가 크게 확장되고 있다. 예를 들면, 엔진회전속도, 부하, 온도, 대기압 등의 조건을 고려한 최적의 분사시기를 MAP에 저장하여 제어할 수 있고, 가감속시 등과 같은 급속한 분사량 변동에도 분사량 MAP제어에 따라 응답속도를 향상시킬 수 있다.

· 제어방법

분사량 전자제어 ⇦

- 기본분사량제어
- 전부하분사량 자유도향상 ⇦ · 전부하 매연, PM저감
- 가속시 분사량제어 ⇦ · 무부하급가속 매연저감
- 분사량 오차보상제어 ⇦ · 배출가스 오차저감
- 아이들 회전속도 제어
- 시동시 분사량제어
- 차량정속제어

분사시기 전자제어 ⇦	• 기본분사시기제어 • 속도제어 자유도향상 • 부하제어 자유도향상 • 시동시 분사시기제어 • 저온시 분사시기제어	⇦	‣ 저,중속 백연저감 ‣ 중속,중부하 PM, NOx trade-off 개선
분사율 전자제어 ⇦	• 벽면 유막감소	⇦	‣ 중속, 중부하 PM, NOx trade-off 개선
부하검출 ⇦	• EGR 자유도향상	⇦	‣ 중속, 중부하 PM, NOx trade-off 개선

(4) 분무개선

노즐의 분사구멍을 작게 하고 개수를 증가시킴으로서 분사압력의 고압화와 함께 분무의 미립화를 촉진시켜 연료공기의 혼합이 향상되며 매연과 PM을 저감시킨다.

동시에 분무입자의 관통거리가 짧아 연소실 벽면에 부착되는 연료유막 형성이 적어 HC가 감소된다

분사구멍 직경은 0.15~0.18mm가 사용되며 가공기술 등을 감안할 때 향후 0.1mm 수준까지 가능할 것으로 전망된다.

쌕체적(sac volume)을 가능한 줄여서 분사말기의 후적연료의 미연소를 줄이고 있다. 쌕체적을 줄이기 위해 원추형의 쌕(UMS; Ultra Mini Sac)과 니들끝단이 분사구멍을 막는 VCO(Valve Covers Orifice) 타입 등이 시험되고 있으며, 종래 타입에 비해 절반 이상으로 쌕체적을 줄일 수 있는 것으로 검토되고 있다. VCO는 쌕체적이 가장 적으나 분사공 사이의 분무 관통도에 편차가 발생할 수 있으며, UMS는 분무형성을 희생하지 않으면서 쌕체적을 최소화 할 수 있는 여유가 크나 가공이 어려워 생산성에 불리하다.

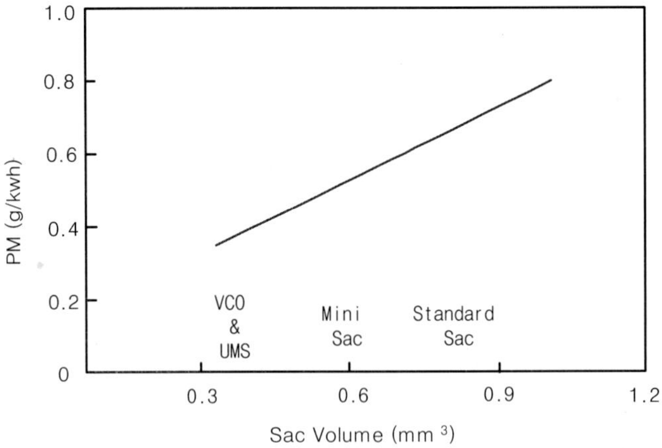

그림 3.10 Sac Volume의 PM 저감영향

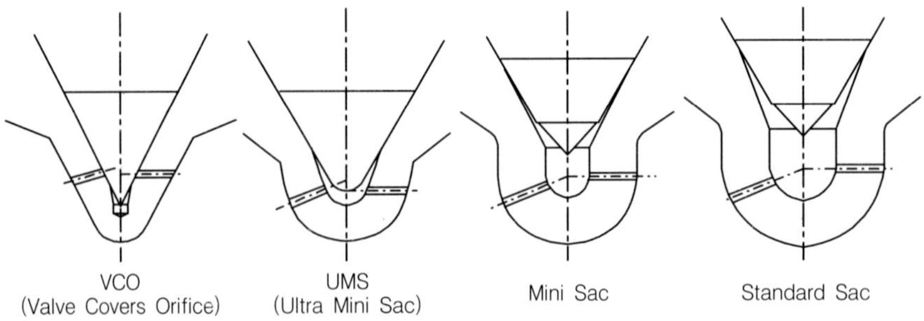

그림 3.11 Sac Volume 감소 방식

표 3.1 디젤배출가스 저감을 위한 분사시스템과 후처리기술의 영향

		분사시스템				후처리			
		분사압력		파일롯트 분사	분사 시기 지연	EGR	NOx 촉매	산화 촉매 (DOC)	DPF
		고압	압력 제어						
배출 가스	PM, HC	◎	◎		×			◎	◎
	NOx	×	○	◎	◎	◎	◎		
상품성	연비	○	○	○	×	○			
	소음	×	○	◎	○				
	시동성		○	○	×				
	주행성능	○	◎		×				

주: ◎ 대폭개선, ○ 개선, × 악영향

3.2.3 고압연료분사 시스템 개발 동향

종래의 디젤 연료 공급과 분사는 주로 분사 펌프(injection pump)에 의해 제어되어지고, 또한 연료가 분사 파이프내의 압력 전달에 의하여 분사되는 방식이기 때문에, 분사성능 개선을 통한 미래의 유해 배출물 규제치를 만족시키기에 어려움이 매우 컸다. 따라서 연료를 분사하는 부분 즉, 인젝터 노즐부를 직접 제어하는 분사 방식에 대한 연구가 활발히 이루어지고 있다.

대표적인 방식으로는 캠 구동방식 유닛 인젝터 시스템과 커먼레일 연료분사시스템을 들 수 있다.

캠 구동방식 유닛 인젝터 시스템은 연료 파이프가 불필요해져 분사시스템 구조가 단순화되고 플런저 직접 구동에 의한 연료의 고압화는 가능하나, 엔진의 운전 상태에 종속이 된다.

반면, 커먼레일 연료 분사시스템은 고압 연료를 항상 축압실인 커먼레일에 축적하여 엔진 회전속도와는 독립적으로 분사조건별로 고압 분사가 가능하여, 연구개발의 주 대상이 되고 있다.

커먼레일의 압력이 높기 때문에, 인젝터내 니들 밸브의 진동이 작아지게 되어 안정된 분사율을 가질 수 있으며, 전자제어 신호에 의해 인젝터의 니들 밸브가 개폐되므로, 분사 파이프 내에서 압력 맥동의 영향을 받지 않고 원하는 시기에 분사를 할 수 있다. 이러한 특성을 살려 인젝터의 니들 밸브 개폐를 다단계로 조정하여, 원하는 연료 분사시기와 분사량을 여러형태로 분사 할 수 있게 된다.

이러한 다단 분사 중에서 사전 분사(pilot injection)에 의한 연소 안정성과 운전 인자들(예를 들면, 분사율, 점화 지연)은 이미 실험을 통해 분석되어 있다. 또한 사전 분사에 의해 얻어지는 장점 중의 하나인 엔진 소음 저감 특성에 대한 연구에서는 엔진 공회전상태에서 더욱 유용함이 밝혀져 있다.

아울러 커먼레일 디젤분사장치에 대한 전자제어시스템의 기능 성능을 시험하기 위한 실시간 시험기 및 제어기에 대한 연구와 커먼레일 및 고압 파이프의 내압성 및 높은 피로 강도를 가지는 재질 그리고 형상에 대한 연구도 수행되었다.

(1) EUI

미국을 중심으로 전자제어식 유닛인젝터(EUI; electronic unit injector)가 발전하고 있으며, 초창기의 기계식 유닛인젝터를 탈피하여 솔레노이드를 사용하여 분사량을 조절하는 전자 제어식 유닛인젝터가 사용되고 있다.

엔진 연소실에 각각의 인젝터를 설치하며 인젝터에 부착되어 있는 캠을 엔진이 직접 구동하여 플런저를 작동시킴으로서 고압을 발생시킨다. UI는 탱크용으로 상당히 오래 전부터 개발되어 왔으며 자동차에도 이미 상용화되어 사용되고 있다.

그러나 엔진 설계시 EUI가 일체로 설계되기 때문에 타 엔진과의 호환성이 어려워 EUI를 적용하기 위해서는 새로운 엔진을 설계하여야 하는 부담이 있으며, 저속시 충분한 분사압력을 얻기가 용이하지 않으며, 엔진 기통간의 불균일 작동, 펌프구동에 비교적 많은 동력이 소요되는 등의 문제점이 있다. EUI는 현재 미국에서 많이 사용되는 추세이며 대형(heavy-duty) 엔진에 주로 사용되는 추세이다.

(2) Commonrail

차세대 연료분사시스템으로 연료압력을 저장하여 사용하는 축압식 커먼레일(CR; common rail)시스템이 개발되어 이미 상용화되고 있다.

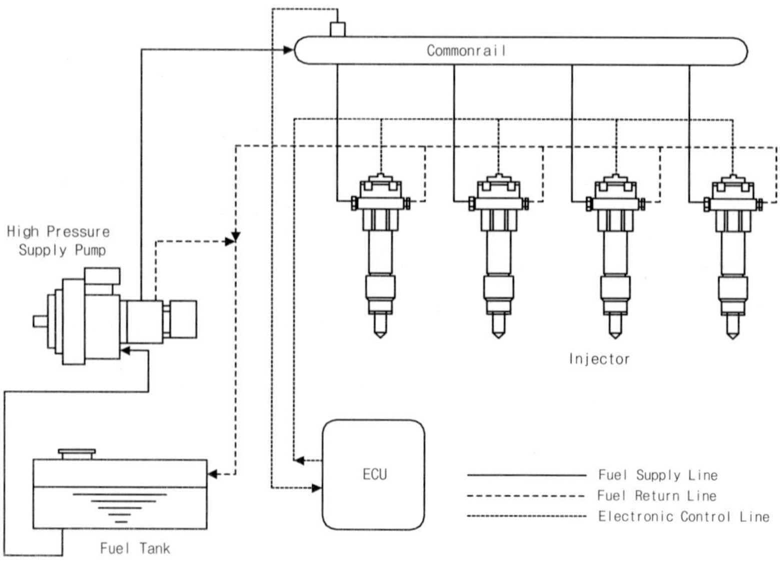

그림 3.12 Commonrail 시스템

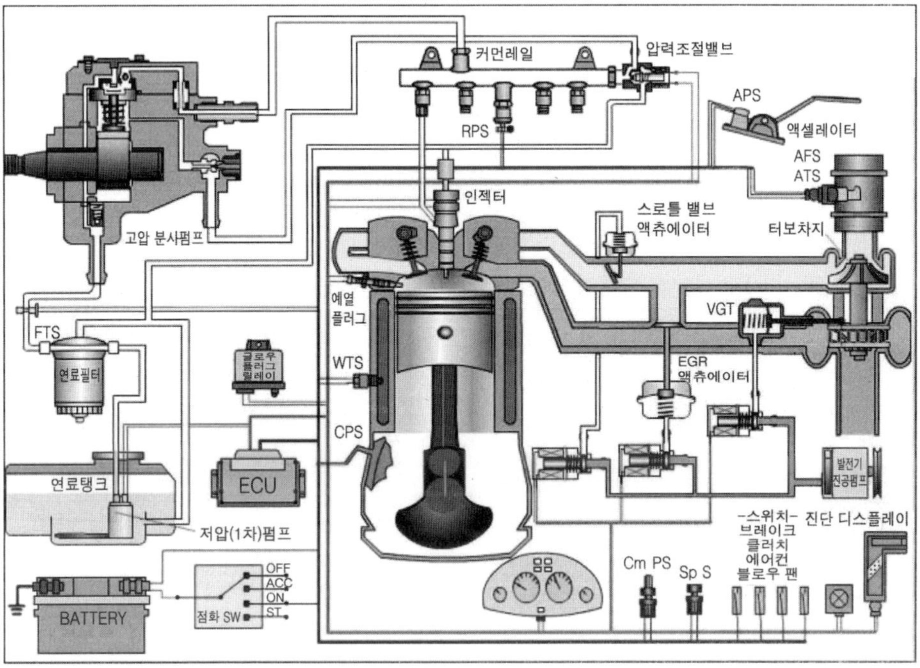

그림 3.13 커먼레일 장착 엔진 시스템

고압 펌프에서 발생된 고압연료를 커먼레일에 저장시켜 전자밸브로서 분사를 제어한다. 커먼레일에 연료가 저장되어 공급되므로 분사기간 동안 엔진 회전속도에 관계없이 적은 압력변동과 최적압력 제어가 가능하며, 분사율, 분사량, 분사시기 등의 전자제어 구현이 가능하다. 3방향밸브(three-way valve)를 이용하여 커먼레일의 압력을 분사 종료 시에 역으로 작동시켜 노즐의 니들을 막아줌으로써 분사급속종료(sharp cut)가 가능하며, 이에 따라 분사말기에 낮은 분사압력에 의한 후적이나 2차 분사를 막을 수 있어 연소불량을 개선할 수 있다. 또한 고속 3방향밸브를 사용하여 파일롯분사도 제어가 가능하다.

CR은 유럽을 중심으로 연구가 활발하며 특히 독일의 보쉬사가 가장 앞서 있다. CR 시스템은 승용차와 중형화물차용 디젤엔진 사용에 장점이 많은 것으로 분석하고 있다.

Fiat 사에서는 이미 2세대 CR 시스템을 개발하였으며, pilot, pre, main, post, delayed의 5단계 분사제어가 가능하며, 소음이 30~40% 감소하고, 성능도 6~7% 향상되는 것으로 발표하고 있다.

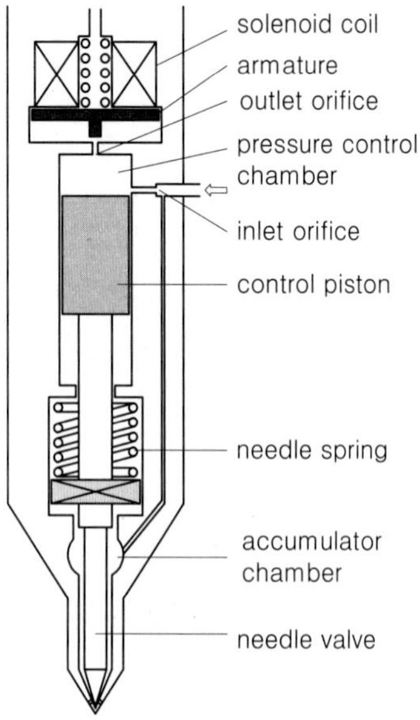

그림 3.14 Injector 구조

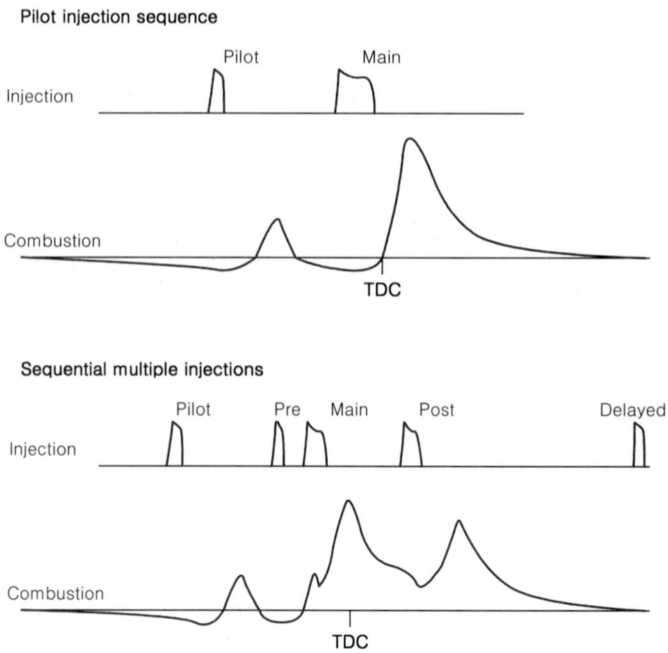

그림 3.15 2세대 common rail의 분사방식

커먼레일 방식 연료분사시스템의 적용으로 디젤 연료 분사 압력의 증가는 디젤 엔진 연소실 분무 미립화를 증진하여 연소 완성도를 높임과 동시에 매연 및 입자상물질 등 유해 배출물의 생성 가능성을 보다 더 감소시킬 수 있다.

현재까지는 135 MPa을 기점으로 160 MPa, 180 MPa로 분사압력이 증대되고 있으나, 장기적으로는 압력증폭기를 사용하여 220 MPa 이상까지 고압화될 것으로 예상된다.

그러나 이러한 분사압력의 고압화를 통해 연소 완성도가 높을수록 대신에 연소온도가 증가하여 질소산화물의 농도가 증가할 가능성도 있어, 분사 자유도가 높은 인젝터의 개발이 필수적이다.

즉, 인젝터의 작동 반응도의 고속화를 통해 다단 분사 실현 및 연소실내 유동 조절을 통해 연료-공기 혼합을 최적 조절하여 질소산화물의 저감을 도모해야만 한다. 고압의 고반응 인젝터에 대한 분사율 조절 기능이 향상된 커먼레일 연료분사시스템 확립이 필요하게 된다.

(3) TICS

일본 젝셀(Zexel)사에서 TICS(timing injection control system)를 개발하여 발표하였다. 이 시스템은 전자식 엑추에이터를 이용하여 플런저바렐(plunger barrel)을 상하 이동시킴으로써 연료의 분사량과 분사시기를 부하와 회전수에 맞춰 임의로 조절 가능하게 하였으며, 최근에 와서는 플런저의 하단 모양을 개조하여 파일롯트분사(pilot injection)를 꾀하고 있다.

종래의 시스템에서 pre-stroke 위치를 조정할 수 있도록 하여 정적분사시기를 제어하는 시스템으로 이미 실용화 단계에 있으며 고압화보다는 분사시기와 분사율제어가 이루어진 시스템이다.

표 3.2 연료분사시스템의 특성비교

		종래형	Commonrail	EUI	TICS
압력범위		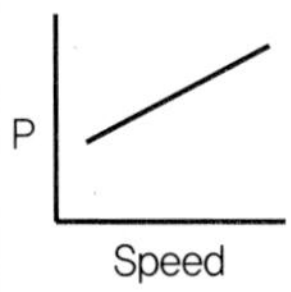	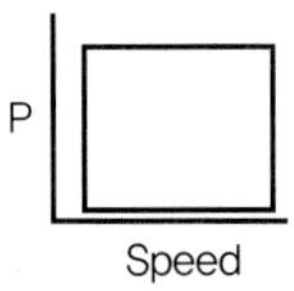	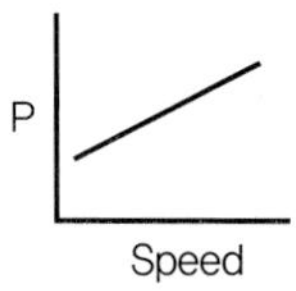	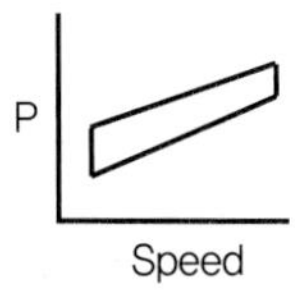
분사율 조절	Spill rate	×	◎	△	△
	Pilot	×	○	×	×
	Split	×	○	△	×
전자 제어	Governing	△	◎	○	△
	Timing	△	◎	○	△
	FCCB 기통제어	×	○	○	×
	Random fire	×	○	○	×

주: ◎ 아주우수, ○ 우수, △ 보통, × 불가

3.3 과급시스템

3.3.1 시스템 및 작동원리

점점 엄격해지는 배기규제를 만족하기 위해서는 연료·공기 공급문제 개선과 함께 흡입공기의 온도저하도 중요한 역할을 한다. 이를 위한 기본 기술로 터보과급장치(turbocharger: T/C) 사용과 공급공기 냉각방법(intercooler: I/C)이 사용되고 있다.

현재 주로 사용되고 있는 터보과급은 배기가스 에너지로서 배기터빈을 작동하고, 터빈 회전력이 원심압축기를 구동하여 흡입공기를 압축하여 연소실에 과급한다. 이 경우 배기터빈 구동시 배기압력이 증가하고 엔진 펌핑손실도 증가하나 과급된 공기에 따른 연료공급량을 증가하여 엔진 출력이 증가하기 때문에 전체적으로는 적은 엔진 배기량으로 고출력을 얻으며(down sizing) 엔진의 연비도 향상된다.

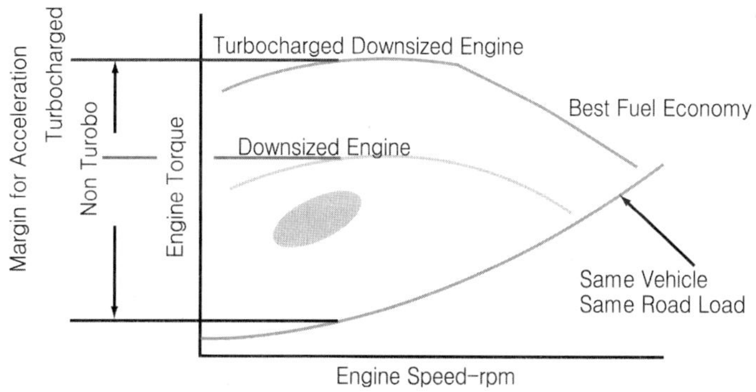

(출처: Honeywell/Garrett, International Vehicle Technology Symposium)

그림 3.16 터보과급장치에 의한 엔진 소형화

터보챠져는 엔진의 펌핑손실과 공연비 조절에 의한 연소효율에 큰 영향을 미친다. 특히 고부하 영역에서는 증가된 부스트(boost)로 희박 혼합기를 조성함으로서 PM 감소와 연비향상에 큰 역할을 한다. 배기가스 유량이 적은 저속 운전에서는 터빈의 에너지 회수가 적어 엔진에 충분한 공기를 공급하지 못하여 매연과 PM 발생증가를 초래할 수 있다.

또한 고속에서 과도한 부스트가 발생하면 펌핑손실이 증가하며, 분사된 연료의 진행(penetration)도 방해를 받아 불완전 연소를 초래함으로서 연비 악화와 엔진 신뢰성에 문제점이 발생하기 때문에 기술적 보완이 필요하다.

T/C 엔진의 가장 큰 단점은 응답성 지연(turbolag)이다. 엔진을 급가속하면 흡배기의 유속과 터빈 및 콤프레샤의 관성중량으로 인하여 급기압력 및 공기공급량이 엔진 요구량에 못 미치어 엔진 가속력을 따라 가지 못하는 현상이 발생한다. 이로 인하여 엔진출력은 정상운전 출력보다 낮아져 가속력 및 발진력 부족, 매연 증가, 연료소모량 증대 등을 초래한다.

터보랙은 디젤엔진보다는 가솔린엔진에서 심하게 발생한다. 이유로는 가솔린엔진이 디젤엔진보다 가볍고 진동이 적기 때문에 무게가 가벼운 플라이휠을 사용함으로서 엔진 자체의 응답성이 뛰어나고, 트로틀을 사용하기 때문에 흡기량의 변화가 심하여 상대적으로 T/C의 반응이 따라가기 어렵다.

서울 시내버스와 같이 경우 운행속도가 평균 12 km/h로 매우 저속이며 또한 잦은 정지와 발차 등의 운전조건에서 터보챠져를 장착할 경우 터보랙에 의해 연료공기 혼합비의 불균일로 매연증가를 초래할 가능성이 많아 T/C 사용의 적합성과 개선장치에 대한 검토가 필요하다.

터보랙을 개선하는 방안으로, T/C의 관성중량 감소, 분사(점화)시기제어, 급기압력제어, 흡배기계, 트로틀 위치 등의 보완 및 제어가 있다.

이와 같은 문제점 개선을 위하여 터보과급기 최적화와 웨이스터게이터(waste gate)과급기, 가변용량(variable geometry)과급기, 세라믹(ceramic)과급기, 볼베어링(ball bearing)과급기, 트윈(twin)과급기, 시퀀셜(sequential)과급기 등이 실용화되고 있다.

3.3.2 과급방식

(1) **터보과급기**(Turbocharger; T/C)

터보과급기는 배기터빈(turbine)과 흡기압축기(compressor)로 구성되어 있으며 압축기의 특성이 T/C 성능에 가장 중요하다.

엔진과 T/C의 유량특성이 서로 다르기 때문에 두 장치의 결합시 매칭이 매우 중요하다. 저부하 운전시는 배기가스 온도가 낮으며, 저속시는 배기유량이 적어 배기터빈이 흡기 압축기를 구동할 수 있는 충분한 구동력을 얻지 못하기 때문에 무과급 엔진 토크 특성을 갖는다. 반면 고속운전 영역에서는 과도한 과급압력과 배기터빈의 과회전에도 유의하여야 한다.

(2) **웨이스트게이터부착 과급기**(Waste Gate Turbocharger; WGT)

엔진 고속운전 영역에서 배출가스를 밸브 시켜 급기와 배기압력이 과대해지는 것을 방지하는 방식으로 중저속운전 영역에 성능개선을 도모한 장치이다.

밸브역할을 하는 웨이스트게이트는 리턴 스프링과 다이아프램으로 구성되어 있는 기구에 의해 열리고 닫히는데 엔진의 매니폴드 압력에 따라 다이아프램내의 압력과 리턴 스프링의 반력에 의해 작동한다. 엔진의 고부하 조건에서 과급기에 의해 흡입공기량이 증가하면 매니폴드내 압력이 상승하고 이는 연소압력의 증가로 기준토크 이상의 운전조건에서 엔진이 운전하게 됨으로써 엔진에 손상을 초래할 수 있다.

이에 매니폴드 압력이 일정 이상이 되면 다이아프램을 확장시켜 웨이스트게이트를 열어줌으로써 연소실로 흡입되는 공기량을 줄여준다. 그리고 일정압력 이하로 떨어지면 다시 웨이스트 게이트를 닫아 줌으로써 과급기가 정상적으로 작동한다.

이러한 과급기는 비교적 비용이 저렴하고 그 제어가 간단하여 장착에 따른 부담이 적은 특징을 갖고 있으나 저속영역에서 가속할 경우 과급기의 응답특성이 늦은 응답성 지연(turbolag)의 단점을 안고 있다.

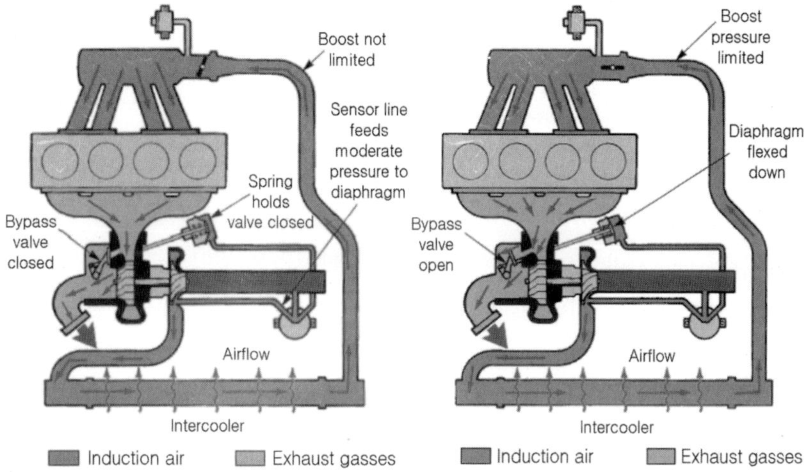

그림 3.17 밸브에 의한 과급량 조절

(3) 가변용량과급기(Variable Geometry Turbocharger; VGT)

엔진 저속회전 영역의 성능개선을 위하여 배기터빈 입구면적을 가변적으로 변화할 수 있는 방식이다.

엔진 저속시는 과급기를 작동시킬 수 있는 배기유량이 부족하기 때문에 노즐면적을 줄여 배출가스 속도를 증가시킴으로서 배기터빈 회수에너지를 크게 하여 급기압력을 높이고 응답지연현상을 최소화한다. 그리고 고속영역에서는 배기유로를 확대시켜 배기유량을 최대화함으로써 최고출력을 10~15% 향상시킬 수 있다.

VGT를 사용함으로서 작은 배기량으로 우수한 동력성능의 달성이 가능하여 차량의 연료소비(5~10% 개선) 및 배출가스 측면(EURO-4 기준 이후 대부분 VGT사용)의 장점을 가진다.

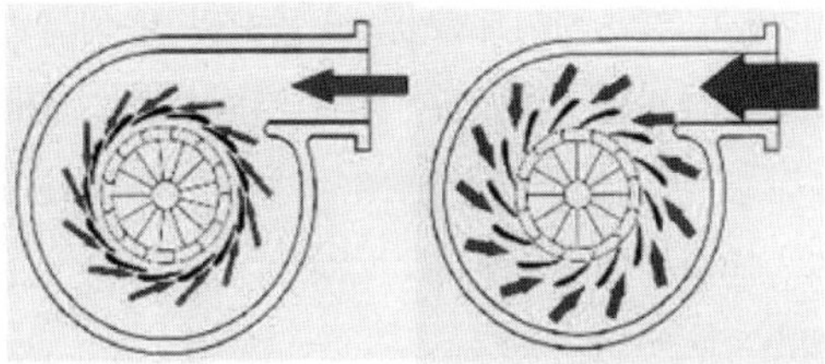

그림 3.18 VGT 유로 변화

(4) 세라믹과급기(Ceramic Turbocharger)

동일 형상의 과급기라도 재질에 따라 중량 및 관성력을 줄일 수 있다. 이런 관점에서 특히 고온에서 작동하는 터빈의 재질을 일반적으로 사용되고 있는 강철(steel)에서 세라믹으로 변경함으로서 중량을 상당히 감소시킬 수 있어 반응성을 향상시킬 수 있다. 그러나 아직도 세라믹 기술이 완전하지 못하여 고온에 의한 터빈 날개(blade)의 파손이나 제조 가격이 높은 문제점이 있다.

(5) 볼베어링 과급기(Ball Bearing Turbocharger)

일반적으로 T/C는 유체 원심력을 이용한 floating bearing을 사용하고 있으나 이는 로터의 회전속도 제곱에 비례하여 마찰손실이 증가하고 엔진 윤활계통의 고장시나 엔진 시동시에 오일 공급이 원활하지 못하면 쉽게 마모되는 단점이 있다. 이런 문제점을 개선하기 위하여 볼베어링을 대체함으로서 마찰 손실을 감소시키고 내구성도 향상시킬 수 있으나 제조가격이 10%정도 높다.

(6) 트윈과급기(Twin Turbocharger)

트윈과급기는 동일한 크기의 T/C를 두 개 장착한 것으로 로터의 크기를 줄여 타임랙을 줄일 수 있으나 저속 토크는 향상되지 못한다. 4기통이나 6기통 엔진의 경우 2기통과 3기통으로 분배하여 장착한다.

(7) 시켄샬과급기(Sequential Turbocharger)

트윈과급기와 달리 시켄샬과급은 크기가 다른 두 개의 T/C를 사용하며 연결방식은 직렬방식과 병렬방식이 있다.

병렬형의 경우는 각각의 T/C 담당 회전범위가 좋고 또한 최고 효율점 근처에서 튜닝하기 때문에 저, 중속 영역의 성능이 우수하다. 저속에서는 소형 T/C가 가동하며 중속에서는 두 개가 동시에 작동하고 고속으로 가면 대형 T/C만 작동하는 원리이다. 병렬형에서는 서로 다른 T/C의 작동 전환점에서 토크 굴곡이 발생하며 이를 제어하는 것이 매우 어렵다.

직렬형은 서로 크기가 다른 T/C를 일직선으로 설치하여 저,중속에서는 소형 T/C가 가동하며 중,고속으로 가면 트윈밸브가 작동하여 소형 T/C 작동은 서서히 줄어들고 대형 T/C 작동이 활발하여지는 원리이다. 직렬형에서는 토크 굴곡이 발생하지 않으며, T/C 작동 전환조절 장치인 트윈밸브의 제어가 비교적 용이하다.

또한 저속 토크 향상이 가능하고 고속영역에서의 배기손실을 최소화 할 수 있으며 터보랙을 크게 향상할 수 있는 장점이 있다. 그러나 엔진과 T/C 매칭이 어려우며 제조단가가 비싼 단점이 있다.

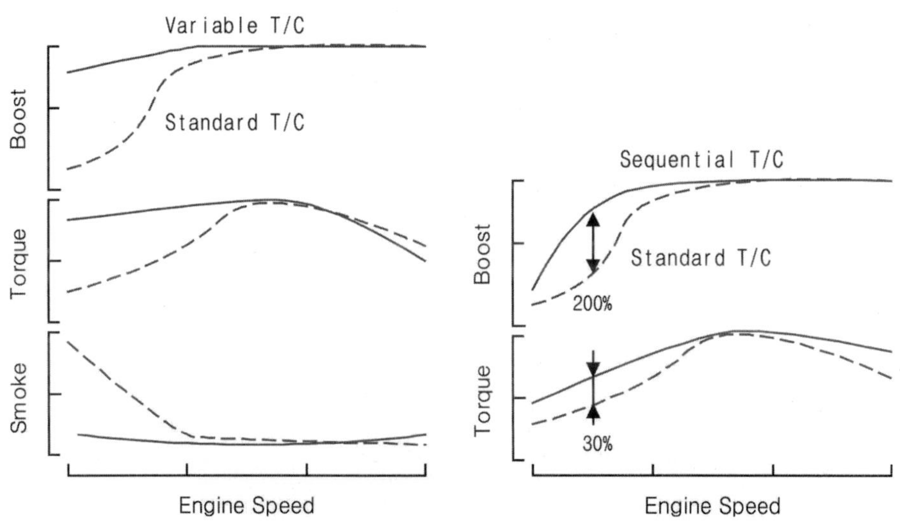

그림 3.19 Variable T/C와 Sequential T/C의 성능특성

(8) 기계식 과급장치(Supercharger; S/C)

루트블로어(root blower)나 렌설럼 등과 같은 용적형 압축기를 엔진이 직접 구동하는 방식으로 배기가스 에너지를 사용하지 않기 때문에 엔진 열효율을 악화시키며 연료소비가 나빠지기 때문에 특히 연비를 중시하는 상용차에는 거의 사용되지 않는다.

그러나 수퍼챠져는 엔진 저속시 기계적으로 구동하여 과급효율이 높기 때문에 T/C와 조합하여 사용하면 저속시는 S/C가 작동하여 토크 및 가속성을 향상시키고 중고속에서는 T/C가 작동하여 기존 터보과급기의 문제점을 개선할 수 있다. 이와 같이 T/C와 S/C를 복합한 하이브리드 과급시스템이 장래의 중요한 기술이 될 것으로 전망하고 있으며 많은 연구가 진행되고 있다.

(9) 전기식 과급기(E-booster)

과급기 내부에 모터를 장착하여 중저속에서 과급기의 회전력을 부과하여 과급능력을 향상시킨 장치이다. Boost압 증대 시간 감소(응답성 향상)로 차량 동력 성능이 향상되는데, 특히 저/중속토크를 최대 40%까지 향상이 가능하다. 이로서 엔진 크기를 10% 줄일 수 있어 다운사이징 효과를 얻을 수 있고 연비 개선도 5%정도 가능하다.

터보차져 부문 선도업체인 Honeywell 과 Borgwarner에서는 보다 정밀한 vane 위치 제어와 turbo lag(터보지연)을 감소, 배출가스 저감을 위하여 터보차져의 크기를 줄일 수 있는 전기 · 전자화 기술을 개발하고 있으며 향후 기술로 EAT(Electric Assisted Turbocharger) 및 2 stage 터보차져를 개발하고 있다. Borgwarner는 2 stage 터보차져(R2S)를 개발하여 BMW의 "535d"에 최초로 양산 적용(승용디젤분야) 하였으며 전기모터에 작동되는 E-booster는 현재 개발 중에 있다.

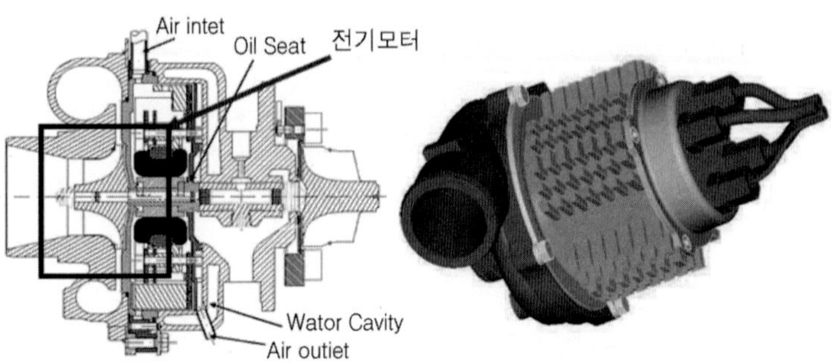

그림 3.20 전기식 터보차져(E-booster) (BorgWarner)

(10) 인터쿨러부착 과급(Turbocharger/Intercooler; T/I)

T/C에 의해 압축된 흡기는 100°C 이상 온도가 상승하는 경우도 있어 이는 엔진 체적효율의 저감을 가져와 T/C 사용효과를 상쇄한다. 이를 보완하기 위하여 열교환기로서 흡기를 냉각시키는 방법이 사용되고 있다.

열교환 방식으로 엔진의 냉각수를 사용할 경우 구조가 콤팩트해지고 엔진 본체에 일체로 할 수 있는 등의 이점이 있으나 흡기온도를 냉각수 온도 보다 낮출 수 없기 때문에 자동차에 사용하기는 어렵다. 현재는 열교환 매체로 자동차 주행시 발생하는 공기를 사용하여 흡기온도를 50°C 정도 저하시키는 방식의 인터쿨러(I/C; intercooler)를 사용하고 있으나 열교환기 부피가 크며 탑재성과 배관 등에 어려움이 있다.

I/C를 사용하여 급기온도를 낮추면 연소온도가 저하되어 NOx 발생이 저감된다. 또한 연소 및 배기온도가 낮아져 엔진의 열부하가 경감되며 급기 비중이 증가함에 따라 급기압력을 낮출 수 있어 T/C의 부하를 줄일 수 있다.

그러나 저부하 영역에서 과도하게 흡입공기를 냉각시키면 점화지연 기간을 길게 하여 도리어 PM과 HC가 증가하기 때문에 저부하에서 냉각을 적절하게 제한할 수 있는 방식이 필요하다.

3.4 배기가스재순환(EGR)

3.4.1 시스템 및 작동원리

EGR(exhaust gas recirculation)은 NOx 저감을 위한 가장 효과적인 방법의 하나로서 가솔린엔진에서는 이미 실용화되어 사용되고 있다. 이는 배기가스의 CO_2나 H_2O 등과 같은 불활성가스가 흡기의 일부와 치환되어 혼입됨으로서 혼합기의 열용량이 증대되어 실린더 내 연소가스 온도상승을 억제하며 또한 공기과잉율을 낮추어 thermal NOx 생성을 억제함으로서 전체 NOx 발생량을 줄이는 원리이다. 또한 흡기의 일부가 산소농도가 낮은 배기가스로 치환되므로 연소실내 산소가 감소하기 때문에 NOx 생성이 억제된다.

디젤엔진의 EGR에 의한 NOx 저감효과는 가솔린엔진과는 차이가 있다.

가솔린엔진에서는 EGR 가스가 연료혼합기와 균일하게 혼합되기 때문에 연소화염을 효율적으로 냉각시킨다. 반면 디젤엔진의 경우는 연료혼합기가 공간적으로 매우 불균일하기 때문에 EGR 가스가 연소화염을 냉각시키는 데는 공간적으로 제한되어 있다.

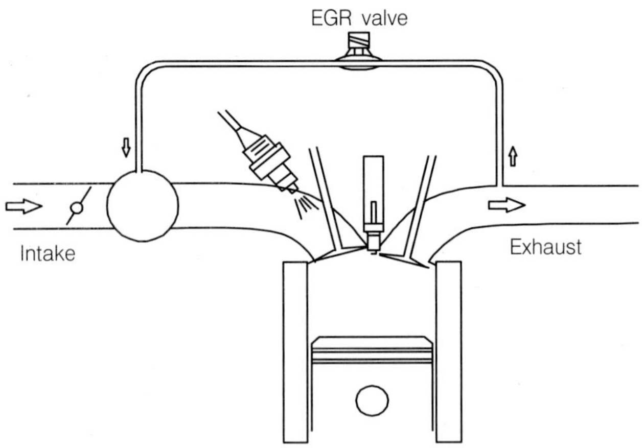

그림 3.21 엔진의 EGR 시스템

표 3.3 가솔린 EGR과 디젤 EGR의 차이점

항 목	디 젤	가 솔 린
공연비(A/F)	변화 폭이 큼	변화가 적음
연료량(fuel flow rate)	변화 없음	변화 없음
흡기공기량(intake air flow rate; Q_a) 배기가스량(exhaust gas flow rate; Q_e)	EGR에 따라 감소	변화 없음
엔진흡기량(engine inlet gas flow rate; Q_i) 엔진배기량(engine outlet gas flow rate; Q_o)	변화 없음	EGR에 따라 증가
흡입 O_2농도(inlet gas O_2 concentration) 흡입 CO_2농도(inlet gas CO_2 concentration)	EGR에 따라 감소 EGR에 따라 증가	EGR에 따라 감소 EGR에 따라 증가
배기 O_2농도(exh. gas O_2 concentration) 배기 CO_2농도(exh. gas CO_2 concentration)	EGR에 따라 감소 EGR에 따라 증가	변화 적음 변화 적음
CO_2 중량배출량 (CO_2 mass emission)	변화 없음	변화 없음

따라서 디젤엔진에서 EGR에 의한 NOx 저감 메카니즘은, 가솔린엔진처럼 EGR 가스가 연소온도를 낮춘다는 설명보다는 연소공기의 산소농도를 저감시킴으로서 NOx가 저감된다는 이론이 강하게 제시되어 있으며 이들의 규명에 대한 연구가 계속되고 있다.

· EGR율 정의

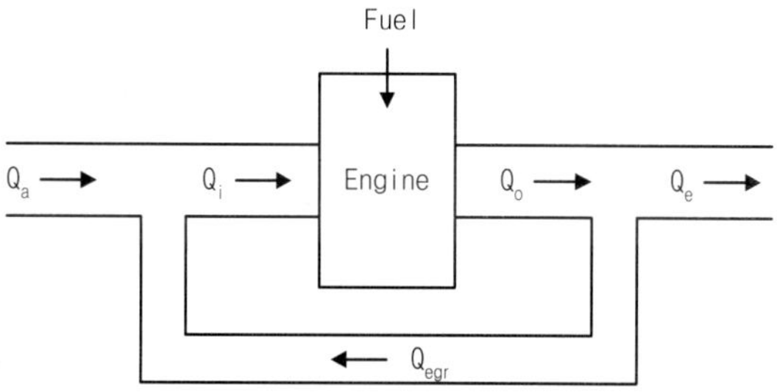

$$\text{EGR율}(\%) = \frac{\text{EGR양}}{\text{흡입공기량} + \text{EGR양}} \times 100 \qquad (3\text{-}1)$$

$$= \frac{Q_{egr}}{Q_a + Q_{egr}} \times 100$$

$$= \frac{[CO_2]_i - [CO_2]_{amb}}{[CO_2]_e - [CO_2]_{amb}} \times 100$$

$[CO_2]_i$: 흡기중(Q_i)의 CO_2 농도

$[CO_2]_e$: 배기중(Q_o)의 CO_2 농도

$[CO_2]_{amb}$: 대기중(Q_a)의 CO_2 농도

디젤 기관에 적용한 EGR 방식은 가솔린 기관에 적용한 것과는 근본적으로 상이하며, 기본적인 차이를 그림 3.22와 그림 3.23에 나타낸다.

가솔린 기관은 대개 이론공연비로 운전되며, EGR이 적용되지 않을 때는 기관 실린더로 유입되는 공기-연료 혼합기량으로 기관 토크와 출력을 제어한다. EGR 가스가 도입될 경우, 토크와 출력이 일정하다면, 실린더 내의 혼합기 질량 역시 일정하게 유지되어야 한다.

따라서 그림 3.22와 같이 기관 실린더로 유입되는 EGR 가스 질량은 실린더 내의 공기-연료 혼합기 질량에 추가되어야 하므로, 토크와 출력이 일정하게 유지하기 위해서는 실린더내 총 흡기질량(공기-연료 혼합기 + EGR)은 증가해야 한다. 실린더 체적은 고정되어 있으므로, 실린더 내의 급기 밀도가 증가됨으로서, 총 흡기질량 증가가 가능하게 되고, 이에 따라, 스로틀 개도량을 증가시킬 필요가 있게 된다. 스로틀 개도량 증가에서 오는 부수적인 이점은 기관의 펌핑손실 감소와 이로 인한 약간의 연료소비율이 향상된다는 것이다.

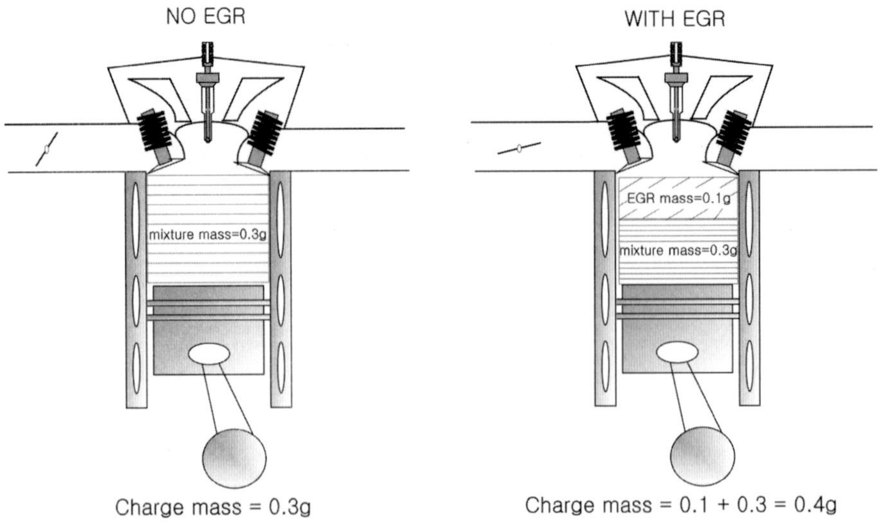

그림 3.22 가솔린엔진의 EGR 원리

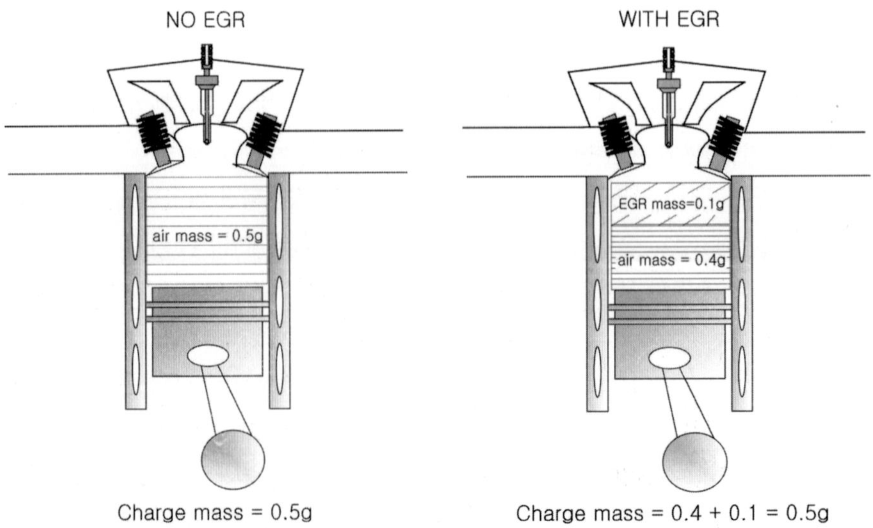

그림 3.23 디젤엔진의 EGR 원리

이와는 달리, 디젤기관은 그림 3.23과 같이 흡기 스로틀링이 없는 상태로 운전되므로, 동일한 기관 운전 조건에서 가능한 많은 양의 공기가 실린더로 유입된다. EGR 가스를 도입하면 흡기 일부를 EGR 가스로 대체하게 되며, 이러한 공기 대체 결과로 연소에 사용되어지는 공기가 감소하게 된다. 토크와 출력이 동일한 경우라면, 기관에 공급되는 연료량도 동일해야 하므로 연소에 이용되는 공기 감소분으로 인하여, 공연비가 낮아지게 된다. 공연비상의 이러한 변화는 배기가스에 큰 영향을 미치게 된다.

일반적으로 EGR에 의한 NOx 저감효과는 기관에서 배출되는 배기가스의 일부를 흡기계로 되돌아 흐르게 함으로서 NOx 생성을 억제하는 것을 말한다.

NOx가 EGR에 의해 저감하는 주된 이유로는 실린더 내 공기의 일부가 배기가스 중 CO_2, H_2O 등과 치환되어 기체의 열용량이 증대되고 이로 인해 연소가스의 온도상승이 억제되고 더불어 공기과잉률이 저하되며, 신기와 재순환가스를 일정비율로 혼합하여 재순환시킴으로서 새로운 연소혼합가스의 산소농도를 떨어뜨리는 등에 의해 thermal NO의 생성이 억제되는 것이 가능하다.

디젤기관에서 EGR기술에 의한 NOx 저감 메커니즘에서 산소농도설과 온도설 2가지 이론 중 주된 메커니즘이 어느 것이냐 하는 문제가 대두되었다. 1980년에는 디젤기관에서의 NOx 저감 메커니즘은 가솔린과는 다르고, 산소농도의 저감이 주된 요인이라는 연구가 보고되었고, 그 후에는 그에 반하는 반론설이 보고되었다. 즉, 화염온도저감이 주된 요인이라는 것이다.

그 내용은 EGR에 의해 연소화염영역의 온도가 저감하고, NO 생성율이 저감하는 것을 나타낸 계산이었다. 산소농도를 일정하게 하여, N_2대신 CO_2와 H_2O를 흡입시키는 것에 의해 연소화염온도를 저감시켜, 그것에 의해서도 NO가 크게 저하한다는 것을 언급한 것이었으며, 그 당시에는 디젤기관의 연소실내 화염온도를 직접 실측하는 것이 어려웠기 때문에, 계산에 의해 화염온도를 구하는 것이 통례이었던 것이다.

그러나 지금에 와서는 다시 산소농도 저감설이 주된 NOx 저감요인으로 대두되고 있으며, 흡기에 3원자분자인 CO_2와 H_2O를 흡입하여, 화염의 온도를 감소시킨 결과 O_2 농도를 일정하게 하였을 시에서는 NO 저하가 적고, O_2 농도를 내리면 NO 저하가 큰 것으로 나타난다는 보고였다. 아직도 어떠한 저감이론이 EGR 기술의 주된 NOx 저감요인인가는 명확히 밝혀지지가 않고 있다.

현재 EGR기술은 가솔린기관의 NOx 저감 대책으로 널리 사용하고 있으며, 충분한 NOx 저감효과를 나타내고 있지만, 디젤기관에서는 가솔린기관만큼의 저감효과를 얻을 수 없다. 그 원인으로는 가솔린 기관에서 EGR 가스는 혼합기와 거의 균일한 혼합이 이루어지므로 연소화염을 효과적으로 냉각하는 것에 반해, 디젤기관에서는 혼합기가 공간적으로 극히 불균일하기 때문에 연소화염의 냉각에 직접 관여하는 EGR 가스는 공간적으로 한정되고, 공기과잉률이 어떤 값 이하로 되면 smoke와 PM의 급증을 초래하므로 EGR을 실현할 수 있는 기관의 작동영역은 공기과잉률이 큰 부분부하 영역으로 한정된다.

경부하에서 운전되는 경우가 많은 디젤 승용차에서는 EGR이 이미 보급되었지만, 고부하 운전 빈도가 높아 내구성, 높은 신뢰성이 요구되는 트럭과 버스 등의 대형 상용차에서는 사용빈도가 많지 않다.

디젤승용차의 EGR 시스템은 실용화 초반에는 기계식 부압제어 또는 전기식 부압 시스템이 사용되어졌다. 하지만 제어의 정밀함과 신속함에 한계가 있으므로 현재에는 전자제어식 EGR 시스템이 주류를 이루고 있다.

전자제어식 EGR 시스템에서는 기관회전수, 부하(분사펌프의 레버 열림 개도) 및 냉각수 온도 등에 의해 운전상태를 감지하며, EGR 밸브의 자동부압을 제어하여, 적정 EGR 양을 흡입 매니폴드로 재순환 시키고 있다.

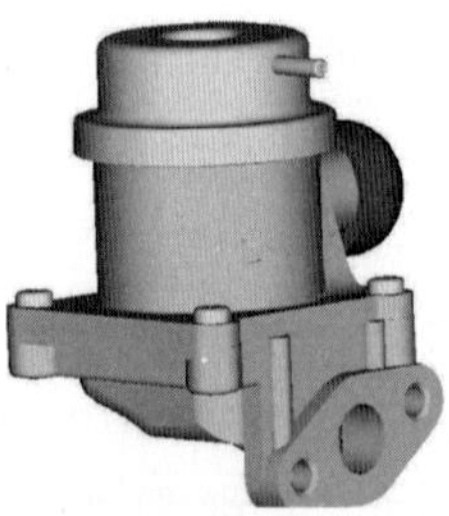

그림 3.24 기계식 EGR 밸브

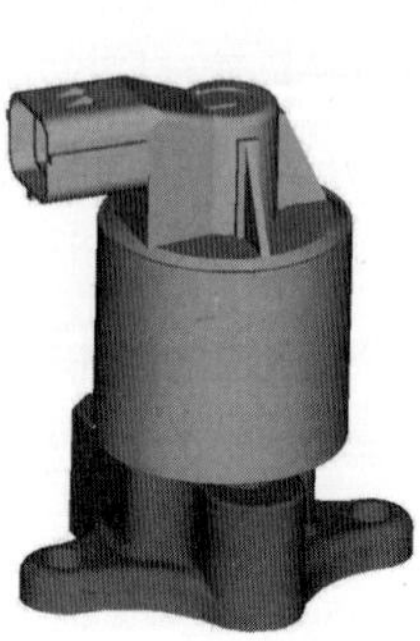

그림 3.25 전자식 EGR 밸브

그림 3.24에서는 기계식 EGR 밸브의 모습을 그림 3.25에서는 전자식 EGR 밸브의 모습을 보여준다.

디젤기관의 배기가스 중에는 다량의 PM과 경유 중의 유황분에 의한 sulfate가 존재하므로 EGR을 적용하면, 이들 물질이 기관 윤활유에 혼합되어 윤활유의 급격한 악화를 초래하며 피스톤과 운동부 주위의 마멸과 산화부식을 촉진한다.

EGR을 적용할 때, 각 부품의 신뢰성이나 내구성을 확보하기 위해서는 기관 구성부품의 재료면에서 더 많은 개발과 개량이 필요하며 경유 중의 유황분을 줄이고 또한 입자상 물질 포집장치 등을 병용하여 청정한 배기가스를 환류 하는 등의 수단을 강구하는 것이 바람직하다.

배기가스 정화에 대한 사회적 요구가 강해지고 있는 가운데 EGR은 NOx 저감효과가 크고, 이미 디젤 승용차량에 실용화하고 있는 기술이며 앞으로 기술개발의 여부에 따라서 트럭과 버스 등의 대형 디젤차량에 적용이 증가할 것이다.

3.4.2 EGR 영향

최적 EGR율의 결정은 CO, HC, 매연과 연비가 과도하게 증가하지 않는 범위에서 결정한다. 예를 들면 아래 그림 3.26에서 보듯이 EGR율이 증가하면 매연이 증가하며 연비도 초기에는 향상되었다가 어느 시점에서 급격하게 악화되는 것을 알 수 있으며, 이들 제반 인자들을 고려하여 엔진 작동점에서 최적 EGR율을 결정한다.

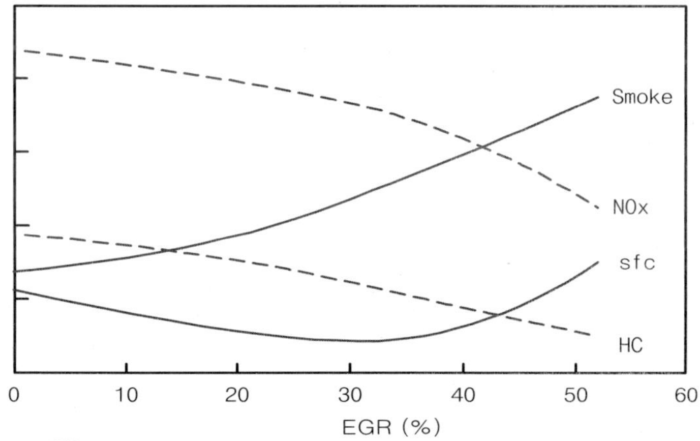

그림 3.26 EGR 영향

디젤엔진의 EGR 적용시 큰 어려움은 배출가스 중 PM과 유황성분이 연소실에 재순환되어 엔진오일을 급격하게 열화시키며 이에 따라 피스톤과 밸브계통의 마모 및 부식을 초래하기 때문에 신뢰성과 내구성 확보가 필수적이다. 엔진구성부품의 재질을 개선하고 연료의 유황성분을 낮추며 매연후처리장치를 사용하여 여과된 배기가스를 재순환시키는 등의 다양한 방안들이 강구되고 있다.

EGR 밸브는 지금까지는 기계식이 사용되어 왔으나 배기규제가 계속 엄격해지면서 보다 정밀한 제어와 신속한 작동이 요구되어 전자제어식 EGR (E-EGR) 밸브의 사용이 예상되고 있다. E-EGR 시스템은 엔진회전속도와 부하, 냉각수온도 등을 감지하여 엔진작동 상태를 파악하여 전자식모터나 전자식밸브로서 EGR 밸브를 구동하여 재순환가스양을 제어한다.

3.4.3 디젤엔진 EGR 시스템

가솔린엔진의 EGR 통로는 흡기관의 트로틀밸브 이후에서 배기관으로 연결되어 있다. 흡기측의 압력은 부압으로 배기관 압력보다 낮기 때문에 배기가스 재순환이 용이하며, 통로 중간에 설치되어 있는 EGR 밸브개폐 면적과 흡배기관 압력차에 따라 EGR량을 조절한다.

디젤엔진에서는 흡기관에 트로틀밸브가 설치되어 있지 않기 때문에 흡배기관 압력차이와 변화가 크기 않아 유량조절에 어려움이 크다. 더욱이 터보챠져나 수퍼차져를 사용하는 과급엔진의 경우 배기관 압력보다 흡기관 압력이 높아 EGR 통로와 방법을 특별하게 설계하여야 할 필요가 있다.

그림 3.27(a)는 터보챠져의 터빈출구에서 콤프레샤 입구로 EGR 통로를 설치한 방식(low pressure route)으로 압력차가 크기 때문에 엔진의 넓은 작동영역에서 EGR량을 제어할 수 있다. 그러나 배기가스가 콤프레샤와 인터쿨러를 통과하기 때문에 이들의 내구성과 신뢰성에 문제를 야기하며, 또한 흡기 온도가 콤프레샤의 설계온도를 초과할 수도 있다.

반면 터빈입구 이전의 엔진 배기관에서 콤프레샤 이후의 흡기관을 연결한 high pressure route 방식은 배기가스가 콤프레샤와 인터쿨러를 지나가지 않기 때문에 이들 장치에 영향을 미치지는 않는다. 이 방식은 디젤승용차용 과급엔진에 사용되고 있으나 엔진의 고부하 작동시 흡기관측 압력이 배기관측 압력보다 높아 EGR을 사용할 수 없고 따라서 엔진의 저부하 영역으로 사용이 제한된다.

High pressure route 방식에서는 약 30% 부하 이상에서는 흡기관측이 배기관측보다 압력이 높은 것을 알 수 있다. 따라서 이 시스템을 대형디젤엔진에 적용하기 위해서는 강제적으로 EGR 가스를 공급할 수 있는 EGR pump가 필요하다.

그러나 트럭이나 버스 등에 사용되는 대형디젤엔진은 고부하 운전 빈도가 높아 이 영역에서의 EGR 사용이 절대적으로 필요하다. 따라서 이를 위해서는 ① EGR을 위한 압력차 DP(=배기관측 압력 - 흡기관측 압력) 〉0 가 필요하며, ② 고부하 영역에서의 배기가스 온도가 고온이기 때문에 내열성을 향상시켜야 한다. 즉 가솔린이나 승용 디젤 엔진의 400°C 이하 사용조건에 비해 대형디젤의 경우는 700°C의 내열성이 요구된다. 또한 ③ 고온의 EGR 가스에 의한 충진효율 저하를 방지하기 위해 cold ERG 방식이 필요하다. ④ 고부하 영역에서 매연과 PM이 훨씬 높게 발생되기 때문에 EGR 밸브와 엔진마모 및 내식성에 대한 대책이 필요하며 재순환가스의 전처리기술 등의 적용이 가능하다. ⑤ 엄격한 배기규제에 대응하기 위해서는 가능한 한 EGR 제어속도가 빨라야 하며 이를 위해서는 종래의 기계식방식 대신 전자제어식 솔레노이드 방식 EGR 밸브사용이 불가피하다.

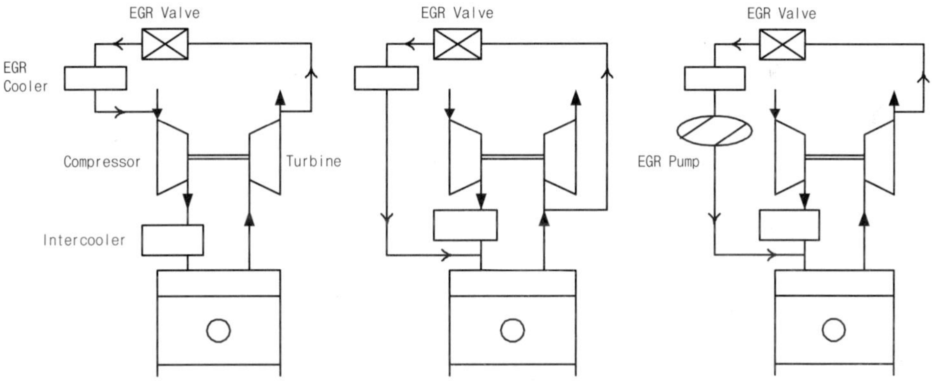

(a) Turbine Out/Compressor In (Low Pressure Route)　(b) Turbine In/Compressor Out (High Pressure Route)　(c) Turbine Out/Compressor Out

그림 3.27 과급 디젤엔진의 EGR 방식

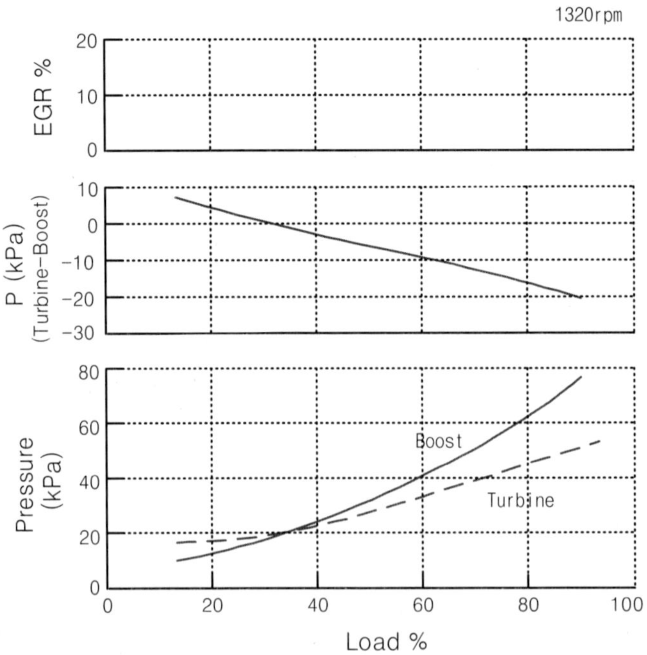

그림 3.28 High pressure route 방식의 부하와 EGR 율

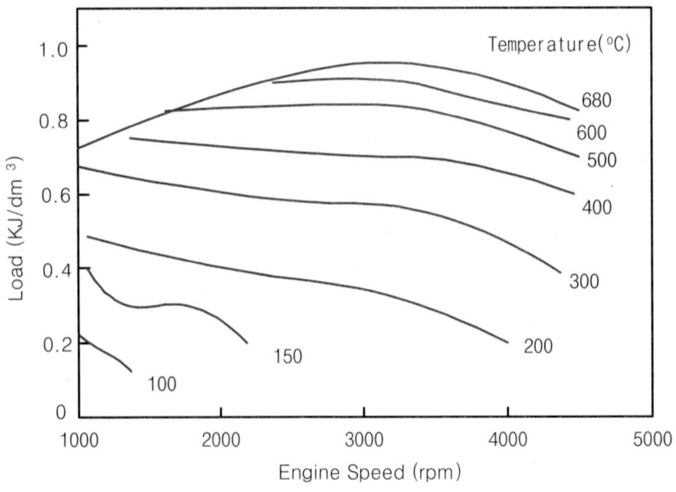

그림 3.29 T/C swirl chamber 디젤엔진의 배기온도 map

3.4.4 디젤 EGR 시스템의 NOx 저감 원리

디젤기관의 연소는 가솔린기관의 연소와는 달리, 압축행정 말기에 연료가 연소실내로 분사되어 공급됨으로서 공기와 연료가 충분하게 혼합되기 전에 연소가 시작되며, 따라서 공연비 분포가 균일하지 않다. 디젤기관에서 생성되는 대부분의 NOx는 급속 연소 초기의 이론공연비에 가까운 혼합기의 고온에서 NO 형태의 성분이 주로 발생하며, 연소 시작후 20° CA내에 대부분의 NO 생성이 완료된다.

연소실 내에 예혼합연소 정도는 NOx 형성에 직접적인 영향을 미치게 되며, 예혼합연소를 제어하는 가장 효과적인 방법은 분사시기를 지각(retard)하는 것과, 배기가스를 연소실로 도입하는 것이다. EGR을 통해 어느 정도 연소과정을 변경하는 것이 가능하여 다량의 질소원소를 무해한 N_2로 배출하게 된다.

디젤기관에서 EGR에 의한 NOx 저감 메커니즘은 가솔린과는 달리 산소농도 저감이 근본적인 원인이라는 연구와 이에 반론하여 화염온도 감소가 원인이라는 연구가 보고되었다. 현재로서는 어느 것이 옳은지에 대한 결론은 제시되지 않은 상태이지만, Shiozaki et al.은 산소농도와 화염온도의 NOx 저감 기여도는 동일한 수준인 것으로 최근 보고되고 있다. 재순환되는 배기가스의 주성분은 N_2, CO_2, 수증기이며 이들 중에 두 가지 성분이 연소과정에 영향을 미치며, Ladomatos et al.가 증명한 3종류의 다른 메커니즘은 다음과 같다.

(1) 희석효과 (Dilution effect)

희석에 의한 영향으로는 O_2를 N_2, CO_2, 수증기로 대체하여, 흡기내에 산소농도를 감소시킨다. 다양한 실험을 통하여, 산소 농도의 감소가 NOx 배출을 감소시키고 PM과 HC 배출을 증가시키는 것으로 나타났다. Shiozaki et al.은 산소 농도의 감소에 의해 점화지연기간이 크게 연장됨을 관찰하였으며, Ropke et al.도 동일한 연구결과를 얻었고, 또한 산소 농도 감소가 배기가스 내에 NOx 농도에 영향을 미치는 주요 인자임을 밝혔다.

Plee et al.과 Mitchell et al.은 연소 개시점을 고정하여 수행한 실험에서, 디젤기관의 흡기내 산소 농도를 변화시켜 화염온도의 변화가 NOx 배출에 주로 영향을 미치고, PM과 CO 배출은 주로 흡기내 O_2의 몰분율에 영향을 받는다고 결론지었다. Lida와 Sato는 분사시기를 고정하고, 흡기내 O_2의 농도가 농후하면, NOx 배출이 증가하고,

PM이 감소하는 결과를 보였다. 또한 Ropke et al.은 산소 이용 가능정도가 화염 온도에 영향을 미쳐 그로 인해 NOx 생성에 영향을 미친다고 제안하였다.

(2) 열적 효과 (Thermal effect)

연소실내로 수증기와 CO_2를 도입하면 흡기의 비열이 증가하게 되며, 비열의 증가로 실린더 최고 온도가 낮아지고, NOx 배출이 감소하게 된다. 과거의 수많은 연구를 통하여 공기를 대체하는 EGR의 흡입 열용량이 공기보다 높기 때문에, 이것이 연소 및 배기가스에 주로 영향을 미친다는 제안이 보고되었다. 그러나 Wilson et al.에 따르면, EGR 가스의 높은 비열이 화염 온도에 미치는 영향은 O_2 농도 감소에 비하여 그 중요성이 떨어진다는 제안을 하였다.

아울러, EGR의 열적효과는 EGR에 관련하여 흡기온도 상승의 영향과 서로 상쇄되어, EGR율이 25%이면 흡기의 비열 증가에는 대단히 적은 영향을 받는다고 Wilson et al.은 언급하였다.

(3) 화학적 효과 (Chemical effect)

화학적인 영향으로는 CO_2와 수증기의 열해리가 있다. 고온에서만 일어나는 활발한 흡열과정으로 연소 열에너지를 흡수하여 실린더 최고 온도를 낮추게 한다.

Ropke et al.은 고온연소에서 CO_2의 해리로 인하여 생성된 산소원자가 Zeldovich 생성기구에 따라, NOx 생성이 증가할 수 있다고 제안하였다. 또한, Mitchell et al.와 Lida는 CO_2 해리가 착화지연을 연장시켜, 스모크 생성을 감소시키고, 그 결과로써 예혼합 연소시에 연료가 크게 소비된다고 제안하였다.

흡기에 EGR 가스를 도입하면 NOx가 저감되고, PM은 증가하며 미연탄화수소(UHC)가 증가한다. NO 감소의 상당부분은 희석에 의한 영향이 지배적이며, 열해리에 의한 화학적 효과는 NO 배출에는 그 영향이 적고, 열용량의 상승에 의한 열효과는 NO 배출에 거의 영향을 미치지 못한다. 총 미연탄화수소(UHC) 배출량은 EGR 가스가 O_2를 대체하는 양이 증가함에 따라 증가하게 되어 희석 효과가 UHC 증가에 지배적인 영향을 미치는 반면, 화학효과는 UHC를 약간 증가시키며, 열효과는 실제적으로 UHC에는 전혀 영향을 미치지 않는다.

Ladommatos et al.은 CO_2가 O_2를 대체하여 산소농도가 23.3에서 16.3%로 감소할 때 PM이 4배 이상으로 증가하며, 희석효과에 의한 연소 가용산소의 감소가 PM의 대량 증가에 관여한다고 제안하였다. 희석에 의한 영향은 PM 감소를 가져오는 화학효과에 의하여 어느 정도 완화되며, 이는 다른 연구자들에 의해 보고된 바 있다.

CO_2와 수증기의 희석효과를 비교하면 배기가스 내에는 CO_2가 수증기의 두 배 가량 포함되어 있으므로, CO_2의 희석효과가 더 크다. 열적 효과로는 수증기의 비열이 더 높기 때문에 CO_2보다 수증기의 영향이 더 크다. 화학적인 효과는 수증기가 해리를 일으키는데 더 높은 연소온도를 요구하므로, 수증기보다 CO_2의 영향이 더 크게 된다. Ladomatos N. 는 흡기내 산소를 CO_2로 대체함에 따른 일산화질소(NO)의 감소와 희석, 화학 및 열적 효과에 의해 그 감소 정도가 얼마나 되는지를 연구하였으며, 모든 효과 중에서 가장 큰 효과 중 하나는 희석에 의한 효과로 산소 농도의 감소(희석 효과)가 NO 배출 감소에 큰 영향을 미치며, CO_2의 해리에 의한 화학적 효과는 그 영향이 작고, 열용량 변화에 의한 열적 효과는 거의 NO 배출에 영향을 미치지 못한다고 나타냈다.

3.4.5 EGR Cooler

디젤엔진의 배기규제가 엄격해지면서 cooled EGR의 필요성이 강조되고 있다. 연비와 PM의 증가없이 NOx를 저감시키는 방법으로 기존의 EGR 밸브에 엔진냉각수를 이용한 열교환장치를 설치함으로서 비교적 적은 투자로서 NOx 저감에 큰 효과를 얻을 수 있는 방법이다.

EGR cooler가 효율적으로 작동하기 위해서는 다음의 몇 가지 환경을 고려하여야 한다.

- 내열재질 사용: 배기가스 온도가 700°C까지 올라가며 이를 150°C~200°C까지 냉각시켜야 한다.
- 콤팩터한 설계: 설치문제 때문에 콤팩터한 설계가 중요하다.
- 압력강하 최소화: 압력강하가 크면 적절한 EGR량을 공급하기 어렵다.
- 식방지: 열교환 중 배기가스로부터 응축이 발생하며, 연료의 황성분 때문에 응축수에 황산이 포함되어 부식을 일으키기 쉽다.
- 기계적 강도유지: 배기가스의 맥동영향으로 기계적 부하가 작용한다.
- 오염방지: 배출가스의 입자상물질 등이 관내를 막을 수 있어 많은 주의를 필요로 한다.

3.4.6 기타 EGR 방법

최근에는 EGR 유량을 확보하기 위한 장치로 흡기관측에 벤추리를 설치하여 트로틀 밸브로 벤추리관의 유동량을 조절함으로서 EGR량을 제어하는 방법도 연구되고 있다.

또한 터보차져 구조를 개선하여 EGR량을 확보하는 방안도 연구되고 있다.

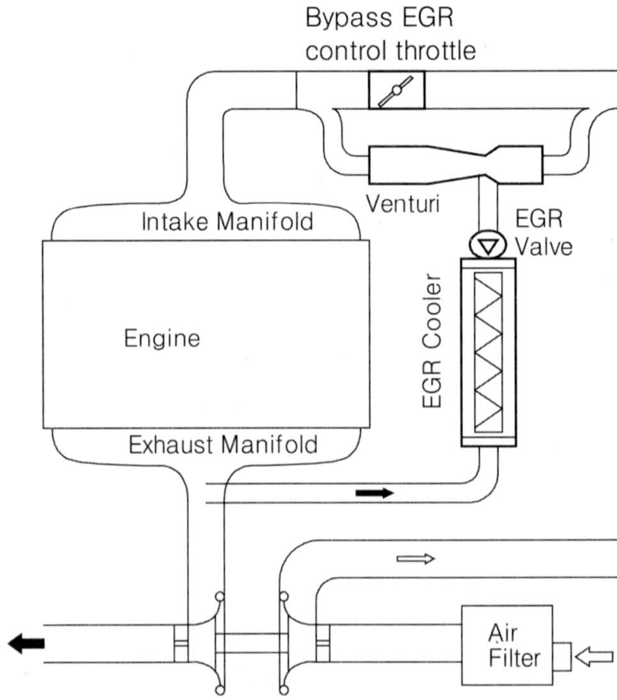

그림 3.30 벤추리를 이용한 EGR 방법

3.5 희박연소 가솔린엔진(Lean burn Gasoline Engine)

3.5.1 개요

최근 지구온난화문제와 고유가문제가 대두되면서 가솔린 자동차시장의 패러다임이 "성능"에서 "저 CO_2 배출"과 "저연비"로 바뀌고 있다. 현재의 가솔린엔진은 공연비를

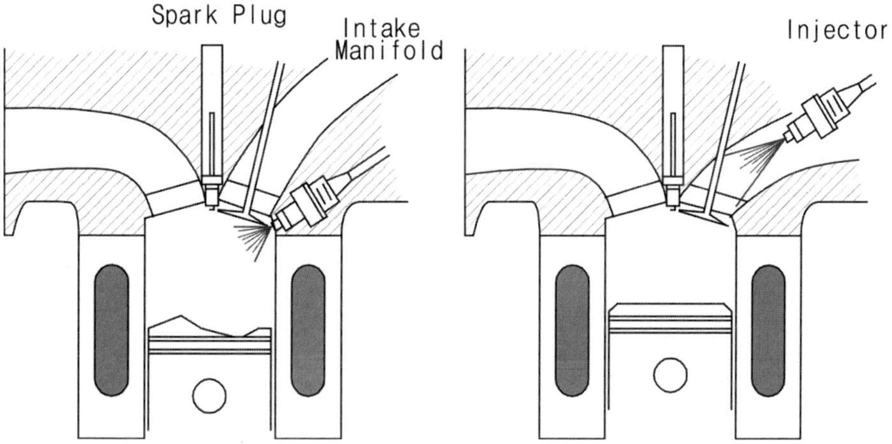

그림 3.31 가솔린 직접분사식 엔진과 기존 PFI(Port Fuel Injection, 흡기포트분사식) 엔진 개요도

이론공연비(λ=1.0)로 조절하고, 삼원촉매를 사용하여 유해배출가스인 CO, HC, NOx를 동시에 저감할 수 있어 배출가스 측면에 장점이 있지만, 디젤엔진에 비해 연비가 20~30% 나빠서 디젤엔진의 가솔린엔진 시장잠식이 예상되는 상황이다.

따라서 가솔린엔진에서 배출가스를 감소시키면서 연비를 향상시키는 기술이 향후의 필연적인 연구개발 방향이며, 이를 구현할 수 있는 방법으로 희박연소가솔린 엔진기술이 가장 가능성 있는 기술이다.

3.5.2 희박연소 가솔린엔진의 구분

희박연소를 실현하기 위한 방법은 균질급기(homogeneous charge) 방법과 성층급기(stratified charge) 방법으로 나눌 수 있다.

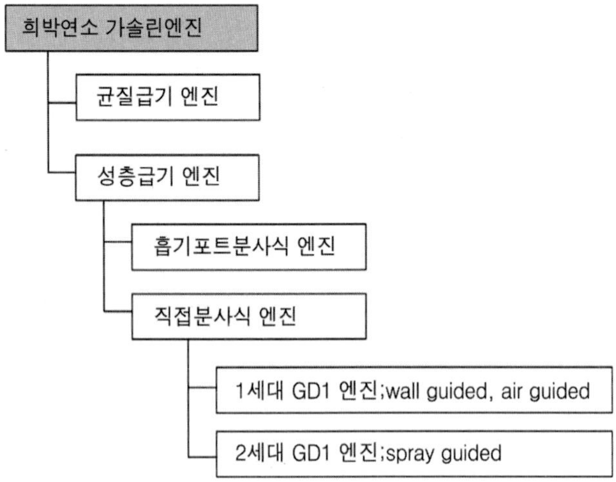

그림 3.32 희박연소 가솔린엔진기술의 구분

(1) 균질급기 방식

균질급기방식은 연소실 전체에 균일한 희박연료공기 혼합기를 공급하는 방식으로서 희박연소를 위해서 강력한 초기점화에너지가 필요하기 때문에 점화장치를 대폭적으로 개선하여야 한다. 현재까지 고전류, 고에너지, 방전시간 단축 혹은 지속을 통한 방법이나 플라즈마제트, 다중점화방식 등으로 연료의 발화와 화염전파속도를 향상시키는 기술들이 연구되어 왔다. 또한 연소실 설계변경을 통하여 열손실을 줄이고, 연소실 내부 유동개선을 위해 흡기포트의 형상설계, 스월콘트롤 밸브(SCV), 스퀴시면적 확대 연구 등이 균질급기방식 희박엔진에 적용되어 왔다. 이와 같은 흡기포트 연료분사방식 균질급기 희박연소엔진으로는 λ=1.5(A/F=23)까지가 기술의 한계로 인식되고 있어 공연비(A/F) 30~100:1의 공연비 영역에서 연소하는 디젤엔진과의 연비경쟁에는 한계가 있다.

(2) 성층급기 방식

성층급기방식은 연소실 전체적 혼합기는 희박하나 점화플러그 근처에 농후한 혼합기를 유도하여 점화가 용이하게 이루어지도록 하는 방식이다. 성층급기 희박연소엔진은 연료 인젝터의 설치 위치에 따라 흡기포트분사식 성층급기엔진과 직접분사식 성층급기엔진으로 구분할 수 있다. 그리고 직접분사식 성층급기엔진은 혼합기를 성층화하는 방법에 따라 wall-guided 방식, air-guided 방식, spray-guided 방식으로 구분한다.

Wall-guided 방식 또는 air-guided 방식의 직접분사 성층연소 엔진은 제1세대 희박 GDI 엔진으로 1990년 말에서 2000년 초에 연구되었으며, spray-guided 방식 직접분사 성층연소 엔진은 제2세대 희박 GDI엔진으로 2004년경부터 활발하게 연구 개발이 진행되었다.

① 흡기포트분사식 성층급기 엔진

흡기포트분사식 성층급기엔진의 성층화는 그림 3.33의 미쯔비시의 텀블을 사용하는 MVV(Mitsubishi vertical vortex)방식이 대표적이다. 일반적으로 흡기포트의 단면은 원형이나 이 경우는 흡기포트 형상을 역삼각형으로 만들어 그림과 같이 강한 텀블이 생성되게 한다. 또한 흡기포트가 두 개인 경우 좌우에 균일하게 연료를 공급하는 것이 일반적이나 그림과 같이 한쪽만 연료를 공급함으로서 다른 포트에 공기만 공급하여 생성시킨 공기 텀블과 연료공기 혼합기 텀블이 성층화를 이룬다.

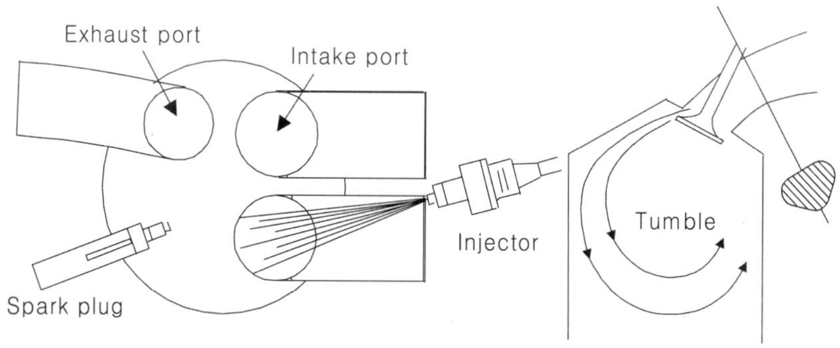

그림 3.33 미쯔비시의 MVV 희박연소시스템

② 제1세대 희박 GDI 엔진

제1세대 직접분사 희박연소엔진은 wall-guided 또는 air-guided 방식을 사용하여 희박혼합기를 형성하는 엔진으로써 1995년에 일본의 미쯔비시자동차에서 개발하여 발표한 49G93 직접분사식 가솔린 엔진이 최초이다. 미쯔비시자동차 49G93엔진은 wall-guided 방식을 채용했다.

또한, 토요타 자동차가 이듬해인 1996년에 계속하여 air-guided 방식 D-4 GDI 엔진 장착차량을 발표함으로서 본격적인 GDI 희박연소 엔진 개발경쟁이 시작되었다.

③ 제2세대 희박 GDI 엔진

제2세대 직접분사 층상급기엔진은 spray-guided 방식을 사용하여 희박혼합기를 형성하는 엔진으로서 DaimlerChrysler에서 M272 DE35엔진을 장착하여 2006년에 출시한 CLS350 CGI 차량이 최초이다. 이 M272 DE35 엔진은 3.5L V6엔진으로서 Bosch사에서 개발한 outwardly opening piezo 인젝터를 사용하였으며, 그림 3.34와 같이 인젝터를 연소실 중앙에 위치시키고, 점화플러그를 인젝터로부터 배기밸브 쪽으로 일정 위치만큼 이격시킨 것이 특징이다.

점화플러그의 방전팁은 분무의 외주면에 혼합기가 생성되는 곳에 위치시킨다. Volume-controlled three-piston 고압연료펌프를 이용하여 200bar로 연료를 인젝터에 공급한다. M272 DE35엔진은 배출가스를 줄이기 위해 EGR을 사용하며, TWC (Three-Way Catalyst)와 LNT(Lean NOx Trap)를 포함하는 그림 3.35와 같은 배출가스 저감시스템을 사용한다.

두개의 TWC는 시동 후 촉매의 light-off temperature까지 빠르게 상승시키기 위해 엔진에 근접 설치하였다. LNT의 NOx 환원 반응온도 영역은 250℃~ 500℃이며, 고온의 배기가스에 노출되는 것을 방지하기 위하여 차량의 underbody에 위치한다. 또한 LNT의 제어를 위해서 LNT 전방에 온도센서를 설치하였으며, LNT 후단에 NOx 센서를 설치하였다.

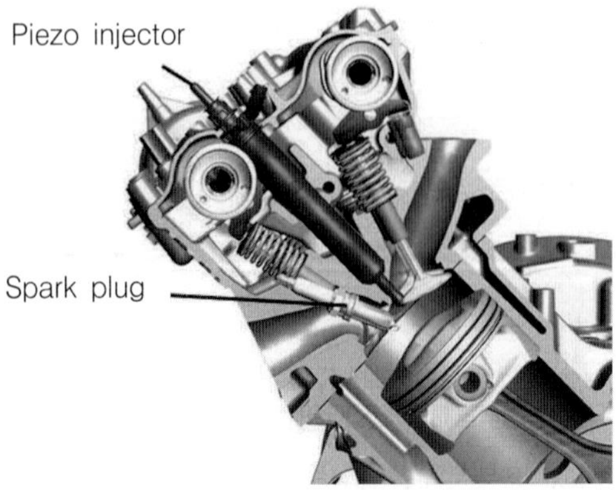

그림 3.34 Spray-guided 방식 성층 희박연소 엔진 구조
(DaimlerChrysler의 M272 DE35엔진)

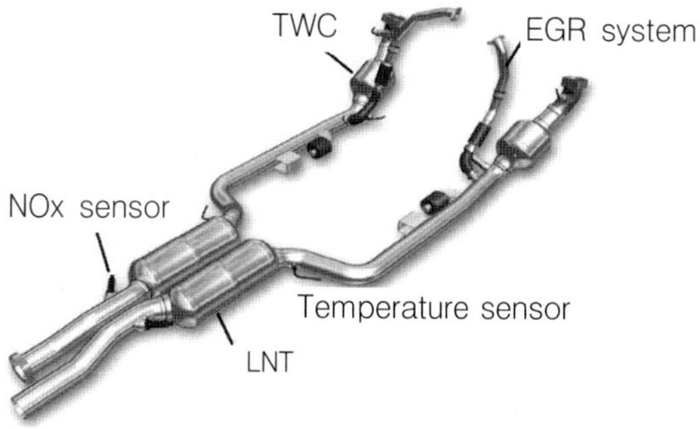

그림 3.35 Spray-guided 방식 성층 희박연소 엔진 배기시스템
(DaimlerChrysler의 M272 DE35엔진)

DaimlerChrysler의 M272 DE35엔진은 spray-guided 방식을 사용하면서 희박연소 운전영역이 확장되어 차속 120km/h 이상에서도 희박연소로 운전된다. 이 엔진은 NEDC mode에서 기존 포트분사식 엔진에 비해 약 10% 연비가 상승되며, 대표 운전점인 2000RPM, BMEP 2 bar 조건에서 연료소모율이 290g/kWh로서 연비 측면에서 큰 장점이 있다.

독일의 BMW에서도 2007년에 spray guided 방식을 적용한 제2세대 직접분사 층상급기엔진인 N53엔진을 장착한 BMW 330i 차량을 출시하였다. 이 엔진도 Daimler Chrysler의 M272 DE35엔진과 마찬가지로 piezo 인젝터 및 200bar의 고압펌프를 사용한다.

표 3.4 현재까지 상용화된 희박 GDI 엔진제원 비교

Engine name	M272 DE35	N53
Manufacturer	DaimlerChrysler	BMW
Engine type	6 cylinder V6, NA	6 cylinder in-line Stratified GDI, NA
Displacement (cm3)	3498	2996
Stroke/bore(mm)	92.9/86	85/88
Power output (kW/@rpm)	215/6400	200/6700
Torque(Nm/@rpm)	365/3000~5100	320/2750
Compression ratio	12.2	12.0
Valves/cylinders	4	4

그림 3.36은 N53엔진 배출가스 시스템의 개략도를 나타낸다. N53엔진 배출가스 시스템도 DaimlerChrysler의 M272 DE35엔진과 유사하게 1차 람다센서, 삼원촉매, 2차 람다센서, 배기가스 온도센서, LNT(Lean NOx trap), 질소산화물농도센서로 구성된다.

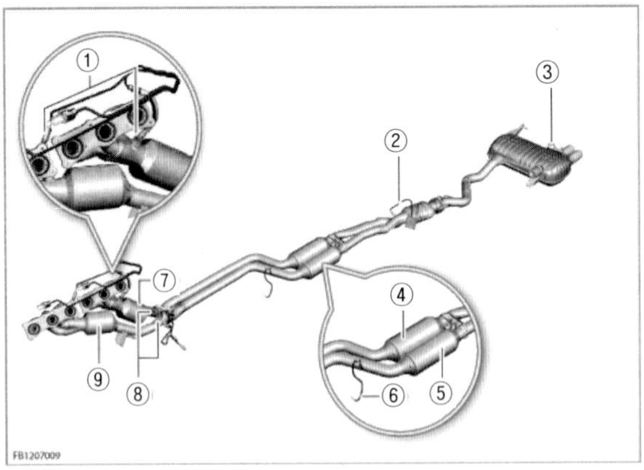

1	람다센서 (1차산소센서)
2	NOx센서
3	배기 플랩
4	NOx촉매기, 뱅크 2
5	NOx촉매기, 뱅크 1
6	배기가스 온도센서
7	3원 촉매기, 뱅크 2
8	람다센서 (2차산소센서)
9	3원 촉매기, 뱅크 1

그림 3.36 N53엔진의 배출가스 시스템

3.5.3 희박 GDI 엔진의 연비향상 가능성

표 3.5에는 희박 GDI 엔진의 장단점을 비교하였다. 혼합기에 과잉 공기를 공급하여 연소시키는 희박연소기술을 적용하면 흡기드로틀 개도각이 증가함에 따라 유동저항이 감소하여 펌핑손실이 줄고, 노킹이 억제되므로 압축비를 높일 수 있고, 이론공연비 연소보다 혼합기의 비열비가 증가하는 영향이 있어 엔진 열효율이 향상된다. 또한 열전달

표 3.5 희박 GDI 엔진 장단점 (PFI 엔진 대비)

장 점	단 점
• 연료소모율 감소 – 펌핑손실 감소 – 열전달손실 감소 – 압축비 증가 혼합기의 비열비 증가 • 과도기 응답성 향상 – 가속시 덜 농후한 연료공급 • 엔진 연소시 배출가스 저감 – 저온시동시 미연 HC 저감 – CO_2 저감 – 정밀한 공연비 제어	• 성층연소 제어 어려움 → 연소안정성 확보 필요 • 과도한 인젝터 퇴적물 생성속도 • 삼원촉매 사용이 곤란 • 고부하시의 매연(soot) 생성 • 인젝터/고압연료펌프 구동을 위한 전기소모 증가 및 제어기 필요

손실이 감소되는 장점도 있다.

그러나 초희박연소는 공연비가 희박해짐에 따라 분사시기와 점화시기가 적절히 제어되지 않을 경우 연소가 불안정하게 되어 토오크 변동을 초래하는 단점이 있다. 따라서 초희박연소를 실현하기 위해서는 연소 안정성 확보기술이 핵심 기술이 되며, 연소안정성 확보를 위한 연소실 설계, 인젝터 및 스파크플러그 위치 선정 및 분사시기와 점화시기의 제어가 요구된다.

그리고 희박 GDI 엔진에서는 연소 최고온도가 낮아짐으로써 질소산화물(NOx) 현저히 감소되며, 완전연소로 인한 일산화탄소(CO)가 감소하여 유해배출가스가 줄어든다. 희박연소에 의해 NOx 배출농도가 상당히 저감되기는 하지만 삼원촉매로 NOx를 저감할 수 없으므로 ULEV 규제를 만족시킬 수 없다. 이를 해결할 수 있는 방안으로 lean NOx 촉매 사용이 필요하다.

그림 3.37은 여러 운전조건에서 희박 GDI 엔진의 연료소모율이 향상되는 이유를 분석한 결과이다. 2000rpm, BMEP 2 bar조건에서는 PFI 엔진대비 35%의 연료소모율이 감소한다. 희박 혼합기를 공급함에 따른 비열비 증가의 영향으로 연료소모율이 19% 향상되며, 흡기드로틀 손실의 감소로 연료소모율이 12% 향상된다. 그리고 압축비가 증가함에 따라 연료소모율은 약 4% 향상된다.

한편, 공회전조건에서는 연료소모율이 흡기드로틀 손실의 감소 등으로 약 60% 향상되며, 전부하조건에서는 압축비 증가에 따라 약 6%의 연료소모율이 향상된다.

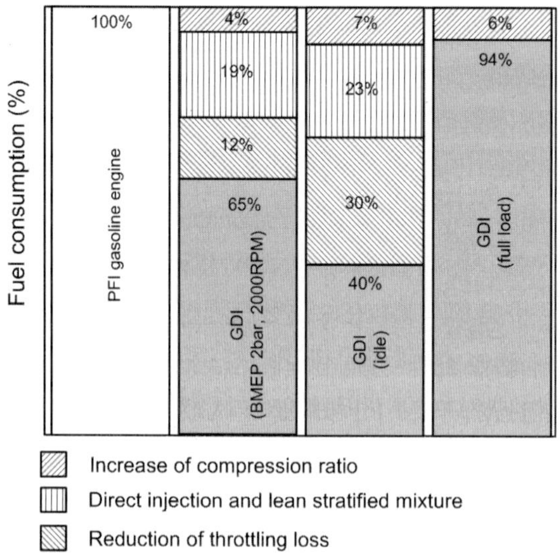

그림 3.37 희박 GDI엔진의 이론적 연료소모율 향상율

3.5.4 희박 GDI 엔진의 혼합기 형성과정

고난류(high level of turbulence)는 연료와 공기의 혼합을 촉진시키는데 매우 중요하며, 반면 평균유동(mean flow or bulk flow)의 제어는 성층혼합기의 안정성(stabilization)에 필요하다.

연소실내 유동의 특성을 제어하는 인자로는 ① mean flow 성분, ② mean flow 안정성, ③ 압축과정시 난류의 시간적 발전, ④ 점화시 점화플러그 전극 근처에서의 mean flow의 4가지가 가장 중요하다.

GDI 엔진은 연료분사 인젝터와 점화플러그의 배열이 연소실헤드의 형상과 함께 혼합기 형성에 필요한 시간과 공간을 결정한다.

인젝터를 점화플러그에 가깝게 설치한 close spacing 경우는 분무된 연료가 점화플러그의 전극에 직접 통과하며, 혼합기는 분무에너지(spray-guided)에 의해 점화플러그에 이동되므로 충진된 흡기의 운동(charge motion)이나 연소실 형상에는 크게 지배받지 않는다. 또한 인젝터와 점화플러그의 사이 거리가 짧기 때문에 아주 작은 크기의 혼합기 덩어리(plume)에도 점화가 잘되어 공연비가 100:1 이상 되는 초희박성층연소가 가능하다.

그러나 혼합기를 형성할 수 있는 시간이 매우 짧아 미세한 입자의 연료분무를 필요로 하며, 혼합기의 공연비 분포도 상당히 급격하게 변하므로 인젝터 성능, 분무형상, 연소실 압력에 착화성능이 크게 좌우된다. 또한 연료가 직접 점화플러그를 관통하기 때문에 점화플러그의 내구성, 저온시동시 문제 등도 해결하여야 한다.

인젝터와 점화플러그를 충분한 간격을 두고 설치한 wide spacing 경우는 인젝터의 설치가 자유로워 연소실 형상이나 열적상태 등을 고려하기가 용이하다.

Close spacing에 비해 인젝터에서 분사된 연료가 점화플러그에 도달하는 거리가 길기 때문에 혼합기 형성을 향상시키기 쉬우나 반면 난류변동(turbulent fluctuation)의 영향이 증가하면서 성층혼합의 안정성(stratification stability)이 감소한다. 따라서 성층안정성을 향상시킬 수 있는 연소실 형상이나 피스톤상부의 개선을 통하여 연료분무와 혼합기를 보존한다.

위의 두 경우 모두 스월(swirl)과 텀블(tumble)을 이용한 흡기 충진운동을 얻는다. 그러나 일반적으로 스월이나 텀블에 의해 얻어진 성능차이는 spray-guided 또는 wall-guided 개념에 의한 변화보다 상당히 적기 때문에 흡기충진운동 개념은 우선적으로 엔진 연소실 형상에서 정한다.

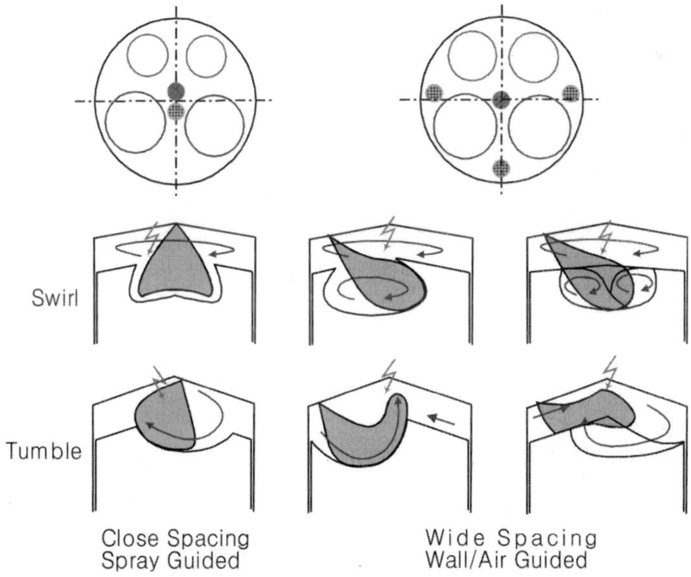

그림 3.38 GDI 엔진 연소시스템

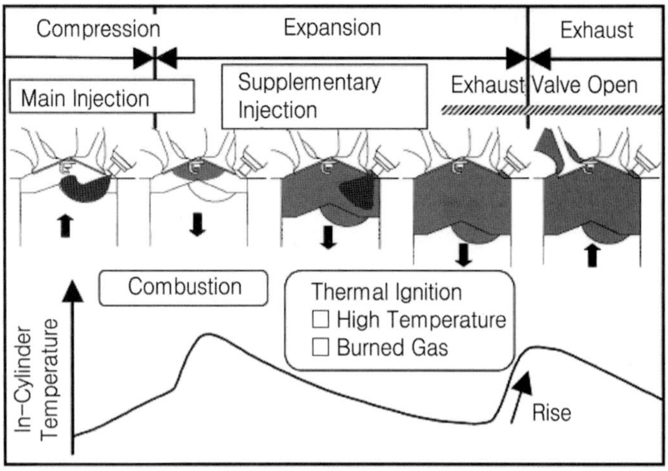

(출처: FISITA 2000)

그림 3.39 GDI엔진 연소실내 2단연소 과정

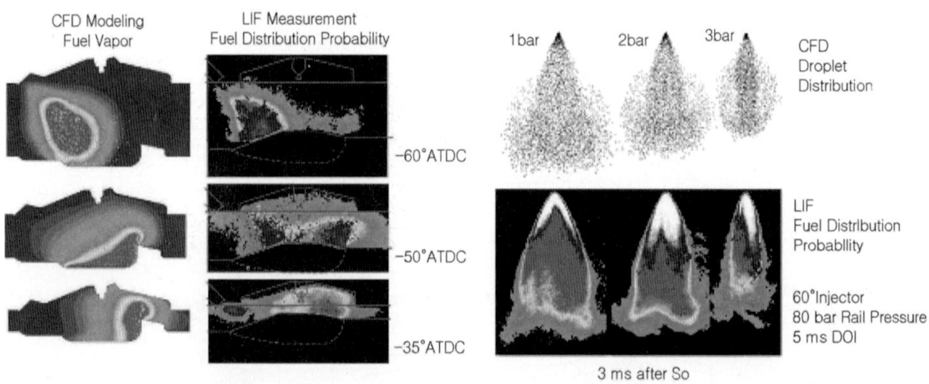

(출처: AVL List GMBH)

그림 3.40 GDI엔진 연소실내 연소화염 가시화

3.5.5 희박 GDI 엔진의 핵심부품

희박 GDI 엔진에서 가장 중요한 핵심부품으로는 인젝터를 꼽을 수 있으며, 호주의 Orbital 사에서 2-행정엔진에 사용할 수 있는 2 유체분사기를 실용화함으로서 GDI 엔진이 본격적으로 개발되기 시작하였다.

PFI 엔진에 사용되는 인젝터를 포함하여 일반적으로 인젝터에 요구되는 성능으로는 정확한 연료유량 조절, 요구되는 분사형상 구현, 분무의 대칭성, 연료누설이나 방울(drippage) 현상방지, 최소한의 sac volume, 인젝터 간의 성능차이 최소화 등이며, GDI 엔진용 인젝터는 여기에 추가하여 분무미립화를 현저하게 향상시킬 수 있어야 하고, 동적 작동영역(dynamic range) 확대, 퇴적물에 대한 대책, 공급연료와 주변압력의 증가 시에도 안정된 작동, 2차분무(secondary injection)를 유발시키는 needle의 튐(bounce)방지 등이 요구된다.

그림 3.41은 지멘스사의 GDI 엔진용 piezo 인젝터의 구조와 제원을 나타낸다. Piezo 인젝터는 내부에 piezo 소자가 있으며, 이 소자에 전하를 충전하면 소자가 팽창하고, 방전하면 수축되는 원리를 이용하여 연료를 분사한다.

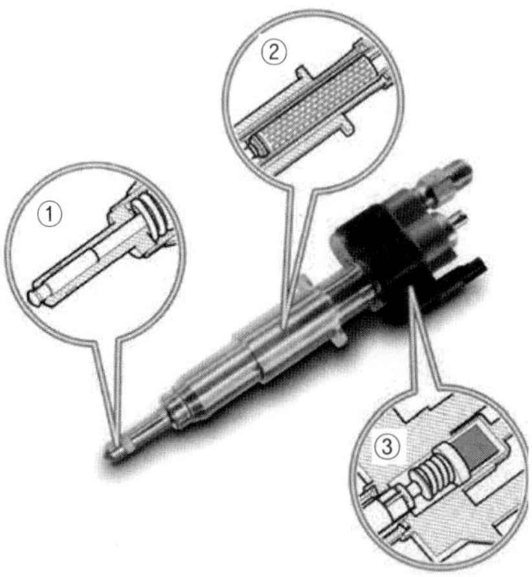

Dynamic flow	14.5mg/ms
Spray angle	94~98° ±3°
SMD	~15 ㎛
Opening/closing time	≥ 150㎲
Temp. range	-30~140℃
Max. voltage	190V
System pressure	5~20MPa
Proof pressure	29MPa(1min)

주: ①: outward-opening nozzle, ②: piezo-element, ③: thermal compensator

그림 3.41 GDI엔진용 piezo 인젝터 구조 및 제원

3.5.6 배출가스 생성 메카니즘 및 저감기술

PFI 엔진에서는 흡기관에 분사된 연료가 액체막을 형성하는 단점이 있으나 GDI 엔진에서는 근본적으로 이 문제가 없기 때문에 저온 시동시나 과도기 운전시 연료공급에 따른 엔진 반응시간이 짧아 미연탄화수소(HC) 생성을 줄일 수 있는 잠재력을 갖고 있다.

예를 들면 닛산에서 발표한 저온시동 결과를 보면 GDI 엔진은 시동후 4 회전에서 공연비 14.5:1의 안정된 운전상태에 도달하였으나 PFI에서는 12 회전 후에야 공연비 13:1의 안정상태에 도달하였다. 또한 이와 같이 안정운전에 일찍 도달함으로서 촉매온도를 빨리 상승시켜 촉매에 의한 HC 저감효과가 큰 것으로 알려져 있다.

그러나 성층연소에서는 근본적으로 저부하운전에서 미연탄화수소 생성이 많아지는 속성을 갖고 있다. 성층혼합기에서의 화염이동은 공연비가 농후한 중심에서 희박한 바깥쪽으로 전파되며, 이때 성층혼합기의 경계지역 공연비가 너무 희박하면 화염이 소실된다. 따라서 혼합기 경계지역의 공연비 구배가 아주 급격(sharp)하지 않으면 이 부분에 미연소탄화수소가 남아 있어 전체적으로는 다량의 UBHC가 배출된다.

실제 GDI 엔진에는 아이들링시 약간의 HC가 증가하나 부분부하에서는 상당한 양의 HC가 증가한다. 또한 고속 부분부하시도 HC가 증가하나 이것은 충분한 혼합기 형성을 위한 시간이 부족한 것에 기인한다.

PFI 엔진과 같은 균일혼합기의 희박연소에서는 화학반응영역의 온도가 낮아 NOx 생성이 줄어드나, 성층혼합기가 형성되는 GDI 엔진에서는 전체 혼합기의 공연비는 희박하더라도 일부 농후한 부분이 있어 여기에서 높은 연소온도와 NOx를 생성하기 때문에 전체적으로 NOx 배출농도가 PFI에 비해 비슷하거나 높다. 또한 아이들링시 NOx 배출도 많으며 이것은 PFI가 느린 균일혼합기 연소과정으로 연소온도가 낮음에 비해

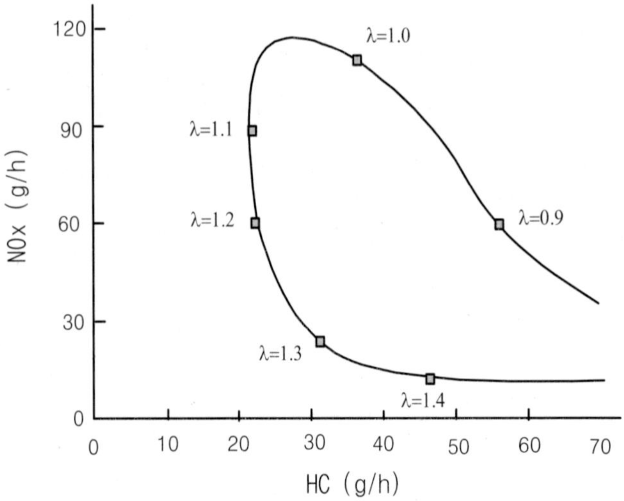

그림 3.42 희박연소엔진의 삼원촉매전의 HC-NOx map

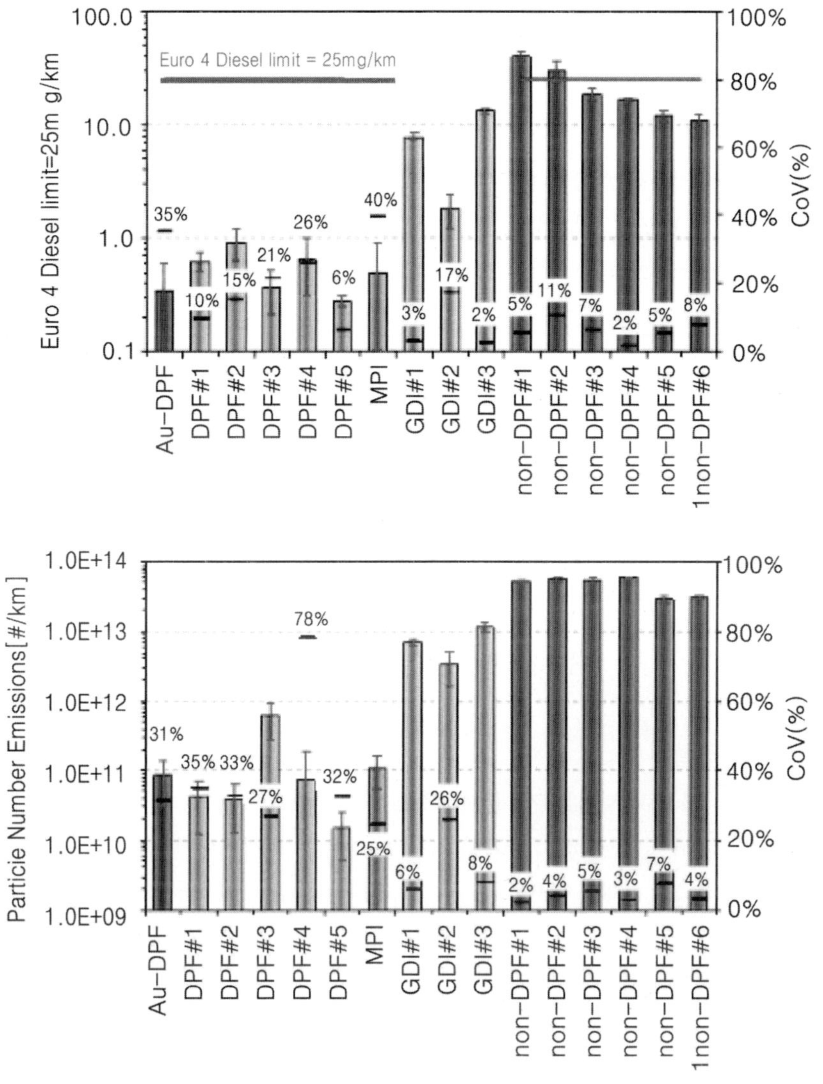

그림 3.43 희박 GDI엔진에서 배출되는 입자의 입경별 개수농도분포

GDI 엔진은 부분적으로 이론공연비 혼합기 연소가 발생하여 높은 열발생율을 생성하는 데에 기인한다.

희박 GDI 엔진에서는 가솔린 연료를 연소실에 직접 분사하므로 연료가 공기와 만나기 전에 열분해되는 경우 입자상물질이 생성될 수 있다. 그림 3.43은 GDI 엔진에서 배출되는 PM의 양과 입자의 개수를 다른 엔진과 비교하여 나타낸다. GDI 엔진에서 배출되는 PM의 양과 입자의 개수는 매연여과필터가 장착되지 않은 디젤엔진에서 배출되는 양보다 적지만 기존 PFI 가솔린엔진에서 배출되는 양보다 많이 배출된다.

이에 따라 유럽에서는 2015년경부터 가솔린엔진도 입자개수를 규제하기로 하였으며, 향후 GDI 엔진은 별도로 입자상물질 저감용 필터를 적용해야 할 것으로 예상된다.

3.5.7 배출가스 저감기술

GDI 엔진에서 배출되는 배출가스는 설계변수, 제어변수, 후처리기술 적용에 따라 영향 받는다. 배출가스에 영향을 미치는 주요 설계변수로는 연소실형상, 행정체적, stroke/bore 비, 압축비, 스파크플러그의 위치, 밸브의 개수 등이 있으며, 엔진제어변수는 점화시기, 분사시기, 흡배기밸브 개폐시기, 내부/외부 EGR, overrun fuel cut-off 등이 있다. 한편 GDI 엔진에 적용되는 후처리기술로는 삼원촉매변환기, LNT(Lean NOx Trap), 매연여과장치 등이 있다.

(1) 엔진 최적설계

최대한 압축비를 증가시키는 것이 연료소모율 측면에서 유리하다. 통상 연소실 형상을 변화시켜 압축비를 조정한다. 하지만 압축비를 증가시키면 연소온도가 상승하여 NOx 발생량이 많아지고, 연소실의 crevice 체적이 증가하여 HC가 많이 발생하게 된다.

(2) 엔진제어 최적화

HC와 NOx는 점화시기에 따라 발생량에 큰 차이를 보인다. 저부하 및 공회전 운전시에는 최적의 연료소모율을 갖는 점화시기에 비해 지각시켜서 HC와 NOx량을 감소시킨다. 참고로 전부하 조건에서는 knocking 발생을 막기 위해서 점화시기를 지각시킨다.

NOx 저감을 위한 배기재순환방법(EGR)으로는 내부 EGR과 외부 EGR로 구분할 수 있다. 외부 EGR은 배기라인으로부터 일부 배출가스를 흡기관에 유입하는 방식으로 EGR밸브를 이용하여 제어한다. 내부 EGR은 밸브 overlap 기간을 줄여 residual gas가 연소실에 더 많이 남도록 하는 기술을 말한다.

(3) 후처리기술 적용

삼원촉매는 이론공연비 조건으로 연소시 발생되는 NOx, CO, HC를 정화하는 가장 효과적인 배출가스 후처리방법이다. 초희박 GDI 엔진의 경우도 전부하영역에서는 이론공연비연소를 하므로 산화촉매의 사용은 필수불가결하며, 삼원촉매는 HC, CO, NOx의

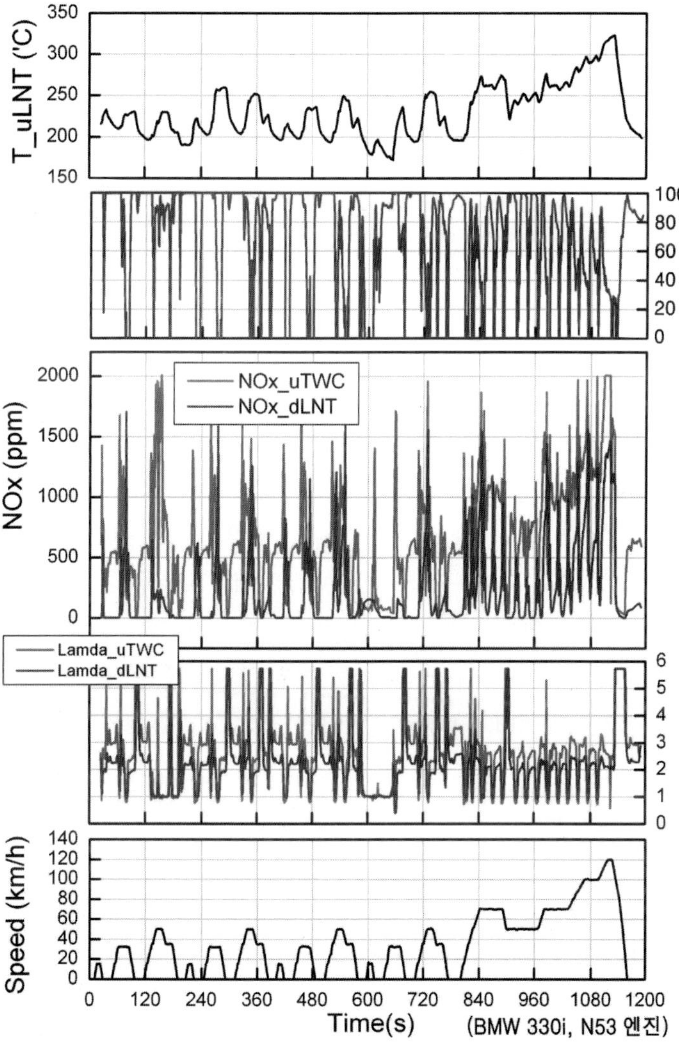

그림 3.44 LNT를 이용한 희박 GDI 엔진의 NOx 저감(예)

저감율을 90% 이상 확보하기 위해 연소가 0.99〈λ〈1.003 영역에서 이루어지도록 λ 제어를 해야 한다.

삼원촉매의 light off 온도 이하인 냉시동시 발생되는 HC는 가솔린엔진뿐만 아니라 GDI 엔진에서도 중요한 issue이며, 이를 위해 냉시동 연소 특성개선, 농후혼합기 공급, 점화시기지연, 삼원촉매 예열용 전기히터 사용, 2차공기 분사기술 등을 적용하고 있다.

희박연소인 경우 배출가스 내에 산소가 다량 존재하므로 HC와 CO는 산화촉매로 쉽게 정화할 수 있으나 NOx를 환원시키는 것은 쉽지 않다. 따라서 희박 GDI 엔진은 통상 LNT를 사용하여 NOx를 N_2로 환원한다. 희박운전 중에 LNT의 한계 NOx 흡장량을 초과하면 더 이상의 질소산화물을 저장할 수 없으며, ECU에서 NOx 환원을 시작한다. LNT의 NOx 흡장량 초과여부를 판단하기 위해 계산모델 및 NOx 센서 값을 이용한다. 계산 모델에서는 LNT 전단의 온도, 과거 주행 패턴, LNT 열화 값을 고려하여 흡장된 NOx량을 계산한다.

연료 속에 함유되어 있는 황성분은 LNT의 NOx저장 용량을 감소시키기 때문에 LNT가 황에 의해 오염되었을 경우에는 엔진이 이론공연비 연소모드로 작동된다. 이 때 ECU는 LNT의 계산모델과 NOx센서의 측정값을 사용하여 황오염 상태를 확인하며, 탈황시에는 LNT전단의 배출가스온도를 600℃에서 650℃까지 가열하고 농후한 혼합기로 작동시킨다. (λ = 0.94)

탈황을 위해 NOx 촉매기를 가열하는 경우 다음과 같은 자동차 운전모드가 요구된다.

그림 3.44는 BMW 330i 차량에 장착된 LNT 작동 예를 보여준다. LNT를 이용하여 NOx를 정화시키기 위하여 약 13~18초 희박운전 후 LNT의 한계 NOx 흡장량에 도달하고, 약 5초 동안 농후혼합기를 공급하여 NOx를 환원시킴을 알 수 있다. NOx 저감효율은 저속구간에서 80% 이상이며, 고속구간 및 천이구간, 농후혼합기 공급시 낮아진다.

3.5.8 GDI 엔진의 개발전망

GDI 엔진은 최대 50:1까지의 상당히 희박한 공연비에서도 연소가 가능한 것으로 발표되고 있다. 이 값은 연소실에 공급된 전체공기와 연료의 비(global air fuel ratio)이며 디젤엔진은 140:1 이상에서도 연소가 가능하다. 디젤연료는 자발화 온도가 낮아 외부의 점화에너지가 없어도 스스로 점화되며, 이와 같은 초희박 공연비에서도 국부적으로 착화가 가능한 공연비가 존재하기 때문에 실화의 문제는 거의 없다.

그러나 가솔린연료의 경우는 외부 점화에너지(spark plug)에 의해 점화되기 때문에 점화플러그 주변에 착화 가능한 공연비(27:1 이하)를 공급하여야 실화가 발생하지 않으며 이를 위하여 특히 초희박 공연비에서의 성층화 기술이 매우 중요하다.

기존 PFI 방식에서는 배출가스 제거를 위해 삼원촉매를 사용하였으나 GDI 방식은 희박영역에서 작동하기 때문에 삼원촉매기술의 적용은 부적합하다. 특히 NOx 저감이 큰 문제점으로 제시되어 있으며 현재는 lean NOx 촉매기술이 개발되기를 기대하고 있다. 또한 저부하 영역에서 분사된 연료가 직접 연소실 벽에 부착되어 HC가 다량 발생하며, 고부하영역에서는 디젤엔진처럼 매연이 발생하는 경우도 있어 이의 개선방안도 중요하다. 실용화를 위해서는 배기규제를 만족하여야 하는 것이 가장 시급하나 현재의 GDI 기술은 EURO-4 규제를 통과하는 수준에 와 있다.

이외에도 인젝터의 성능개선, 운전조건에 따르는 공연비 조절 등 여러 연구분야가 남아있으며, GDI 엔진 개발사의 발표내용이나 기대치와 선진국의 타자동차 및 연구소들의 분석에는 상당한 차이가 있는 것이 사실이다.

그러나 기존의 PFI 방식으로는 급변하는 자동차기술 대응과 특히 디젤엔진 기술과 경쟁할 수 없는 것은 확실하기 때문에 현재로서는 GDI 방식이 가솔린엔진에서 가장 가능성이 높은 장래기술임을 전문가들이 인식하고 있으며 2015년 이후에 희박 GDI 기술이 완성될 수 있을 것으로 기대하고 있다.

3.6 저압축고팽창엔진(밀러사이클엔진)

저압축고팽창엔진은 1885년 James Atkinson이 발명한 「Atkinson cycle」이 효시라고 할 수 있으나 1947년 R.H. Miller가 실용성이 있는 새로운 개념의 「Miller cycle」을 발표하였다. 그러나 이 엔진기술을 상용화시키기 위해서는 응답성이 좋은 과급기 개발이 무엇보다 중요함을 인식하고 일본의 마쯔다자동차에서 기존의 Lysholm compressor를 개량하여 채용함으로서 1990년대 초반에 Miller 사이클 엔진을 실차에 적용하였다.

비출력(엔진무게 또는 배기량당 출력)이 높은 엔진은 차량의 중량감소 뿐만 아니라 엔진 룸의 체적을 적게 차지하여 자동차 설계에 유리한 자유도를 주기 때문에 중요한 개발목표 중의 하나이다. 가장 효율적인 방법으로 터보챠져나 수퍼챠져를 사용하여 압축공기를 연소실 내에 강제 과급하는 기술이 사용되고 있으나, Otto 사이클의 경우 노킹문제가 발생하기 때문에 압축비를 낮춰야 하며 이에 따라 엔진효율이 또한 저하되어 과급의 효과가 줄어든다.

Otto 사이클의 이와 같은 문제점을 개선하기 위하여 Miller 사이클에서는 흡기밸브의 닫힘시기를 하사점전 또는 후에 닫히게 함으로서 압축비를 낮추어 노킹을 방지한다. 또한 팽창비는 충분히 크게 하여 연소가스의 팽창에너지를 충분하게 활용함으로서 에너지효율을 높여 종래 엔진에 비해 1.5배의 높은 토크와 10~15% 연비절감을 얻고 있으며 CO_2 저감도 상당하다. 또한 실용회전범위가 2,000~3,500rpm으로 넓고 전 회전영역에서 평탄한 토크 특성을 나타내며, 엔진응답성도 우수하나 생산가격이 높아지는 단점이 있기 때문에 고급차에 유리하다.

그러나 Miller 사이클은 Otto 사이클에 비해 흡입행정이 짧기 때문에 과급효율이 높은 과급기가 필요하며, 인터쿨러를 사용하여 흡입공기를 냉각하여 과급효과를 높여 줌으로서 충분한 효과를 얻을 수 있다.

Miller 사이클은 흡기밸브의 닫힘시기(closing timing)를 조절함으로서 구현할 수 있으며, 방식으로는 ① 흡기밸브가 하시점에 도달하기 이전의 흡입행정 후반에 닫는 "가변 Miller 방식"과, ② 하사점 통과후 압축행정 초기에 닫는 "고정 Miller 방식"이 있다.

가변 Miller 방식은 저속영역에서는 연비가 우수한 장점이 있으나 고속에서는 흡입공기량이 감소하고 제어가 복잡한 단점이 있다. 반면 고정 Miller 방식은 고속에서도 흡입공기량 감소가 적으며 중저속에서도 노킹방지효과가 크나, 트로틀손실이 상대적으로 크며 부분 부하시 효과가 감소되는 단점이 있다.

표 3.6 흡기밸브조절방식에 따른 Miller 엔진 개발현황

<table>
<tr><th colspan="2" rowspan="2">방 식</th><th colspan="2">방 법</th><th rowspan="2">개발회사</th></tr>
<tr><th>흡기 CAM 변위</th><th>Rotary 밸브</th></tr>
<tr><td colspan="2" rowspan="2">고정방식</td><td>○</td><td></td><td>Mazda Miller 방식</td></tr>
<tr><td></td><td>○</td><td></td></tr>
<tr><td rowspan="4">가변방식</td><td rowspan="2">연속가변</td><td>○</td><td></td><td>KIA, Honda</td></tr>
<tr><td></td><td>○</td><td></td></tr>
<tr><td rowspan="2">2-step 가변</td><td>○</td><td></td><td>Benz, Nissan, BMW</td></tr>
<tr><td></td><td>○</td><td>K-Miller 방식</td></tr>
</table>

3.7 균일압축착화연소(HCCI) 기술

최근 균일예혼합압축착화(HCCI; Homogeneous Charge Compression Ignition) 엔진에 대한 관심이 집중되면서 HCCI 엔진의 상용화를 목적으로, 다양한 운전 조건에 대해 최적의 연소 효율을 얻을 수 있도록 연소 시작 시기와 연소 과정을 조절하기 위한 연구가 활발하게 진행되고 있다.

이러한 연구는 크게 두 가지로 나눌 수 있다. 첫째는 액화 석유 가스(LPG; liquefied petroleum gas)나 di-methyl ether(DME) 등의 대체 연료나 기존의 가솔린이나 디젤에 이들 대체 연료를 첨가 하거나, 또는 di-tertiary butyl peroxide(DTBP) 등의 연료 첨가제를 사용하여 혼합기의 특성을 개선하는 연구이다. 둘째는 압축비, EGR 율, 냉각수 또는 흡기 온도 등의 엔진운전 및 제어조건 변화에 따른 HCCI 연소 특성 연구를 통해 운전 영역을 확장하려는 시도이다.

HCCI 연소는 2행정 기관에 대해서는 TS(Toyota-Soken Combustion), ATAC(Active Thermo-Atmosphere Combustion), AR(Activated Radicals) Combustion, IAPAC (Compressed Air Assisted Fuel Injection Process), 4행정 기관에 대해서는 HCCI (Homogeneous Charge Compression Ignition), PCCI(Premixed Charge Compression Ignition), CAI(Controlled Auto Ignition) combustion, CIHC(Compression Ignited Homogeneous Charge) combustion, UNIBUS(Diesel combustion under uniform higher-dispersed mixture formation) 등 다양한 명칭으로 연구된다.

또한 제어자발화 연소(Controlled Auto Ignition) 기술은 HCCI 엔진기술의 하나로서 옥탄가가 높은 연료를 사용하는 기관에 적용되는 기술에 한정하여 분류하며 미국을 제외한 유럽, 아시아에서 사용하는 용어이다. 기존의 전기점화엔진(Spark Ignition Engine)에서 연료의 자발화 특성을 이용한다고 볼 수 있다. 여기에 사용되는 연료로는 옥탄가가 높은 가솔린, 액화석유가스, 액화천연가스, 메탄, 압축천연가스 등이 사용되며 압축비는 일반적인 가솔린 수준의 압축비가 사용되며 잔류가스의 양을 조절하여 점화시기 및 연소속도를 제어한다.

한편 PCCI, HCCI 및 UNIBUS는 실린더 내부 혼합기의 공간분포를 균일하게 함과 아울러 연소온도를 억제함으로써 NOx 및 입자상물질의 동시 저감을 목적으로 하는 저온 연소법(Low Temperature Combustion Technology)의 한 방법이다. 연료공급 및 분사방식 면에서 보면 PCCI와 HCCI는 예혼합압축착화 연소로서 사용 연료를 흡기포트에 분사하는 시스템을 사용하여 고효율화와 청정화를 양립시키는 방법이며 UNIBUS는 원추 상으로 연료를 조기 분사하여 저온 예혼합연소를 실현하는 희박연소 방법이다.

HCCI 연소는 연소실 내에 고르게 분포된 균일한 혼합기가 동시 다발적으로 점화되면서 열방출이 급격하게 일어나게 된다. 이러한 이유 때문에 고부하 조건에서는 연소실의 압력이 매우 빠르게 증가하고 이에 따라 진동과 소음 등의 문제가 발생하며 엔진이 손상을 입을 수도 있다.

또한 저부하에서는 연소 온도가 낮아 틈새 체적(crevice volume)이나 연소실 벽면 부근의 혼합기를 효율적으로 연소 시킬 수 없어 HC와 CO등의 배출물이 증가하게 된다.

그리고 냉시동의 어려움 등으로 초기 시동과 저부하, 고부하에서는 기존의 SI 엔진이나 CI 엔진과 같이 연소를 하고 중부하 영역에서만 HCCI 연소를 제한해야 되는 필요성이 제기되고 있다. 따라서 SI/DI에서 HCCI 또는 HCCI에서 SI/DI의 모드 전환이 필요하게 된다.

이러한 필요성으로 인해 두 가지 모드에서 안정된 연소가 가능하고 모드 변환이 자연스럽게 이루어지게 하기 위해 두 가지의 각기 다른 특성을 가진 연료를 사용하는 방법 또는 다른 두 가지 특성을 갖고 있는 연료를 혼합하는 방법 등이 연구되고 있다.

3.7.1 기술발전 동향

모든 HCCI 엔진 연소는 정확한 시기에 점화가 되며 안정적인 열방출율(heat release rate)을 보이며, 연료 경제성이 뛰어나고 배기가스 배출물이 적게 발생하는 급속 벌크 화염(rapid bulk flame)이 생성되도록 하는데 목적이 있다. 이러한 HCCI 엔진의 연소 특성은 온도, 압력, 압축 행정 중의 연료 분포, 혼합기의 반응에 의해 결정된다. 따라서 HCCI 엔진의 연소를 위해 희석, 밸브 타이밍, 연료 분사 제어와 같은 방법을 사용하여야 한다.

HCCI 연소는 혼합기의 화학적 특성뿐만 아니라 흡기와 압축 행정중의 열전달에 많은 영향을 받기 때문에, 각기 다른 엔진의 운전 조건에 맞추어 적당한 시기에 연소가 발생할 수 있도록 제어하는 것은 매우 어려운 문제이다.

엔진의 운전 조건에 가장 큰 영향을 주는 요소는 온도이기 때문에, 정확한 연소실 내의 온도 제어가 안정된 HCCI 연소에 있어 가장 중요하다. 그러나 실제 HCCI 연소에 있어서는 연소 퇴적물의 두께와 분포, EGR 양과 온도, 혼합기의 온도, 냉각수와 엔진 오일의 온도와 유량 등이 제어를 복잡하게 만들며, 다기통 엔진에서는 압축비, EGR

분배, 혼합기 분배, 연료량, 냉각수와 연소실 벽면 온도 등에 의해 기통간의 차이가 발생한다. 따라서 HCCI 연소 제어 인자의 특징은 다음과 같다.

(1) 혼합기 온도

HCCI 연소는 자발 점화 특성이 연소실 내의 온도에 따라 크게 바뀐다. 혼합기 온도가 높으면 자발 점화가 촉진되고 열방출율이 높아지지만 흡기 온도를 높임으로써 엔진을 제어할 수 있는 범위가 좁고 엔진의 체적효율(volumetric efficiency)과 열효율(thermal efficiency)이 감소한다. 그리고 혼합기 온도를 엔진의 운전 조건에 따라 높이거나 낮추는데 많은 시간이 소요되는 단점이 있다. 실례로, 혼합기 온도를 높이기 위해 배기가스와의 열교환기를 사용한 예가 있으나, 저부하에서는 혼합기를 가열할 충분한 열을 배기가스로부터 얻기 힘들고 열교환기의 반응이 느려 제어에 불충분한 단점이 발견되었다.

(2) 압축비

압축비가 증가하게 되면 흡기의 가열과 비슷한 효과를 얻을 수 있다. 높은 압축비로 인해 혼합기가 압축 행정 중에 온도 상승이 더 크며 따라서 착화 시점이 빨라지고 또한 압축비가 높아지면 혼합기의 온도가 낮아도 같은 연소 상태를 보이며, 체적 효율이 감소하지 않으므로 고부하 운전에 혼합기 가열보다 더 적합한 것으로 알려졌다. 압축비가 상승하면 팽창행정 중에 CO와 CO_2의 열해리가 일어날 수 있는 시간 감소로 인해 CO의 배출량 증가가 일어날 수 있다.

다양한 압축비의 조건에서 HCCI 연소 특성이 연구되었으며 부드러운 HCCI 연소를 위해서는 가능한 낮은 압축비가 유리한 결과를 얻었다. 가변 압축비(VCR; Variable Compression Ratio) 엔진은 엔진의 블록이 두 부분으로 나뉘어 힌지(hinge)로 연결되어 있다. 따라서 위쪽 블록의 각도에 따라 압축비가 바뀌는 구조이다. 가변 압축비 엔진이 이러한 문제의 해결책이 될 수 있으나 현재 가변 압축비를 안정적으로 구현할 수 있는 방법이 없는 것이 문제로 대두되고 있다. 흡기 밸브의 닫힘 시기를 지각함으로써 유효 압축비(effective compression ratio)를 감소시키는 방법도 있으나, 유효 배기량의 감소와 전부하시의 토크 감소가 문제점으로 지적되고 있다.

(3) EGR과 잔류 가스의 영향

HCCI 연소에서 EGR 율이 증가하게 되면 착화시기는 지연되며, 열 방출량과 연소

압력은 감소하게 되는데, 이는 열손실 및 비열비의 증가 때문인 것으로 연구자들에 의해 밝혀져 있다. 그리고 고온의 EGR이 공급될 때는 배기가스 중의 활성 래디컬(active radical)의 영향보다는 온도의 영향이 크다는 사실도 밝혀진 상태이다.

VVT는 기존의 엔진에 적용이 쉽고 가변 밸브 기구를 개발하는데 큰 비용이 소요되지는 않으며, 효과가 탁월하여 최근 엔진에 적용되는 예가 급속히 증가하는 추세에 있다. 밸브 타이밍을 엔진의 운전 조건에 따라 최적의 시기로 제어하게 되면 충진 효율이 최대가 되는 밸브 타이밍을 선정하여 전 부하 출력을 증가시키며, 부분 부하에서의 연료소비율을 개선하는데 있어 효과적인 방법으로 알려져 있다. 또한, 펌핑 손실이 감소되며, 연소실 내의 잔류 가스율을 제어하여 NOx 등 유해 배기가스의 배출량도 저감할 수 있는 장점이 있다.

VVT를 이용하여 흡기, 배기 밸브의 개폐시기를 조절하여 연소실 내의 잔류 가스율을 직접적으로 제어하는 internal EGR은 연소실 내의 화학적 특성을 더욱 적극적으로 제어할 수 있어 EGR에 비해 그 효과가 탁월한 것으로 알려져 있다. VVT를 이용하여 internal EGR의 양을 조절함으로써 착화 시기와 열 방출량을 제어할 수 있으며, 이는 배기 에너지 중 얼마나 많은 양을 이용할 수 있는가에 따라 결정된다.

흡배기밸브를 통해 잔류가스나 EGR을 제어하는 방법은 배기행정 중에 배기 밸브를 일찍 닫아 배기가스가 배기 포트로 나가는 것을 제한하는 방법(re-compression method)과 팽창행정이 끝난 뒤 흡기행정 중에도 계속 배기 밸브를 열어서 배기 포트로 나간 배기가스를 다시 흡입하는 방법(re-breathing method)의 두 가지를 사용할 수 있다. 그리고 두 가지 방법이 실제 연소 현상에는 크게 차이를 보이지 않으나,

그림 3.45 Ricardo의 Valvetronics 시스템

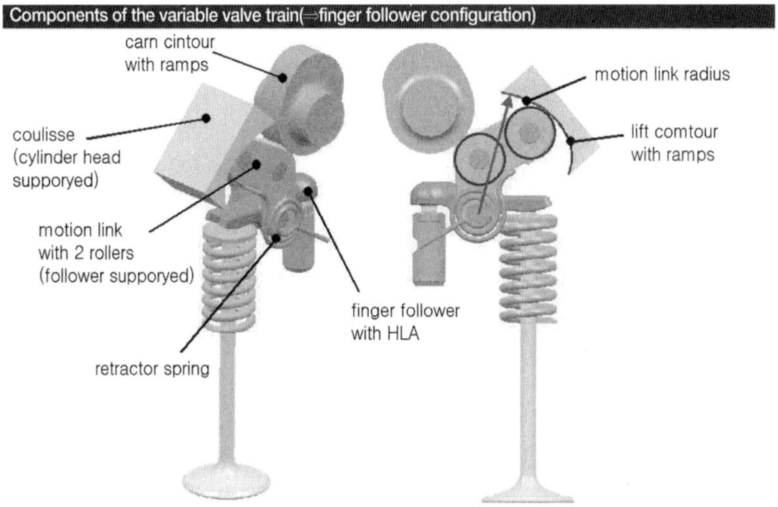

그림 3.46 FEV의 MV2T 가변밸브시스템

re-compression method가 일반적인 VVT에서 구현하기 쉬운 장점이 있음을 보였다.

또한 EMV 등을 사용할 때는 re-compression method가 밸브를 구동하기 위한 유압(hydraulic) 에너지가 적게 소모되고 피스톤 크라운이 높은 고압축비 피스톤을 사용할 때 밸브와 피스톤의 간섭이 적은 장점이 있음도 함께 밝혀졌다.

Re-breathing method는 배기 포트로 배기가스가 배출되었다가 다시 흡입되므로 열손실이 발생하는 단점이 있으나 잔류 가스율을 원하는 수준으로 제어하기 쉽고, 배기가스를 압축하였다가 다시 팽창시키는 과정이 생략되므로, 펌핑 손실(pumping loss)이 re-compression method에 비해 감소하는 장점이 있다.

(4) 과급

과급은 엔진의 지시평균유효압력(IMEP; indicated mean effective pressure)과 운전 가능한 공연비 영역을 확장시킬 수 있는 효과적인 방법이며, 과급압과 엔진 부하가 증가하게 되면 HC 배출물이 감소하게 되며, 농후 한계 부근에서 CO 배출물이 감소하는 결과를 얻을 수 있다. 그리고 과급을 하여도 여전히 저부하에서 흡기 온도가 낮은 경우 연소 효율이 감소하고, 고부하에서는 배기가스의 에너지 부족으로 과급기(charger)를 회전시킬 충분한 동력을 얻기 어려운 것으로 알려져 있다.

(5) 연료 분사 방법과 연소실내의 연료 분포 영향

가능한 균일한 혼합기를 형성하기 위해서는 공기와 연료가 혼합되는 시간이 길수록 유리하다. 따라서 연료를 미리 분사하는 흡기포트 연료 분사 방식(PFI; Port Fuel Injection)이 가장 유리한 것으로 알려져 있으며 많은 연구자들이 PFI로 HCCI 연소를 구현하고 있다. 그러나 PFI는 연소상 제어(combustion phase control)가 어렵고, 압축비가 제한되는 단점이 있다. 따라서 직접 분사 방식(DI; Direct Injection)을 하게 되면 분사 시기와 양을 제어함으로써 연소 속도 제어가 가능해 지고 압축비를 1~1.5 정도 상승시킬 수 있어 저회전 저부하에서의 운전성을 향상시킬 수 있는 장점이 있다.

DI 방식은 연료를 분사하고 밸브 타이밍을 조절하여 re-compression method를 이용한 internal EGR의 제어가 가능하다. 이들 시스템은 압축 행정 중에 연료를 분사하게 됨으로써 혼합기의 온도를 상승시키고 자발 점화 특성이 개선되지만, 팽창행정에서 흡기행정사이에서의 분사는 혼합기의 온도를 낮추고 자발 점화 특성을 오히려 악화시킨다.

직접 분사는 연료 분사시기를 변경함으로써 연소실 내의 연료 분포를 제어할 수 있는 이점이 있다. 또한 이른 시기에 연료를 분사하게 되면 연료가 증발하고 공기와 균일하게 섞일 수 있는 충분한 시간을 제공할 수 있는 이점이 있다. 그리고 늦은 시기에 분사하게 되면 연소실의 특정 부분에 연료 분포를 집중시키기 쉬운 장점이 있다.

팽창 행정중의 연료 분사는 희박 한계를 확장시키며 적당량의 연료 분사로 엔진의 부하를 증가시킬 수 있다. 그리고 연소실 내의 연료 분포를 성층화하여 엔진 부하와 흡기 온도에 대해 연소 속도 제어가 가능하나 엔진 속도에 따른 제어는 저부하 조건에 국한된다. 또한 늦은 시기에 연료를 분사하여 연료 분포를 성층화하는 경우 입자상물질의 배출량이 제약조건이 되나, 입자상물질이 배출되지 않는 범위 내에서는 엔진 회전수에 관계없이 엔진 부하와 흡기 온도에 따른 연소 속도 제어가 가능하다.

성층화는 HC의 배출량이 감소하고 전체 운전 영역에 대해 연소 효율을 개선할 수 있지만 NOx의 배출량은 증가하며 연소 효율과 반비례 관계에 있다. 연료를 두 번에 나누어 분사하는 다단분사의 경우, 첫번째 연료 분사는 압축 행정 초기에 연소실 전체에 균일한 혼합기를 만들고 두 번째 연료 분사는 연소실의 중앙에 농후한 혼합기를 형성함으로써 연소실 중앙부와 가장자리가 서로 다른 시기에 착화 될 수 있도록 한다. 이 경우 착화 시기는 두 번째 분사시기에 의해 결정되지만 연소가 불안정하고 혼합기가 농후한 지역에서 NOx 배출량이 증가되는 결과를 얻었다. 직접분사식 가솔린(DISI; Direct

Injection Spark Ignition) 엔진용 인젝터를 이용하여 연소실 내의 혼합기를 성층화하여 운전 영역을 확장할 경우 저부하 영역에서의 운전 영역은 확장되지만 고부하 영역은 NOx와 CO 배출물에 의해 제한된다.

(6) 연료 및 첨가제 연구

연료나 첨가제에서 가장 중요하게 생각되는 것이 휘발성과 자발화 점화 특성이다. 균일한 혼합기를 만들기 위해서 휘발성이 높고, 다양한 운전 조건에 대해 제어가 용이하기 위해서는 자발 점화 특성이 둔감해야 HCCI 연료로써 유리하다.

가솔린은 휘발성은 높으나 옥탄가가 높아 저부하 운전이 힘들고 디젤은 세탄가는 높지만 휘발성이 낮아 입자상물질이 배출되기 쉽다. 따라서 가솔린과 디젤은 HCCI 연료로 적합하지 않다고 할 수 있다. 가솔린을 대체할 수 있는 가스 연료로 많은 연구가 이루어진 CNG나 LPG를 이용한 HCCI 연소 특성 연구는 활발하게 이루어지고 있다.

그 외에 가솔린이나 CNG, LPG에 압축 착화를 촉진할 수 있는 연료 첨가제의 연구가 이루어지고 있다. 유기 질산염(organic nitrite) 계열로는 iso-propyl nitrite와 iso-octyl nitrite 등이 있으며, 함산소 합성연료(oxygenated compound) 계열로는 DME, di-methoxy methane(DMM), di-ethyl ether(DEE), DTBP 등이 있다.

3.7.2 HCCI의 문제점 및 해결방안

HCCI는 내연기관에서 이상적인 연소과정으로 기존 디젤엔진에 비교할만한 높은 열효율과 극도로 낮은 NOx와 soot를 배출한다. 그러나 HCCI의 운전은 만약 엔진의 형상이나 운전 파라미터를 조절하지 않는다면, 상대적으로 좁은 영역에서만 작동한다.

HCCI가 실제 수송용 엔진에 적용되기 위해서는 넘어야 할 여러가지 기술적 문제가 있으나, 대표적으로 두 가지 기술적 장애를 들 수 있다.

1) 저부하 연소효율 개선

2) 고부하 영역 확장

HCCI 연구와 개발 노력은 이들 장애를 극복하는데 초점이 맞춰져 있다. 여기에서는 첫 두 가지에 대해 주로 설명할 것이며 일부 연료의 영향도 포함하였다.

(1) 저부하 연소 효율

HCCI 엔진의 출력은 연료량에 의해 결정된다. 높은 열효율을 유지하기 위해 스로틀링 없이 공기가 공급되기 때문에 부하가 감소되면 혼합기는 보다 희박해지거나 또는 EGR이 증가되어 많이 희석된다. 엔진 속도를 1200rpm에, 50% 연소지점(CA50)을 TDC로 일정하게 고정하여 배출가스에 영향을 미치는 연소타이밍의 변화를 없애고 시험한 결과, 중부하 조건(φ≧0.2)에 대해서는 일산화탄소와 탄화수소의 농도는 낮으며 연소효율도 높다. 그러나 φ가 0.2 이하로 줄어들면 CO 농도는 급격히 증가하고 연소효율은 떨어진다. HC 농도 역시 증가하나 폭은 크지 않은 걸로 나타났다.

일반적으로 공회전의 당량비는 φ=0.12 이하이며, 대략적으로 배출가스에서 CO는 연료 탄소의 60% 수준으로 남아 있으며 HC 농도도 10% 이상으로 증가하고 연소효율도 62% 이하로 떨어진다. 이는 낮은 부하에서는 혼합기가 너무 희석되어 연소온도가 너무 낮아 연소시 CO에서 CO_2로의 반응이 팽창행정에서 종료되기 때문이다.

저부하에서 비록 높은 CO와 HC의 배출이 잠재적으로 산화촉매에 의해 제어된다하더라도, 낮은 열효율은 보다 심각한 문제이다. 하나의 방안은 엔진에 스로틀을 하여 높은 φ에서 운전하는 것이지만, 스로틀 손실 때문에 사이클 효율의 손실이 발생한다. 반면에 급기 성층화는 연료 손실없이 문제를 극복할 수 있는 가능성이 크다. 급기 성층화는 연료를 연소실로 직접 분사하는데 충분히 늦게 하여 연소 전에 공기와 충분히 혼합되지 않도록 하는 것이다. 따라서 혼합기는 국부적으로 농후하고 보다 뜨겁게 연소되어 연소효율을 충분히 올릴 수 있다.

늦은 분사시기에서, HC의 배출량은 아주 낮다. 최근 연구에서는 연료가 더 이상 top ring land와 헤드 가스켓, 크레비스 그리고 실린더 벽 근처의 차가운 부근까지 도달할 시간이 없기 때문인 것으로 밝혀졌으며, 국부적으로 농후한 φ의 지역을 생성하여 보다 연소를 완전히 마무리할 수 있기 때문이다. 이 발견은 top ring land, 크레비스가 HCCI에서 HC 발생의 주요원인이라는 이전의 연구 결과와 잘 일치한다.

CO, HC의 감소와 함께 연소효율은 지속적으로 증가하며 보다 높은 IMEP를 생성한다. 그러나 분사시기가 315CA를 넘어가면 NOx의 발생은 급격히 증가하기 시작한다. 따라서 연소효율개선은 연료성층화로 가능하나 NOx 생성에 의해 제한된다. 급기 성층화를 통해 예혼합 연료공급의 연소효율을 62%에서 SOI 315CA로 91%까지 개선되었으며, NOx 배출물은 거의 제로 수준을 유지한다. 분사압력을 높이면 연료효율은 92.5%까지 얻을 수 있으며 US2010 NOx 규제인 0.27g/kWh 수준을 만족할 수 있는 것으로 알려진다.

(2) 고부하 제한

고부하 HCCI는 전형적으로 엔진의 노킹을 유발하는 연소과정에서 초과 압력상승율에 의해 제한된다. HCCI 엔진에서 CA50을 TDC에 고정시켜놓고 다양한 연료 공급율에 대한 압력선도 들을 살펴보면 적절한 낮은 부하에서는, Φ=0.18에 해당하며, 압력상승율(PRR)이 낮으며 연소가 아주 적당한 속도를 보여준다. 그러나 연료공급율을 계속 증가시키면 최대 PRR이 지속적으로 증가하고 Φ=0.3까지 증가하면 PRR은 너무 빨라서 엔진의 노킹을 발생시키는 공명(acoustic resonance)를 일으킨다. 노킹은 과도한 소음과 함께 엔진에 손상을 입히고 최대 PRR은 받아들일 수 있는 수준으로 유지되어야 한다.

최대 허용 PRR은 엔진 형식과 엔진 속도 및 부스트 압력 같은 운전조건에 따라 다르다. 비록 PRR이 Φ가 증가함에 따라 지속적으로 증가하더라도 급기가 완전히 균질화되어 공급된다면 그렇게 급격히 증가하지 않는다. 그러나 실제 엔진에서 혼합기와 온도 모두 완전히 균질화하여 공급하는 것은 불가능하다.

실제엔진에서 PRR이 감소되는 것은 열적 성층화가 자연적으로 발생하기 때문이다. 열적 성층화는 잔류가스가 작은 엔진에서 압축행정동안 벽면 열전달과 난류혼합에 의해 발생한다. 잔류가스가 많은 엔진에서는 새로운 급기와 뜨거운 잔류가스 사이의 불완전한 혼합으로 열적 성층화가 발생한다. 열적 성층화의 결과로 연소는 연소실의 모든 부분에서 동시에 일어나지 않으며 오히려 연소는 가장 뜨거운 영역에서 시작하여 순차적으로 일어났다. 순차적인 자발화는 자연 화학발광과 연료의 분포 모두의 고속 순서 이미지에 의해 실험적으로 증명되었다.

열전달은 벽면에서 일어나기 때문에, 열 경계층은 종종 HCCI 엔진에서 열적 성층화에 주요한 역할을 하는 것으로 여겨진다. 그러나 화학발광 사진과 평면 레이져 유도형광(PLIF) 이미지에 근거를 둔 최근 연구 결과에 따르면 열 성층화는 벌크 가스를 통해 확장되는 것으로 밝혀졌다. 급기의 중앙부분에 국부적 영역에서 고온점화가 시작되고 영역의 개수는 비균질이 남아 있음에도 불구하고 고온점화가 급속히 증가한다.

최대 열발생율 지점을 바로 지난 시점에서 고온점화와 연소가 급기의 벌크가스 중앙에서 일어난다. 여기에는 어떠한 우선적인 경계층 연소를 나타내는 것이 없다. 넓은 범위의 주 연소는 급기의 중앙부분(수직방향으로)에서 최대 PRR를 지난 지점에서 일어나는데, 최대 PRR과 엔진 노킹을 제어하는 벌크 가스 내부의 열적 성층화 때문이다. 벌크 가스와 경계층 사이의 열적 성층화 효과는 최대 PRR를 줄이는 2차 효과만 가진다.

최대 PRR은 열적 성층화의 양에 의해 제어되기 때문에, 연구자들은 HCCI의 고부하 한계를 연장하기 위해 열적 성층화를 증가시키는 여러 가지 방법을 모색하고 있다. 그러나 이들 기술들이 PRR을 줄이는데 유효한 벌크 가스에서의 온도 분포에 영향을 준다는 것이다.

열적 성층화를 증가시키는 다른 방법은 사각(squre) 피스톤 보울과 스월을 조합하는 방법으로 시도되었는데 각 흡기 포트에서 다른 흡기온도를 이용한다. 더욱이 신선한 급기와 뜨거운 잔류가스의 불완전한 혼합은 열적 성층화를 증가시키는 방법의 하나로 제안되어졌다. 이들 기술들은 지속적인 연구를 통해 진행되겠지만 자연적으로 발생되는 열성층화의 충분한 강화는 여전히 도전으로 남아있다.

3.7.3 저온연소기술

디젤연료에서 고전적 HCCI는 연료의 낮은 휘발성과 자발화가 쉽기 때문에 쉽게 구현되지 않는다. 따라서 많은 디젤엔진 생산자와 연구자들은 HCCI와 유사한 연소를 얻기 위한 대안적인 방법을 추종하며 일반적으로 저온연소(LTC; Low Temperature Combustion)라 부른다.

디젤 LTC에서, 매연과 질소산화물의 생성을 피할 수 있는 연소온도와 공연비의 조합을 위한 충분한 예혼합을 얻기 위해 다양한 기술들이 적용되어진다. 이것은 그림 3.47의 공연비-온도 맵에서 쉽게 이해할 수 있다. 다이아 그램은 매연과 질소산화물 생성이 일어나는 φ-온도 조합 그래프에서 등고선(contour)을 보여준다. 보는 바와 같이 디젤연료에 대해 단열화염온도는 매연과 질소산화물 지역을 모두 통과한다.

기존의 디젤연소에서는 연료와 공기가 약 φ=4의 농후한 혼합기에서 처음 반응하며 연소는 이론공연비 확산화염에서 종료된다. 연소가 단열이라고 가정하면, 그림 3.47은 연소영역이 매연과 질소산화물 지역에서 일어나는 것을 보여주며, 많은 양의 매연과 질소산화물을 배출한다. 그림 3.47에서 확인할 수 있듯이, 전기점화연소에서도 상당한 양의 질소산화물을 배출을 하나 이들은 3원 촉매에 의해 쉽게 제거된다. 그러나 SI엔진은 CI엔진에 비해 심각하게 낮은 열효율을 갖는데 이는 낮은 압축비와 스로틀 손실 때문이다.

HCCI 연소영역은 매연과 질소산화물 생성영역의 바깥 영역이다. 그러나 soot와 NOx의 생성을 피하기 위해 전적으로 HCCI 영역에서 일어날 필요는 없다. LTC 디젤은 회색으로 표시된 영역의 어디에서나 연소가 일어나도 되는 장점을 갖는데 HCCI의 경우 팽

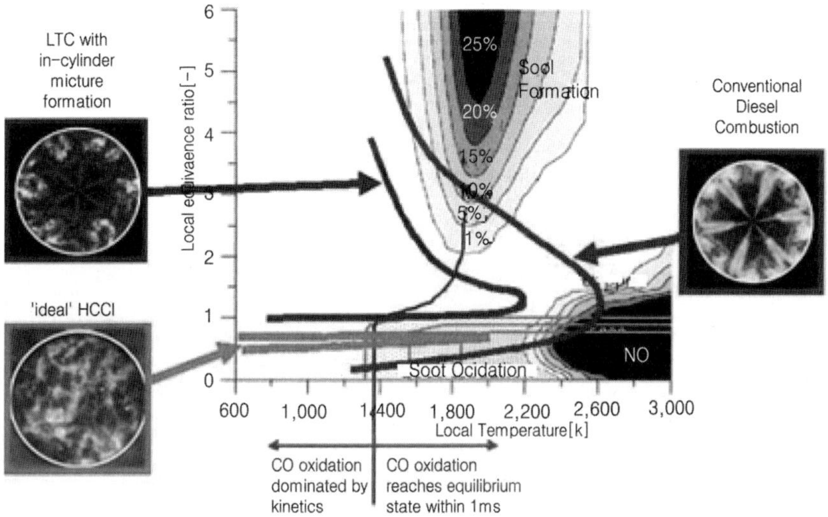

NOx와 Soot의 발생을 설명하는 φ-T 맵 및 연소 발생영역
(출처:www.dieselner.com)

그림 3.47 압축착화엔진에서의 공연비-온도 맵

창행정에 의해 연소반응이 종료되기 전에 대부분의 연료가 φ≤1.0으로 혼합된다. 따라서 디젤 LTC연소가 완전히 예혼합이 아니더라도 낮은 배출특성을 갖기 위해 HCCI와 동일한 원리를 근본적으로 사용한다.

저온연소 기술은 다량의 EGR을 공급하여 연소온도를 낮춰줌으로서 입자상물질과 질소산화물이 동시에 발생하지 않는 영역에서 연소를 구현하는 방식이다. 가변밸브시스템을 이용하면 능동적으로 다량의 잔류가스를 제어할 수 있으므로 연소온도를 낮출 수 있기 때문에 PM과 NOx를 동시에 저감시킬 수 있는 매우 중요한 기술이다.

HCCI의 잠재력은 높은 효율을 유지하면서도 이들 배출물을 저감하는 것이기 때문에 디젤엔진에 HCCI 또는 저온 연소같은 HCCI의 적용이 상당한 관심을 갖는다. 그러나 디젤연료로 만족할 수준의 HCCI 연소를 실현하는 것은 낮은 휘발성과 높은 세탄가 때문에 복잡하다.

디젤연료 HCCI을 실현하기 위한 초기 시도는 흡기포트 연료분사를 이용한 예혼합과 관계가 있다. 그러나 흡기시스템에 있어 액체연료의 흡착을 최소화하고 연소실의 불균일화의 결과로 나타나는 NOx와 soot의 생성을 최소화하기 위해 충분한 흡기가열

(135~205℃)이 요구된다. 그러나 흡기가열은 디젤연료의 높은 세탄가 때문에 압축비를 낮춰야하는데 노킹을 예방하기 위해 9~11 범위의 값이 사용된다. 또한 연소효율은 미연 HC가 높기 때문에 나빠진다. 비록 NOx와 smoke의 수준은 지속적으로 감소되지만, CR 감소와 불완전 연소의 결과로 연소소모율은 기존의 디젤 연소와 비교하여 심각하게 악화된다.

NOx 저감을 위해 엔진 자체에서 원천 저감하는 방법으로 비교적 저비용과 제어의 용이성이 있는 배기재순환(EGR, Exhaust Gas Recirculation)이 현재까지는 가장 많이 이용되고 있으며, 배출가스의 이산화탄소나 수분 등의 가스가 신기의 일부를 대체하여 혼합기의 열용량을 증가시킴으로써 연소가스의 온도를 낮추어 열적질소산화물(thermal NOx) 생성을 억제함으로써 전체 질소산화물 발생량을 감소시킨다. 또한 저온연소 기술은 궁극적으로 질소산화물(NOx)과 입자상물질(PM)을 동시에 저감시키는 기술로서 후처리장치로 인한 비용 증가를 최소화할 수 있는 이점이 있으며 연비향상으로 인한 이산화탄소 저감 효과가 큰 기술이다.

저온연소기술은 연료/공기가 불균일하게 혼합된 상태에서 연소가 이뤄지는 디젤엔진의 특성을 탈피하여 연료/공기가 최대로 균일하게 혼합된 상태의 연소를 통해 저온연소 및 초희박연소를 가능하게 하여 soot와 NOx가 생성되는 영역을 피해 엔진을 구동함으로써 PM과 NOx의 동시에 저감시킨다.

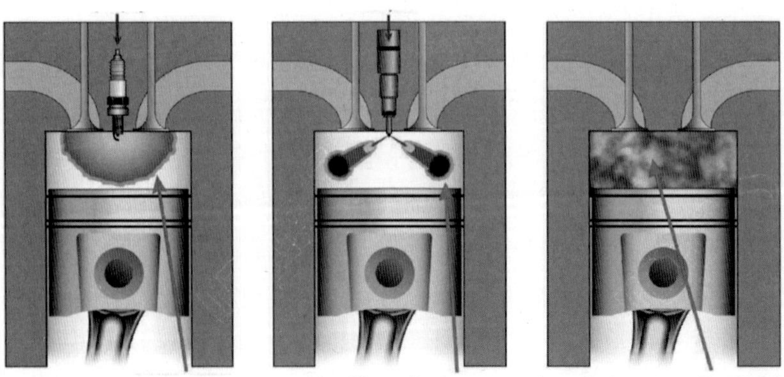

그림 3.48 저온연소 방식 적용에 따른 유해배출물 저감 비교

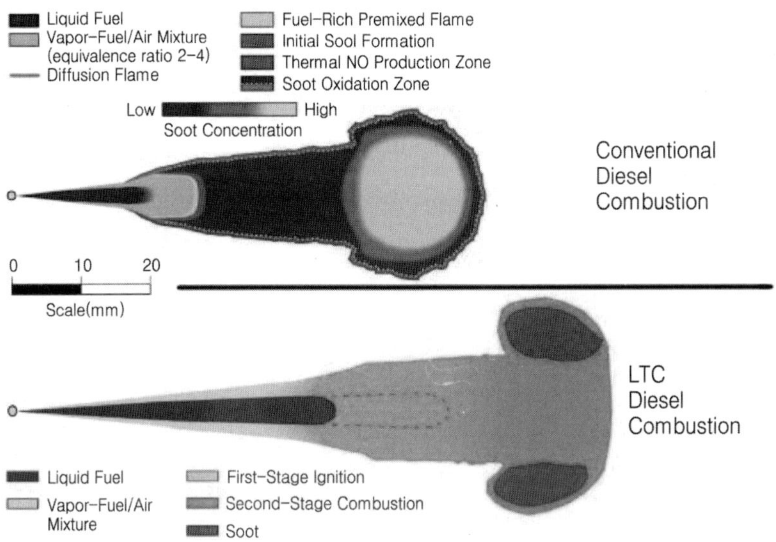

그림 3.49 디젤 일반연소와 저온연소의 화염 비교 (SNL)

PM의 주요 생성원인 soot의 경우 연소실 내부온도가 1600K 이상인 조건과 당량비 2 이상인 농후연소 조건을 동시에 만나는 조건에서 주로 생성되고, NOx의 경우 2000K 이상의 연소실 온도와 희박연소 구간에 주로 발생한다. 저온연소 기술 적용을 통해 연소실 온도를 1600K 이하로 낮출 경우에는 soot와 NOx의 동시 저감이 가능하다.

저온연소 기술 구현을 위해서는 연소실 내부로 유입된 공기와 연소실 내부로 직접 분사된 연료가 최대한 균일하게 혼합될 수 있도록 착화지연기간을 최대한 지연시키는 것이 필요하며, 이를 위해 분사시기를 지연시킴과 동시에 EGR량을 극대화시키는 방법이 사용될 것으로 전망된다.

(1) 초 조기 직접분사 LTC(very early direct-injection LTC)

증발과 혼합 문제를 극복하기 위한 연구들은 유사-HCCI 연소를 얻는 방법으로 조기 직접분사 연료 공급을 연구하였다. 연료를 압축행정에서 분사함으로써 보다 높은 연소실 온도와 밀도가 증발과 혼합을 촉진한다. 그러나 가용시간 감소로 좋은 혼합기 형성이 어렵고 분무의 전 도달거리에 의한 벽면 적심을 발생시켰다.

다양한 연료-인젝터 형태들과 기술들이 연구되었으며, 일반적으로 인젝터들은 좀더 부드럽고 분산이 잘되는 분무를 만들어 조기분사기술에 대해 보다 나은 결과를 가져왔다. 그러나 기존의 DI 디젤인젝터는 고부하에서 기존디젤연소로 전환하는 장점을 갖는다. 이들은 dual-injection scheme을 가능케 하며, 연료의 일부를 조기에 분사하고 일부는 기존 디젤엔진에서 TDC근처(토요타의 UNIBUS 시스템)에 분사한다.

그러나 기존의 디젤 인젝터를 사용하여 아주 조기에 분사할 때 액상-분무는 실린더 라이너에 자주 충돌하는 문제가 발생하는데 이 문제를 해결하기 위한 하나의 흥미로운 기술은 연료분무를 급격히(steeply) 아래로 향해(좁은 폭의 각도로) 직접 분사하는 것으로 조기분사에서는 피스톤의 보울을 향하는 것이다.

이들 조기-DI 시스템의 혼합기 생성을 개선함으로써 디젤의 높은 세탄가는 조기점화와 노킹을 이끌어낸다. 따라서 거의 모든 접근은 높은 수준의 냉각 EGR을 사용하여 자발화 과정을 느리게 한다. 추가로, 14:1 또는 15:1의 낮춰진 압축비는 종종 디젤-HCCI 컨셉에서 사용되며, 일부 접근법은 흡기밸브 닫힘(late IVC)을 늦게 함으로서 유효 압축비를 낮춘다.

늦은 IVC의 장점은 제어시스템의 일부로서 유효압축비를 빠르게 조절하고 높은 팽창비는 좋은 사이클 효율을 보전한다. 이런 제어에도 불구하고, 속도와 부하의 변화에 대한 요구되는 연소-위상을 유지하는 것은 화학반응(chemical kinetics)에 의해서만 자발화 시기를 제어하는 조기 분사 시스템에는 여전히 도전과제로 남아있다. 높은 HC 배출물 역시 보고되었다. 그러나 조기-분사 접근법은 지속적으로 연구의 한 분야이며 때때로 전 연소 전략(overall combustion strategy)의 일부분으로 고려되어지고 있다.

(2) TDC 근처에서의 직접분사 LTC

LTC 디젤 연소에 대한 두 번째 접근법은 연료를 TDC에 가깝게 분사하는 것인데, 연소는 보다 분사(injection event)에 가깝게 연관되어진다. 이 방법에서 연소 위상은 연료의 자발화 반응(autoignition kinetics)과 독립적으로 제어된다.

분사가 TDC 근처에서 일어나면, 급속혼합을 위해 고압의 인젝터가 요구되고, LTC와 낮은 배출물을 얻기 위한 예혼합에 필요한 시간을 더 얻기 위해 점화지연을 연장시키는 여러 가지 기술들이 필요하다.

점화지연을 연장하는 일반적 기술 중의 하나는 분사를 지연하는 것으로 jet-mixing 과정은 자발화가 느려지는 팽창행정의 초기에 일어난다. 이 개념은 MK(modulated kinetics) 연소 하에서 처음으로 도입되어졌다. 기존 디젤(20~30bTDC)보다 빨리 분사함으로써 점화 지연을 연장할 수 있으나 너무 이르지 않으면 자발화 시기가 분사 이벤트

제4장
후처리 기술

배기규제가 강화됨에 따라 엔진내부에서의 유해가스 저감기술만으로는 규제를 만족하기에는 한계가 있어 후처리기술 적용이 불가피해 졌다.

가솔린엔진의 경우 CO, HC, NOx를 동시에 저감시키는 "삼원촉매기술"이 현재 사용되고 있으나 더욱 엄격하여진 미국의 SULEV 규제를 만족하기에 어려움이 있어 "예열촉매기술"등이 검토되고 있다.

디젤엔진의 경우 입자상물질(PM)과 NOx 저감기술이 필요하다. PM 저감대책으로 매연여과장치(DPF Trap)가 연구되고 있으며 NOx는 가솔린 엔진의 경우와 마찬가지로 NOx 후처리장치들이 개발되고 있다.

4.1 삼원촉매(Three Way Catalyst; TWC)

4.1.1 시스템 및 작동원리

CO와 HC를 산화반응으로 저감시키는 산화촉매(oxidation catalyst)가 초기에 사용되었으나 현재는 NOx까지 동시에 80% 이상 저감시키는 삼원촉매가 사용되고 있다.

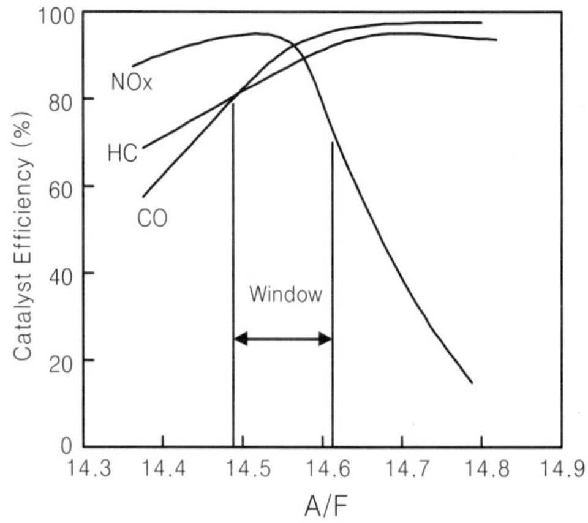

그림 4.1 삼원촉매 전환효율

그림 4.1에서 보듯이 공연비가 희박한 영역에서는 CO와 HC 저감율은 90% 이상이나 반면 NOx 저감율은 급격하게 저하한다. 한편 공연비가 농후한 영역에서는 NOx 저감율은 90% 수준이나 CO와 HC 저감율은 낮아짐을 알 수 있다. 즉 삼원촉매는 $\lambda>1$과 $\lambda<1$영역에서 CO, HC와 NOx 저감성능이 서로 반대되며 이들 3성분을 동시에 저감시키기 위해서는 엔진에 공급되는 공기연료비가 이론공연비(stoichiometric)로 공급하여야 함을 알 수 있다.

실제는 이론공연비를 중심으로 삼원촉매의 전환효율이 유지되는 공연비폭(window)

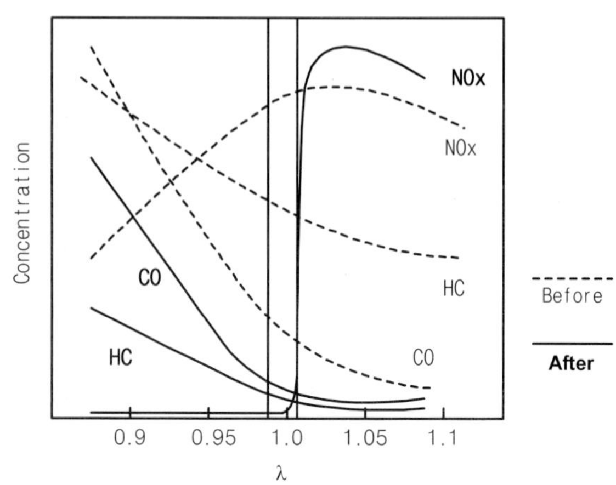

그림 4.2 삼원촉매전후의 배출가스 농도

이 존재함을 알 수 있으며 이 폭은 상당히 좁아 공기과잉율(λ)로는 0.01 (λ=1.0±0.005)이며, A/F로 약 0.14(A/F=14.48~14.62) 범위이다. 자동차 운전여건은 가감속(transient) 운전이 많으며 정속(steady)일 경우도 속도와 부하조건이 폭넓게 변하기 때문에 엔진작동 상태는 매우 까다로운 여건이며, 이와 같은 운전상태에서도 공연비를 항상 삼원촉매 전환효율폭 이내로 맞추기는 쉽지가 않다.

엔진에서 배출되는 가스의 삼원촉매 전후농도를 비교하여 보면, CO와 HC는 공연비가 농후한 영역에서는 엔진에서의 배출농도가 높으며 촉매 저감효율도 낮아 촉매를 거쳐도 농도가 상당히 높은 상태로 배출된다. 그러나 공연비가 희박한 영역에서는 엔진으로부터의 배출농도가 상당히 낮으며 촉매 저감효율도 높아 CO와 HC 농도는 매우 낮음을 알 수 있다. 반대로 NOx는 희박영역에서 낮게 배출되며 이론공연비(λ=1.0)에서 CO, HC, NOx 세 성분 모두 촉매 이후에서 낮게 배출됨을 볼 수 있다.

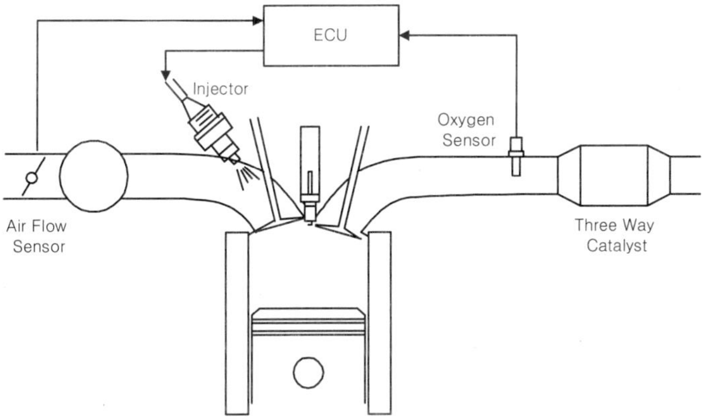

그림 4.3 삼원촉매 작동시스템

공연비를 λ=1.0으로 조절하기 위한 방법으로는 삼원촉매 전단의 배출관에 설치된 람다센서(λ sensor)로부터 엔진에 공급된 공연비가 농후(λ<1.0)인가 희박(λ>1.0)인가를 감지하여 이 신호를 ECU에 보내며, ECU에서는 엔진에 흡입되는 공기유량 측정센서로부터의 신호로서 연료공급장치의 공급연료량을 조정한다.

센서출력 특성을 보면 람다센서는 희박한 공연비와 농후한 공연비의 구분을 λ=1.0을 경계로 '0' 과 '1' 값으로 감지하여 ECU에 전달한다. 보다 정밀한 제어나 희박연소 제어를 위하여 린센서를 사용하며 린센서의 출력특성은 희박영역에서 공연비와 출력은 거의 직선적으로 비례한다. 여기서 람다센서(lambda sensor)는 산소센서(oxygen sensor)로도 불리며, 린센서(lean sensor)는 광역산소센서(wide range oxygen sensor), universal exhaust gas oxygen sensor(UEGOs)로도 불린다.

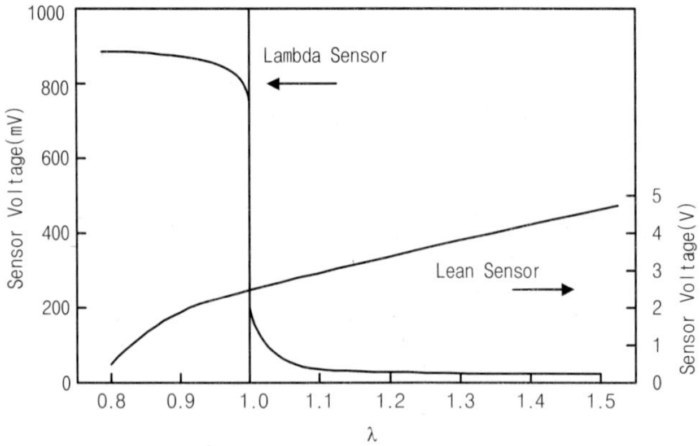

그림 4.4 람다센서와 린센서의 출력특성

공기과잉률 λ는 다음과 같이 정의된다.

$$\lambda = \text{실제공연비}/\text{이론공연비}$$

4.1.2 반응기구

삼원촉매는 CO와 HC는 산화반응으로 NOx는 환원반응으로 저감시키며 반응기구는 다음과 같다.

(1) CO 산화반응(oxidation process)

$$CO + 1/2O_2 \Leftrightarrow CO_2 \tag{4.1}$$

$$CO + H_2O \Leftrightarrow CO_2 + H_2 \tag{4.2}$$

(2) 산화반응

$$H_nC_m + (n/4 + m)O_2 \Leftrightarrow mCO_2 + (n/2)H_2O \quad (4.3)$$

$$H_nC_m + 2mH_2O \Leftrightarrow mCO_2 + (n/2 + 2m)H_2 \quad (4.4)$$

(3) NO 환원반응(reduction process)

$$NO + CO \Leftrightarrow 1/2N_2 + CO_2 \quad (4.5)$$

$$(2m + n/2)NO + C_mH_n \Leftrightarrow (m+n/4)N_2 + n/2H_2O + mCO_2 \quad (4.6)$$

$$NO + H_2 \Leftrightarrow 1/2N_2 + H_2O \quad (4.7)$$

공기가 부족한 농후영역($\lambda<1.0$)에서는 O_2가 부족하여 산화반응(4.1)(4.3)이 진행하기 어려우며, 반면 NO반응의 중간매체(agent) 가스인 CO와 HC가 많아 식(4.5)(4.6)반응이 활발하여 NO저감이 현저하다. 반면에 공기가 과잉인 희박영역($\lambda>1.0$)에서는 O_2가 풍부하여 산화반응(4.1)(4.3)이 활발하여 CO와 HC가 현저하게 저감되며, 식(4.1)(4.3)의 반응속도가 식(4.5)(4.6)에 비해 훨씬 빠르기 때문에 CO와 HC가 부족하여 환원반응(4.5)(4.6)이 어려워 NO 저감이 거의 나타나지 않으며, 농후영역에서 NO 반응에 의해 발생한 H_2O에 의해 식(4.2)(4.4) 반응으로 CO와 HC가 어느 정도는 저감된다.

4.1.3 구조 및 촉매특성

촉매는 세라믹이나 금속으로 만들어진 본체인 담체(substrate), 담체와 촉매 사이에 중간매체인 washcoat, 촉매, 내충격성 및 보온특성 향상을 위한 매트와 캔(can)으로 구성된다. 통상 washcoat의 재질으로는 비표면적이 큰 Al_2O_3를 사용한다.

촉매는 주로 백금(platinum; Pt)과 로듐(rhodium; Rh)이 5:1(3~7g/0.5~1.5g) 비율로 사용된다. 그런데 최근의 삼원촉매에서는 팔라듐(palladium; Pd)을 포함한 Pt/Pd/Rh의 trimetal 시스템이 사용되는 추세다. Pt는 주로 CO와 HC를 저감시키는 산화반응을 촉진시키고 Rh는 NO 반응을 촉진시킨다. Pd는 CO와 HC의 light-off(반응개시)온도에 유리하나 NOx 반응과 sulfur poisoning(연료 중에 포함되어 있는 유황성분에 의한 성능저하)에 불리하다.

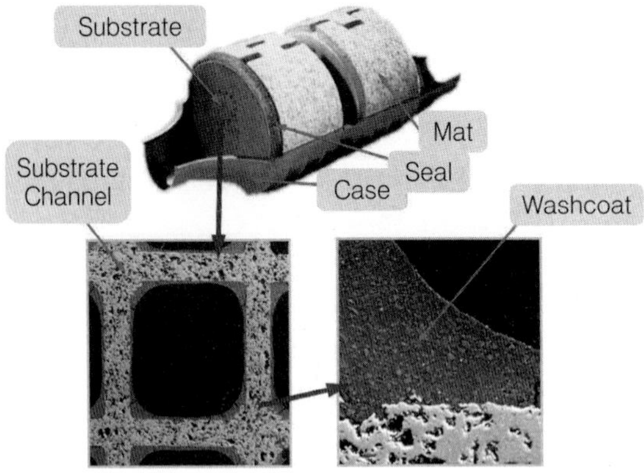

그림 4.5 삼원촉매의 구조

촉매는 표면온도가 약 550°C 이상으로 가열되어야 정상적으로 반응하며 반응이 시작되는 초기온도는 저온시동 성능에 매우 중요하다. 일반적으로 전환율이 50%가 될 때의 촉매온도를 "light-off 온도"라고 하며 가능하면 이 온도를 낮추어야 한다. 일반적으로 light-off 온도는 250~300°C 이며 Pd가 Pt/Rh에 비해 100°C 정도 낮다.

가솔린엔진의 배출가스온도는 아이들링시 300~400°C, 최대부하시 900°C 정도이나 배출가스가 촉매를 가열시키는 데는 상당한 시간이 소요되어 저온시동 초기에 발생되는 HC(시동 2분 이내에 80% 이상 발생)를 저감할 수 없어 촉매를 전기히터나 버너 등으로 인위적으로 가열시키는 방법을 검토하고 있다. 또한 기온이 낮은 겨울철 정체가 심한 대도시의 차량운행시 촉매온도가 정상 작동온도 이하로 낮아져 촉매가 정상적으로 작동

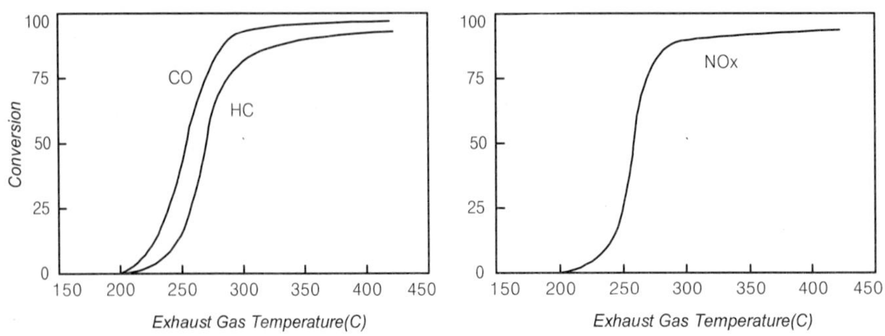

그림 4.6 촉매반응의 온도영향

하지 않을 수 있다는 우려도 있다.

촉매 가열속도를 빠르게 하고 겨울철 온도저하를 방지하기 위해서는 가능한 한 엔진에 가깝게 설치하는 것이 유리하지만, 반면 촉매가 고온에 장시간 노출되면 성능이 저하되는 열화(thermal aging)영향도 고려하여야 하기 때문에 촉매장착 위치도 매우 중요하다.

삼원촉매 기술이 80년대 중반에 개발되었을 때는 CO, HC, NOx를 동시에 1/10로 줄일 수 있는 획기적인 저배기기술로 환영받았다. 그러나 가까운 장래에 CO_2에 대한 규제가 예상되며 이를 위해서는 저연비 기술개발이 필요하다. 그러나 종래 기술은 λ =1.0을 유지하여야 하기 때문에 희박연소 기술에 비해 연비면에서 불리하다. 또한 저온 시동시 초기에 대부분 발생하는 HC 저감방안을 별도로 마련하여야 하는 등 계속 엄격해지고 있는 배기규제에 대응하기에는 한계가 있는 기술로 인식되고 있어 엔진 연소실에 연료를 직접 분사하는 가솔린직접분사식(GDI)엔진이 장래기술로 연구, 개발되고 있다.

4.1.4 예열촉매(Pre-heat Catalyst)

승용차 배출가스를 측정하는 운전모드인 CVS-75 모드에서 측정된 HC는 최초 시동 2분 이내에 전체의 80% 이상이 배출되며 CO 배출량도 상당히 많다. 아래 그림 4.7에서도 엔진시동 2분 이내에 대부분의 HC가 배출됨을 보여주고 있다.

엔진은 초기운전기간(initial warm-up)중에 연료가 농후한 상태로 운전되며 온도가 낮을수록 공연비는 더욱 농후하다. 따라서 저온 시동시 엔진으로부터 NOx는 적게 배출되나 CO와 HC는 다량 배출된다.

엔진 배출가스에 의해 촉매가 정상 작동하는 온도까지 상승하여야 HC 및 CO를 산화시킬 수 있는데 엔진이 충분히 가열되는데 걸리는 시간과 배기관으로부터 촉매장치까지 거리가 있어 배기가스가 촉매장치를 "light-off"온도까지 상승시키는데 어느 정도의 시간이 소요된다.

저온 시동시의 CO와 HC 저감대책으로 산화반응이 일어나도록 적절한 산소를 공급하는 방법과 촉매를 반응온도까지 신속하게 가열시키는 방법이 있다.

구체적 기술로는 엔진 연소를 제어하거나 배출가스에 2차공기를 공급하는 등 "연소제어방법"과, 전기히터나 버너 등으로 촉매를 가열시키는 "촉매예열방식"이 있으며 이들은 상호 보완적으로 사용된다.

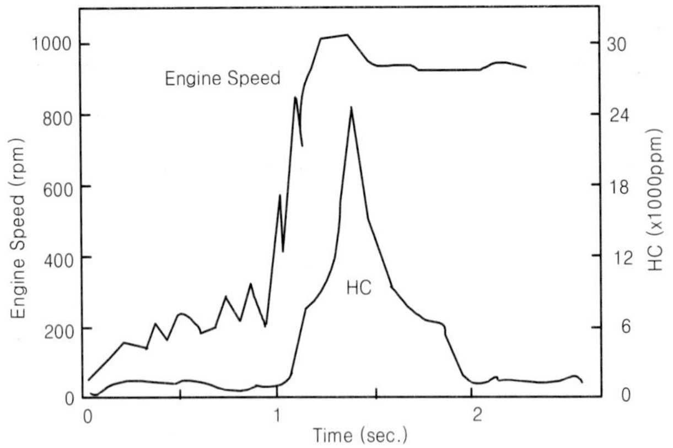

(Automotive Engineer Feb/Mar 1996 자료 참고)

그림 4.7 엔진시동시의 HC 배출량

(1) 연소제어

엔진시동시 점화시기를 지연시키고 아이들 속도를 높여 촉매를 빨리 가열시키거나 분사되는 연료를 보다 미립화하여 연료가 공기와 잘 혼합되게 한다.

가감속시와 같이 엔진속도나 부하가 바뀔 때는 흡기관에 젖는 연료(wall-wetting)양이 변하고 람다센서에서 공연비를 감지하는 시간 차이에 의해 정밀한 공연비제어가 어렵다. 따라서 엔진속도 및 부하, 온도에 따른 흡기관 내의 공기와 연료량의 시간적 영향을 고려한 transient control이 필요하다.

공연비의 농후와 희박만 판단하는 on-off 방식의 람다센서 대신 연속적인 공연비를 감지할 수 있는 universal oxygen sensor(그림 4.4)를 사용함으로서 제어를 정밀하고 신속하게 할 수 있다.

촉매 이전의 배기관에 2차공기를 공급하여 미연소 HC 가스를 재 연소시켜 저감시키고, 배기가스온도를 높여 촉매가열을 촉진시키는 방법도 사용된다. 이 경우 촉매가 과열되어 성능이 저하되거나 손상되는 경우를 방지하여야 한다.

(2) 촉매예열방식(Catalyst heating system)

① 전기가열식 촉매장치(EHC)

전기에너지로 촉매의 담체를 가열시키는 장치로서 가장 효율적인 방법으로 평가되고 있으며 EHC(electrically heated catalysts)로 통칭된다. 미국, 유럽, 일본에서는 EHC를 실차에서 평가 및 최적화하고 있는 상황이며, 생산시설도 대량생산체제로 접어들고 있다. 그러나 히터를 가열시키기 위해서 3~4kw의 전력이 필요하여 엔진 발전기(generator)나 배터리가 커지는 등 추가 전력공급 장치가 필요하며 고가인 것이 결점이다.

② 버너식장치

버너를 사용하여 촉매 담체를 가열시키는 장치로서 추가로 연료를 공급하기 때문에 연료소비가 증가하며 구조가 복잡하고 가격이 높아 전기히터식에 비해 다소 불리한 것으로 평가되고 있다.

③ HC Adsorber

냉간 시동시 발생하는 HC를 별도의 트랩(adsorber; HC trap)에 흡착시켜 두었다가 촉매가 light-off 온도에 도달하면 adsorber에 흡수된 HC를 방출하여 촉매장치를 통과시키는 방법이다.

흡착제로는 제올라이트계(zeolite-based)가 주로 사용되며 촉매와 adsorber의 배열 방식에 따라 크게 passive 방식과 by-pass 방식이 있다.

미국의 엥겔하드(Engelhard)사, 독일 BMW사 등에서 성능이 우수한 방식이 개발되고 있으며 미국 코닝(Corning)에서도 PUMA 시스템을 발표하여 관심을 끌고 있다.

④ Close Coupled Catalyst(CCC)

삼원촉매를 엔진 배기관 가까이에 설치하여 촉매온도가 빨리 가열되도록 하는 방법으로 경제적인 방법이다. 그러나 엔진에 가깝기 때문에 촉매가 과열되어 성능이 저하되거나 손상되기가 쉬워 이에 대한 방지책이 필요하다. 이에 대한 방안으로, 별도의 pre-catalyst를 엔진 배기관 가까이에 설치하여 엔진 초기시동시(warm-up)만 사용하게 하고 엔진이 충분하게 데워지면 pre-catalyst로의 배출가스 통로는 막고 삼원촉매로 배출가스가 흐르도록 하는 시스템도 있다.

이외에도 촉매까지의 배기관에 air gap 절연이나 이중관 등을 설치하여 배출가스의 열손실을 막아 촉매가열을 도운다.

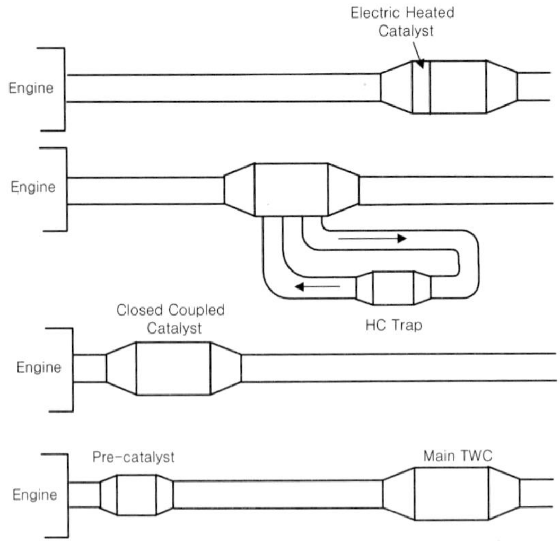

그림 4.8 촉매예열 방식

4.2 디젤산화촉매(Diesel Oxidation Catalyst; DOC)

4.2.1 시스템 및 작동원리

디젤산화촉매기술은 가솔린엔진에서 삼원촉매가 개발되기 이전에 사용되던 산화촉매(이원촉매) 기술과 기본적으로 동일한 기술이기 때문에 기술효과나 성능은 이미 입증되어 있는 기술이다.

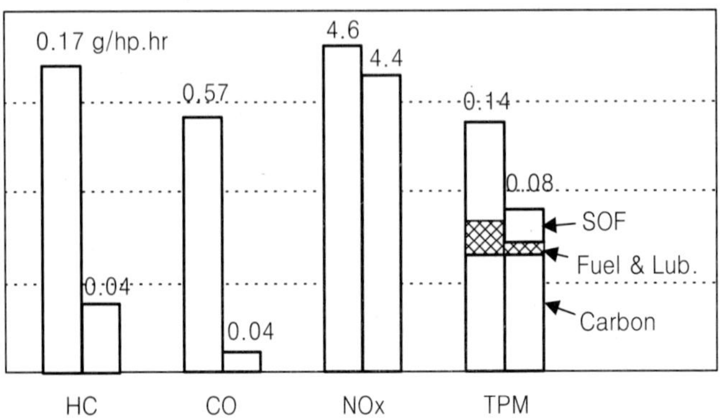

그림 4.9 DOC의 배기가스 저감성능(예) (US Transient Mode)

DOC는 배기가스중 HC와 CO를 80% 이상 감소시키고 PM의 용해성유기물질인 SOF(soluble organic fraction) 성분도 50~80%를 제거한다. 그러나 전체 PM 중 SOF 비율이 적어 TPM의 20~40% 정도를 저감시킨다.

DOC의 PM 저감율이 높지 못하기 때문에 PM 규제시 저감 안전율을 확보하기 위해 주로 사용되며 PM 저감율이 80% 이상 되는 기술이 개발되기 이전의 임시 또는 과도기 기술 역할을 하고 있다. 또한 디젤악취(diesel odor)와 흑연(black smoke)도 감소시키며 촉매로는 백금(platinum;Pt)이나 팔라듐(palladium;Pd)을 사용한다.

반면 배기가스 온도가 300°C 이상의 고온이 되면 배출가스중의 산소와 반응하여 sulfur dioxide(SO_2)가 SO_3와 H_2SO_4를 생성하는 산화반응을 일으키며 이는 특히 인체에 유해하기 때문에 문제시된다. 이를 방지하기 위한 가장 중요한 조치로는 연료에 유황 함유율 50ppm 이하의 저유황화가 선행되어야 하며 우리나라는 이미 10ppm으로 강화되어 있다.

$$
\begin{aligned}
&SO_2 + OH^* \Rightarrow SO_3H^* \\
&SO_3H^* + O_2 \Rightarrow SO_3 + HO_2^* \\
&SO_3 + H_2O \Rightarrow H_2SO_4
\end{aligned}
\tag{4-8}
$$

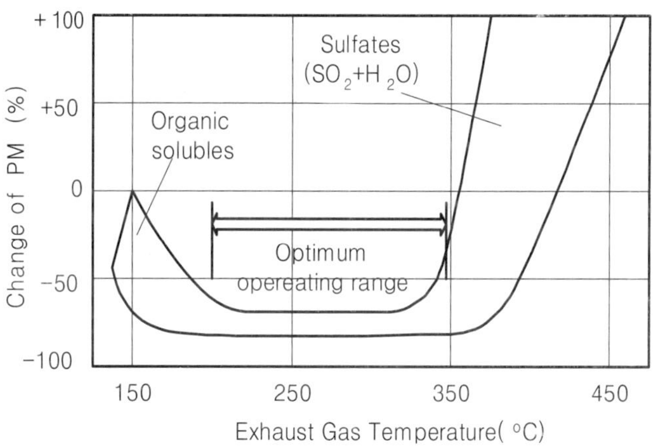

그림 4.10 배기가스온도에 따른 DOC의 SOF 저감특성

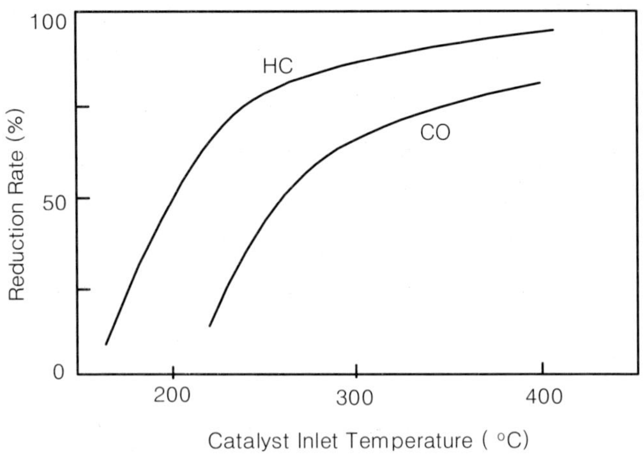

그림 4.11(a) 산화촉매의 온도에 따른 CO, HC 전환성능

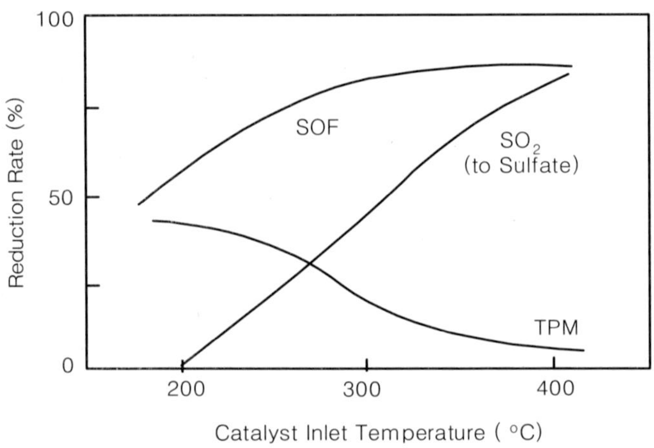

그림 4.11(b) 산화촉매의 온도에 따른 SOF, TPM 전환성능과 SO_2의 sulfate생성율

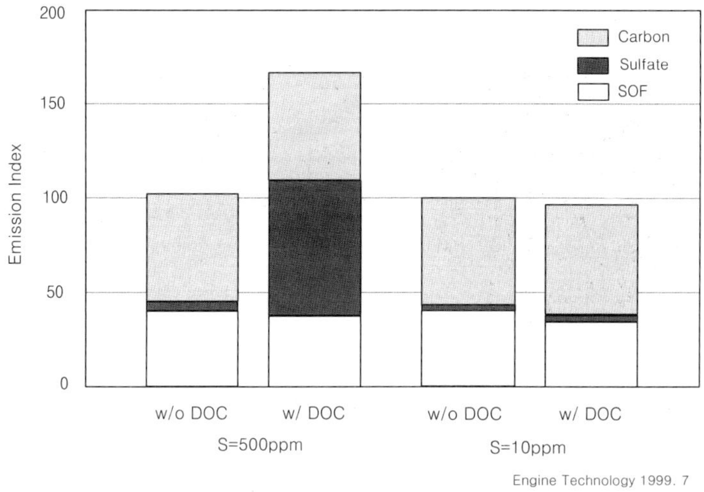

그림 4.12 연료 유황성분에 따른 DOC 성능영향(D-13 Mode 시험결과)

4.3 매연여과장치(Diesel Particulate Filter Trap; DPF)

DPF는 디젤엔진에서 배출되는 입자상물질(PM)을 80% 이상 저감할 수 있는 기술로써 2000년도에 들어서면서 상용화되기 시작하였다. 필터에 PM이 포집됨에 따라 엔진에 배압이 걸리며 이것에 의하여 출력과 연료소비율이 다소 희생되고, 계속해서 매연이 필터에 포집되는 경우 필터가 막혀 파손되거나 엔진이 정지할 수 있으므로 여러 가지 방법으로 필터 내에 쌓인 매연을 태워 필터를 재생해야 한다.

DPF 기술은 크게 PM 포집(trapping)기술과 재생(regeneration)기술로 나누어지며 DPF 시스템은 필터, 촉매, 캐닝, 재생제어장치 등으로 구성된다.

4.3.1 필터

필터는 DPF 시스템의 핵심 부품으로써 이를 제조하기 위해서는 오랜 기간 축적된 know-how와 설비가 필요하다. 현재까지도 우리나라는 wall flow type 세라믹 모노리스 필터를 미국의 Corning, 일본의 NGK, Ibiden사 등으로부터 대부분 수입하고 있는 실정이다.

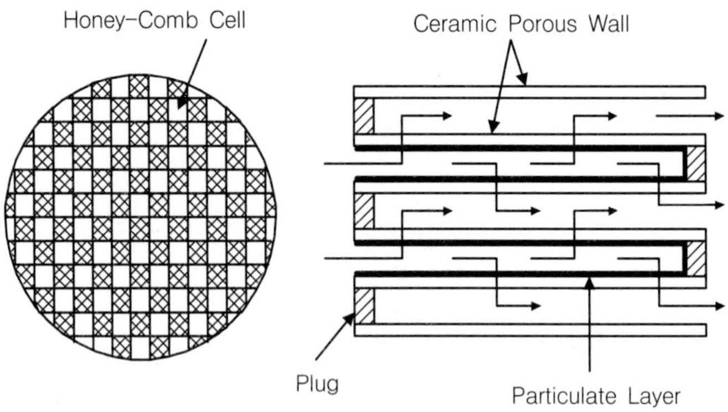

그림 4.13 세라믹 모노리스 필터의 구조 및 매연저감 원리

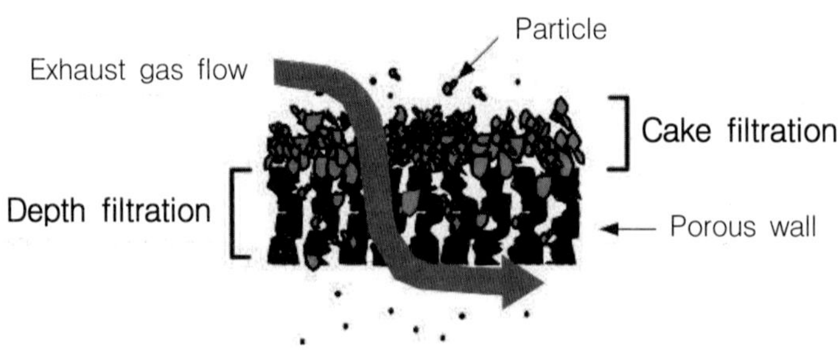

그림 4.14 세라믹 모노리스 필터의 입자포집 메케니즘

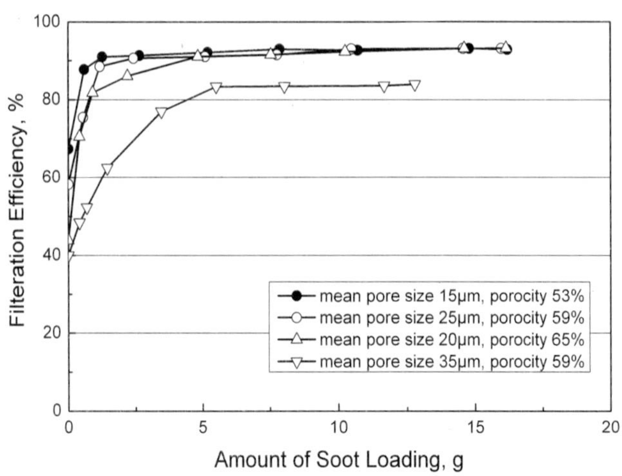

그림 4.15 세라믹 모노리스 필터의 다공도와 평균기공크기가 입자포집효율에 미치는 영향

DPF에 사용되는 필터의 요구조건으로는 입자포집 효율(filtering efficiency)이 우수할 것, 단위체적당 여과표면적이 넓어 여과용량이 클 것, 엔진출력 저하방지를 위해 배압이 작을 것, 열적 특성(용융점, 열팽창, 열충격 등) 및 기계적 특성이 우수할 것, 화학적 내구성이 우수할 것, 가격이 저렴할 것 등이 있다.

(1) Wall flow type 세라믹 모노리스 필터

Wall flow type 세라믹 모노리스 필터(ceramic monolith filter)는 실린더 모양으로 내부에 사각형 혹은 다각형 모양의 통로(channel)가 벌집모양(honeycomb)으로 배열되어 있으며 채널 입구와 출구가 교대로 막혀 있다. 채널 입구로 유입된 배출 가스는 채널 반대편의 출구가 막혀있기 때문에 다공질 벽을 통과하여 옆 채널 출구로 빠져나가게 되며 이때 입자상물질은 유입된 채널에 남아 포집되는 원리를 갖고 있다.

세라믹 모노리스 필터는 입자포집 효율이 높고, 고온에 잘 견디며 공간 활용성이 우수하다는 장점을 갖는다. 세라믹 모노리스 필터의 입자포집 메케니즘은 depth filtration, cake filter로 구분된다.

세라믹 모노리스필터의 중요한 특성으로는 벽두께, 셀 개수, 평균기공크기(mean pore size), 다공도(porosity) 등이 있다. 그림 4.15는 세라믹 모노리스 타입 필터의 다공도와 평균기공크기가 입자포집효율에 미치는 영향을 나타내는 그림이다. 다공도가 높고, 평균유효입경이 작을수록 우수한 입자포집효율을 갖는 것을 알 수 있다.

Wall flow type 세라믹 모노리스 필터는 사용하는 세라믹의 종류에 따라 코디어라이트(cordierite) 필터, SiC 필터, AT 필터로 구분된다.

코디어라이트는 $2MgO-2Al_2O_3-5SiO_2$의 화학조성을 갖는 물질로써 1990년대 초부터 코닝, NGK 등에서 DPF용 필터로 개발, 판매하고 있다. 코디어라이트 필터는 낮은 열팽창계수, 적당한 열충격 저항성, 배압과 정화효율을 위한 미세 기공구조의 조절이 가능하며, 기존의 가솔린엔진 배기정화용 삼원촉매담체와 동일한 압출기술을 사용하여 제조할 수 있는 장점이 있다. 하지만 코디어라이트 필터의 경우 SiC 필터에 비해 용융점(~1460℃)이 낮아 재생제어가 안 될 경우 이상연소현상에 의해 필터가 국부적으로 용융되는 문제가 있다.

이를 개선하기 위해 고융점의 SiC 필터가 일본 Ibiden사에 의해 개발되어 2000년 초에 프랑스 뿌조 승용차에 장착되었다. SiC 필터는 코디어라이트 필터에 비해 고온 특성이 우수하고, 열전도성이 우수하여 한계 매연포집량이 크고, 재생제어에 우수한 반면 고온 소성 공정 등으로 단가가 높은 것이 단점이다. SiC 필터는 일본의 Ibiden과 NGK 등에서 생산하고 있으며, 셀밀도가 증가하고 다공도(porosity)가 증가하는 방향으로 기술이 발전하는데 현 기술은 셀밀도 300cpi, 다공도 58% 수준이다.

SiC 필터는 열팽창율이 커서 몇 개의 세그먼트를 접합하여 제조한다. Ibiden사의 SiC 필터는 SiC 입자에 유기물을 혼합하여 압출 성형한다. 이 경우 SiC 입자의 경도가 높아

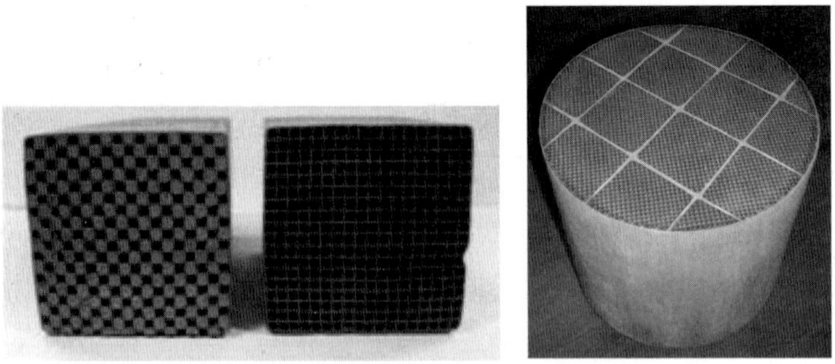

그림 4.16 SiC 필터의 세그먼트 및 세그먼트를 결합하여 만든 DPF용 필터

표 4.1 각 사의 Aluminum titanate, SiC, 코디어라이트 필터의 재질 비교

	AT	SiC	Cordierite
Formula	Al_2TiO_5	SiC	$2MgO-2Al_2O_3-5SiO_2$
Melting temp., ℃	1450 (Firing temp)	2400	1450
CET (Thermal expansion, $\times 10^7$, 1/° ¡ÆC)	9	44	7
MOR (axial strength, MPa)	1.47	8.17	4.67
e-Modulus (GPa)	1.45	13.0	9.1
TSP(MOR/(CTE×eMod))	1127	142	855
Porosity, %	51	58	45
Pore Size, μm	15	17	13
Cell density (Cells/in^2)	320	320	200
Wall thickness (mil)	12	13	19

* 제조사: AT: Corning, generation B
SiC: Ibiden
Cordierite: Corning

고가인 압출 금형이 쉽게 손상되기도 하며, 소결온도도 2000℃ 이상으로 매우 높아 가격적으로 고가인 단점이 있다. 한편 NGK에서는 SiC 재질 필터의 상기 문제점을 개선하고자 SiC 입자와 Si 입자를 혼합하여 반응 소결한 SiC 필터를 제조하였다. 그러나 근본적으로 연마제 입자로 사용되는 SiC 입자를 원료로 사용하여 압출을 하기 때문에 금형마모 문제가 존재하는 것으로 알려져 있다.

현재 DPF 필터시장은 대형차량용 DPF의 경우 코디어라이트 필터를 기본으로 시장이 형성되어 있고, 소형차량의 경우에는 SiC 필터가 주로 사용되고 있다. SiC 필터는 코디어라이트 필터에 비해 높은 가격(약 2~4배)을 형성하고 있기 때문에 SiC 필터를 대체할 수 있는 신물질 필터에 대한 연구개발이 계속되고 있다. 그 예로 미국 Corning 사의 경우 SiC 보다 용융점은 낮으나 코디어라이트보다 높으며 열팽창계수가 낮아 우수한 열충격특성을 가지는 알루미늄 타이타네이트(Aluminum Titanate) 필터를 선보였으며, 현재 포드-유럽사 차량에 적용하고 있다.

또한, 질화규소(Si_3N_4) 세라믹은 열충격 특성, 고온특성, 기계적 특성이 다양하게 우수한 재료로서 SiC 세라믹의 단점을 극복할 수 있는 대안으로 알려져 있다. 일반적으로 질화규소 분말은 고가이며 소결온도가 1850℃ 이상으로 가격면에서 불리하나, 반응소결 질화규소(Reaction Bonded Silicon Nitride, RBSN) 세라믹의 경우 규소 분말로 성형한 후 질소 분위기에서 질화반응을 통해 저가의 질화규소 제품을 제조할 수 있는 것으로 알려져 있다.

(2) 금속섬유 필터 (Metal Fiber Filter)

두께가 매우 얇은 금속 파이버로 메쉬, 직물 등을 만들고, 이를 이용하여 제작된 필터이다. 촉매 코팅, 전기 히터, 연료 첨가제 방식 등 여러 가지 재생 방법을 적용할 수 있다는 장점이 있다. 또한, 기계적 강도가 우수하여 비도로(off-road) 자동차 DPF용 필터로 적용시 장점이 있으며, 열충격 특성이 세라믹필터에 비해 우수해 정밀한 재생제어를 요하지 않는 장점이 있다.

종전의 많은 종류의 금속 파이버 필터들은 기공률이 커서 급가속시 포집된 PM이 날려 배출되는 단점이 있었으나 현재에는 기공율과 평균 기공 크기가 작은 제품들이 출시되고 있으며, 기존 세라믹 필터를 대체하기 위하여 가격 저감이 이루어지고 있다.

특히, Meinig 등은 평균 직경 21㎛의 Fe-Cr 합금 파이버를 소결하여 그림 4.17과 같은 매연여과장치용 필터를 만들었으며, 이 금속 파이버 필터를 전기적 발열체로 사용

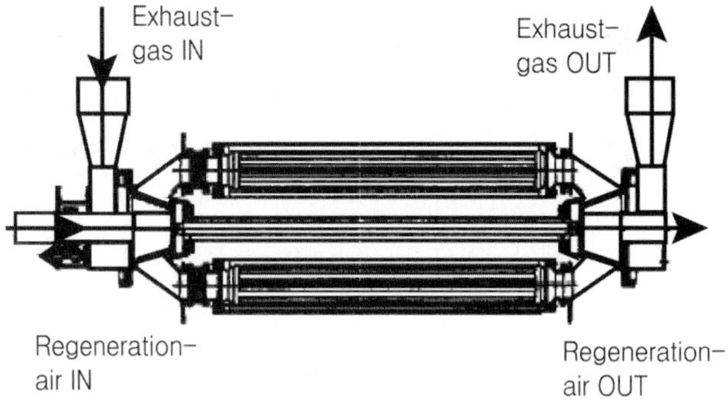

(출처: Freudenberg Dichtungs- und Schwingungstechnik)

그림 4.17 금속 파이버 필터를 이용하여 제작한 매연여과장치의 개요도

하는 재생방식을 사용하였다. 이 장치의 PM 포집율은 75~90%로 보고되었다. 그리고 포집율 증대를 목적으로 금속 파이버 필터에 알루미나를 코팅하여 휘스커(whisker)를 생성시키기도 한다.

금속섬유는 미국의 Fluid Dynamics사, 벨기에의 Bekaert사에서 bundle drawing이라는 공정을 이용하여 생산하고 있으나 적용소재가 스테인레스강으로 한정된 단점이 있다. 국내 화이버텍(주)에서 가열된 금속봉을 회전체에 접촉시키는 독자 공정을 이용하여 다양한 종류의 금속섬유를 제조하고 있으며, 금속섬유를 직조하여 그림 4.18과 같은 운행차용 DPF 필터에 적용하고 있다.

(출처: 화이버텍(주))

그림 4.18 국내 화이버텍사의 금속섬유필터 구조 및 입자 포집 원리

(3) 금속분말필터 (Sintered Metal Filter)

금속분말(metal powder)을 스테인레스 메쉬에 입히고, 소결시켜 만든 필터로써 질기고, 가공성 열전도성이 우수하다. 금속분말 필터는 포집효율과 배압을 고려하여 필터의 두께와 다공도를 쉽게 제어할 수 있는 장점이 있으며, 세라믹 필터에 비해 통전이 가능해 재생 방법을 다양화 할 수 있는 장점이 있다. 그림 4.19는 한국기계연구원에서 디젤엔진 매연 포집용으로 개발한 금속 분말필터이며, 그림 4.20은 독일의 HJS에서 개발한 금속분말 plate 형식 필터이다. 하지만 이 필터는 용접가공 횟수가 많고, 가격적인 문제를 극복하지 못해 아직까지 상용화에는 도달하지 못하고 있다.

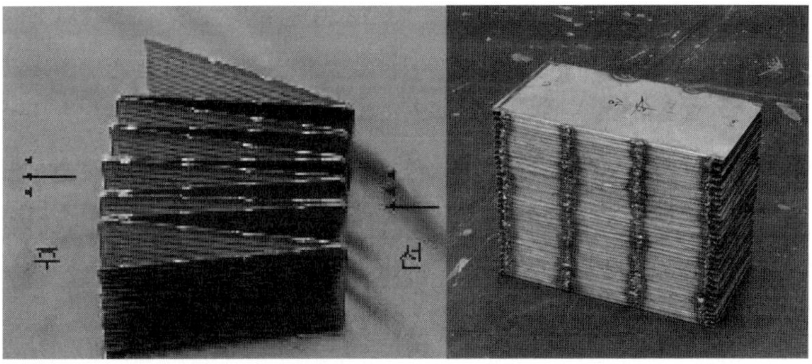

그림 4.19 한국기계연구원에서 개발한 금속분말필터

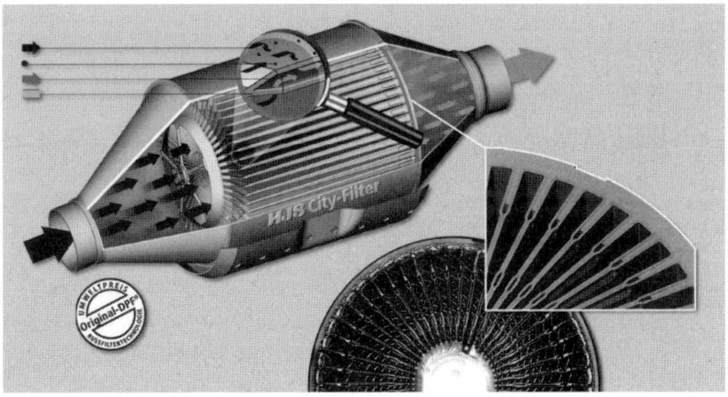

그림 4.20 독일 HJS에서 개발한 금속분말소결판을 이용한 필터

표4.2 HJS사 금속분말필터 특성

Material Name	Sintered Metal Light
Weight	2200g/m^2
Thickness	0.55mm
Porosity	50%
Mean Pore Size	10㎛
Permeability(Darcy Coefficient)	1.5 ㎛^{2}
Heat Conductivity(20°C)	14W/mK
Specific Heat	500J/kgK
Thermal Expansion Coefficient(20~1000°C)	18x10^{-7}K^{-1}
Tensile Strength	60MPa
Young Modulus	14~26 GPa
Elongation at Break	24%

(4) Partial 필터

Partial 필터는 open channel 개념의 필터이다. 그림 4.21은 Emitec사의 partial filter로써 금속섬유 또는 금속소결판으로 만든 다공성의 매연 포집판과 유동교란판이 중첩된 구조로 되어 있다.

Partial 필터는 원리상 어느 수준까지는 매연이 다공성 매연포집판에 포집되지만 매연포집판에 매연이 일정수준 이상 포집되면 그 후로부터 배출되는 매연은 더 이상 포집되지 않고 그대로 통과되는 필터이다. 그리고 partial 필터의 매연포집판에는 촉매가 코팅되어 있어 배출가스 온도가 재생온도를 넘으면 매연포집판에 포집되어 있던 매연이 자연재생되는 원리를 갖는다. 즉, 차량이 배출가스 온도가 재생온도를 넘는 조건으로 운전되면 매연포집판이 매연을 포집/재생을 반복하므로 매연 포집율이 높지만 차량이 배출가스 온도가 낮은 조건으로 계속 운전되면 매연포집판에 매연을 더 이상 포집하지 못하므로 매연포집율이 낮아진다.

대표적인 partial 필터인 독일 Emitec사의 PM Filter Cat.는 PM 저감성능이 30~70% 수준으로 발표되고 있다.(그림 4.22)

Partial 필터의 장점은 차량이 배출가스 온도가 낮은 조건으로 계속 운전되더라도 필터에 매연이 일정량만 쌓이고, 나머지 매연은 필터를 통과하므로 필터가 막히거나 파손되지 않는다는 것이다. 하지만 배출가스 온도가 낮은 조건으로 계속 운전되는 경우 PM 저감율이 낮아지며, 그림 4.23에서 보는 같이 급가속운전시 필터내에 포집되어 있던 매연이 bolw-off되는 문제는 partial 필터의 단점이다.

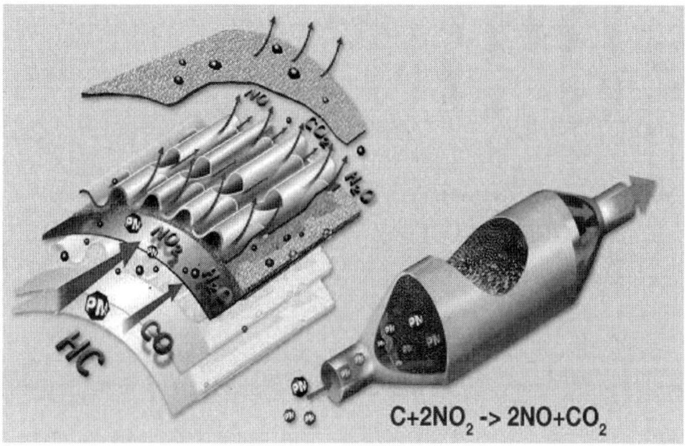

그림 4.21 Emitec사의 유동교란판과 다공성 매연포집판을 조합하여 만든 partial 필터

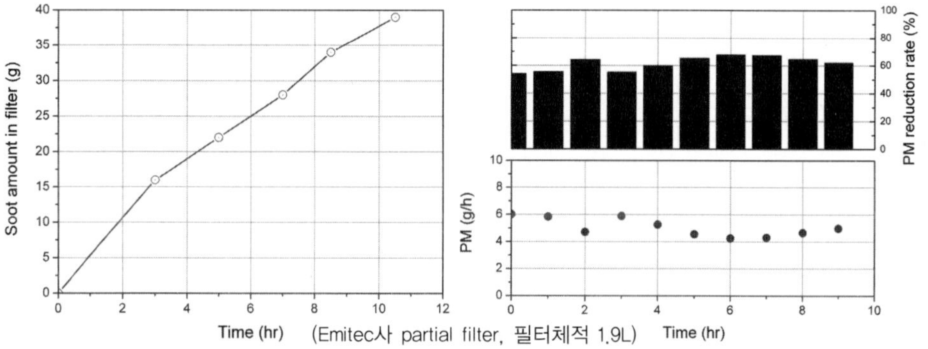

그림 4.22 시내 정속운전조건(2500RPM, 40Nm)에서 시간에 따른 필터내 soot 포집량의 변화 및 PM 저감율의 변화

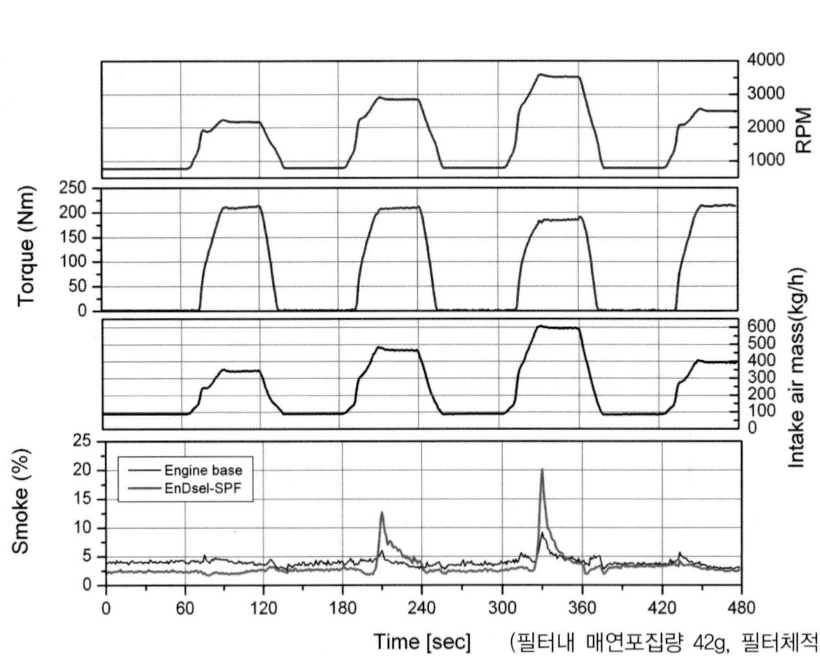

그림 4.23 Emitec사 partial filter의 blow-off 특성

(5) 금속 폼(Foam) 필터

금속폼은 고체 금속으로 구성된 셀구조(cellular structure)의 소재로써 기공율이 체적에 비해 매우 큰 특징을 가지고 있다.

금속 폼 필터는 스폰지 같은 성형체에 슬러지 형태의 소재를 흡착시키고 소결함으로써 얻을 수 있다. 보통 1~5mm 두께의 필터를 생산할 수 있으며 금속 섬유나 금속분말 필터에 비해 기공율이 높다. 일반적으로 금속폼은 75~95%dml 기공율을 가지고 있다.

입자의 크기보다 큰 기공을 갖는 금속폼의 포집과정은 그림 4.25로 설명될 수 있다. 확산(diffusion)에 의한 포집, 유선상에서 금속 폼 strut와 충돌에 의한 포집(flow line deposition), 관성충돌에 의한 포집(inertial deposition)으로 구분된다.

금속폼 필터는 체적 필터링(volume filtering) 원리를 이용하여 매연을 저감하므로 높지 않은 필터링 효율을 요구하는 응용분야에 효과적으로 사용될 수 있으며, 세라믹 필터의 단점인 내충격성 등의 기계적 특성에 강한 장점이 있다. 폼에 촉매 코팅을 할 경우 비표면적이 넓어 적은 촉매량을 사용할 수 있다는 장점이 있다.

우리나라의 (주)알란텀에서는 평균기공크기가 약 400~1200㎛의 니켈 합금 폼을 적층하여 매연여과장치를 개발하였다. 표 4.3은 (주)알란텀에서 생산하는 금속폼의 물성치를 나타낸다.

그림 4.24 국내 (주)알란텀 사의 금속 폼 필터

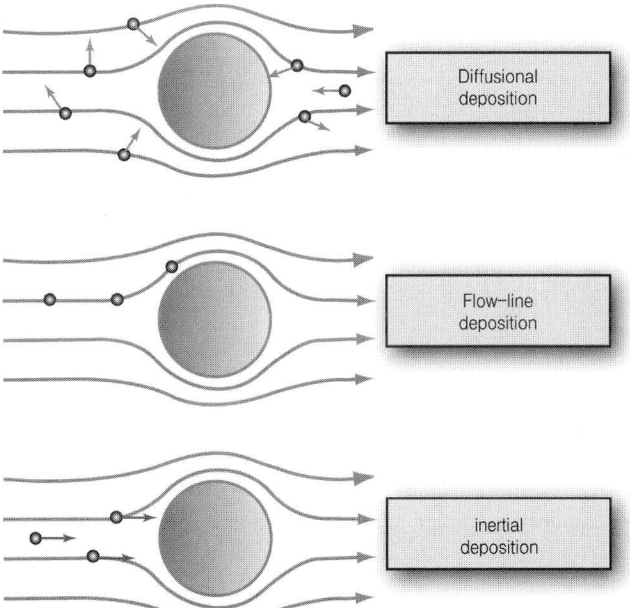

(출처: 알란텀(주))

그림 4.25 금속폼필터의 입자 포집 메케니즘

표4.3 기공크기에 따른 금속폼의 물성치

Pore size	450m	580m	800m	1200m
Surface pore				
Apparent thermal conductivity($W \cdot m^{-1}.K^{-1}$)	0.228	0.209	0.224	0.210
Porosity (%)	87	88	90	93
Bulk heat capacity (J/kg℃) between 20 to 100℃	53	49	41	29
Specific Surface area (m^2/L)	12.7	10.8	8.66	7.31
Strut mean hydraulic diameter(micron)	54	54	60	73
Foam density (g/cm^{-3})	0.695	0.581	0.448	0.351

(출처: 알란텀(주))

4.3.2 필터 재생 기술

필터에 포집된 PM은 가능하면 빠른 시간 내에 태워서 필터가 다시 PM을 포집할 수 있도록 해야 하며 이를 필터 재생이라고 한다. 이 때 재생에 의해 필터가 과열되어 파손되지 않도록 하는 제어기술이 중요하다. 재생과정은 촉매 light-off 온도, 공급되는 산소농도, 산소유량, PM의 포집량에 따라 적절하게 조절하여야 한다.

재생방법은 크게 전기히터, 버너, 트로틀링 등을 사용하여 soot를 연소할 수 있는 온도인 600°C까지 가열하는 강제재생(active regeneration) 방법과 필터에 촉매를 코팅하거나 연료 첨가제를 사용하여 soot 연소온도를 원래보다 250~300°C 정도 낮추어 엔진 배출가스열로 재생하는 자연재생(passive regeneration) 방법, 위의 두 방식을 동시에 적용하는 복합재생(combined regeneration) 방법으로 나누어진다. 그림 4.26은 DPF 재생기술의 분류를 나타낸다.

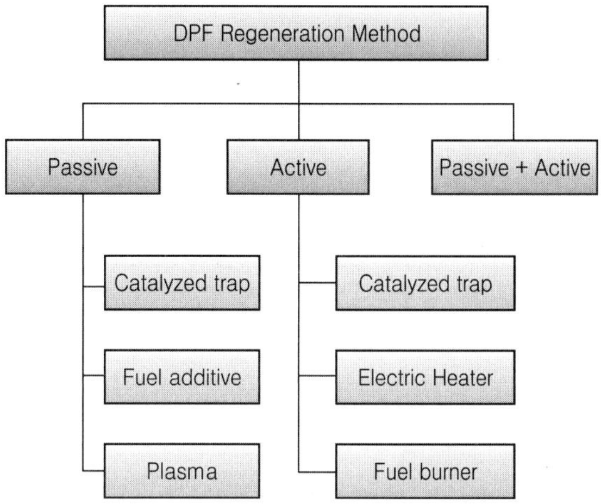

그림 4.26 DPF 재생기술의 분류

그림 4.27은 온도에 따른 soot의 산화반응정도를 나타내는 그림이다. 온도가 높을수록 soot가 빠르게 산화되는 것을 알 수 있다. 연료 후분사방식이나, 버너등 외부열원으로 가열하여 필터를 강제 재생시키는 경우는 DPF로 유입되는 배출가스의 온도를 통상 600°C까지 가열하게 되며, 세륨 등 연료첨가제를 사용하여 강제재생하는 경우는 통상 450~500°C까지 가열한다.

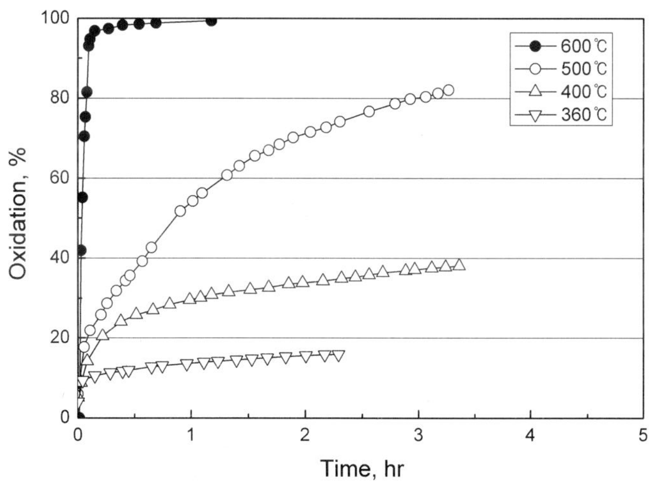

그림 4.27 촉매가 없는 조건에서의 Soot 산화반응

(1) 엔진내 연료후분사방식

① 구성 및 원리

현재 자동차제작사에서 필터 재생시 일반적으로 사용하는 방법이다. 엔진의 팽창과정 중에 연소실에 연료를 후분사(post fuel injection)하여 배출가스 온도를 높여 필터를 재생하는 방법으로써 전기히터나 버너 등 부가적인 장치없이 필터재생을 할 수 있다는 장점이 있다. 그림 4.28은 연료후분사방식 DPF 재생기술이 적용된 국내자동차 회사의 2L급 디젤엔진의 배기후처리 시스템 개요도를 나타낸다.

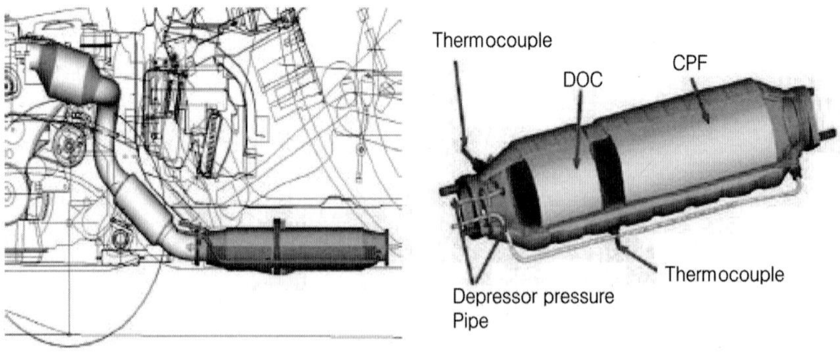

그림 4.28 연료후분사방식 DPF 재생기술이 적용된 국내자동차 회사의 2L급 디젤엔진의 배기후처리 시스템 개요도

② 재생제어로직

통상적으로 매연여과필터의 재생제어로직은 필터에 쌓여 있는 매연의 양을 예측하는 단계, 분사된 연료가 DOC(Diesel Oxidation Catalyst, 디젤산화촉매)에서 충분히 연소되도록 DOC를 예열하는 단계, 필터를 재생할 목적으로 팽창과정 중 연소실에 연료를 분사하는 단계, 매연여과필터 입구온도와 배출가스 유량을 모니터링 하면서 후분사 연료량을 조정하는 단계, 재생 후 재생효율을 판단하고, ash의 양을 예측하는 단계로 구성된다. 그림 4.29는 DPF 재생제어로직의 개략도이다.

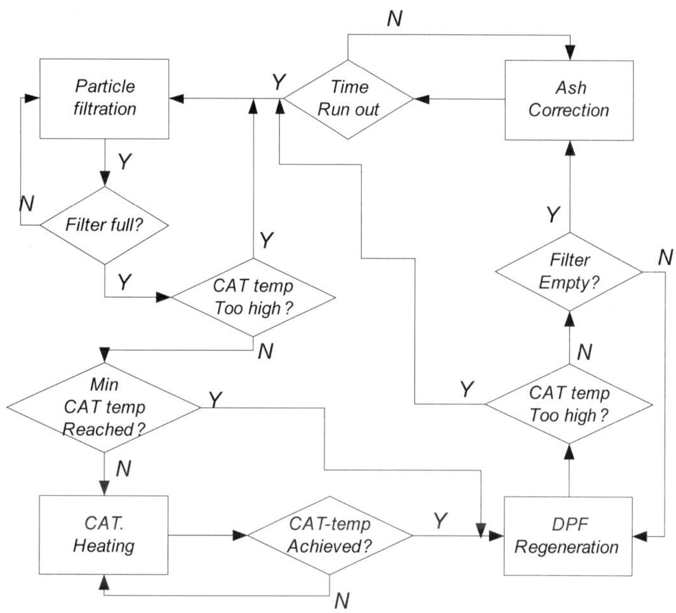

그림 4.29 연료후분사방식 DPF 재생 제어 로직

③ 재생전략

매연여과필터를 재생하기 위해서는 매연여과필터로 유입되는 배출가스의 온도를 약 600℃로 높여야 하는데, 엔진의 각 운전영역별로 배기가스의 온도 및 산소농도 특성이 상이하기 때문에 엔진 각 운전영역별로 다른 전략이 사용된다. 이 전략에는 연료분사시기, 연료분사량, 흡기드로틀링과 EGR(Exhaust Gas Recirculation)을 이용한 흡입공기량제어 등이 포함된다. 그림 4.30은 각 운전영역에서의 승용차용 매연여과필터 재생 전략을 나타낸다.

영역 ①은 저속 저부하 운전조건으로써 배출가스 온도를 600℃까지 상승시키기기가 가장 어려운 조건이다. 통상 주연료 분사시기를 지연시키고, 흡기 드로틀링과 연료 후분사를 동시에 적용시켜 매연여과필터로 유입되는 배출가스의 온도를 약 600℃로 상승시킨다. 특히, 영역 ①의 공회전 조건은 엔진의 부하도 거의 없을 뿐만 아니라 연료의 분사량도 작기 때문에 약 320℃의 DOC 예열 온도로부터 재생온도인 600℃까지 전환이 가장 어려운 조건이다.

영역 ②는 저속 고부하 조건으로써 배출가스온도가 충분히 높으므로 연료 후분사만을 추가적으로 적용하여 배출가스의 온도를 약 600℃로 상승시키는 영역이다.

영역 ③은 중속 중부하 운전영역으로 주연료분사시기를 지연시키고, 연료후분사를 적용하여 배출가스의 온도를 약 600℃로 상승시키는 영역이다.

영역 ④는 고속 고부하 조건으로써 연료후분사만을 적용하거나 주연료분사시기 지연만으로 배출가스의 온도를 약 600℃로 상승 가능한 영역이다.

한편, 그림 4.30의 점선 내부 영역은 배기 온도가 낮아 필터 재생을 시작하기 전에 DOC를 예열해야 하는 운전영역이다. 필터를 재생하기 위해 연료분사시기를 지연시키고, 흡기드로틀링 및 연료후분사방법을 적용하면 연소특성이 나빠지고, 연료가 불완전 연소되어 다량의 미연탄화수소가 발생된다. 이 때 DOC가 예열되어 있지 않으면 발생된 미연탄화수소는 백연의 형태로 그대로 배출되게 된다. 즉, 차량이 그림 4.30의 점선 내부 영역에서 운전되고, DOC 온도가 낮은 경우에는 재생시작 전에 연료분사시기 지연, 흡기드로틀링 방법을 이용하여 DOC를 약 320℃까지 예열한다.

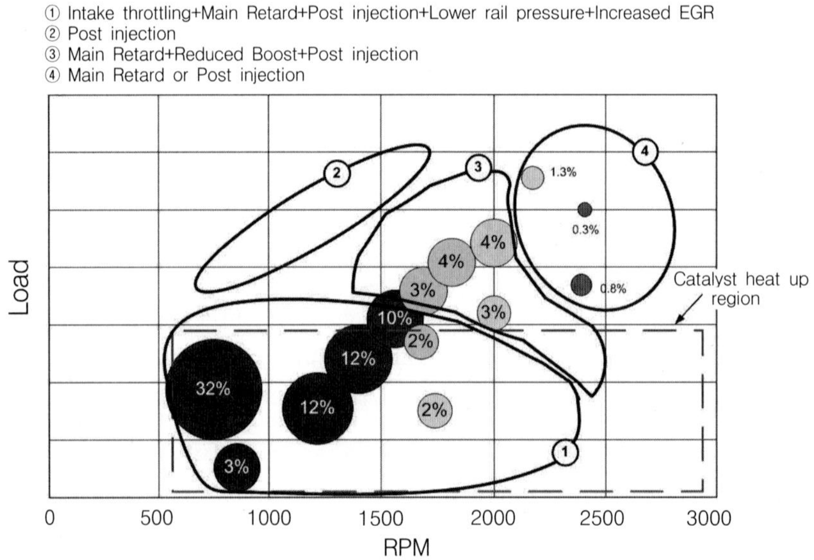

그림 4.30 승용차용 DPF 재생전략의 예

④ 매연포집량 예측

DPF의 soot 퇴적량은 기본적으로 다음과 같이 예측할 수 있다.

$$SI = \frac{\Delta P}{\dot{m}_{exh}}$$

여기서, SI는 soot index를 의미하고, ΔP는 DPF에 걸리는 차압이며, $\dot{m}_{exh}$는 배출가스 유량이다. 하지만 이와 같은 방법으로 예측된 soot 퇴적량은 자연재생이 일어나지 않거나 영향이 적은 경우 높은 신뢰도를 보이지만 자연재생이 활발한 운전조건에서는 그림 4.31과 같이 실제 soot 퇴적량을 정확히 예측하지 못한다.

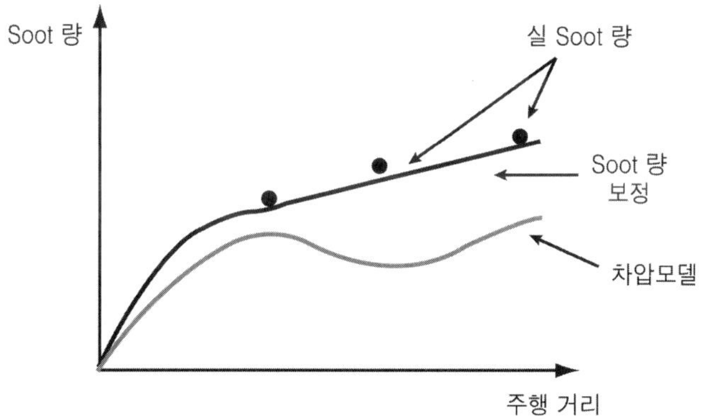

그림 4.31 Soot 퇴적량 보정 개념

따라서 차압모델로 예측된 soot 퇴적량을 운전조건에 따라 보정하는 다음의 차압보정로직을 추가하여 사용하기도 한다.

$$SI = \frac{\Delta P}{\dot{m}_{exh}} + \sum \alpha_i \Delta t$$

여기서, α_i는 운전조건 보정계수로써 각 운전조건마다 다른 값을 갖는다. Δt는 각 운전조건으로 운행된 시간이다.

또한, 최근에는 운전조건에 따른 soot 발생량을 이용하여 soot 퇴적량을 예측하는 시뮬레이션 기법을 보조적으로 사용한다. 필터를 오래 사용하는 경우 ash 퇴적에 의해 배압이 상승하므로 soot 퇴적량 계산시 보정이 필요하다. 이를 위해 양산 전 실차량 운전을 통해 각각의 운전거리에 따른 ash 퇴적 샘플을 확보하고, 이를 근거로 ash 퇴적에 의한 배압상승영향을 보정한다.

참고로 ash는 연료 및 엔진오일이 타고 남는 찌꺼기로써 대부분이 연료 및 엔진 오일 속에 포함되어 있는 금속성분 물질이다.

⑤ 재생시 필터 온도제어

필터 재생시 DPF 전단 배출가스 온도가 높을수록 급속한 soot의 연소반응으로 필터 내부 온도가 상승하여 필터가 파손될 수 있으므로 주의가 필요하다. 그림 4.32는 필터 입구의 배출가스온도가 재생시 필터 내부 최고온도에 미치는 영향을 나타낸다. 배기량 2L급에 차량에 장착된 SiC 필터를 이용하여 시험한 결과로써 필터로 유입되는 배출가스온도가 높을수록 필터내부온도가 상승하는 것을 알 수 있다. SiC 필터 재생시 필터내부온도가 촉매의 aging 한계온도인 800℃를 초과하지 않도록 제어하기 위해서는 매연 포집량 6g/L 이하에서 필터를 재생해야 하고, 필터로 유입되는 배출가스온도를 650℃

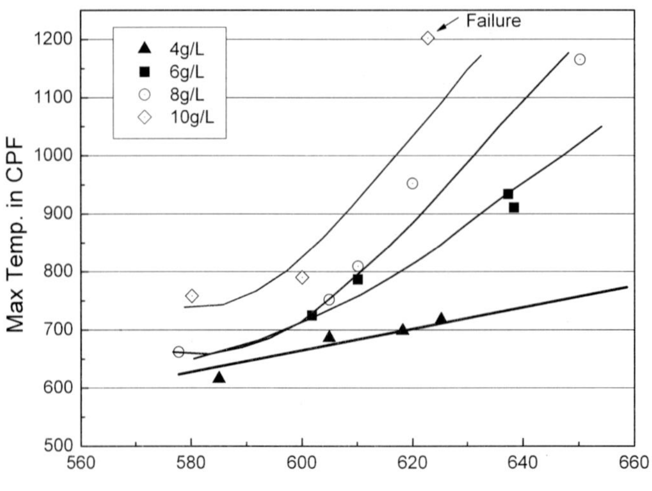

그림 4.32 필터입구의 배출가스온도가 재생시 필터 내부 최고온도에 미치는 영향

이하로 유지하는 것이 바람직하다.

필터로 유입되는 배출가스의 온도는 재생소요시간과 함께 필터 재생효율에 가장 큰 영향을 미치는 인자이다. 그림 4.33에서 보는 바와 같이 필터로 유입되는 배출가스의 온도가 높을수록 재생효율이 상승함을 알 수 있다. 통상 SiC 필터를 이용하는 경우 필터로 유입되는 배출가스의 온도를 600℃로 약 9분간 유지시키는 경우 70~80%의 재생효율을 얻을 수 있다. 참고로 배출가스 온도를 600℃까지 상승시키는데 걸리는 시간이 5~6분임을 감안할 때 총 재생시간은 약 15분 정도가 됨을 알 수 있다.

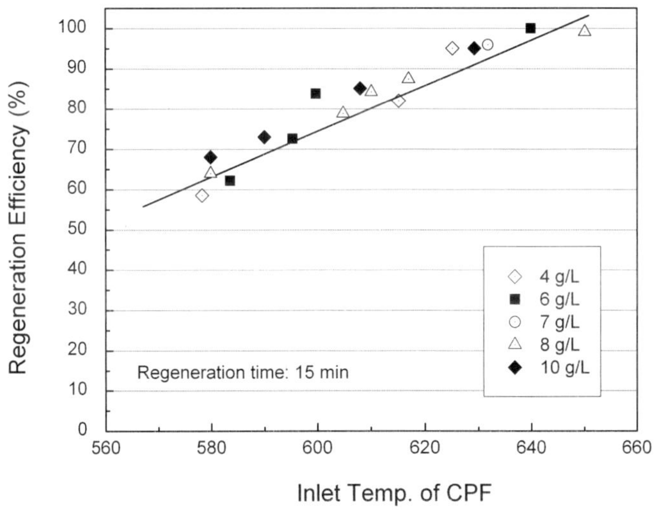

그림 4.33 필터입구의 배출가스온도가 재생효율에 미치는 영향

⑥ 필터재생주기

필터의 재생주기는 차량의 시간당 매연배출량을 필터의 한계매연포집량으로 나누면 얻어진다. 여기서 한계매연포집량이란 필터재생시 깨어지거나 변형되지 않는 최대한 매연포집량을 말하며, 필터의 고유 특성이다. 한계매연포집량은 uncontrolled regeneration 시험과 controlled regeneration 시험을 통해서 결정할 수 있다. 재생주기는 차량의 운전 조건에 따라 변화하며, 통상 500~1000km이다.

⑦ 필터재생소요시간

외부열원으로 가열하여 필터를 재생시키는 경우는 온도가 높을수록 매연의 연소반응이 빨라지며, 산소농도가 많을수록 매연이 쉽게 연소된다. 통상 필터는 후분사방식으로 재생하는 경우 약 600℃에서, 연료첨가제를 사용하여 재생하는 경우는 약 500℃에서 약 15분 동안 재생한다. 하지만 재생 소요시간은 일정한 값으로 고정되는 것이 아니라 운전조건에 따라 변화한다.

그림 4.34와 같이 필터재생 소요시간이 길수록 높은 재생효율(=재생후 필터에 잔류하는 매연포집량/재생전 매연포집량)을 얻을 수 있다. NEDC(New Europe Driving Cycle) 모드에서 통상 15분 재생을 하는 경우 약 80% 이상의 재생효율을 얻을 수 있다. 재생효율이 낮으면 필터외곽 등에 매연이 다 타지 않고 잔존하게 되며, 이곳에 계속해서 매연이 쌓이게 되면 추후 재생시 국부적으로 이상연소 현상이 발생하여 필터가 변형되거나 깨질 수 있으므로 주의해야 한다.

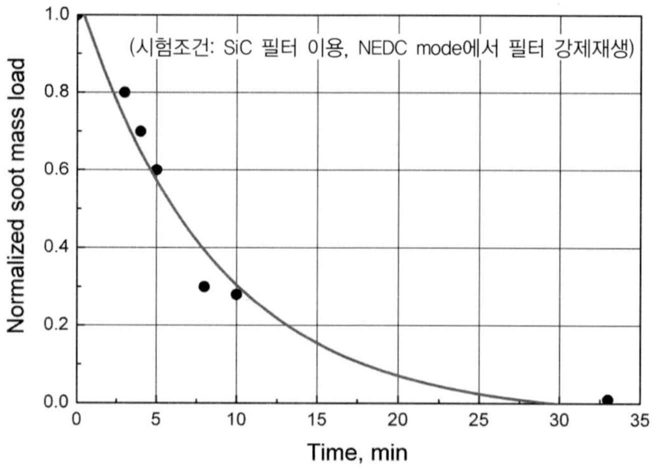

그림 4.34 재생소요시간에 따른 무차원화된 매연양의 변화

그림 4.35는 우리나라 자동차회사의 배기량 2L급 차량에 장착된 SiC 매연여과필터를 저속 및 고속 조건에서 재생한 결과를 나타내는 그래프이다. 표 4.4에는 그림 4.35의 저속 및 고속 조건 필터재생 소요시간을 분석하여 나타내었다. 저속조건에서는 재생소요시간이 길고, 고속조건에서는 재생소요기간이 짧다는 것을 알 수 있다.

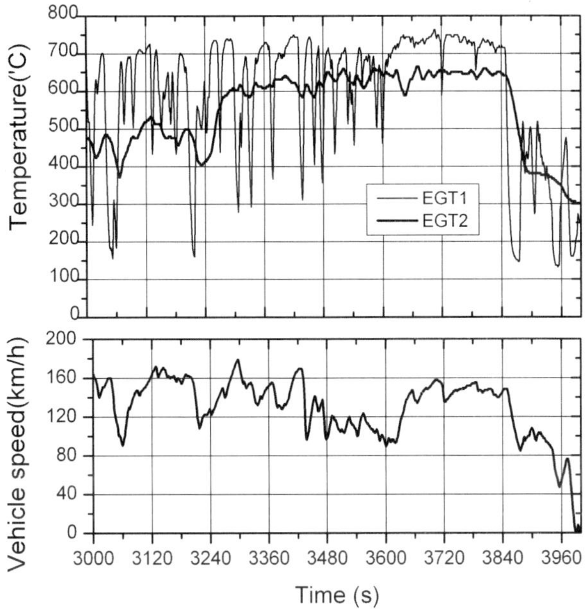

(a) 고속조건에서의 필터재생

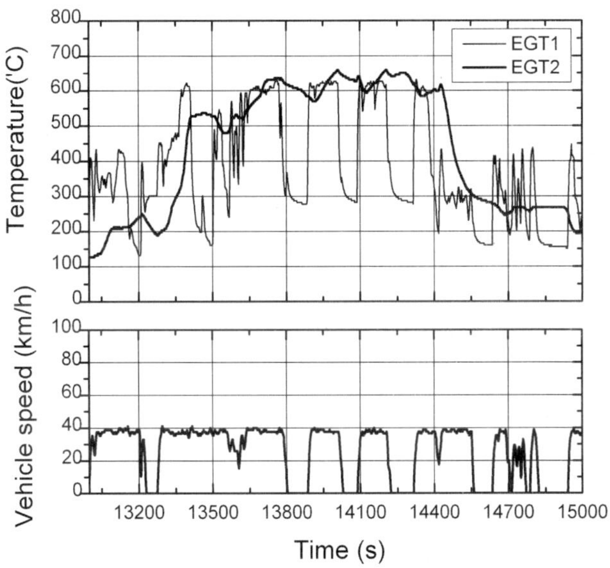

(b) 저속조건에서의 필터재생

(EGT1: 터보차져전단 배출가스온도, EGT2: 터보차져후단 배출가스온도)

그림 4.35 국내 자동차에 정착된 SiC 매연여과필터 재생시험 결과

표4.4 국내 자동차회사 차량에 장착된 SiC 매연여과필터 재생소요시간

운전조건	총 재생소요시간 (min)	매연여과필터 전단온도가 다음조건 이상인 시간 (s)		
		500℃ 이상	550℃ 이상	600℃ 이상
저속1	19.8	1000	804	571
저속2	20	1085	700	450
저속3	17.8	993	882	503
고속1	10.3	595	589	513

(2) 전기히터 방식

전기히터를 이용해 필터를 재생하는 기술의 가장 어려운 문제는 soot를 연소시키기 위해 공급하는 전기에너지가 충분하여야 한다는 점이다. 초기에는 3kW 이상(24V, 130A)이 소요되어 자동차 밧데리와 알터네이타에 큰 무리가 따르며, 특히 공회전시 알터네이터에서 생산되는 전류량이 적어 전기히터에 충분한 전류를 공급하기 어려웠다.

이에 대한 개선방안으로 바이패스 밸브를 사용하여 재생시 배출가스는 바이패스시키고 블로우로부터 재생에 필요한 공기를 공급하는 방식(by-pass type)을 사용하였으며 엔진작동상태에 무관하기 때문에 제어가 쉬운 장점이 있으나 구조가 복잡한 단점이 있다. 반면 바이패스 밸브를 사용하지 않고 배출가스 중의 산소공급량을 조절하여 재생하는 방식(in-line type)은 엔진운전 변화에 따른 제어가 복잡하다.

또한, 히터 엘레먼터를 여러개로 분할하여 필터를 순차적으로 재생하는 방법과 전기히터를 필터 cannel 내부에 설치하는 등 전기히터를 가능하면 필터에 가깝게 설치하는 방법이 제시되기도 하였다.

미국의 Donaldson사에서 전기히터를 최초로 DPF 재생에 적용하였으며, 1992년에 그림 4.36과 같이 전기히터를 2개 사용하는 dual 방식을 버스 약 400대에 탑재하여 뉴욕시에서 시험운행(fleet test)하였으나 빈발한 고장과 비용문제 때문에 중단하였다. 국내에서는 만도기계가 개발하여 소형 청소차에 적용한 경험이 있다.

그림 4.36은 전기히터와 필터를 두 개(dual) 사용하는 시스템 개략도이다. 엔진에서 배출된 PM이 필터에 포집되고, 필터 전단에 설치된 압력센서를 이용하여 필터에 포집된 PM량을 예측하여 재생시기를 판단한다. 필터 재생시에는 먼저 배출가스 유입을 막기 위해 반대편 필터의 유동 밸브를 연 다음, 전기히터를 작동하여 soot를 연소시킨다. 또한 블로워를 이용하여 적절하게 산소를 공급하여 soot 연소를 돕는다. 필터를 두개

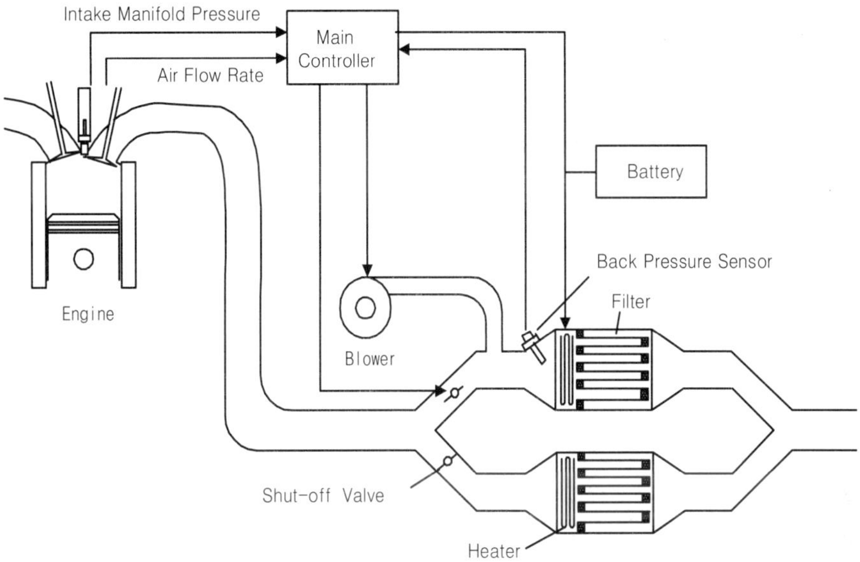

그림 4.36 Dual 전기히터방식 DPF 장치

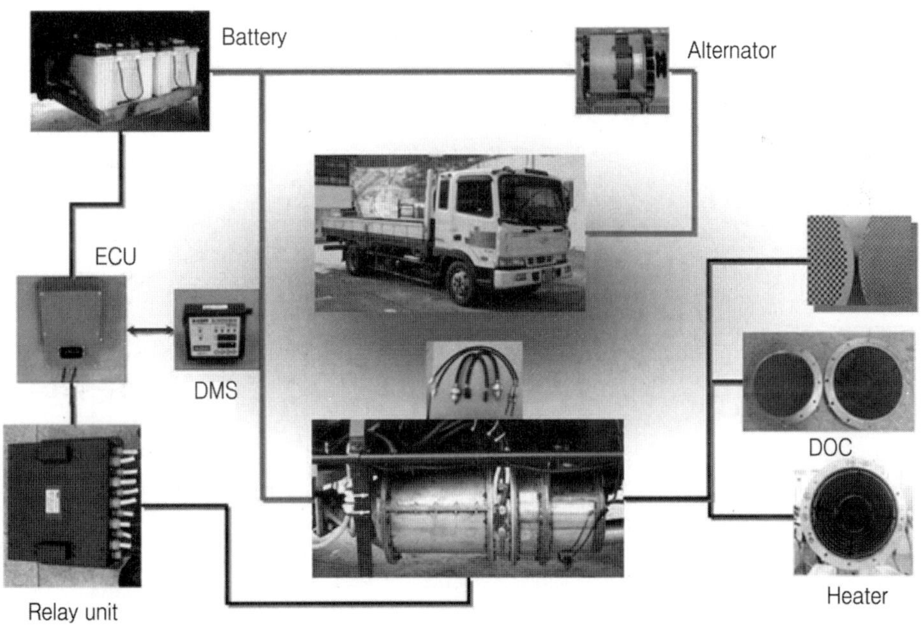

그림 4.37 일진전기의 전기히터 재생방식 DPF 시스템 개요도

사용하는 경우(dual type)에는 두 개의 필터로 포집과 재생을 교대로 반복하기 때문에 제어가 간단하나 구조가 복잡하고 부피가 크며 가격상승 요인이 크다.

2005년부터 국내의 일진전기에서는 히터 엘레먼터를 여러 개로 분할하여 필터를 순차적으로 재생하는 방식의 전기히터 기술을 운행차에 적용하였다. 그림 4.37은 일진전기의 전기히터를 이용하는 DPF 시스템의 구조를 보여준다.

(3) 버너재생 방식

1990년 초반부터 많은 회사들에 의해 운행차용 DPF 시스템으로 개발 적용된 기술이며, 작동조건에 따라 idle과 같은 특정 운전조건에서만 버너를 작동시켜 DPF를 재생하는 single point burner 시스템과 모든 운전조건에서 버너를 작동시키는 full flow burner 시스템으로 나뉠 수 있다.

DPF 재생에 적용되는 버너는 부하변동에 의해 화염이 꺼져서는 안되며, 가능한 완전연소되어 미연탄화수소 등을 배출하지 않아야 한다. 특히 양호한 연소를 위해 충분한 양의 공기를 공급하는 것이 바람직하나 air compressor의 전기소모량 등을 고려했을 때 기술적 한계가 있다.

버너재생방식 기술은 독일을 중심으로 상당한 기술개발이 진전되어 독일 UBA(환경청) 프로그램 지원으로 트럭 및 버스 등 대형차량에 보급이 진행되었다. 독일의 KHD, Zeuna Starker, Webasto사 등에서는 by-pass를 두지 않는 in-line full flow 재생시

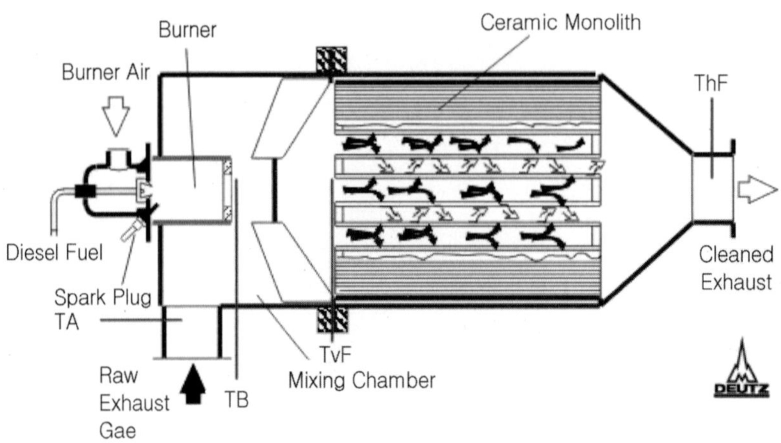

그림 4.38 Deutz사의 버너재생방식 DPF 시스템 개요도

스템 방식을 개발하였으며 장치 구조가 간단하여지고 재생시 외부로 바이패스 시키지 않아도 되는 등 장점이 있으나 배기가스 중의 산소를 이용하기 때문에 엔진의 다양한 운전상태에 대응하는 정교한 제어가 어려운 점 등이 있다.

그림 4.38은 Deutz사의 버너재생방식 DPF 시스템 개요도이다. DPFS II 시스템으로 알려져 있는 이 시스템은 1994년에 운행차용으로 상용화되었으며, 공급되는 연료량은 인젝터로 제어되고, 고압 공기를 이용해서 연료를 미립화하는 특징을 갖고 있다.

국내에서는 만도기계와 두원정공에서 독일과 기술협력으로 개발 2000년 초 운행 청소차와 시내버스에 적용을 하였다.

한편 그림 4.39와 같은 회전형 아크를 이용하여 버너의 화염안정성을 향상시킨 경유 버너가 국내 기술로 개발되기도 하였다. 이 버너에서는 회전하는 공기유로 상에 빠른 주기를 갖는 방전을 발생시켜 회전하는 아크를 발생시켰다.

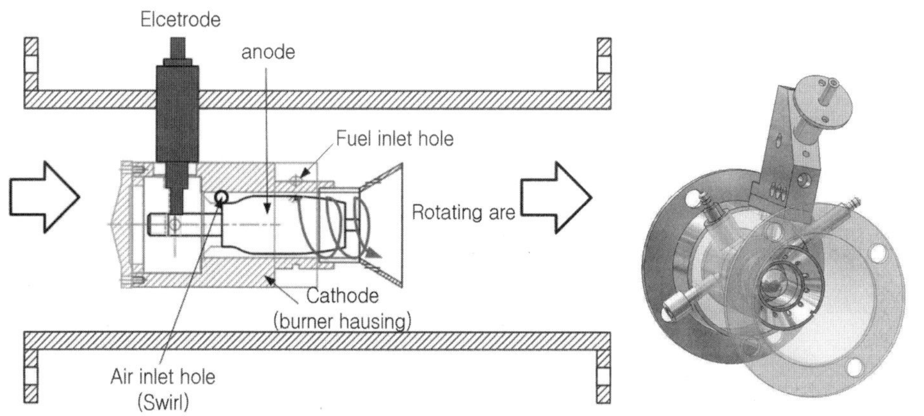

(출처: 한국기계연구원)

그림 4.39 회전형 아크 버너 개요도 및 조립도

(4) 연료첨가제 방식

그리스의 Thessaloniki 대학과 Elbo사, Rhone-Poulenc사 등에서 연료첨가제를 사용하는 DPF 시스템을 버스용으로 개발하였다. 연료첨가제에 의해 포집된 입자의 가연온도를 100~150°C 이상 낮출 수 있어 별도의 추가 에너지 공급장치가 없이 엔진 배기가스 열로서 재생시킬 수 있기 때문에 구조가 간단하고 가격이 저렴한 장점이 있다. 그러나 추가로 첨가제를 연료에 공급하여 주어야하며, 첨가제에 의한 2차 오염에 대한 우려가 있어 평균기공크기가 작은 wall flow type 세라믹 필터를 반드시 사용해야 한다.

Peugeot 자동차는 2.2리터 고급 경유승용차인 model 607에 2000년부터 첨가제방식 매연여과장치 장착을 발표하였다. 장치의 특징으로는 porous silicon carbide substrate 필터를 사용하여 가격을 저감시키고 Rhodia사에서 생산한 cerium-based Eolys 첨가제를 사용하여 450°C 이하에서 재생이 가능하며, 400~500km 주기마다 강제로 재생시킨다. 강제재생을 위하여 oxidation catalyst를 전방에 사용하여 미연탄화수소 연소로 발열을 시키며, commonrail 연료장치에서 multiple post-injection으로 배출가스 온도를 상승시킨다. 그리고 필터내에 쌓인 재(ash)는 80,000km마다 물로서 세척한다.

그림 4.40은 Peugeot 607 차량에 장착된 첨가제방식 DPF 시스템의 개략도이다. PM 포집용 필터와 용량 5리터의 PM 재생 보조용 연료첨가제 및 저장·공급시스템, 배기가스 온도 및 압력을 측정하기 위한 센서류 등으로 구성되어 있다. 필터로는 일본 Ibiden 사의 wall-flow 형 SiC 필터를 사용하고 있으며, PM 재생 보조용 연료첨가제로 프랑스 Rhodia 사의 CeO_2 계열의 Eolys를 사용하고 있다.

그림 4.41은 CVS-75모드시험에서 재생이 발생한 경우와 발생하지 않은 경우에 대하여 차속, 매연여과장치 상류의 온도 및 차압 등을 리얼타임으로 계측한 결과를 대비하여 나타낸다. 그림 4.41(b)에 의하면 재생이 시작되어 종료되는 시점까지에 소요되는 시간

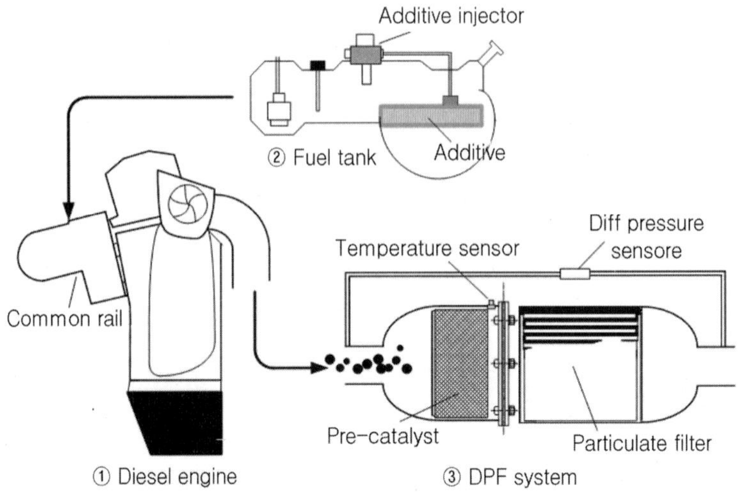

그림 4.40 Peugeot 607 차량에 장착된 첨가제방식 DPF 시스템의 개략도

은 대략 800초임을 알 수 있다. 또한, 재생이 일어나지 않는 경우 매연여과장치 전단의 배기가스 온도는 300℃ 이하이지만 재생시에는 연료를 후분사하여 400~500℃까지 온도가 상승함을 알 수 있다.

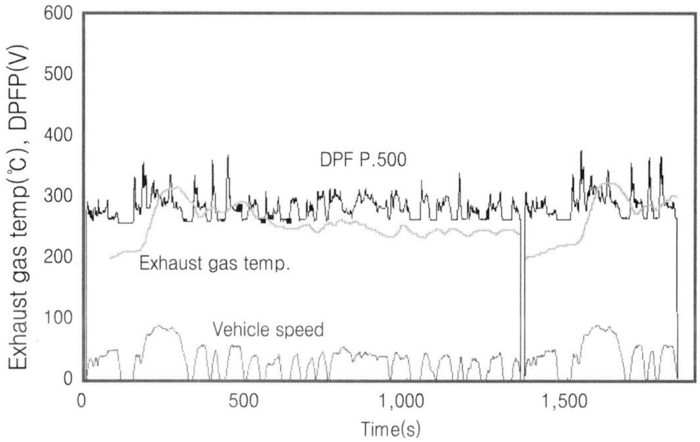

(a) 필터 비재생시(정상운전)

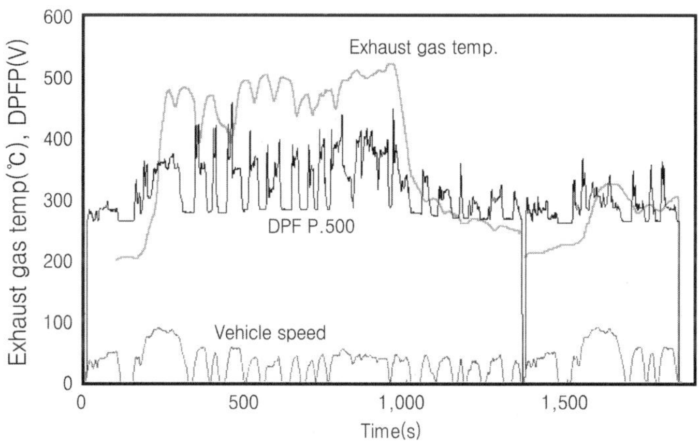

(b) 필터재생시

그림 4.41 Peugeot 607 차량의 CVS-75 운전시 재생현상

(5) 촉매를 이용한 자연재생방식

필터내부에 촉매를 코팅함으로서 포집된 PM을 낮은 온도에서 재생시킬 수 있어 점화가 용이하고 재생을 위한 에너지가 적어도 되는 이점이 있어 타 방식에 비해 유리한 기술로 평가되고 있다.

첨가제방식과 마찬가지로 포집된 입자를 가능하면 낮은 온도에서 재생시킬 수 있는 촉매개발이 기술의 핵심이다.

Johnson Matthey 회사에서 개발한 촉매방식 매연여과장치는 포집된 입자상물질을 연속적으로 산화시키며 CRT(Continuous Regeneration Trap)로 불린다. 캐니스터 내부에 필터가 2개 설치되어 있으며, 전단의 백금산화촉매(platinum-based oxidation catalyst)에서는 산화반응으로 NO를 NO_2로 변환시키며, CO와 HC도 저감시킨다.

일반적으로 탄소입자는 550℃ 이상에서 연소되나, NO_2는 250℃에서도 탄소입자가 산화할 수 있도록 작용하며 따라서 후단에 설치된 필터(cordierite wall flow particulate filter)에 포집된 PM은 배기가스 온도가 250℃ 이상이면 연속 재생된다. 그리고 첨가제방식과 촉매방식은 필터 내에서 연속재생이 일어나므로, 필터에 포집된 매연의 양이 적어 엔진의 배압을 낮은 수준으로 유지함으로써 타 장치에 비해 연비악화와 엔진성능의 저하 요인이 적다.

또한 성능은 PM과 CO, HC를 90%수준으로 저감시키며, NOx는 3~8% 정도 감소한다. 특히 PM중 10nm~250nm 크기의 nano-particle 수량도 현저하게 감소하는 것으로 발표되고 있다. 그러나 촉매의 성능유지를 위해서 경유의 황(sulphur)성분을 10ppm

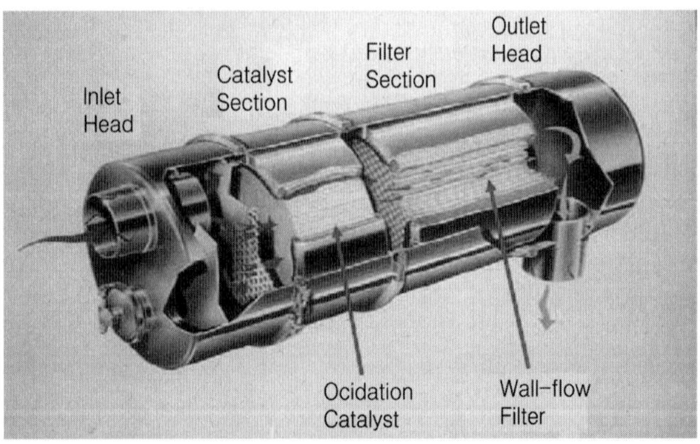

그림 4.42 Johnson Matthey의 CRT 시스템

이하로 요구하기 때문에 상용화에 장애로 작용하고 있으나, 우리나라는 2009년부터 10ppm 이하의 초저유황경유가 보급되고 있다.

한편, 미국의 Engelhard에서 개발한 DPX는 Johnson Matthey의 CRT와 동일하게 촉매를 이용한 장치이다. 그러나 CRT와 같이 전단에 백금산화촉매 필터를 설치하지 않고 포집필터에 촉매를 직접 코팅하였다.

일반적으로 시내버스 주행시 배출가스 온도는 주로 250°C~350°C 범위이다.

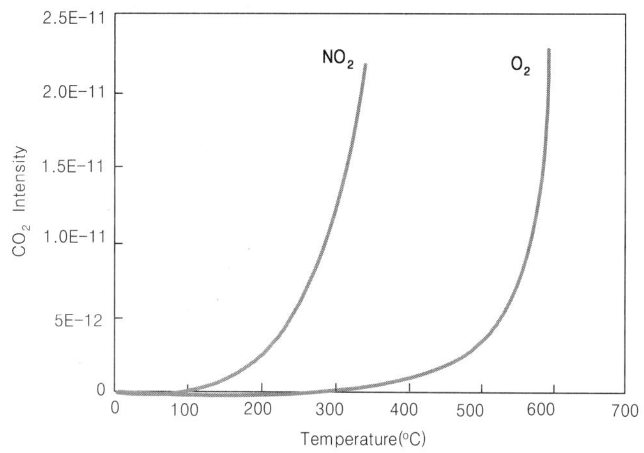

그림 4.43 CRT효과: NO_2에 의한 재생온도 저하

(6) 토요타자동차의 신촉매시스템(DPNR)

토요타자동차는 NOx 트랩형 삼원촉매기술에 근거한 DPNR(diesel particulate NOx reduction system)의 기술을 개발하고 2003년부터 양산차 적용하였다.(그림 4.44)

이 기술은 저유황경유를 사용하는 common rail 방식 전자제어연료분사시스템과의 병용을 전제로한 기술이며, 배출가스내의 PM과 NOx를 동시에 화학적으로 연속처리할 수 있다는 것이 특징이다. 촉매시스템 부분은 새롭게 개발한 다공질세라믹필터 담체에 토요타가 희박연소(린번)가솔린엔진용으로 개발한 NOx 흡장환원형 삼원촉매를 코팅하였으며, 콤팩트하게 설계되어 있다.

작동 메카니즘은 엔진이 산소가 많은 희박(lean)연소를 하고 있을 때에는, 촉매 내에서 NOx를 흡장하고 또한 이때에 발생하는 산소와 배출가스 중의 산소에 의해 PM이산화된다. 이후 엔진측에서 산소가 적은 이론공연비 또는 농후(rich)공연비 연소가 순간적으로 이루어지면, 촉매에 흡장되어 있던 NOx를 환원하여 정화함과 동시에 NOx환원 정화시에 발생하는 산소를 활용함으로써, 산소가 적은 상황이라도 촉매 내에서 PM을 산화한다. 이상의 결과, PM과 NOx 모두 초기정화성능으로서 80% 이상의 저감이 가능한 것으로 보고하고 있다.

전술한 바와 같이 이 시스템은 연료의 분사량과 분사시기를 부하와는 상관없이 제어하여 "화학반응"을 촉진하는 구조이므로, 커먼레일 방식 전자제어연료분사 엔진에서만 작동이 가능하다. 덧붙여, 연료는 50ppm 이하의 저유황경유가 요구되고 있으며 그 밖의 첨가제는 불필요하다.

그림 4.44 토요타자동차의 DPNR 장치

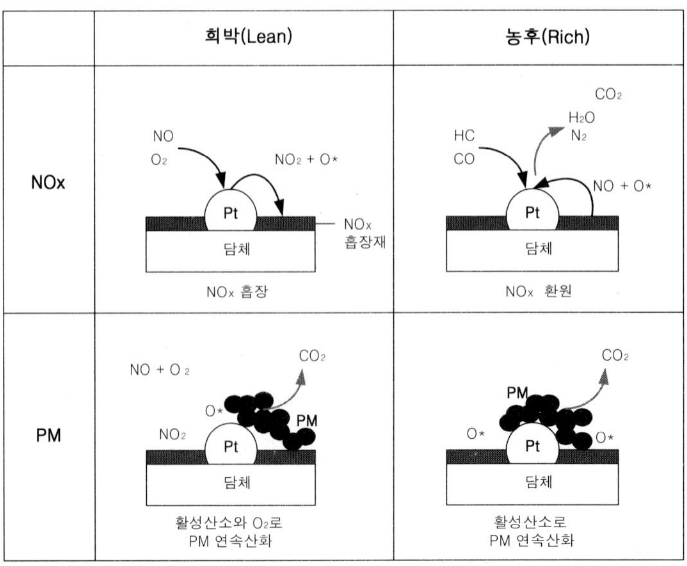

그림 4.45 토요타 DPNR 장치작동 원리

DPNR은, 현재 관심의 대상이 되고 있는 DPF(diesel particulate filter)와는 달리 가솔린차에서 적용 예가 있는 흡장환원촉매를 조합 응용하는 것이다.

4.3.3 우리나라 운행경유차 DPF 보급사례

우리나라에서는 2005년 1월부터 2014년까지 『수도권대기질개선에관한특별법』이 시행되고 있으며, 이 특별법의 중요한 내용은 저공해자동차 및 배기후처리장치의 보급이다. 이에 따라 수도권지역에서는 운행차 정밀검사 기준을 강화하고, 검사기준을 초과한 차량은 DPF 등 저공해장치를 부착하도록 법적 근거를 마련하였으며, 장치 부착에 소요되는 비용도 대부분 정부에서 지원하여 차량 소유자의 참여를 유도하고 있다.

수도권내 경유차 총 217만대 중 '14년까지 117만대를 저공해화하는 기본계획을 가지고 있으며,' 09년 12월 현재 수도권의 경우 약 50만대, 수도권외의 경우 약 1만대의 저공해화 실적을 보이고 있다. 여기에는 매연여과장치(DPF, P-DPF), 저공해 엔진개조, 조기폐차가 포함된다.

배출가스 저감장치는 PM의 저감효율에 따라 제1종(PM저감율 80% 이상), 제2종(PM저감율 50% 이상) 및 제3종(PM저감율 25% 이상) 배출가스 저감장치로 구분하고 있다.

일반적으로는 제1종 배출가스 저감장치를 DPF, 제2종 배출가스 저감장치를 Partial DPF라 하며, 제3종 배출가스 저감장치를 DOC라 칭한다.

현재 경유 운행차 DPF 부착사업에는 촉매식 자연재생 여과장치, 복합재생방식 여과장치가 적용되고 있으며 현대모비스, SK에너지, 일진전기, 이엔드디, 존슨매티코리아 및 후지노테크 등에서 보급하고 있다.

표 4.5 수도권의 운행경유차 DPF 보급대수('09년 12월 기준)

(단위: 대)

구 분	DPF	P-DPF	DOC	LPG	조기폐차	소 계
2004년	479	0	1,022	1,233	0	2,734
2005년	18,054	0	16,573	6,557	129	41,313
2006년	22,857	2,827	62,234	28,769	2,626	119,313
2007년	16,865	22,653	53,506	36,397	20,268	149,689
2008년	9,373	11,273	7,008	44,915	28,238	100,807
2009년	7,247	14,755	5,945	31,759	25,912	85,618
소 계	74,875	51,508	146,288	149,630	77,173	499,474

(출처: 수도권대기환경청)

표4.6 수도권외의 운행경유차 DPF 보급대수('09년 12월 기준)

(단위: 대)

구 분	DPF	P-DPF	DOC	LPG	조기폐차	소 계
2006년	734	1	306	442	–	1,483
2007년	755	318	358	477	–	1,908
2008년	1,306	–	41	546	–	1,893
2009년	1,614	1,493	–	1,306	8	4,421
소 계	4,409	1,812	705	2,771	8	9,705

주: 수도권외 5대광역시(부산, 대구, 광주, 대전, 울산)에서 사업 진행 중

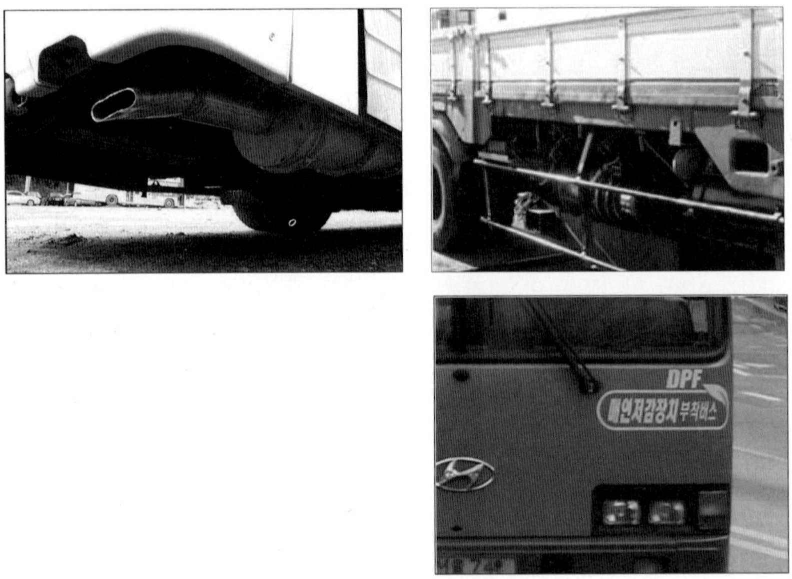

그림4.46 운행경유차에 부착된 DPF 사진 및 DPF 장착차량 로고

4.3.4 운행경유차 DPF 장치 고장 유형

우리나라에서는 2004년부터 『수도권대기질개선에과나특별법』 일환으로 운행경유차 DPF 부착사업을 실시하였으며, 이 사업을 통해서 수도권 대기질 개선이라는 목적을 달성하였으나 부착한 DPF의 일부는 여러 가지 이유로 제 기능을 발휘하지 못하였으며, DPF 유지 및 사후관리가 중요한 이슈로 등장하였다.

그림 4.47은 운행경유차 DPF 고장 유형을 나타낸다. DPF 고장 유형은 크게 배압의 상승, 비정상재생으로 인한 필터의 파손, 백연 및 냄새 발생으로 나뉠 수 있다.

그림 4.48은 비정상재생에 의해 필터가 녹은 사례이며, 주로 배출가스온도가 낮은 운행차에 자연재생방식 DPF를 장착한 경우 발생하였다. 자연재생이 원활하지 않아 필터에 매연이 한계치 이상 축적되다가 배출가스온도가 높은 운전조건에서 급격히 연소되어 필터가 녹는 것으로 판단된다.

그림 4.49는 엔진 또는 터보차져로 부터 엔진오일이 유출되고, 이 엔진오일이 산화촉매 전단을 막고, 필터에 쌓이게 되며, 재생시 매연과 같이 연소되어 필터가 용손되는 사례이다.

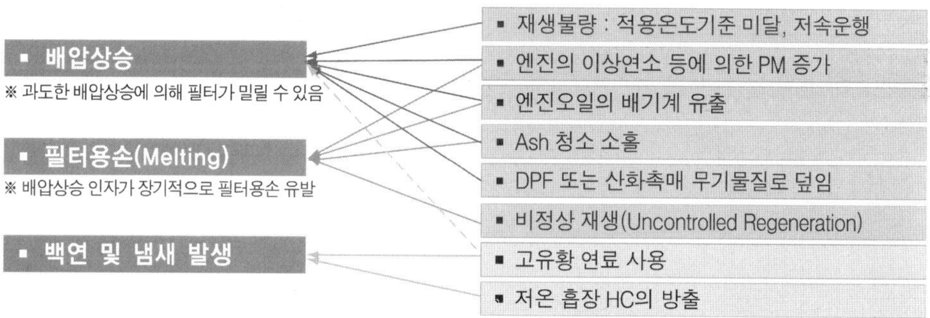

(출처: 현대모비스)

그림 4.47 운행경유차 DPF 고장 유형 분류

(출처: 현대모비스)

그림 4.48 운행경유차 DPF 고장 유형Ⅰ: 비정상재생에 의한 필터 녹음현상

그림 4.50은 필터에 ash가 쌓여 배압이 지속적으로 상승하는 사례를 보여준다. ash는 엔진오일 등에 함유되어 있는 금속물질로써 필터의 주기적인 세척이 필요하다. 그림 4.51은 열충격 등의 이유로 필터가 국부적으로 손상되는 사례로써 필터가 완전이 파손되지는 않았지만 매연저감 성능 저하의 원인이 된다.

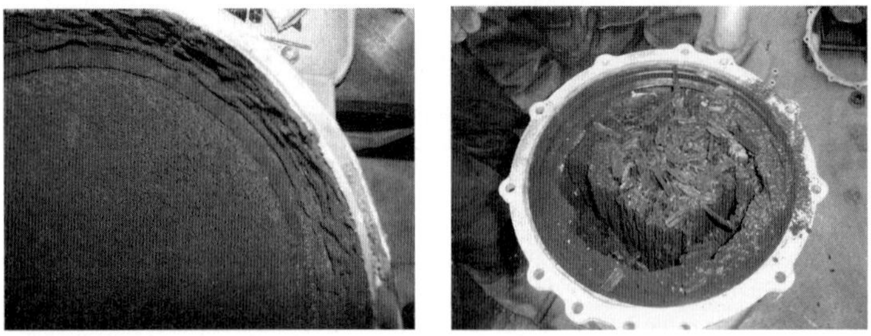

그림 4.49 운행경유차 DPF 고장 유형 II: 엔진오일 유출에 의한 산화촉매전단 막힘 및 필터용손

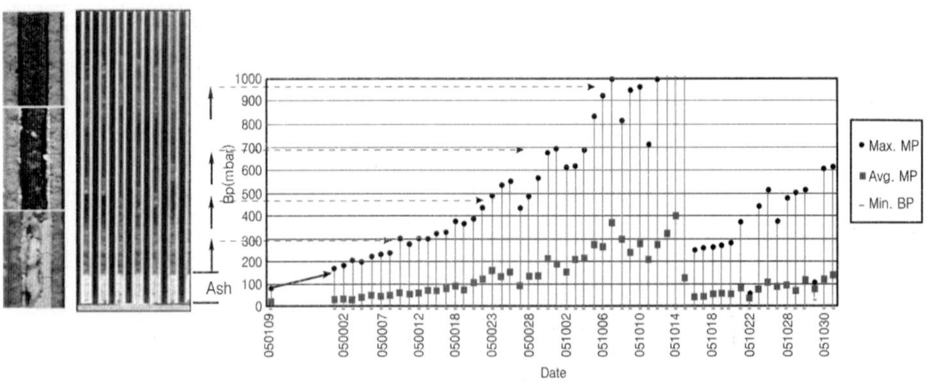

그림 4.50 운행경유차 DPF 고장 유형 III: Ash에 의한 배압상승

DPF를 부착한 운행경유차는 일부 조건에서 백연이 발생하며, 이는 다음과 같은 원인에 기인한다.

① DPF온도 350℃ 정도의 고온에서 발생하는 백연은 황화합물에 의한 백연이다. DPF의 내부온도가 상승하면 PM 중 sulfate가 350℃ 이상에서 SO_3, SO_2로 탈착 방출되며, 이들은 흡습성이 강하여 배기관 외부 방출시 배기가스 온도가 내려가면서 수분 흡착에

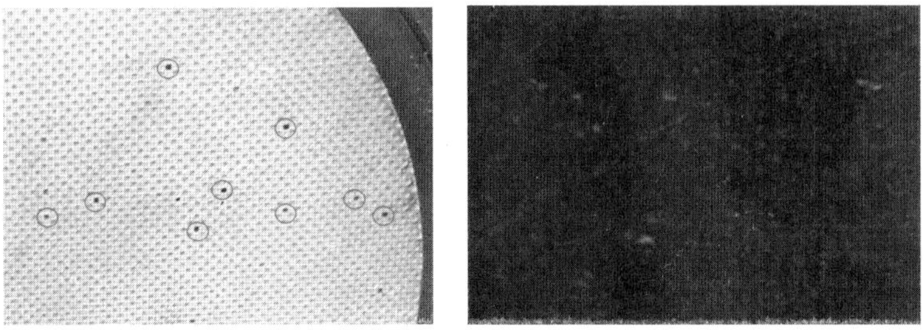

(a) hot spot (b) micro crack

그림 4.51 운행경유차 DPF 고장 유형 IV: hot spot 및 micro crack

의해 입자가 커지면서 안개와 같은 현상으로 백연이 발생하게 된다.

② DPF 온도 120~280℃ 영역에서 발생하는 백연은 주로 연료가 기화되어 방출되는 것이다.

③ DPF 온도 90~120℃ 영역에서 발생하는 백연은 주로 응축수이며, 동절기 냉간시동시에 자주 배출된다. 응축수임에도 냄새가 나는 것은 저비점 hydrocarbon이 포함되어 있기 때문이다.

4.4 DeNOx 촉매

가솔린자동차는 삼원촉매를 사용하여 NOx, HC, CO를 동시에 저감할 수 있으나, 디젤자동차나 희박 GDI 자동차에는 높은 산소농도의 배출가스로 인해 촉매 활성이 저하되어 삼원촉매를 사용할 수 없다.

이와 같이 희박 공연비 조건에서 작동하는 엔진에서 배출되는 NOx 저감 기술로는 urea-SCR 기술과 LNT(Lean NOx Trap) 기술이 현재까지 상용화되었으며, 그 외 HC-SCR 기술 등이 연구되고 있다.

4.4.1 LNT(Lean NOx Trap)

희박조건에서 NOx를 흡장촉매에 일정시간 포집하였다가 농후한 조건에서 이를 N_2로 환원하는 LNT기술은 NOx adsorber, NOx storage/reduction catalyst (NSRC), NOx adsorber catalyst(NAC) 등 다양한 명칭으로 불린다.

LNT는 삼원촉매와 마찬가지로 하니컴 세라믹 담체에 비표면적이 넓은 Al_2O_3를 washcoating하며, NOx의 산화와 환원에 필요한 귀금속과 NO_2 흡장 촉매를 코팅하여 만든다.

(1) NOx 저감 원리

① NOx 흡장

엔진이 희박운전조건으로 운전될 때 배출되는 NO는 백금 촉매상에서 NO_2로 변환되어 NOx 흡장촉매에 저장된다.

$$NO + 1/2\ O_2 = NO_2 \qquad (4-9)$$

$$BaO + NO_2 + 1/2\ O_2 = Ba(NO_3)_2$$

② NOx 재생

엔진의 운전상태가 공연비 농후상태로 되고, 배출가스의 온도가 적정한 온도가 되면 흡착제에 흡장되어 있던 질소분자들이 열역학적으로 불안정하게 되어 NO와 NO_2로 다음과 같이 바뀌게 된다.

$$Ba(NO_3)_2 = BaO + 2NO + 3/2\ O_2 \qquad (4-10)$$

$$Ba(NO_3)_2 = BaO + 2NO_2 + 1/2\ O_2$$

발생된 NO는 황원제와 반응하여 N_2와 CO_2로 바뀌게 된다.

$$NO + CO = 1/2\ N_2 + CO_2 \qquad (4-11)$$

이 때 환원제로는 일산화탄소뿐만 아니라 수소와 탄화수소가 사용될 수 있다. 한편, 주요한 2차 배출물로 N_2O와 H_2S가 발생될 수도 있다.

(2) 촉매

① NOx 흡장촉매

LNT 시스템은 일반적으로 기존의 삼원촉매에 NOx 흡장촉매를 혼합하여 구성하며, 대표적 NOx 흡장촉매는 다음과 같은 종류가 있다.

- Alkaline earths: Ba(barium), Ca, Sr(strontium), Mg
- Alkali metals: K(potassium), Na(sodium), Li, Cs(cesium)
- Rare earth metals: La(lanthanum), Y(ytrium)

어떤 흡장촉매를 사용하는가에 따라 NOx 흡장용량, 고온 NO_3 흡장안정성, 황피독 특성이 변화한다. 그 동안의 연구 결과에 의하면 Ba 등 alkaline earth 계통 물질과 alkali metal(K, Na) 물질을 혼합한 복합 촉매가 우수한 성능을 나타내는 것으로 발표되고 있다.

Ba+alkali metal 촉매는 250~300°C 이상에서 우수한 NOx 저감 성능을 보이며, 고온 NO_3 흡장안정성도 우수하고, Ba만을 흡장촉매로 사용하는 경우에 비해 황피독 저항성도 우수하다.

Ba에 alkali metal을 혼합하여 사용하는 촉매의 NOx 저감성능은 Ba+Cs가 가장 우수하며, K, Na, Li 순이다. 그러나 Ba+alkali adsorbers의 단점으로는 Pt 촉매의 내구성을 저하시키고, HC 전환율이 낮으며, 저온에서의 성능 저하가 발생한다. 또한 가장 심각한 문제는 배출가스 중에 수분이 많이 존재하는 조건에서 alkali 금속이 washcoat에서 이탈하여 담체로 이동하여 담체의 물리적인 강도를 약화시킨다.

가솔린엔진은 배기가스 온도가 높기 때문에 고온에서의 성능향성을 위하여 Ba+alkali metal 시스템이 NOx adsorber로 사용된다. LD 디젤엔진의 경우는 Ba+alkali

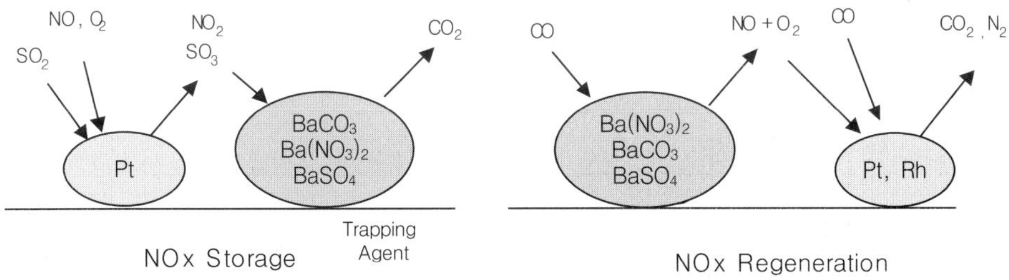

그림 4.52 LNT 촉매의 NOx 전환 과정

metal 소재를 피하고 있으나 HD 디젤의 경우는 사용하기도 한다.

② 귀금속 촉매

LNT 시스템에서 사용되는 귀금속 촉매는 백금(Pt)과 로듐(Rd)이 있으며, 백금은 배출가스 중에 존재하는 NO를 NO_2로 산화시키는 역할을 하며, 로듐은 NOx를 환원시키는 촉매역할을 한다. LNT 시스템에서는 위에서 언급한 역할을 위해 통상 삼원촉매와 마찬가지로 Pt/Pd/Rh의 혼합촉매를 사용하며, 현재기술로는 통상 80g/ft^3(60:15:5) ~100g/ft^3(70:20:10)을 사용하는 것으로 알려져 있다.

③ Washcoat

LNT 시스템에서 washcoat 물질로는 통상 비표면적이 넓은 Υ-Al_2O_3를 사용한다. Washcoat 물질에 ceria를 추가하기도 하는데, ceria는 산소흡장능력을 가진 물질로써 삼원촉매의 경우 삼원촉매반응영역을 확장하는 등 유리하지만 디젤엔진에 적용되는 LNT 시스템에서는 NOx 재생을 위해 추가적인 연료가 소모되게 된다. 하지만, washcoat 물질에 ceria를 추가하면 Ba의 황피독 및 Pt의 sintering을 막는데 효과가 있는 것으로 알려져 있다.

Washcoat 물질로 TiO_2를 사용하면 황피독 저항성이 크고, 낮은 온도에서 황을 제거

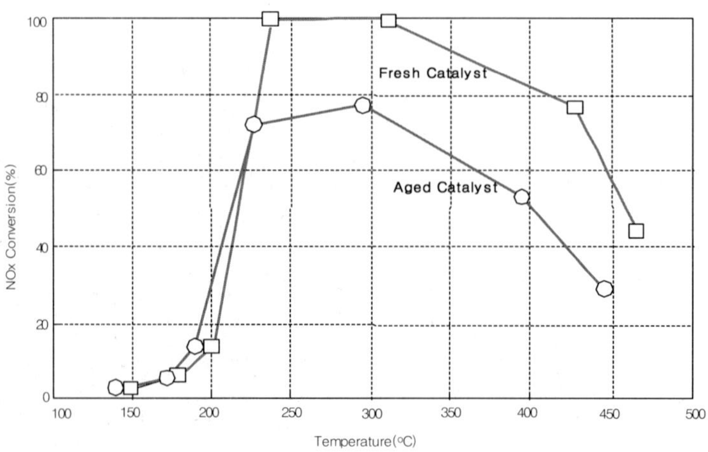

(출처: Dieselnet)

그림 4.53 LNT 작동온도 구간 및 저감율

할 수 있지만 고온에서 NOx 환원반응이 악화되는 단점이 있다.

(3) 촉매반응 온도영역 및 저감효율

LNT 촉매는 80~90% 수준의 NOx 저감 성능을 보이며 상당히 넓은 작동온도구간(200°C에서 450~500°C 구간)을 갖고 있다. 저온에서 NOx 저감율이 낮은 이유는 NO가 NO_2로 산화되지 못하여 흡장되지 못하고, 농후한 조건에서 흡장촉매로부터 방출된 NOx가 산화제와 만나 환원되지 못하기 때문이다. 고온에서 NOx 저감율이 감소되는 이유는 흡장촉매의 NO_3 열적 안정성이라 불리는 문제와 관계되는 것으로써 고온이 되면 흡장촉매가 NO_3를 흡장하지 못하고 방출하기 때문이다.

(4) 장단점 및 현재 기술의 수준

LNT 기술을 적용하기 위해서는 차량 운행 중 공연비에 따라 포집(희박)/환원(농후)을 하게 되기 때문에 높은 정밀도의 엔진제어 시스템이 필요하며, NOx의 환원 과정에서 농후한 조건을 만들어주기 위한 추가 연료 분사가 불가피하며 이는 연료소비율의 악화로 이어지게 된다. 하지만 LNT 시스템은 연료자체를 환원제로 사용하기 때문에

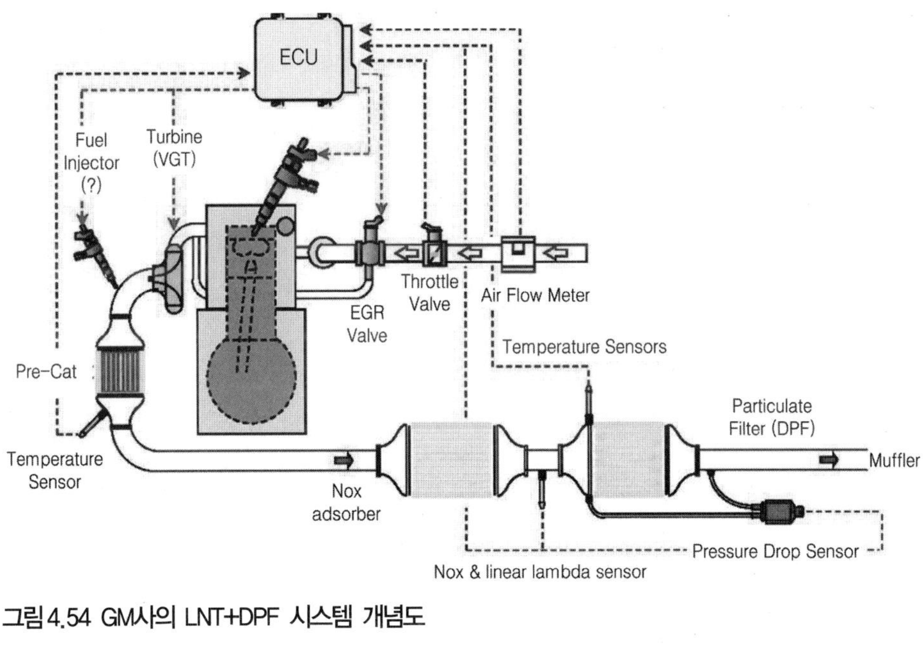

그림 4.54 GM사의 LNT+DPF 시스템 개념도

부가적인 기계장치가 필요 없다.

NOx에 비해 황산화물의 반응성이 높아 연료 중 황성분이 존재할 경우 촉매의 피독현상으로 인해 활성이 급격히 떨어지는 문제점을 가지고 있기 때문에 황함유량은 30ppm 이하를 요구하고 있다. 최근 ULSD(Ultra Low Sulfur Diesel)의 보급 정책 등에 힘입어 그 활용성이 부각되고 있으며 연료소비율의 악화를 최소화하는 방향의 연구가 진행되어 상용화가 추진되고 있다.

현재 LNT용 촉매에는 백금(Pt)이 주류를 이루고 있어 초기 단가가 높아 중소형 이하의 차량에 주로 적용될 것으로 알려져 있으며, 앞으로의 연구 개발 방향은 Pt 대체물질 개발과 황 피독성에 우수한 촉매 개발이 될 것으로 예상된다.

현재의 LNT 기술 수준은 EURO-4/5를 대응 가능한 것으로 알려져 있다.

4.4.2 LNC(Lean NOx Catalyst)

LNC 촉매는 직접분해방식 촉매와 탄화수소를 배출가스에 분사하여 촉매상에서 NOx를 선택적으로 저감시키는 HC-SCR 촉매의 두 가지로 나눌 수 있다.

디젤 엔진의 가장 이상적인 DeNox 촉매는 배출가스 중에 존재하는 NO를 직접 N과 O로 분해(decomposition)하는 방법이며, 디젤 배기가스 온도와 압력 조건에서 열역학적으로 가능성이 있는 것으로 계산되어지나 실제는 매우 미소한 값을 보이는데 이는 반응물질인 NO의 흡착이 이루어진 후 표면반응을 통하여 생성된 O원자가 촉매표면에서 탈착되지 않기 때문이다.

1991년 Iwamoto에 의하여 과잉으로 이온교환된 Cu/ZSM-5 촉매에서 N_2와 O_2가 양론비적으로 생성됨을 증명하여 크게 관심을 끌었으나 추후의 연구에서 높은 선택도를 얻기 위해서 500℃ 이상의 고온을 필요로 하고 수증기 및 SO_2에 대해 취약하고, 무엇보다 낮은 공간속도에서만 가능함이 밝혀져 실용적 가치를 인정받지 못했다.

HC-SCR의 경우는 직접분해방법보다 황의 피독(sulfur poisoning)에 강할뿐만 아니라 전환율도 높은 것으로 알려져 있다. 디젤 엔진의 경우 연료인 경유를 이용하여 배기가스를 농후하게 하는 것이 암모니아 탱크를 차량에 설치하는 것보다 용이하기 때문에 LNC에 대한 관심이 집중되었고 많은 연구가 진행되고 있다.

HC-SCR은 배출가스 중에 과잉의 산소(O_2=10 vol% 전후)가 존재하므로 실적적인 아래의 두 가지 화학반응이 경쟁적으로 일어나고 반응의 선택도는 촉매의 종류, HC의 종류, 반응온도, O_2의 조건, HC/NOx비, H_2O의 함량에 따라 달라지고, 실제 배출가스 중의 NOx는 NO뿐만 아니라 NO_2, N_2O, N_2O_5 등의 다양한 성분이 존재하므로 이론적인 양론관계로 생성물을 예측하는 것은 대단히 어렵다.

$$CmHn + (2m + \frac{1}{2}n)NO \leftrightarrow (m + \frac{1}{4}n)N_2 + mCO_2 + \frac{1}{2}nH_2O \qquad (4-12)$$

$$CmHn + (m + \frac{1}{4}n)NO \leftrightarrow mCO_2 + \frac{1}{2}nH_2O$$

HC를 환원제로 사용하는 SCR에서 가장 편리한 HC의 보급원은 배기가스 중에 포함된 HC 자체인데, 디젤엔진 배기가스 중의 HC을 이용하여 NOx를 제거할 수 있는 촉매 시스템을 "Passive DeNOx" 촉매계라고 지칭한다. 이 시스템은 그 단순성과 비용 절감 측면에서 가장 이상적이기는 하지만, 통상적인 디젤 배기가스의 조성 중의 HC의 양은 NOx를 충분히 제거할 수 있는 HC/NOx 몰 비에는 미치지 못하기 때문에, NOx의 전환 효율은 비교적 낮다.

별도의 장치를 이용하여 환원제인 HC을 추가로 공급하여 NOx의 정화 효율을 높이는 방법을 "Active DeNOx"라고 부른다. 촉매 상단에 연료를 분사하는 방법은 별도의 분사 노즐 및 제어장치가 소요되어 비용이 추가되는데 비하여, 연료를 압축행정말기에 후분사라는 방식은 추가 연료분사로 인한 윤활유 오염의 문제점이 야기된다. Actice DeNOx 방법은 추가의 연료가 소모되기 때문에 연비의 경제성 측면에서 바람직하지 못할뿐만 아니라 과잉의 HC 배출 가능성으로 인하여 별도의 HC 산화용 DOC가 필요하다는 부담이 있다.

이러한 관점에서 Passive DeNOx 방법이 다시금 진지하게 고려되고 있으며, 엔진 배기가스에 포함되어 배출되는 PM 중에 상당량(30~40%)존재하는 SOF(Solid Organic Fraction) 성분을 환원제로 효과적으로 활용하는 방안이 제시되고, SOF의 주 조성인 aldehyde, linear alkane, alkene, aromatics 등을 CO, H_2 및 olefin 등으로 변환할 수 있는 reforming 촉매 성분을 DeNOx 촉매와 결합시킴으로써 PM(SOF 성분), NOx 및 HC, CO 등이 동시에 제거되는 소위 "4-way Catalyst" 개발이 시도되고 있다.

최적의 촉매 시스템을 선정하기 위해서는 세공입구의 크기와 세공 구조를 변형시킬 수 있는 금속 산화물 담체의 선정, 담체에 담지되는 활성성분의 선택, 환원제의 종류에 따른 DeNOx 활성을 비교, 검토하는 방향을 토대로 접근법의 조합에 의한 것으로 대단

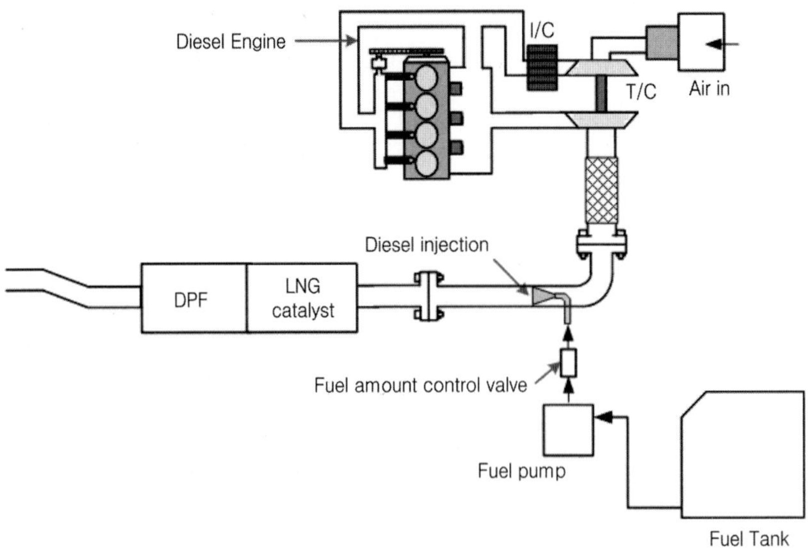

그림 4.55 Active HC-SCR 시스템

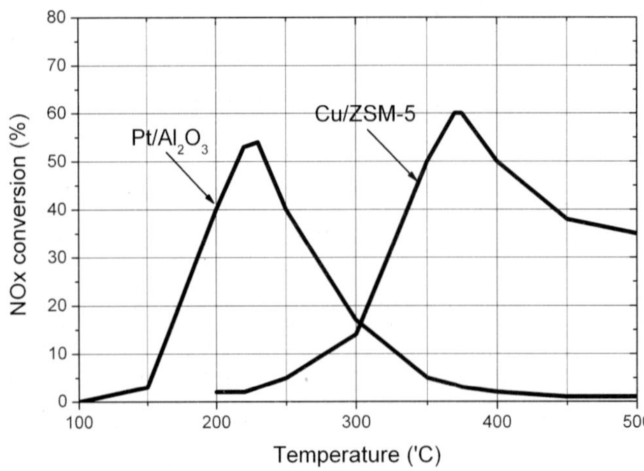

(출처: Dieselnet)

그림 4.56 HC-SCR 촉매에 따른 NOx 저감효율

히 복잡한 경우의 수를 발생시키므로 지난 10여 년간에 논문과 특허 등이 무수히 발표되었음에도 불구하고, 아직도 실용성과 상업성이 입증된 HC-SCR의 촉매계를 확정하지

못하고 있다.

최근에는 이들 다수의 샘플을 동시에 활성 및 물성특성을 측정할 수 있는 새로운 기법인 combination 기법이 도입되어 최적 촉매계를 선정하고자 하는 시도가 진행되고 있고 현재의 다양한 시험 결과, Lean-NOx catalyst로서 가장 가능성이 있는 시스템으로는 Cu-ZSM-5, FE-ZSM-5, Pt-Al_2O_3 그리고 Pt-ZSM-5 정도로 알려져 있다.

4.4.3 Urea-SCR 시스템

(1) 시스템의 구성

Urea-SCR 시스템은 urea 분사 시스템, 촉매, mixer, 센서 등으로 구성된다. 그림 4.57은 urea-SCR 시스템 구성을 나타낸다. Urea 분사 시스템은 urea가 -11℃에서 얼기 때문에 시스템에 대한 보온 방안이 필요하다. 촉매는 SCR 촉매와 산화촉매를 적절히 구성하여 사용하는데 통상 SCR 촉매는 지올라이트 또는 바나디아 계열을 사용한다. 그리고 SCR 반응에 도움을 주는 NO와 NO_2 성분비 조정을 위해 SCR 촉매전단에 산화촉매를 사용하기도 하며, SCR 촉매 후단에는 NH_3의 slip을 방지하기 위해 산화촉매를

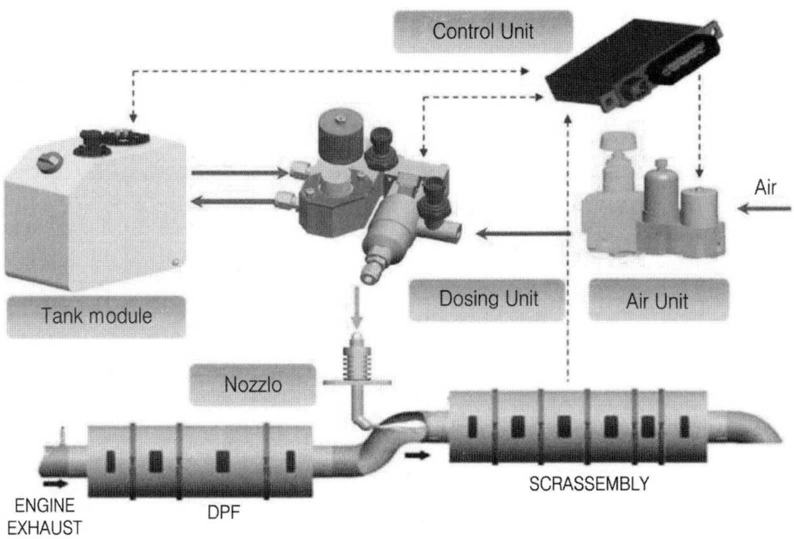

그림 4.57 Urea-SCR 장치의 구성도

추가하여 사용한다.

촉매의 담체는 주로 코디어라이트 재질의 세라믹 하니컴을 사용한다. 그리고 SCR 촉매전단에 urea를 배출가스 중에 균일하게 분산시키기 위하여 mixer를 사용한다. Close loop 제어방식을 사용하는 경우 urea 분사량을 feedback 제어하기 위해 SCR 입구와 출구에 NOx 센서를 장착하여 사용하기도 한다. NOx sensor는 OBD 모니터링 뿐만 아니라 NOx 정화효율에 영향을 미치는 중요한 부품이다.

(2) NOx 저감 메카니즘

Urea 용액으로부터 암모니아가 생성되는 반응식은 아래와 같이 정리할 수 있다.

고온의 배기관으로 분사된 urea 용액은 가수분해 및 열분해 과정을 거치면서 암모니아가 생성되고, 이 과정에서 ammonium nitrate 또는 황과의 반응에 의해 ammonium sulfate(250℃ 이하, 촉매활성저하의 원인)와 고체상인 $[(HNCO)_3]s$ 같은 수백 nm의 fine particle이 생성되기도 한다.

- Urea 용액의 증발: $[(NH_2)_2CO,\ 7H_2O]n \rightarrow [(NH_2)_2CO]n + 7H_2O$ (〉135℃) (4-13)
- Urea 열분해: $[(NH_2)_2CO]n \rightarrow NH_3 + CO_2$ (4-14)

  $[(NH_2)_2CO]n \rightarrow HNCO + NH_3$ (4-15)
- HNCO 수분해: $HNCO + H_2O \rightarrow NH_3 + CO_2$ (4-16)
- 고체상 침전물 생성: $3HNCO \rightarrow [(HNCO)_3]s$ (〈350℃) (4-17)

암모니아에 의한 NOx의 정화경로는 다음 3가지가 잘 알려져 있으며, 그 중에서 (4-20)의 반응이 가장 빠른 특성을 보인다. 즉, SCR 촉매 앞에 DOC를 두면, NO를 NO_2로 산화시킴으로써 반응온도를 낮추고 정화율이 높아지는 효과가 나타난다.

- Fast reaction: $4NO + 4NH_3 + O_2 \rightarrow 4N_2 + 6H_2O$ (4-18)
- Slow reaction: $2NO_2 + 4NH_3 + O_2 \rightarrow 3N_2 + 6H_2O$ (4-19)
- Very fast reaction: $NO + NO_2 + 2NH_3 \rightarrow 2N_2 + 3H_2O$ (4-20)

(3) 국내외 기술개발 현황

일본의 Nissan Diesel에서는 세계 최초로 2004년 11월에 25톤 GVW Quon 트럭에 urea-SCR system을 장착하여 JP 2005 규제(NOx 2g/kWh)를 만족하는 엔진배기량 13L급 차량을 출시하였다. 이 차량에서 저온영역의 NOx는 cooled EGR로 저감하며, DPF를 장착하지 않고 2000bar의 고압분사로 PM을 제어하는 것이 특징이다. SCR 촉매로 zeolite를 사용하며, DOC와 NH_3 Slip 산화 촉매를 사용한다.

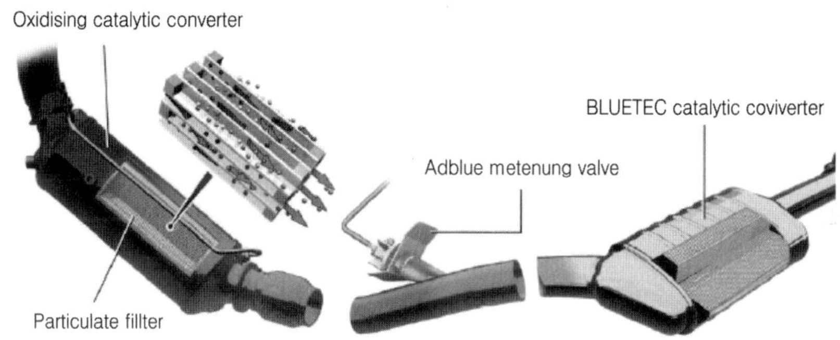

그림 4.58 Mercedes-Benz의 Bluetec II 시스템

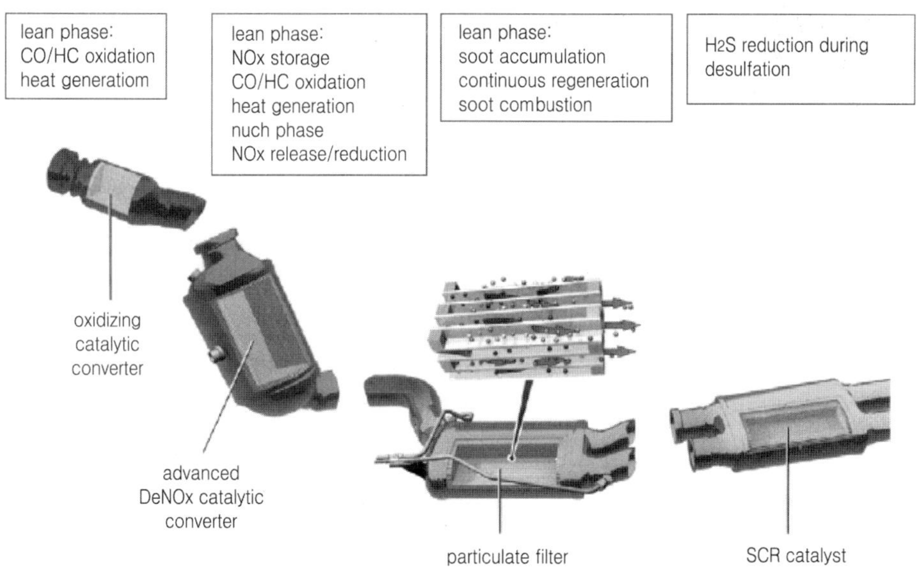

그림 4.59 Mercedes-Benz의 Bluetec I 시스템

Mercedes-Benz는 2007년에 urea-SCR기술을 이용하는 BluetecⅡ 시스템을 적용하여 US Tier-2 bin 5 규제를 만족하는 승용차량(R, ML, GL320 series)을 미국시장에 출시하였다. 그림 4.58은 BluetecⅡ 시스템의 구조이며, DOC, DPF, adBlue metering valve, SCR 촉매 등으로 구성되어 있다. AdBlue 충전 주기는 차량 정비주기와 동일하게 설계되었다. 한편, Mercedes-Benz의 3L급 V6 E320 차량에 장착된 또 하나의 Bluetec 시스템인 BluetecⅠ은 그림 4.59와 같이 DOC, LNT, DPF등으로 구성되어 있다.

최근 urea를 사용하지 않는 LNT(Lean NOx Trap)-SCR 기술이 선보이고 있다. 그림 4.60은 Delphi에서 LNT-SCR 시스템의 구성도이며, 연료개질기와 암모니아를 발생시키는 LNT, SCR 촉매로 구성되어 있다.

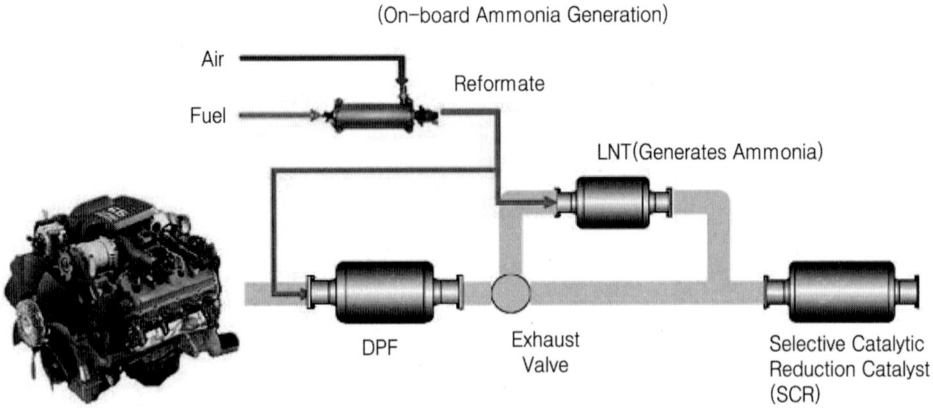

그림 4.60 Delphi의 암모니아 생성 LNT-SCR 시스템 구성도

국내에서는 두산인프라코어에서 urea-SCR 장치를 사용하여 2008년부터 시행되는 EURO-4 기준을 만족하는 중형(6L급) 1기종, 대형(8L, 11L급) 2기종 등 3기종의 상용 디젤엔진을 출시하였다. 보쉬사의 urea 분사모듈을 사용한 것이 특징이며, urea 분사제어장치는 SCR 촉매 전후단에 장착된 배기온도센서를 통해 온도조건을 파악하고, 엔진 ECU와 CAN 통신을 통해 받은 엔진회전수 및 부하조건을 받아 urea 분사량을 제어한다. SCR 촉매로는 V_2O_5/TiO_2을 사용했으며, NOx 센서를 사용하지 않는 open loop 제어방식이다.

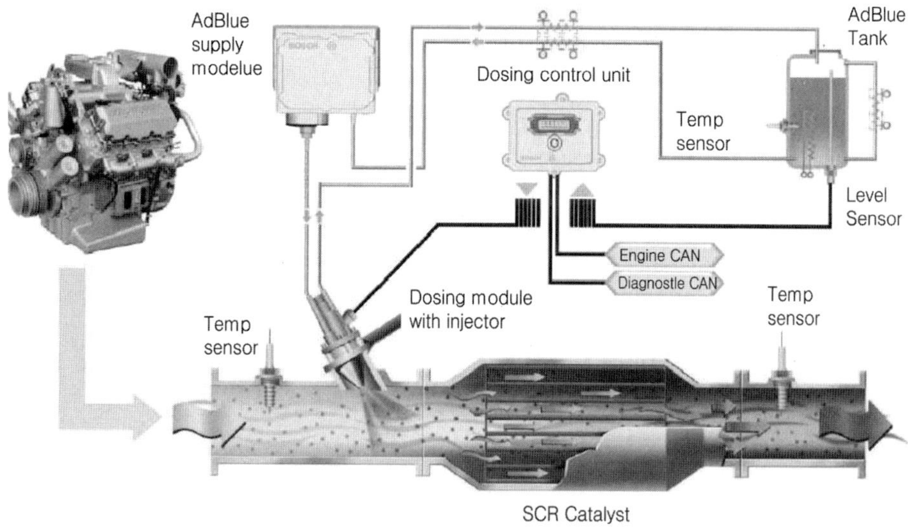

그림 4.61 두산인프라코어 중대형엔진에 적용된 urea SCR 시스템

(4) Urea-SCR 기술의 기술적 과제

① 촉매의 NOx 저감 효율 및 내구성

그림 4.62는 촉매에 따른 urea-SCR의 NOx 저감율을 나타낸다. Pt 촉매의 경우 낮은 온도에서 NOx 저감효율이 좋으나 NOx 저감 반응온도가 250℃ 이하로 너무 낮아서 현재는 쓰이지 않는다. Zeolite 촉매의 경우 고온에서 우수한 NOx 저감효율을 나타낸다. V_2O_5/TiO_2 촉매의 경우 넓은 온도범위(250~450℃)에서 높은 NOx 저감 효율을 보이는 것이 특징이다. V_2O_5/Al_2O_3 촉매는 washcoat인 Al_2O_3의 황피독문제로 V_2O_5/TiO_2촉매가 현재 사용되고 있다. V_2O_5/TiO_2촉매가 높은 온도(500~550℃)에 노출되면 TiO_2가 변형되어 촉매 접촉면적이 감소하는 것으로 알려져 있으며, 안정화 물질로 WO_3(Tungsten trioxide)를 안정물질로 첨가하면 700℃까지 안정적으로 사용할 수 있는 것으로 알려져 있다.

유럽에서는 vanadia(V_2O_5)-based 촉매를 쓰고 있는 반면에, 일본에서는 zeolite SCR을 쓰고 있다. Vanadia-based 촉매는 중금속으로 인체에 위험하다는 보고가 일본에서 있었으며, 미국 캘리포니아에서는 vanadia-based 촉매로부터 발생할 수 있는 vanadium pentoxide를 발암물질 항목으로 분류하여 사용을 금하고 있다.

Zeolite 촉매는 vanadia-based 촉매에 비해 3배 정도 비싸지만 촉매가격이 SCR 시스템가격의 10% 이내이므로 촉매 종류 및 그 가격이 시스템을 결정하는 주요 인자는 아니다. Zeolite 촉매는 vanadia-based 촉매에 비해 인(P)에 대한 강한 내피독성을 보인다. Zeolite 촉매는 저온용과 고온용으로 나눌 수 있는데 고온용 zeolite 촉매는

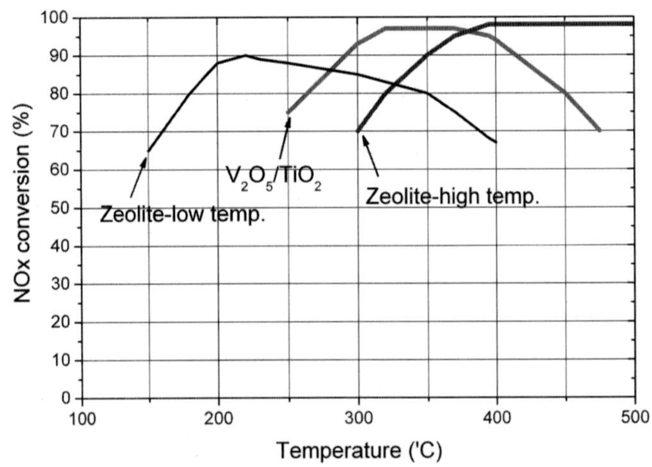

그림 4.62 Urea-SCR 촉매 종류에 따른 NOx 저감율

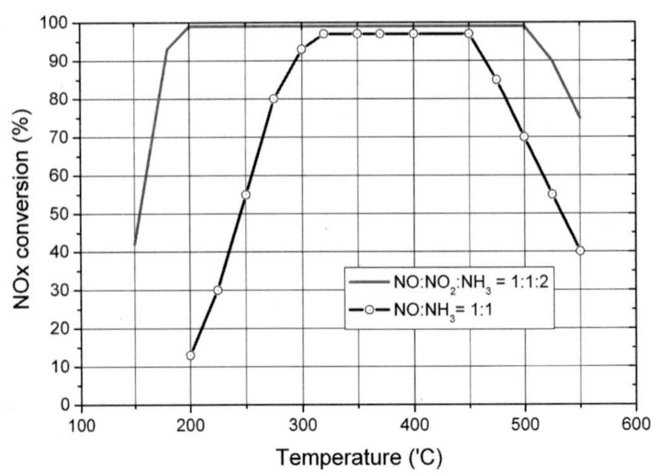

(출처: Dieselnet)

그림 4.63 환원제량에 따른 NOx 저감율

SiO_2:Al_2O_3의 비율이 10:1인 mordenite로써 암모니아산화반응이 없고, 고온에서 전환효율이 우수한 장점이 있다. 반면에 저온용 zeolite 촉매는 ZSM-5 zeolite가 주성분이며, 사용영역은 200~400℃이고 현재 650℃까지 열적으로 안정한 촉매가 개발된 상황이다.

그림 4.63은 V_2O_5 촉매를 사용하는 urea-SCR에서 NO_2가 NOx 저감 성능에 미치는 영향을 나타낸다. Urea-SCR에서 NO/NO_2의 비율은 중요하다. NO:NO_2:NH_3의 비율이 1:1:2인 경우 NOx 정화특성이 향상됨을 알 수 있으며, 배출가스 온도가 180℃ 이상에서 100%에 가까운 효율을 보이고 있다.

Urea-SCR 촉매의 내구성을 살펴보면 원래 산업용으로 개발되어 장시간 적용된 기술이기 때문에 신뢰성은 확보되어 있다. 하지만 자동차는 가혹한 조건에서 운전되므로 내구성에 대한 검증이 반드시 필요하다. 근래 urea-SCR 촉매 및 시스템 내구성에 대한 연구결과들이 발표되고 있다. 디젤승용차에 장착된 Mercedes-Benz의 Bluetec system은 50만km 이상의 내구성을 확보한 것으로 알려져 있으며, 미국 Ford 자동차사에서는 DOC/urea-SCR/CDPF 시스템을 장착한 트럭에서 12만 마일운행 후, urea-SCR의 NOx 정화율이 82%에서 74%로 열화된다고 발표하기도 하였다.

② Urea 품질 및 인프라 구축 문제

Urea 인프라 구축은 자동차용 SCR 장치 보급의 가장 큰 애로사항이 되고 있다. 유럽에서는 일본보다 빨리 urea-SCR 시스템의 도입이 검토되었으며, 그와 함께 규격화 활동도 진행되었다. 이미 독일에서는 2002년 11월에 DIN 70070(독일연방공업규격)이 제정되었으며, 2003년 4월에 개정되었다. 그리고 ISO에서는 DIN을 베이스로 urea의 규격화(Diesel engine NOx reduction additive AUS32-Part1: Quality requirement, Part2: Test method)가 진행되고 있다.

일본에서는 자동차기술회 원동기부회 산하에 요소수용액 분과회를 설치하여 유럽의 DIN규격을 근거한 일본 내 규격화 작업을 시작하였으며, 2005년 10월에 "디젤기관 NOx 환원첨가제 AUS32 제1부: 성상(JIS K2247-1)"을 제정 발행하였다.

Urea-SCR 기술은 EURO-5 대응 기술로 유력하지만, 소비자가 손쉽게 urea를 구입할 수 있는 인프라의 구축이 필요하다. 사용자의 편리성을 고려하였을 때, urea의 보급은 연료 공급시에 동시에 하는 것이 바람직하다. 일본은 NIPPON KASEI에서 연 33,000kL의 urea 생산능력을 갖추고, 2005년 1월부터 생산 중에 있으며, 공급경로는

Nissan Diesel사로 직접 공급하거나, 유통회사를 통해 전국의 트럭 스테이션 및 주유소에 공급하고 있다. 공급 용기 또는 장치로는 플라스틱용기(10L, 20L)와 전문공급장비(600L, 1000L)를 사용하여 공급하고, urea 가격은 현재는 경유가의 89%에 달한다.

국내의 경우도 urea 인프라가 필요한 국내 자동차제작사와 자동차수입사 및 urea 제조 희망사가 연계하여 조속히 국내에 urea를 공급하기 위한 노력이 진행되고 있으며, 조기에 urea 인프라를 구축할 필요성이 있다.

③ Urea-SCR의 정상작동 확인을 위한 OBD 문제

앞서 기술한대로 urea-SCR 기술은 EURO-5 대응 기술로 가장 유력하지만, 정상적인 urea가 아닌 경우에 대한 대비가 필요하다. European Commission에서는 urea-SCR 시스템에 필요한 OBD로 urea level detection, urea quality detection을 제시하였으며, 차량의 urea 상태에 문제가 있을 경우, 운전 중 토크가 제한되는 방식을 채택하였다.

미국 EPA에서는 2006년 11월에 urea-SCR 시스템을 장착하는 경유자동차의 올바른 사용을 위한 지침서(guideline)를 제시하였다. EPA의 guideline에는 urea-SCR 장치의 부적절한 사용으로 유발되는 사회・환경적 문제를 방지하기 위하여 차량 요구조건(vehicle compliance)으로 "No operation without urea"를 제시하였으며, urea infrastructure에 대한 요구조건으로 "conveniently located urea filling stations"를 제시하였다.

5) NOx 저감기술 적용의 장단점 비교

경유자동차용 NOx 저감기술로는 urea-SCR, HC-SCR, LNT 등 기술이 현재 개발되고 있으나 urea SCR 기술은 다른 후처리 기술에 비해 촉매반응 온도 대역이 넓고, 내구성이 우수하다는 장점이 있으며, 약 80% 이상의 높은 NOx 정화효율을 얻을 수 있어 가장 활발히 연구되고 있다. 그러나 urea-based SCR 기술은 액체상의 urea를 공급하기 위한 대규모 인프라를 필요로 하며, 시스템 측면에서도 액체 상태인 urea를 저장하기 위한 용기 및 분사 장치 등 부수적인 장치들을 필요로 하는 단점이 있다.

차량에 어떤 NOx 저감 기술을 적용하는가 하는 문제는 장치의 경제성에 연관되는데, 그림 4.64와 같이 LNT에 PGM(Precious Group Metal)을 80g/ft^3 사용하는 경우 2L보다 작은 엔진은 urea-SCR보다 LNT가 경제적으로 유리하고, LNT의 PGM을 50~70% 적

게 사용하는 경우 5L 보다 작은 엔진은 urea-SCR보다 LNT가 유리하다는 연구결과가 있다.

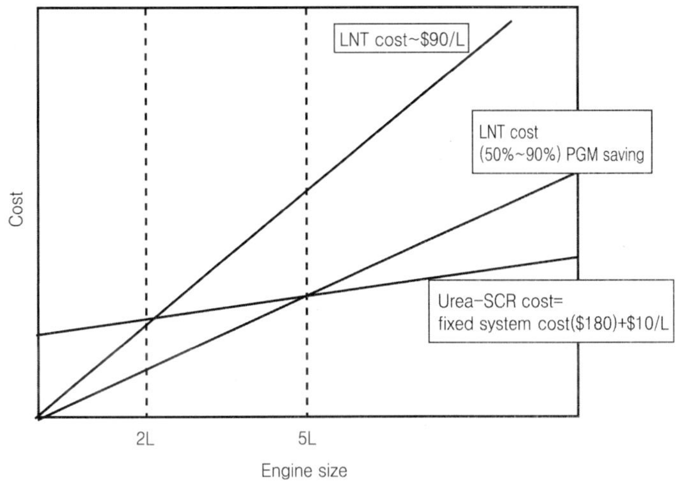

그림 4.64 NOx 저감장치의 비용 비교

Part V 친환경 그린자동차

제5장
친환경 그린자동차

5.1 클린디젤자동차

클린디젤 자동차란 기존 디젤엔진에 신연소 기술과 신부품기술을 적용하여 연비를 향상시키고, 지구온난화가스인 CO_2 배출량을 감소시키며, 배출가스를 원천적으로 저감하는 후처리 기술을 적용한 디젤자동차를 의미한다.

5.1.1 핵심기술

(1) 엔진기술

① 신연소 기술

신연소 기술로는 NOx와 PM을 동시에 저감시킬 수 있는 것으로 알려진 예혼합 압축착화(HCCI, Homogeneous Charge Compression Ignition), 저온연소(LTC, Low Temperature Combustion)등이 있다. 이러한 연소기술은 세부적인 적용방식은 차이가 있으나 일종의 저온연소로서 기본적으로 종래 디젤엔진에서는 피할 수 없었던 NOx와 PM 발생의 trade-off 관계를 극복하고자 하는 연소개념이라고 할 수 있다.

하지만 오랜 기간의 다양한 연구에도 불구하고 아직은 운전영역이 저부하 영역으로 국한되어 있으며 과도 운전영역에서의 연소제어가 어렵다는 단점이 있다. 배출가스 온도가 낮아지고, 미연탄화수소(unburned hydrocarbon)가 많이 배출되므로 약 150℃에서 반응이 가능한 산화촉매 또는 EHC(Electric Heated Catalyst)가 필요할 것으로 예상된다.

② 저압축비 적용 기술

디젤엔진의 경우 압축착화의 연소특성으로 인해 압축비를 노킹 제약 없이 높일 수 있는 장점이 있어 가솔린 대비 높은 압축비를 적용해 왔으나, 향후 NOx 저감을 위해 압축비를 낮추는 방안이 적용될 것으로 예상된다. AVL의 연구결과에 따르면, 18:1에서 17:1로 압축비를 1만큼 낮출 경우 약 15%의 배출가스 저감효과가 있다.

저부하 영역에서 NOx저감 효과는 작으나, 압축비 저감시 펌핑 손실 저감에 의한 마찰손실 저감과 이로 인한 연비개선 효과가 기대되며, 압축비 저감 시에는 냉시동성 및 아이들 안정성이 악화되므로 상대적으로 짧은 시간 내에 반응온도에 도달할 수 있는 급속 승온 예열시스템 등의 적용도 고려되어야 한다.

③ EGR 기술

EGR 기술은 NOx를 엔진 자체에서 저감하는 방법으로 비교적 비용이 적게 들고, 제어가 용이해 현재까지 가장 많이 이용하고 있다. 고온의 EGR 가스에 의한 체적효율 저하를 방지하기 위해 Cooled EGR 방식이 필요하며, 엔진에 EGR을 적용하는 방법은 고압의 가스를 이용하는 HP(High Pressure) EGR과 저압의 가스를 이용하는 LP(Low Pressure) EGR로 나눌 수 있다.

LP-EGR이란 DPF 후단의 정화된 배출가스를 컴프레서 전단으로 공급하는 EGR 시스템으로써 LP-EGR을 적용하게 되면 길어진 EGR 공급경로로 인해 EGR 분배성이 향상되고, HP-EGR에 비해 더 낮은 온도의 EGR 공급이 가능해지게 된다.

Dual-Loop EGR 시스템 개념도 도입되고 있다. 이는 두 가지의 EGR Loop를 운전상황에 따라 선택적으로 사용하는 것으로서, 저속 저부하영역에서는 상대적으로 EGR 공급이 유리하고 반응성도 좋은 HP-EGR을 주로 사용하며, 고속고부하영역으로 갈수록 LP-EGR의 비중이 커지는 전략이 일반적이다.

④ 커먼레일 직접분사시스템

커먼레일 직접분사시스템이란 엔진을 ECU(Electronic Control Unit)에서 제어하여 분사시기, 분사압력, 분사량을 최적화한 후 커먼레일 연료펌프에서 배송된 연료를 고압의 상태로 저장하는 축압기에서 저장된 초고압(1,350bar 이상) 연료를 연소실에 직접 분사하는 시스템을 말한다.

국내 완성차 업계는 현재 출시되는 승용 디젤차량에 모두 커먼레일 시스템을 탑재하고 있다. 솔레노이드 방식의 커먼레일 인젝터보다는 정밀한 제어를 위해 피에조타입의 인젝터로 발전하였고, 분사연료의 혼합기 형성에 큰 영향을 주는 분사압력의 경우에도 초기 1,350bar 수준의 1세대를 거쳐 현재는 1,600~1,800bar 수준의 2세대가 보편화되었다. 이에 그치지 않고 2,000bar 이상의 초고압 분사방식도 일부 양산되어 적용되고 있는데, 이러한 초고압분사는 연료의 미립화 성능을 더욱 향상시키고, 엔진출력 증강에 기여할 뿐만 아니라 궁극적으로 PM 저감에도 도움이 된다.

⑤ 2단 터보차져

2단 터보차져란 용량이 다른 2개의 터보차져를 직렬로 연결한 터보차져로서 운전영역에 따라 각각 달리 사용된다. 저속에서는 저압축 터보차져만을 작동하여 터보 래그를 최소화하고, 중저속에서는 저압축 터보차져와 동시에 고압축 터보차져를 부분적으로 작동하여 2단으로 공기를 압축하여 과급 능력을 향상시킬 수 있다. 고속에서는 저압/고압 터보차져를 모두 작동한다.

한편 최근에는 배기가스를 이용하여 구동하는 방식이 아닌 전기모터를 사용하여 구동되는 터보차져를 사용함으로써 디젤엔진의 단점중의 하나로 여겨지는 터보랙(turbo lag) 현상을 개선하기 위한 노력도 진행 중에 있다.

⑥ 배기열 회수시스템

배기열 회생시스템이란 엔진 배기가 지닌 열/유동 에너지 등을 이용하는 시스템으로 냉각수 warm-up 성능 개선 및 열전소자를 이용한 발전 등을 들 수 있다. 열전소자를 이용하여 배기와 대기 온도차에 의한 발전기로 1%~4% 수준의 연비 향상을 꾀할 수 있는 열전발전(thermoelectrical generator)도 많은 연구 개발이 진행 중이다.

(2) 후처리기술

Urea-SCR(Selsective Catalytic Reduction) 시스템은 과거부터 고정원의 배출가스 장치에 DeNOx 장치로 오래 동안 사용되어와서 충분히 검증된 기술이며, NOx의 환원 반응에 필요한 환원제를 촉매전단에 임의적으로 분사하여 SCR 촉매에서 NOx만 선택적으로 제거하는 기술이다. 환원제로는 암모니아(NH_3)가 필요하나 현실적으로 자동차가 이동원이라는 한계 때문에 32.5%의 urea-solution을 공급하여 촉매에서 가수분해에 의해 NH_3가 생성되고, 이 NH_3를 NOx 환원제로 사용한다. 즉, urea-SCR 시스템은 환원제를 분사하는 분사 및 제어장치와 화학반응을 일으키는 촉매부분으로 나눌 수 있다.

LNT(Lean NOx Trap) 기술은 장치 구조가 간단한 장점으로 사용자 측면에서 매력적인 기술이나 내구성 등의 기술적 해결 과제가 아직도 남아 있어 배출가스 규제가 엄격한 미국에서는 urea SCR기술이 NOx 저감 기술로 적용되고 있다.

PM을 저감하는 DPF(Diesel Particulate Filter, 매연여과장치)의 기술은 필터기술, 캐닝기술, 필터재생기술, 촉매기술 등으로 세분되며, 특히 핵심 부품인 필터는 현재 주로 사용되고 있는 SiC 필터보다 저렴한 대체 필터도 출현할 것으로 예상되고 있다.

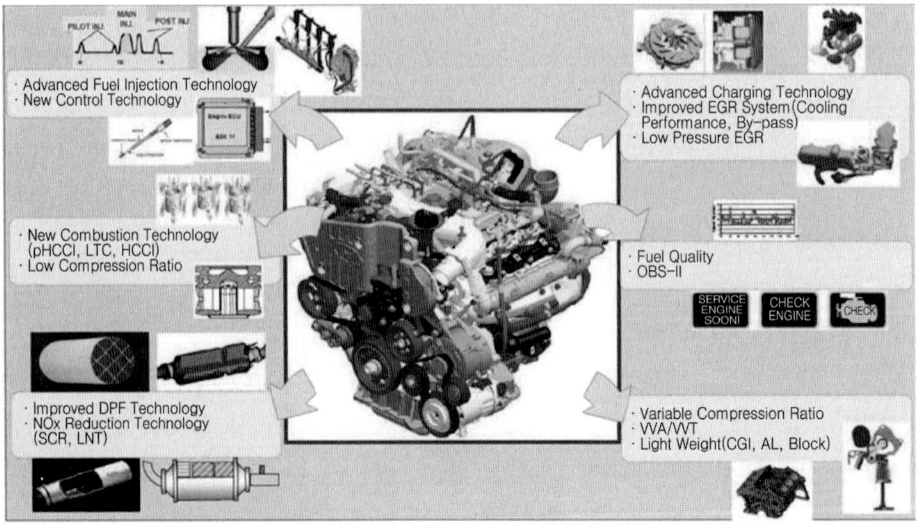

(출처: 현대자동차)

그림 5.1 클린디젤 기술

5.1.2 전망

디젤차량은 대도시 환경오염의 주원인이며, 소음이 심하다는 인식으로 승용차부문에서 디젤차량이 차지하는 비율은 아직도 저조한 상황이다. 그러나 클린 디젤차량은 여러 가지 신기술이 적용되어 유럽의 EURO-6나 미국의 Tier2 Bin5의 강화된 배기규제를 만족하고 있기 때문에 이전과는 비교할 수 없을 정도로 친환경적이라 할 수 있으며, CO_2 배출 및 연비 측면에서도 가솔린 엔진에 비해 우월한 상황이다.

이러한 클린디젤엔진의 개발을 위해서는 다양한 기술이 접목되어야 하므로 추가적인 비용의 증가를 피할 수 없게 되는데 최소의 비용으로 최대의 효과를 낼 수 있는 클린디젤자동차의 개발이 중요하다. 또한, 배기저감을 위해 신기술을 적용하면서 고효율이라는 디젤엔진의 장점을 유지하는 일도 중요한 과제이다.

향후 가솔린 하이브리드자동차 등과 경쟁하기 위해서는 디젤엔진의 효율추가개선, 원가절감 및 소음저감기술개발에 더 많은 노력을 기울여야 할 것이다.

5.2 하이브리드자동차(HEV)

하이브리드자동차는 두 종류의 구동원인 엔진과 전기모터를 효율적으로 조합해서 동작시키는 시스템으로써 현재의 내연기관에 비해 배기가스 및 연비를 크게 향상시킬 수 있다.

하이브리드자동차 개념은 이미 1909년에 특허가 출원될 정도로 오래된 개념이었으나 최근 전기자동차 개발 과정에서 새롭게 조명되기 시작하였다.

그 동안 축전지기술 개발이 예상만큼 진전되지 못하였기 때문에 전기자동차 상용화 시기가 상당기간 늦어질 것으로 전망되어 왔다. 그러나 전기자동차가 자동차 배출가스 공해의 해결책이라는 데는 대부분이 공감하고 개발 노력도 지속될 것으로 예상되기 때문에 지금까지 개발되어 온 축전지기술을 활용하고 동시에 개발을 계속하면서 전기자동차가 실용화되기 전까지라도 시급한 공해문제를 지속적으로 개선할 수 있는 방안으로 하이브리드자동차 기술이 제시되었다.

하이브리드자동차 개념은 지금까지 발전되어 온 기존 자동차 엔진에 새롭게 발전되어 가고 있는 축전지를 조합하여 사용하면 엔진만을 사용할 경우보다 배출가스 공해를 줄일 수 있고, 전기자동차에서 가장 큰 결점으로 지적되고 있는 일회 충전시 주행거리가 짧은 점을 보완할 수 있으며, 향후 축전지 기술이 향상되는 데로 엔진 크기를 줄여감으로서 궁극적으로 전기자동차로 이전되어 갈 수 있어 하이브리드자동차는 전기자동차로 가는 과도기 기술로 볼 수 있다.

하이브리드자동차의 장점으로 동력원의 다양성을 꼽을 수 있다. 예를 들면 기존의 가솔린이나 디젤엔진뿐만 아니라 압축천연가스(CNG), 연료전지(fuel cell), 가스터빈 등을 사용할 수 있으며, 에너지 저장장치도 전기에너지를 저장하는 축전지와 축전기(capacitor) 이외에도 회전력을 저장하는 플라이휠(flywheel), 유압을 저장하는 accumulator, pressure cylinder 등으로 다양하며 태양에너지 이용도 용이하다.

그러나 하이브리드자동차 실용화를 위해서는 두 개 이상의 동력원을 사용하는데 따른 구조의 복잡성 때문에 중량과 차량가격이 상승되는 문제점을 해결하여야 한다.

5.2.1 하이브리드자동차 시스템 종류

그림 5.2에서 보는 바와 같이 발전기(generator)와 구동모타, 엔진의 조합에 따라 다양한 형태의 HEV 구조가 가능하다. HEV 시스템은 일반적으로 직렬방식(series type)과 병렬방식(parallel type)으로 크게 구분된다. 특히 병렬방식의 경우는 엔진과 모터의 구동토크를 1축 또는 2개의 축으로 병렬로 연결하는 경우(그림 5.2 b, c)가 주로 사용되나, 전후 바퀴를 별도로 구동하고 이들 견인력을 병렬로 제어하는 방식(그림 5.2 d)도 사용된다.

(1) 직렬방식 하이브리드 시스템

직렬방식에서는 엔진이 직접 구동축을 구동하지 않고 전기를 발생시키는 발전기와 연결되어 있다. 발전기와 모타 사이의 추진 축전지는 구동 축에서 요구되는 출력과 속도에 관계없이 엔진출력과 속도가 독립적으로 제어되도록 구성되어 엔진출력의 완충작용을 한다.

직렬방식은 구조가 간단하고 제어가 용이하며 최적 점에서 엔진이 운전되기 때문에 유해 배출가스가 적은 장점이 있는 반면 자동차 구동을 위해서 엔진출력을 직접 사용하지 못하고 엔진에 의해 충진된 축전지의 전원을 전기모타가 사용하기 때문에 동력전달 효율이 나쁜 단점이 있다. 또한 차량성능에서 가속과 최대속도가 중요하기 때문에 이를 고려한 추진모타를 선정할 경우 병렬방식에 비해 크고, 무겁고, 값비싼 모타를 사용하게 된다.

(2) 병렬방식 하이브리드 시스템

병렬방식의 주 구동계는 엔진(내연기관)과 전기모타이며, 축전지로부터 구동력을 얻는 전기모타와 엔진 모두에 공통으로 사용되는 동력전달장치(transmission)를 거쳐 각각 독립적으로 구동축을 구동시킨다. 이러한 병렬방식 구성은 구동원과 구동축 사이의 전체적인 동력전달효율을 최대화하기에 유리한 방식이다.

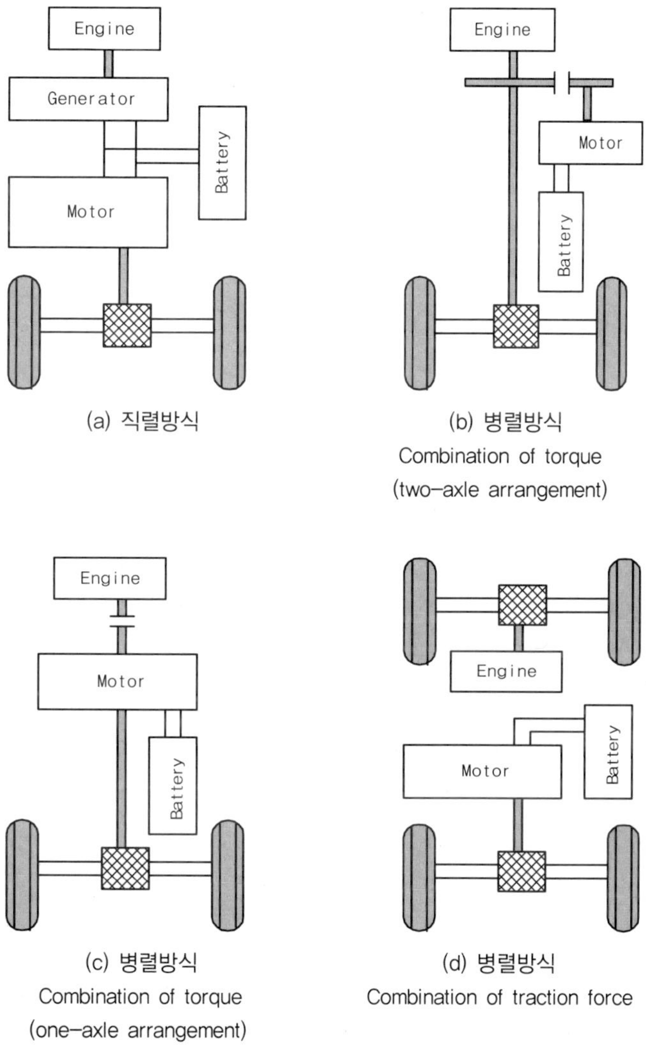

그림 5.2 HEV 시스템 분류

병렬방식은 직렬방식과 거의 반대되는 장단점을 가지며 기계적인 구조의 복잡성으로 인하여 차량제작이 어려우나 동력전달효율이 좋아 연료소비율이 상대적으로 우수하다.

표 5.1 HEV 시스템의 비교

	직렬방식	병렬방식
구 성	ICE + Generator + Motor	ICE + Motor
구 조	간단	복잡
제 어	간단	복잡
동력전달 효율	불리	유리
배기가스 저감능력	유리	불리
연료소비율	불리	유리

(3) PNGV의 HEV 시스템 분류

하이브리드자동차 기술이 발전해 가면서 구조가 다양하고 복잡해져 직렬 및 병렬방식의 분류로만 정의하기가 용이하지 않아, 최근에 미국의 PNGV에서 다음과 같이 분류하기도 하였다.

① Range-extender hybride(주행거리 확대용): 직렬방식으로 주행거리를 연장하는 용도에 주목적을 둔 경우이다. 엔진은 차량의 주행조건 변화에 무관하게 항상 일정하게 최고효율 영역에서 정속정부하로 운전하며 따라서 배출가스에 유리하다. 시내주행시는 축전지로만 주행할 경우 ZEV를 만족할 수 있다.

② Power-assist hybrid(출력보강용): 병렬방식으로서 엔진은 효율이 좋은 최대부하 영역에서 주로 작동하나 차량의 주행조건 변화에 따른 transient 운전이 어느 정도는 불가피하다. 엔진 크기가 작아지며 엔진이 주동력원이나 동력이 부족하면 축전지의 에너지가 보완하는 개념이다. 그러나 저온 시동시, 축전지로 시동 가능하며 아주 제한적이지만 축전지에 의한 ZEV 주행이 가능하다.

③ Load-leveler hybrid: 엔진은 축전지를 충전시키면서 동시에 모터를 통하여 바퀴를 구동할 수 있는 구조로서 직렬방식에 속한다고 볼 수 있다.

리커르도에서는 표 5.2와 같이 하이브리드화의 정도에 따라, Stop/Go 시스템, Micro, Mild, Mild Plus, Full 하이브리드 시스템으로 분류하기도 한다.

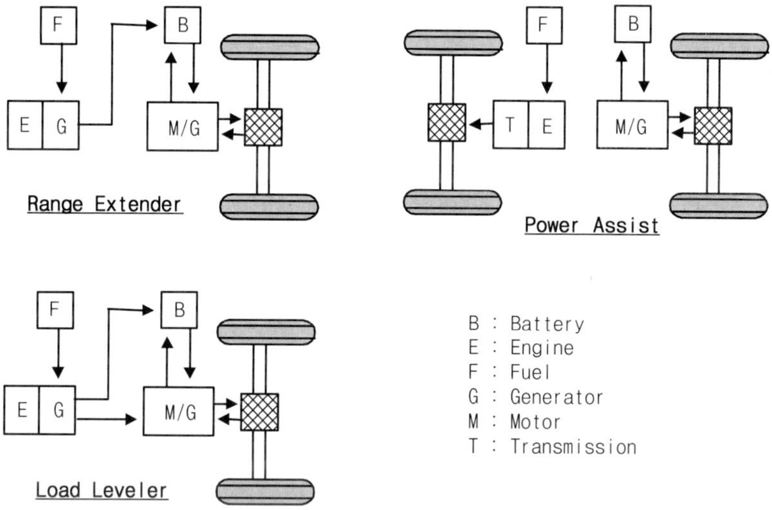

그림 5.3 PNGV의 HEV 시스템 분류

표 5.2 리카르도의 HEV 시스템 분류

Hybrid Family	Technology	Markets	Commonality Potential	Inpact
Stop/Go System 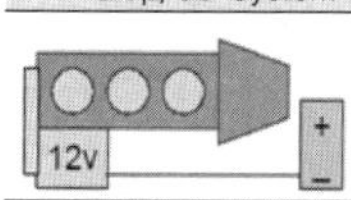	12v Lead-Acid 2-3kW Belt ISG Gasoline engine 1.0-2.0 litres, or Diesel 1.0-1.5 litres Auto or Manual t/m	Small / Medium Car & car derived van Europe & Japan	Base powertrain identical to current vehicle powertrain Stop/go unit suitable for many applications, large market	CO_2 -5-10% Vehicle Cost +2%
Micro Hybrid 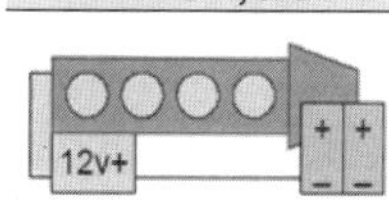	12+12v Lead-Acid 3-5kW Belt ISG-up to 2.0 litres Diesel or 4.0 litres Gasoline-Stop/start % re-gen braking Auto or Manual t/m	Medium / Large Car Delivery Van Europe, Japan, China	Common hardware manufacture (and some parts) with Stop/Go. Limited adaptation of e/e architecture. Base powertrain identical to conventional vehicle	CO_2 -8-15% Vehicle Cost +3.5%
Mild Hybrid 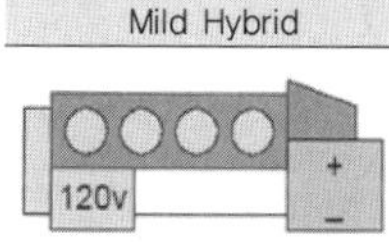	120v-280v Li-Ion 20-30kW trans or fly-wheel mounted ISG Downsized Diesel to 3.0/, Gasoline to 4.0 litres, Auto/Manual t/m	Medium Family Vehicle with down-sized engine Europe, Japan, China	Common hardware manufacture (and some parts) with Stop/Go and Micro Hybrid. Up-rated smaller base engines. E/e and batteries common with stronger hybrids	CO_2 -20-28% Vehicle Cost +8%
Mild Hybrid Plus 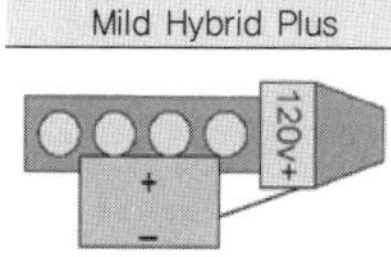	12v Lead-Acid 2-3kW Belt ISG Gasoline engine 1.0-2.0 litres, or Diesel 1.0-1.5 litres Auto or Manual t/m	Large Family / Premium Vehicle with down-sized engine Global markets	Some Common hardware with stronger twin motor systems. Up-rated conv. base engines. E/e and modular batteries common with high voltage belt mild hybrids or full hybrids	CO_2 -25-35% Vehicle Cost +13%
Full Hybrid 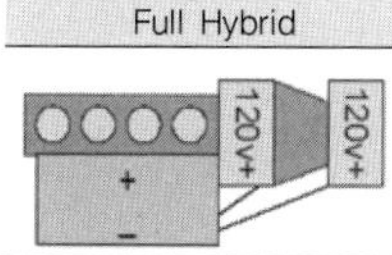	120v-280v Lithium Ion 2 motors typically 20-30kW each, mounted on Compatible with many engine configurations	Large Sports Premium Vehicle or SUV with down-sized engine Global markets	Some Common hardware with flywheel-motor mild hybrid systems. Up-rated conv. base engines. E/e and modular batteries common with mild hybrids plus above	CO_2 -35-45% Vehicle Cost +25%

5.2.2 핵심기술

(1) 엔진기술

병렬식의 경우 엔진이 주행용으로 사용되므로 기존 엔진의 특징과 그다지 다르지 않으며, 직렬방식의 경우 엔진은 주행에 사용되지 않고 단지 축전지의 전력공급용으로만 사용되므로 최적영역에서 운전되는 하이브리드 자동차 전용의 소형엔진을 사용해야 하나 현재 대부분의 엔진은 기존 차량엔진기술의 제어영역을 튜닝하여 사용하므로 효율이 많이 저하된다.

세계적으로 가솔린엔진의 경우는 연료를 실린더에 직접 분사함으로써 초희박연소가 가능한 GDI(Gasoline Direct Injection)엔진이, 디젤엔진의 경우는 전자제어식 초고압 분사를 하는 HSDI(High Speed Direct Injection) 디젤엔진을 개발함으로써 효율을 상당히 높일 수 있었고 유해배기를 줄이기 위한 노력도 계속 진행 중이다. 이들 엔진이 미래의 HEV 차량용으로의 탑재 여부는 산소가 과잉된 배기가스 중 질소산화물(NOx)을 제거하는 후처리 기술의 확보가 관건이다. 최근에는 효율이 높고 유해배기가스 배출이 매우 적은 예혼합압축착화(HCCI, Homogeneous Charge Compression Ignition) 방식의 신개념 엔진의 개발도 활발히 진행 중이다.

가스터빈은 직렬 하이브리드 추진시스템의 한 부분으로서 세라믹 가스터빈은 고온에 견딜 수 있어 배출가스를 저감할 수 있고 뛰어난 연료효율을 달성할 수 있으며, 연구분야로는 비용저감, 고강도 구조를 가진 세라믹 구성품 제조기술, Tier II 배출가스 기준을 만족하는 연소시스템 및 소형터빈(0~60 kW)이 개발되고 있다.

연료전지는 수소와 산소에 의해 전기를 발생시키는 전기화학장치로서 PEMFC와 DMFC 기술을 개발하고 있다. PEMFC는 자동차에 요구되는 동력밀도를 달성할 가능성이 충분하지만 성능최적화와 비용저감이 해결되어야 할 과제이며 개선된 membrane, 차세대 연료전지 stack, 고효율 공기압축시스템, 수소저장기술 및 탑재장치, 고성능 연료 프로세서, 물과 열관리 시스템 등이 연구과제이다. DMFC의 경우 저비용의 신소재 및 경량구조, 고온에서 안정적으로 메탄올 불침투성을 가진 membrane, 메탄올 산화촉매를 개발하는 것이 연구과제로 남아 있다.

(2) 모터 및 컨트롤러 기술

하이브리드 자동차용 모터 및 컨트롤러는 가솔린 자동차에 손색없는 동력성능의 고출력화(최대 100kW)와 20,000rpm 이상의 고회전화가 이루어짐에 따라 경량, 소형화가 추진되어 최근에는 고출력밀도의 모터가 개발되고 있다.

저속에서 고속까지 효율이 높은 모터 및 제어기술도 크게 발전하여 파워소자인 IGBT 개량, 인버터 개량, 고속마이크로 컴퓨터 사용 및 원칩화, 냉각방법 개선, 제어방법 개선에 따른 고속화 등을 통해 컨트롤러의 소형화를 실현하고 있다.

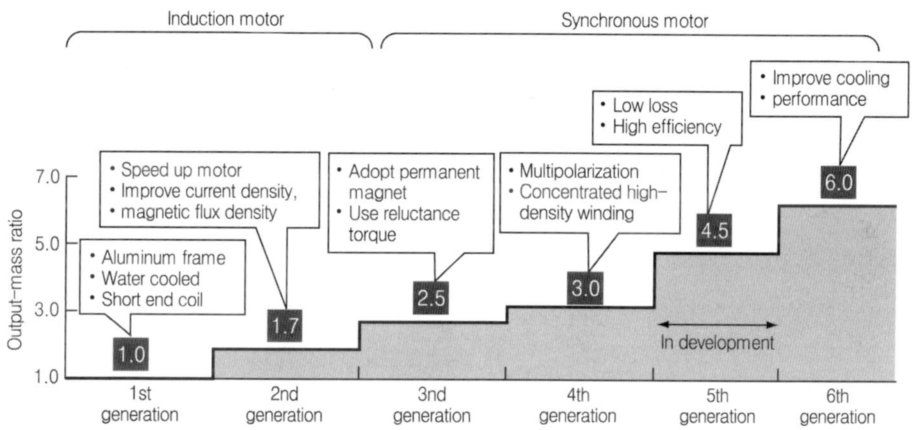

그림 5.4 하이브리드용 모터의 소형화 및 경량화 추세

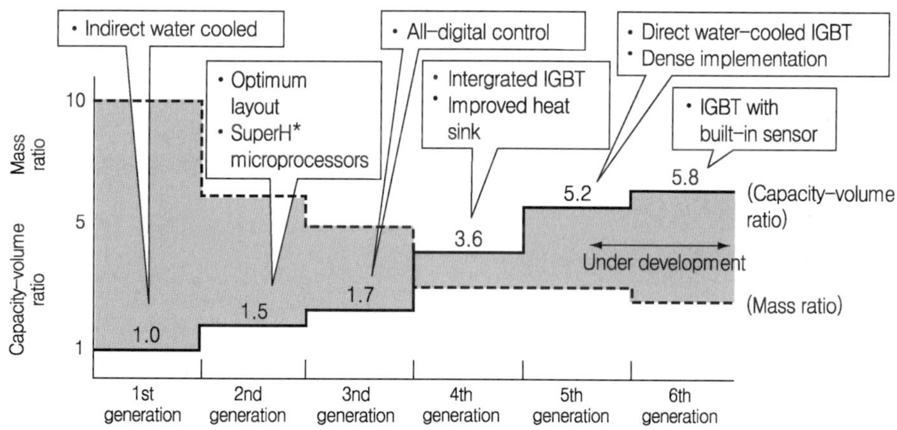

그림 5.5 모터 제어용 인버터 기술발전 추세

(3) 축전지 기술

제동에너지를 저장하기 위해 필요한 고효율 축전지의 사양은 전기자동차에 사용되는 것과 다른 특성을 가지고 있다. 전기자동차용 축전지에 비해 에너지밀도는 낮으나 출력밀도는 높아야 하며 하루에도 여러번 충방전을 반복하기 때문에 사이클 수명이 매우 중요하다. 또한, 하이브리드 자동차용 축전지는 에너지 밀도가 높으며 수명이 길고 충방전율이 높아야 하며, 안전하고 유지보수가 필요 없으며 환경오염도 유발하지 않아야 한다.

1997년 10월에 세계 최초로 출시된 하이브리드 자동차인 Prius에는 Ni/MH 축전지가 사용되었으며, 현대자동차에서 '09년 7월에 양산한 LPi 아반떼, 포르테 하이브리드자동차에는 Li-Polymer 축전지가 사용되었다.

(4) 보조에너지저장장치 기술

하이브리드 자동차용 축전지의 경우 출력밀도가 중요하나 용량은 그다지 중요하지 않으므로 축전지를 대신할 수 있는 부품으로 플라이휠과 ultra capacitor 등이 개발되고 있다.

플라이휠은 현재 상용버스에서 350W/kg의 동력과 5Wh/kg의 에너지 발생이 가능하다. 연구개발의 목표는 에너지 증가와 시스템 제작비용절감에 초점을 맞추고 있으며 상용화를 위해선 공정개선, 고강도의 구성부품, 습식 필라멘트 설치, 급속경화, 저가의 메탈메트릭스를 이용한 복층 차폐물 및 폴리머 합성물 등의 기술 개발이 선행되어야 한다.

Ultra capacitor는 고효율의 충전/방전효과, 뛰어난 사이클 특성, 고효율 동력발생이 특징으로서 상업적으로 이용 가능한 경우 1~2Wh/kg의 에너지를 가지고 있다. 핵심기술은 ultra capacitor의 방전비율 증가, 에너지개선, 비용저감 문제해결에 집중되어 있으며 현재 탄소/메탈 합성섬유, 탄소로 이루어진 monolith, 단일체로 형성된 탄소, 탄소페이퍼 위에 덮은 폴리머층, 메탈조각 위에 혼합메탈산화물 같은 ultra capacitor 재질 개선이 중점적으로 연구되고 있다.

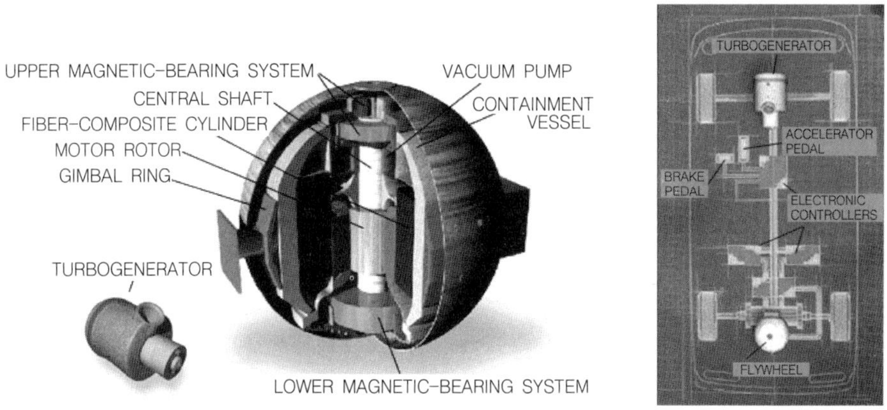

그림 5.6 플라이휠 방식 에너지 저장장치

(5) 차량제어기술

병렬형 하이브리드 시스템의 경우 엔진과 모터를 최적으로 운행하기 위한 다양한 제어전략이 필요하게 된다. 도요타 프리우스의 경우 Setup Charge, Battery Drive, Regeneration Charge, Engine Drive & Charge, Engine & Motor Drive, Full Power Mode, Motor Drive & Engine Charge 및 Engine & Motor Drive + Charge 등 다양한 제어기법이 사용되고 있다. 혼다 인사이트의 경우도 Startup, Cruising, Regenerative Brake, Acceleration, Idle Stop의 제어기법이 사용된다.

회생제동 알고리즘은 HEV 모터 용량과 관계가 있다. 모터의 용량이 작을 경우 회생제동 토크가 크지 않아 별도의 회생제동 전용시스템의 설치가 필요없고 회생제동시 모터에 의한 제동토크와 유압에 의한 마찰제동토크를 동시에 사용할 수 있다.

(6) 트랜스미션 기술

직렬형, 병렬형, 분리형, 결합형 등 다양한 구동방식에 따른 새로운 형식의 고효율 트랜스미션 기술이 필요하다. 현재 Continuously variable transmission, Automated shifted manual transmission, Manual transmission, Traditional automatic transmission with torque converter의 4가지 방식이 이용되고 있다.

(7) 시뮬레이션 기술

시리즈 HEV의 개발초기 단계에 모터/엔진/배터리 등의 동력전달계 구성요소들의 효율, 동특성 등을 고려한 요소별 용량선정이 필요하며, 이를 위한 시뮬레이터를 구성해야 한다. 현재 하이브리드 시스템을 평가할 수 있는 신뢰할 수 있는 시뮬레이터로는 AVL의 cruise와 매틀랩기반으로 구성된 PSAT가 있다.

AVL의 경우 상용 차량의 방대한 데이터와 높은 활용도를 지닌 차량 시뮬레이터인 cruise를 개발하여 하이브리드 시스템을 평가할 수 있는 기반을 마련하였으며, 글로벌 업체들이 널리 쓰고 있는 시뮬레이터이다.

한편, 하이브리드 연구 초창기 매틀랩기반으로 구성된 Advisor의 형태를 잇는 PSAT (Powertrain System Analysis Toolkit)이 개발되어 한정된 구조의 시스템을 조합하여 평가할 수 있게 되었다. PSAT의 장점은 기본적으로 시뮬레이터가 최적이라 할 수 없으나 적절한 성능을 구현하는 주행전략을 탑재하고 있기 때문에 사용자가 쉽게 시스템을 조합하여 이를 평가할 수 있다.

5.2.3 국내외 연구개발 동향

(1) 일본

일본은 NEDO(New Energy and Industrial Technology Development)에서 주관하고 통상산업부에서 후원하여 97~03년까지 40억엔의 자금으로 ACE(Advanced Clean Energy Vehicle) Project를 추진하였다. 이 project에서는 최적의 하이브리드 자동차 개발을 위하여 하이브리드용 엔진, 구동방식(직렬형, 병렬형, 혼합형), 에너지저장장치(축전지, 울트라커패시터) 등 다양한 기술을 연구 개발하였다. 그 결과로 일본은 토요타와 혼다 자동차회사를 주축으로 세계 하이브리드 시장을 선도하고 있으며 다양한 하이브리드 차종이 출시되고 있다.

일본 토요타자동차에서는 97년 10월에는 세계최초로 하이브리드 승용차인 Prius를 양산 개시하였다. 구동방식은 split방식을 적용하였으며, 1500cc엔진, 교류영구자석식 동기모터, Ni-MH battery, 유성치차로 구성되어 있다. 이 시스템의 작동은 발진/저속 시 연료공급을 중단시키고 모터로 주행하며, 후진 시에는 모터를 역회전시켜 활용한다. 가속 시에는 배터리에 저장된 전력을 활용하여 모터의 구동력에 엔진동력을 추가하며,

감속 및 제동 시에는 회생제동에 의한 발전을 실시하여 에너지를 배터리에 축적한다. 또한 정지 시에는 자동적으로 모터와 엔진이 모두 정지된다. Prius의 CO, HC, NOx 배출수준은 규제치의 1/10 수준으로 저감되었으며, 가속성능 등 차량성능이 1500cc 동급의 A/T차량과 동등 이상 수준을 내고 있다.

최근 토요타자동차는 hybrid 특성이 개선된 개량형 Prius를 시판하고 있다. 2005년 출시된 SUV 하이브리드 차량인 RX400h와 Highlander에는 새로 개발한 감속 기어를 적용하여 고출력, 소형화를 실현하였고 후륜구동용 고출력 rear 모터를 장착하였다. 또한, 2006년에는 세계 최초로 후륜구동형 하이브리드 변속기를 장착한 GS450h를 출시하였다.

일본의 혼다자동차에서는 1999년 말 하이브리드 자동차인 Insight를 양산하였으며, 2002년 말 Civic 하이브리드 자동차를 양산하였다. 이 차량에는 1,300cc엔진에 10kW 모터를 장착하였고 144V 배터리를 적용하였다. 변속기는 CVT를 사용하였으며 기본 기능은 Insight와 동일하다. 2005년말 모델 부분 변경 시에는 모터용량을 15kW로 향상시켰고 배터리 전압도 158V로 상승시켰다. 또한 엔진 기통정지를 구현하여 일부 구간의 전기차 모드도 추가되었다.

(2) 유럽

저공해, 저연비 자동차 개발을 위한 하이젬 계획(HYZEM: Hybrid vehicle for Zero Emission Mobility), 베르계획, 미래의 자동차(The Car of Tomorrow) 계획 등이 수립되어 추진되고 있다. HYZEM 계획은 1994년부터 3개년 계획으로 시뮬레이션 기법으로 각사의 HEV에 대한 분석이 포함되어 있다. 베르계획에는 소형가스터빈을 이용 직렬식 하이브리드 자동차 개발을 위한 계획으로 푸조와 르노가 참가하며 2003년부터 2005년까지 개발계획이다. 미래의 자동차 계획은 2003년부터 2005년까지 전기자동차용 축전지, 연료전지 등 선진동력시스템과 전자기술, 경량화재료 등의 개발을 자동차업계, 부품업계, 에너지공급업계가 공동으로 추진하고 있다.

독일의 Volks Wagen은 60km 이하의 주행시에는 모터로 구동하고, 가속과 60km 이상의 속도에서만 디젤엔진에 의해 구동하는 HEV를 개발 완료하였다. Chico는 병렬방식 하이브리드 차량으로(25kW, 636cc, 2실린더 엔진, 6kW Ni/Cd 축전지 탑재), 최고속도 131km/h, 연비 31.25km/ℓ) 이며 병렬2축 (디젤엔진과 모터를 결합)인 Golf도 발표하였다.

프랑스의 Renault는 현재 약 15대의 디젤-전기 메르세데스 CITO와 8대의 하이브리드 NEOPLAN 4408 버스가 운행 중에 있으며 다중에너지플랫폼의 Scenic 개발, 여러 가지 청전연료와 가스엔진을 사용하는 3가지 모델을 소개하고 있다. PSA는 Partner (Ni-Cd 축전지, 롬바르디니 트윈실린더 천연가스 엔진 탑재)의 주행거리 확장형 버전을 개발하고 있다. Citroen은 하이브리드 Xsara Dynactive, Xsara Dynalto를 개발 중에 있다.

스웨덴의 Volvo는 Power Split Hybrid 차량개발 (Volvo S40 플랫폼, 가솔린 1.4ℓ, 55kW 모터, 25kW 발전기, 2.5kWh, 60kW 축전지 탑재)을 하였다.

이탈리아의 Fiat는 병렬식 Multipla 하이브리드 프로토타입을 개발 (30kW 모터, 1600cc 엔진 탑재)하여 네이플시에서 시범운행 중에 있다. 상용화된 하이브리드 자동차는 로마, 볼로그나, 페라라, 테르니 등 몇몇 도시에서 운행중인 100여대의 버스이다.

(3) 미국

미국에서 하이브리드 전기자동차 개발에 주도적 역할을 한 것은 캘리포니아주 등 초저공해 자동차 판매를 규정한 환경법이다. 이 법에 따르면 2003년 이후에는 캘리포니아주에서 연간 판매대수 35,000대 이상인 모든 업체가 의무적으로 본 법에 의한 규제치를 적용 받도록 했으며, 연간 판매대수가 60,000만대 이상인 업체는 하이브리드 자동차와 연료전지 자동차를 의무적으로 판매해야 한다. 할당된 판매대수를 충족하지 못할 경우 대당 약 $5,000의 벌금이 부과된다.

GM은 하이브리드 자동차 개발에 대해 부정적인 입장이었다. 그러나 토요타 프리우스의 북미시장 성공에 자극받아 다임러벤츠, BMW와 공동으로 2-모드 하이 브리드 시스템을 개발하여 2007년말 대형 SUV인 타호 하이브리드를 출시하였다. 2-모드 시스템은 유성기어 2개, 모터 2개, 클러치와 브레이크로 구성된 시스템이다. 2-모드 시스템은 도요타 하이브리드 시스템에 비하여 구조가 복잡하고 부피가 커서 전륜구동차에 적용되기는 불리하지만, 고속연비가 우수하고 모터와 제너레이터 용량 축소가 가능하여 재료비도 절감할 수 있다. 현재 GM은 도요타에 뒤쳐진 친환경차 주도권을 되찾기 위해 플러그인 하이브리드 자동차 개발에 집중하고 있다.

Ford의 경우 하이브리드 SUV시장 선점을 위해 이미 양산 검증된 기술인 도요타 하이브리드 시스템을 도입하여 2004년 Escape 하이브리드 차량을 출시하였다. 기술도입으로 하이브리드 차량 조기 출시에는 성공하였지만 부품업체의 물량공급량 및 공급 가격 등의 문제가 발생한 사례가 있다. Ford는 2010년 하이브리드 자동차 25만대 판매계획을 발표하였지만 위와 같은 문제 및 바이오 연료개발 붐 등으로 인하여 계획을 철회하고 친환경차 대응을 E85 자동차로 하는 계획을 발표하였다.

미국 3사는 현재 플러그인 하이브리드 차량 개발에 역량을 집중하고 있다. 연방정부 차원에서 연구개발을 지원하고 있고 관련 법규도 플러그인 하이브리드 차량에 유리하게 변경될 것으로 예상된다.

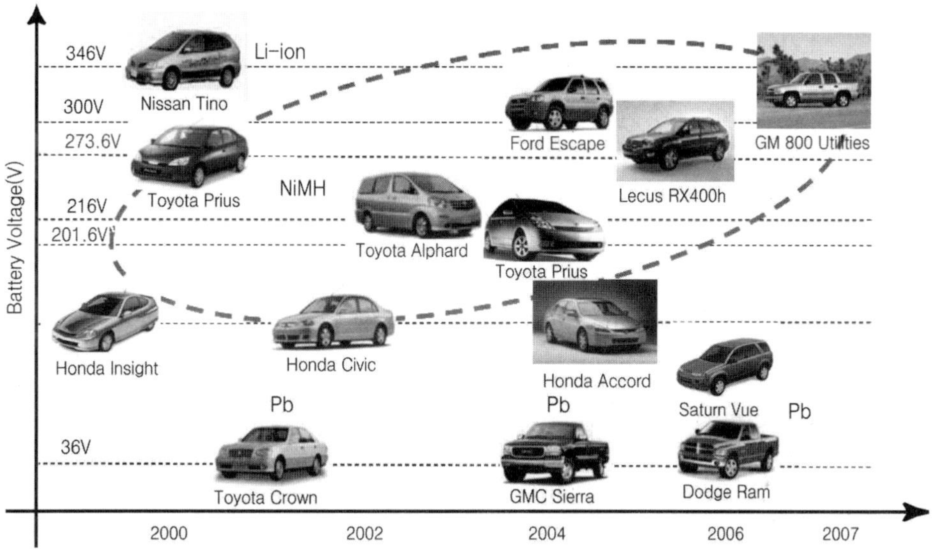

그림 5.7 자동차 메이커의 HEVs 추세

(4) 우리나라

현대자동차에서 '09년 7월 LPi 아반떼, 포르테 하이브리드자동차를 양산하여 국내 판매를 시작하였다. 현대자동차 아반떼 LPi 하이브리드는 '09년 7월 1,034대, 8월 1,011대 등 2,045대가 판매됐으며 이들 대부분은 정부 산하기관이나 법인체에서 단체로 구매하였다. 시장출시 후 초반 판매 실적이 예상보다 부진하며 그 이유는 높은 구매비용과 관리비용, 연비향상이 소비자의 기대치에 못 미치는 것 등에 있는 것으로 분석되고 있다.

한편, 현대자동차에서는 2010년도에 소나타급 하이브리드 차량을 양산할 예정이다.

형식	병렬형 하이브리드
엔진	1.6L LPi
모터	12kW PMSM
배터리	Li-PB
변속기	CVT
최고속도	187 km/h
연비	17.8km/l (LA-4 mode)
CO_2	99g/km
배기	SULEV

(출처: 현대자동차)

그림 5.8 LPi 아반떼 하이브리드자동차 외관 및 제원

5.2.4 수요전망

하이브리드 자동차 시장은 현재 도요타, 혼다 등 일본기업의 독주체제가 형성되어 있다. 미국내 하이브리드 자동차 시장은 2004년 포드자동차의 하이브리드형 스포츠 유틸리티(SUV) 출시에도 불구하고 도요타, 혼다 등 일본 업체들이 시장점유율 95%를 차지하고 있다.

도요타의 프리우스가 64%, 혼다 시빅이 31%의 점유율에 자극받은 미국의 BIG 3 주

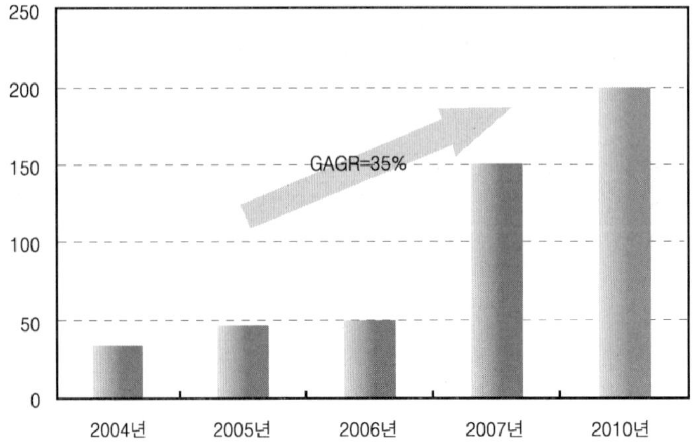

(출처: WARDS)

그림 5.9 세계 하이브리드 시장규모 전망

요기업들이 본격적으로 참여하면서 세계의 하이브리드 시장은 성장에 가속이 붙을 전망이다.

하이브리드 자동차 시장은 미국시장의 점진적 확대 전망과 환경규제 강화로 인한 확대 전망으로 낙관적이다. 그림 5.9의 전망에서는 각사의 실질적인 년도별 출시계획에 근거하여 시장을 예측하였다. 2004년 33만대 수준에서 2005년 BIG 3, 2006년 현대양산 계획 등을 일부 반영한 결과, 2007년 150만대, 2010년에는 200만대 이상의 시장규모를 전망할 수 있다.(단, 2004년은 누적량 기준)

5.3 플러그인 하이브리드

5.3.1 개요

플러그인 하이브리드 자동차는 일본의 하이브리드자동차 기술에 대항하기 위하여 하이브리드자동차보다 용량이 큰 축전지를 장착하고 이를 외부전기로 충전할 수 있도록 한 방식으로 일반가정에서도 전원 플러그를 자동차에 연결하여 2차전지에 충전이 가능한 하이브리드 자동차를 지칭하며 grid-connected hybrid, gas-optional hybrid, Go-HEVs로 불린다. 하이브리드자동차에 비해서 전기자동차에 보다 가까운 개념으로 미국의 자동차회사를 중심으로 개발이 추진되고 있다.

보통 60km 이내의 단거리를 엔진의 사용없이 배터리에 충전된 전기만을 사용하여 운행이 가능하고 더 이상의 거리를 주행할 경우 엔진을 구동하여 주행하거나 엔진을 운전하여 배터리를 충전한다. 이를 통해 일반 하이브리드 차량보다 연비가 높으며 배출가스의 배출도 낮다. 그리고 일반 하이브리드 자동차에 사용되는 엔진기술, 모터 및 동력분배장치, 배터리 및 회생제동기술 등 대부분의 기술이 그대로 적용되고 전기자동차의 기능이 추가로 적용된다.

5.3.2 국내외 동향

플러그인 하이브리드 자동차 기술개발의 선두 주자인 제너럴 모터스는 2010년 “Volt”를 연간 4만대, 차후 10만대 이상 양산할 계획이다. 그림 5.10은 미국 GM의 플러그인 하이브리드 자동차인 “Volt”의 외관 및 내부구조를 나타내며, 표 5.3은 제원 및 성능을 나타낸다. 6시간 완충시 배터리 힘만으로 64km 주행이 가능한 것이 특징이다. 그리고 110Volt에서는 8시간 220Volt에서는 3시간의 충전 능력을 갖고 있다.

일본 토요타자동차도 그림 5.11에 보는바와 같이 '07년부터 플러그인 하이브리드자동차(1/X'concept)를 도로 주행시험을 시작하였으며, 2009년 양산될 3세대 프리우스에 플러그인 시스템을 장착하여 일본내 관공서를 대상으로 시범 운행 중이다. 현재 2012년 양산을 목표로 하여 500대를 시범적으로 제작하여 미국과 유럽 그리고 일본에서 주행하고 있으며, 이중 미국에서 주행 중인 150여대에는 기존의 하이브리드 차량이 장착하고 있는 니켈수소전지가 아닌 리튬이온 전지를 적용하여 배터리의 작동시간을 늘리려 하고 있다. 도요타자동차의 주요 관심사는 플러그인 하이브리드 차를 어떻게 충전시키며, 기존 하이브리드보다 개선된 마일리지를 얻는 배터리 기술개발을 목표로 하고 있다.

일본 이스즈자동차도 오는 2011년부터 주력인 소형 트럭 엘프(2~3톤)에 가정용 전원으로 충전할 수 있는 플러그인 하이브리드 시스템을 탑재한 모델을 시판할 계이다. 엘프 플러그인 하이브리드 자동차는 단거리는 전기모터만으로 주행하고 배터리가 모두 소모되면 디젤엔진으로 주행하는 방식을 채택하고 있다.

Volvo는 2007년 9월에 개최된 'Frankfurt International Motor Show Cars'에서 Volvo C30을 베이스로 한 플러그인 하이브리드 자동차를 전시하고 V70 모델도 개발하였다. 디젤엔진을 장착한 V70에는 향후 Flex-fuel 개념을 적용할 예정이다.

Chrysler는 Jeep Renegate 모델에 16kWh급 Li-Ion 이차전지와 200kW 모터 2개를 전륜과 후륜에 사용하여 구동력을 분배하는 Range Extender Type PHEV를 개발하여 40mile의 순수 전기구동 범위를 구현하였다고 발표하였다.

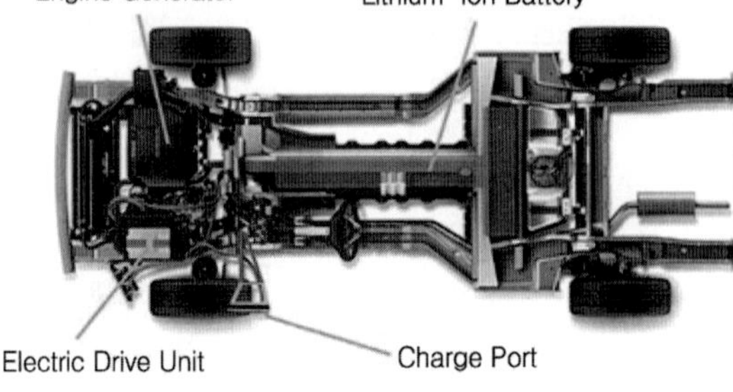

그림 5.10 GM자동차의 플러그인 하이브리드 자동차 "Volt"의 외관 및 내부구조

표5.3 GM자동차의 플러그인 하이브리드 자동차 "Volt"의 제원 및 성능

General		Dimension	
Vehicle type	5 door sedan	Length	4,404 mm
Drive type	FWD	Width	1,798 mm
Vehicle catagory	Extended range electric vehicle	Height	1,430 mm
Seating capacity	4 person	Wheel base	2,685 mm
Performance with electric drive unit		Battery system	
EV range*	64 km	Battery type	Lithium-ion
Max. Power	150 hp	Energy	16 kWh
Max. Torque	370 Nm	Charging(plug-in)**	3 hours (on 240V) 8 hours (on 120V)
Top speed	160 km/h		

* with power only by electricity in battery
(When the battery's energy is depleted, a engine w/gasline/E85 provides electricity to power the electric drive unit and simultaneously sustain the charge of battery)

** Can be plugged into a standard household outlet

현대 · 기아자동차에서 2013년에는 플러그인 하이브리드 시스템을 옵션으로 장착하는 하이브리드 자동차를 출시할 계획이다. 플러그인 하이브리드 시스템 개발을 위해서 2009년까지 핵심부품과 시스템 기술 개발에 집중할 계획이다.

현대 · 기아자동차는 이를 위하여 2008년 11월 지식경제부, LG화학, SK에너지, SB리모티브, 전자부품연구원, 한국전지연구조합 등과 '국산 플러그인 하이브리드 자동차 배터리시스템' 개발을 위한 프로젝트를 시작하였다.

그림5.11 도요타사의 프리우스 플러그인 하이브리드자동차

표 5.4 플러그인 하이브리드 자동차의 종류

사진	차량명	주행거리 /1회충전	차종	특징
	Volt [Chevrolet]	40miles	Sedan	최고속도:120mph 주행거리:300miles 엔진:1.4Liter flex-fuel 리튬이온 배터리(16kWh) 110(8hour), 220(3hour)
	Plug-in Crossover SUV [GM]	10miles	SUV	엔진:3.6LiterV6 Gasolin 리튬이온 배터리 110Volt
	Escape Plug-in Hybrid [Ford]	30miles	SUV	리튬이온 배터리(23kW)
	V70 Plug-in Hybrid [Volvo]	30 miles	Van	최고속도:120mph 엔진:50kW Diesel 리튬이온 배터리(11.3kW)
	Prius Plug-in Hybrid [Toyota]	10miles	Sedan	리튬이온 배터리 230Volt
	Converj [Cadillac]	40 miles	Sedan	최고속도:120mph 주행거리:300miles 엔진:1.4Liter flex-fuel 리튬이온 배터리(16kWh) 110(8hour), 220(3hour)
	PX-MiEV [Mitsubishi]	30 miles	SUV	최고속도:120mph 엔진:1.6Liter Gasolin 리튬이온 배터리

또한, 현대자동차는 2009년 3월 플러그인 하이브리드 컨셉카 "HND-4" 모델을 공개하였다. 최고출력 154마력의 1600cc 감마 GDI 엔진과 100kW 모터, 리튬폴리머 배터리를 탑재하였으며 무단변속기를 적용하였고 1회 충전시 최대 약 64km 주행이 가능하다. 2013년 양산될 예정이다.

GM대우는 2011년경 볼트 양산 모델 10대를 국내로 들여와 시험운영에 들어갈 예정이며 향후 국내 제반 인프라 상황, 고객반응, 시장성, 도로 여건 등을 검토하여 한국시장 가능성을 평가할 예정이다.

그림 5.12 현대자동차의 플러그인 하이브리드자동차 컨셉카(HND-4)

5.3.3 향후 전망

플러그인 하이브리드는 높은 차량가격 및 유지비용에 비해 경제성이 부족한 일반 하이브리드 차량을 보완하기 위해 개발되어졌다. 전원을 외부에서 공급받아 충전함으로써 기존 하이브리드에 비해 연료의 효율성이 13% 상승되었고 배출가스도 보다 적게 배출함으로써 친환경 자동차에 가까워졌다.

특히 도요타의 경우 보다 친환경을 추구하기 위해 태양열 발전시스템으로 충전할 수 있는 차량을 개발 중에 있다. 이것이 현실화 된다면 궁극적으로 발전부터 차량운행까지 전혀 유해 배출물을 내뿜지 않는 것이 가능해진다.

따라서 이런 기술들이 경쟁적으로 개발될 경우 플러그인 하이브리드는 기존의 하이브리드를 대체하면서 전기자동차 시대로 가기 위한 가교역할을 충분해 해낼 수 있을 것으로 기대하고 있다.

5.4 전기자동차(EV)

1835년 미국의 Thomas Davenport에 의해 전기모터가 발명되면서 이를 자동차에 적용하기 위한 연구가 시작되었다.

전기자동차는 가솔린 자동차가 출현되기 훨씬 이전인 1873년 영국의 R. Davidson에 의해 최초로 제작되었으며 1900년에는 전기자동차가 전체 자동차의 38%까지 사용되었다. 1909년의 미국에는 만대의 전기승용차와 3천대의 전기트럭이 운행되었다. 그러나 1911년 GM 자동차의 C.F.Kettring에 의해 전기 스타트가 발명되면서 가솔린 자동차가 급속하게 진보하였고 전기자동차가 일반의 관심에서 멀어져 자취를 감추게 되었다.

1938년에 전기자동차회사인 Detroit Electric이 마지막으로 문을 닫았으며, 1996년 GM의 EV1 발표 때까지는 전기자동차시대는 중단되었다.

80년대에 들어와서 자동차배출가스에 의한 공해문제가 대두되면서 이를 근본적으로 해결할 수 있는 해법으로 전기자동차가 제시되어 왔으나 축전지기술이 부족하여 실용화가 미루어져 왔다. 그러나 90년대 초반 들어 축전지 신기술 창출 가능성이 타진되면서 미국을 중심으로 급속하게 개발이 추진되었다. 특히 자동차회사의 강한 반발에도 불구하고 캘리포니아 주정부(CARB)의 강력한 의지로 1998년부터 전기자동차 사용을 의무화하는 ZEV(zero emission vehicle) 규제를 입법화하면서 전기자동차 개발이 본격화되었다.

그러나 1990년경부터 몇 년간의 집중적인 연구투자에도 불구하고 축전지기술이 기대만큼 성과를 거두지 못하여 전기자동차 기술의 발전이 주춤하였으며, 더욱이 미국에서는 ZEV 규제를 2003년으로 연기하기도 하였다.

2000년대 후반들어 리튬밧데리 기술이 급성장하면서 하이브리드자동차에 사용되기 시작하고, 플러그인하이브리드자동차의 양산이 발표되는 등 다시 자동차에 밧데리 사용이 증가하고 있으며, 이에 따라 전기자동차 시대에 대한 기대도 높아지고 있다. 전기자동차는 현시점에서 소형 전기자동차의 상용화가 가능해졌으나 항속거리나 충전시간 등 성능 측면에서 기존 내연기관자동차에 비해 부족한 실정이다. 하지만 플러그인 하이브리드자동차와 마찬가지로 심야전기등 국가 전기에너지를 효율적으로 활용할 수 있고, 배터리기술 발전 상황에 따라 급속히 시장이 팽창할 가능성이 있다.

국내도 전기자동차시대에 대비하는 급속충전시스템 인프라 구축을 준비하고 저속전기자동차(NEV; Neighborhood Electric Vehicle) 시내 운행을 위한 법규도 정비하였다.

그러나 지구온난화문제 대응을 위해 전기자동차로부터 CO_2 저감효과를 얻기 위해서는 현재의 화석연료를 사용하여 전기를 생산하는 방법대신 원자력 등 대체에너지 및 재생에너지를 이용하여 전기를 생산해야 한다.

5.4.1 핵심기술

전기자동차의 상용화 가능성은 성능이 우수한 축전지의 개발에 달려 있다고 해도 과언이 아닐 정도로 전기자동차 기술에서 축전지 기술이 차지하는 비중이 크다. 물론 축전지 이외의 주변 기술로는 구동장치(모터)의 개발이나 시스템 제어기 및 경량화기술이 문제가 되고 있지만, 이들 기술은 향후 몇 년 이내에 현재의 기술들을 집약시켜서 개선해 나아갈 수 있을 것으로 낙관하고 있다.

(1) 축전지 기술

축전지 성능을 결정하는 가장 중요한 인자로는 에너지밀도(energy density, specific energy)와 출력밀도(power density, specific power)가 있으며, 이외에도 안정성, 수명, 충전 용이성, 충전효율, 충전시간, 저온성능 등 다양한 요구를 만족하여야 한다.

에너지밀도(energy density, specific energy)는 1회 충전시 주행할 수 있는 운행거리와 관계되며, 단일전지에 저장되는 에너지량으로 결정된다. 충돌시의 안전성과 승객이나 화물을 실을 수 있는 공간확보를 위하여 축전지를 탑재할 수 있는 공간은 제한된다. 따라서 축전지의 에너지밀도가 높고 콤팩트하며 경량화가 중요하다. 출력밀도(power density, specific power)는 밧데리 단위 무게당 출력으로 정의되며, 전기자동차의 가속력과 최고속도를 결정한다.

일반적으로 에너지밀도와 출력밀도는 trade-off 관계를 지닌다. 이에 따라 에너지밀도와 출력밀도를 동시에 높이기 위해서는 여러 가지의 전기 기술을 복합적으로 적용해야 한다. 전지의 출력을 높이기 위해서는 고출력 양극・음극 소재를 적용하고, 전극을 얇게 코팅하고, 전도성 물질함량을 늘리는 방법이 있으나 이에 따른 에너지 밀도 감소를 감안해야 하므로 적용에는 한계가 있다. 에너지밀도를 감소시키지 않고 출력을 높이기 위해서는 전지 components의 저항을 줄이고, 분리막의 투과도를 높이는 복합적인 기술적용이 필요하다.

표5.5 USABC Battery Goals

Goals	Specific Power	Specific Energy	Lifetime	Cost
Mid-term Goals	150~200 W/kg	80~100 Wh/kg	5 년	$150/kwh
EV 성능	0~50 mph 가속 12초	1회충전 100~125 마일주행		밧데리비용 $4,500~$6,000
Long-term Goals	400 W/kg	200 Wh/kg	10년	〈 $100/kwh
EV 성능	0~60 mph 가속 9초	1회충전 200 마일주행		밧데리비용 $4,000

전기자동차용 배터리는 배터리무게당 에너지 밀도가 큰 배터리를 요구하고, 하이브리드 자동차용 배터리는 배터리무게당 출력이 큰 배터리를 요구한다.

미국에서 진행하고 있는 차세대 초저연비자동차사업(PNGV)의 일환으로 구성되어 있는 USABC 콘소시움에서 제시한 개발목표를 먼저 살펴보면 다음과 같다.

현재 전기자동차용으로 개발되고 있는 축전지는 10여종 이상이 있으나 다양한 성능 요건을 충족시키지는 못하고 있는 실정이다. 그러나 축전지기술은 급속하게 발전하여 성능이 향상되고 있기 때문에 단순하게 우열을 비교하기가 어려우나 전반적인 수준의 비교는 다음과 같다.

① 납축전지(Lead Acid)

납축전지는 납을 전극으로 사용하기 때문에 중량이 무거우며 에너지밀도도 낮아 2차 세계대전 전에는 약 20Wh/kg였으나, 이후 재료혁명의 영향으로 성능·수명이 크게 진보하여 축전지 산업의 주역 자리를 유지하여 왔다.

현재 전기자동차용으로 사용되는 납축전지의 에너지밀도는 약 40Wh/kg로 성능이 상당히 향상되었으며 대전류방전에 있어서도 비교적 양호한 특성을 보여주고 있다.

아직까지는 시험용 전기자동차에 많이 사용되고 있으나 충전에 6~8시간의 상당히 긴 시간이 요구되며 중량이 무거워 전기자동차용으로 자리를 잡기에는 경쟁력이 약한 것으로 분석되고 있다.

② Ni-Cd 축전지

Ni-Cd 축전지의 에너지 밀도는 최근의 고성능 납축전지에 비교하면 비슷한 수준이나 대전류 방전특성이 우수하고, 저온에서도 특성이 크게 저하하지 않는 특징이 있다. 또한 납축전지에 비해 출력밀도가 크고, 수명이 길며, 단시간 충전이 쉬운 장점이 있다.

그러나 에너지 밀도가 크게 높지 못하며 가격이 납축전지에 비해 수배로 높고, 대량 사용시 자원문제도 유발시킬 수 있다. 하이브리드전기자동차용 동력으로는 유망시 되고 있다.

③ Ni-MH 축전지

1997년 10월에 세계 최초로 양산된 하이브리드자동차인 도요타자동차의 Prius에 장착된 축전지로써 출력밀도가 1~1.5kW/kg, 에너지밀도는 40~50Wh/kg 수준이다. Ni-MH 축전지의 경우 높은 생산가격, 낮은 전지효율, 그리고 높은 자가 방전율이 시급한 기술적 문제이다.

④ Zn-Air 축전지

Zn-Air 축전지는 1차전지인 공기건전지나 공기습전지로서 저전류 용도로 사용되었다. 근년에 무한한 공기(산소)를 양극 활물질로 활용하면서, 음극 활물질로는 안전하고도 저렴하면서 전기화학적으로 150Wh/kg의 높은 에너지밀도를 갖는 아연을 이용하는 방식이다. 또한 이 전지는 상온에서 작동되기 때문에 고온 전지보다 취급 면에서 유리하다.

⑤ Na-S 축전지

Na-S 축전지는 음극반응물질에 응용나트륨, 양극반응물질에 응용유황을 사용, 전해질에는 납축전지의 황산이나 알칼리축전지의 KOH 수용액과는 달리, 나트륨이온에 대한 선택적 전도성을 갖고 고체전해질을 이용하는 새로운 개념의 고성능 전지이다. 이 축전지의 우수한 특징은 다음과 같다.

ⅰ) 에너지밀도가 상당히 높다. 미국 Ford사가 발표하는 가능 목표치는 300Wh/kg까지 설정하고 있다. 이 목표가 실현되면 전지를 소량·경량화 할 수 있어 여유 중량을 모타나 제어기기를 대출력화 할 수 있으며 전기자동차의 주행거리와 최고속도, 가속력 향상이 현재의 자동차수준으로 향상될 수 있을 것이다.

ii) 충전 특성이 우수하여 효율이 좋다. 종래의 납축전지나 Ni-Cd 축전지의 충전 필요량은 방전량의 110~140%가 요구되고 있으나, 이 전지는 방전량의 100%로도 충분하여 충전의 Ah 효율이 우수하다. 따라서 전기자동차의 유지비가 적게 들고, 경제적인 측면에서도 상당히 유리하다.

iii) 보수가 용이하다. 이 축전지는 충・방전시 가스발생이 없어 완전 밀폐가 가능하고, 보통 납축전지와 같이 액보충과 같은 유지관리가 용이한 장점이 있다.

iv) 자원이 풍부하다. 각종 전지의 주재료로서 지구의 매장량, 연간 생산량 등을 고려하여 볼 때, 나트륨과 유황은 다른 자원에 비해 풍부하고 저렴하며 다량의 전기자동차용 축전지 공급이 가능하리라 판단된다.

문제점으로는 고체전해질 β-알루미나의 수명이 짧으며 또한 β-알루미나의 저항치를 적게 하여 출력을 증대하여야 한다. 더욱이 Na-S 축전지는 약 300℃ 이상의 고온에서 사용되기 때문에 예열 및 보온기술을 확립하지 않으면 안 된다. 또한 나트륨은 다량의 물과 접촉하면 심한 반응을 수반하기 때문에 전기자동차 탑재시 안전성을 확보할 수 있는 구조가 필요하다.

⑥ 리튬이온(Li-Ion) 축전지

리튬이온축전지는 1980년대 University Texas at Austin의 J. B. Goodenough 교수에 의해 원리가 확립된 이후, 이를 기반으로 1991년 Sony사가 LiCoO2를 양극으로, 탄소를 음극으로 사용하는 리튬이온 2차전지를 상용화시켰다. 리튬이온 2차전지는 리튬을 함유한 금속산화물을 양극으로 리튬이온을 가역적으로 흡장할 수 있는 탄소계 물질을 음극으로, 리튬염이 함유된 유기용매를 전해질로 이용하는 전지를 지칭한다. 전지의 충방전시 리튬이온은 분리막으로 격리된 양극과 음극사이를 가역적으로 이동하면서 전자를 저장 및 방출하게 된다.

핸드폰이나 노트북에 적용되고 있는 소형 리튬전지는 150~200Wh/kg의 높은 에너지 밀도를 갖고 있는데, 이는 고용량의 $LiCoO_2$ 양극재와 graphite 음극재를 사용하고 있기 때문이다. 그러나 상기 양극재는 안정성이 낮고, 고가의 cobalt를 함유하고 있어 대용량 리튬전지의 재료로는 부적합하다.

자동차용으로 주로 이용되고 있는 양극재료는 cobalt 사용량을 줄이거나 사용하지 않는 NCA(Nickel Cobalt Aluminum 산화물), NCM(Nickel Cobalt Manganese 산화물), Olivine (철 인산염), Spinel(망간 산화물)이다. 또한 자동차용으로 주로 이용하고

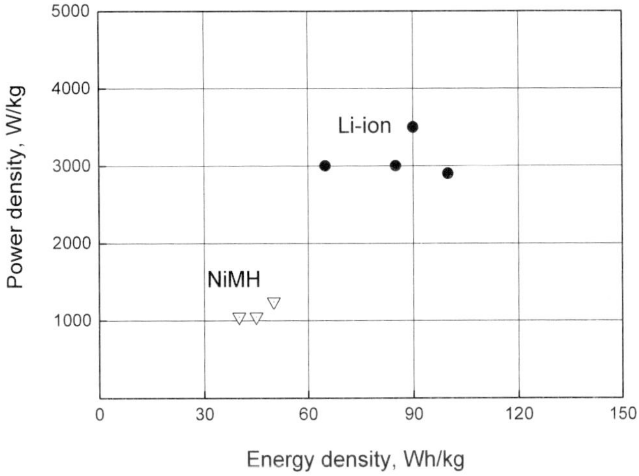

(출처: SK에너지)

그림 5.13 상용화된 축전지의 출력밀도와 에너지밀도

표 5.6 플러그인 하이브리드자동차용 리튬전지의 현재/미래 비용

기관/업체	가격($/kWh)	년도	비고
최근 가격			
EUROBAT(2005)	1,000~2,200	2005	1€=$1.48로 환산한 결과임
Challenge Bibendum Battery Round table (2007)	1,000~2,000	2007	
미래가격 예상			
EUROBAT(2005)	296	2020	-15년 연구프로그램 완료 후 목표 -년산 10만개, 30kWh 배터리 -1€=$1.48로 환산한 결과임
ANL (2000)	250	미래	-미래 제조가격에 기초한 낙관적 전망치
IEA (2005)	270	미래	EPRI 2003년 data임
EPRI (2005)	280	미래	-년산 10만개, 30kWh 배터리
CARB (2007)	240~280	미래	-년산 10만개, 30kWh 배터리
장기목표			
USABC	100	장기목표	-년산 2.5만개, 40kWh 배터리

있는 음극 재료는 graphite, amorphous carbon, LTO(Lithium Titanium Oxide)의 3가지로 분류하고 있다.

현재 상용화되어 있는 하이브리드자동차용 리튬전지는 출력밀도가 3~4kW/kg 수준이며 에너지밀도는 60~100Wh/kg이다.

표 5.7 전기자동차용 배터리 기술비교

	납	니켈카드뮴 [Ni-Cd]	니켈수소 [Ni-MH]	리튬이온 [Li-ion]	리튬이온 폴리머
양극 [Cathode]	이산화연	니켈계	옥시수산화니켈	리튬금속 산화물	리튬금속산화물 등
음극 [Anode]	납	카드뮴	MH [Metal Hydride]	탄소질	탄소질 등
전해질	황산	알칼리계	알카리수용액	유기질	유기질 등
작동전압[V]	2	1.2	1.2	3.6~3.8	3.6~3.8
에너지밀도 [Wh/kg]	35	50~60	60~80	90~120	180~200
자기방전율 [%]	6	20~23	15~20	5	0.1
메모리 효과	없음	있음	있음	없음	없음
각종 안전성	좋음	좋음	좋음	보통	보통
환경오염	유	유	무	무	무
용 도	-일반자동차 -국내 NEV급 배터리	초기 핸드폰, 노트북 [현재 사용 안함]	-프리우스, 시빅 프리우스 HEV -'96-'99년의 핸드폰, 노트북	-현재 핸드폰, 노트북, AV -닛산, 니혼전지	-국내 NEV[옵션] -'09년 현대 아반테 -GM 시보레볼트 적용 예정
장 점	신뢰성, 저단가	고용량, 대전류 방전[납보다]	검증된 수명, 안전성, 저가	고에너지 밀도, 경량, 적은부피	리튬이온 장점, 안전성, size flexibility
단 점	낮은 에너지 밀도, 고중량	환경문제, 메모리 효과, 낮은 에너지 밀도	급속충전 힘듬, 저온성능 낮음	안전성, 고가	고가

(2) 기타 기술

모터/제어기술도 점점 발달하여 고출력, 소형이면서 효율이 높은 시스템이 개발되고 있으며, 만족해야 하는 성능은 고출력, 소형경량화, 고효율화, 최적제어기술 적용 등이 있다.

DC 모터를 AC 모터로 변환함에 따라 출력과 EV의 동력성능(가속성능, 최고속도)이 크게 향상되고 있으며, 고출력화를 추진하면서 고회전화(~10,000rpm 이상)함에 따라 모터가 경량 · 소량화되어 탑재중량이나 용적도 크게 감소하고 있다. 최근에는 1kW/kg의 출력 밀도를 초과하는 모터도 개발되고 있고, 모터와 동시에 감속기나 차동장치도 소형화되고 있다.

고효율화 측면에서는 DC브러시 모터에서 효율이 높은 교류 온도 모터로 변환함으로써 저회전에서 고회전 영역으로까지 효율이 더욱 향상되고 있는 추세이다.

또한, 파워소자인 IGBT 개량, 인버터 개량, 고속마이크로 컴퓨터 사용 및 한 개 칩화, 냉각방법 개선, 제어방법 개선에 따른 고속화, 고효율화를 도모하면서 제어장치가 소형화되고 있다.

충전기로서는 주로 직류 전도방식과 교류 유도방식이 검토되고 있으며, 일본, 미국, 유럽에서는 충전방식이나 형태, 통신방법 등의 표준화를 추진하고 있다. 충전장소는 주간의 보조충전용 충전스탠드와 야간의 각 가정이나 사업소에서의 주 충전을 검토하고 있으며, 이에 대응한 충전기 개발이 필요하다.

5.4.2 전기자동차 에너지소비율

가솔린이나 디젤연료 사용 자동차의 연료소비율과 등가개념이 되는 전기자동차의 에너지소비율은 축전지로부터 공급된 전기에너지로 자동차가 얼마나 주행하였는가로 평가된다.

외부전원으로부터 축전지를 충전할 때 충전기효율과 축전지의 충전 효율에 의한 손실이 있으며, 축전지에 충전된 에너지의 방전이 고려되어야 한다. 축전지 에너지는 모터를 구동하여 자동차를 움직이며 이때 모터효율에 의한 손실이 발생한다. 또한 모터 이외의 각종 전기장치를 작동하는 데에 소모되는 에너지 손실도 함께 고려하여야 한다.

자동차 운전을 위한 모터 구동에너지는 자동차의 구동저항과 공기저항에 사용되며 나머지는 자동차 가속능력으로 작용한다.

일반적으로 전기자동차는 감속시의 에너지를 전기에너지로 회수하여 사용하기가 용이하며 이를 고려한 에너지효율 비교도 필요하다.

몇 가지 경우의 에너지효율을 살펴보면 다음과 같이 표시할 수 있다.

Consumption rate of discharged energy $C1 = E1/R$ (W·h/km)

Real term consumption rate of discharged energy $Cn = (E1-E2)/R$

Consumption rate of recharged AC energy $C0 = E0/R$

Consumption rate of recharged DC energy $C3 = E3/R$

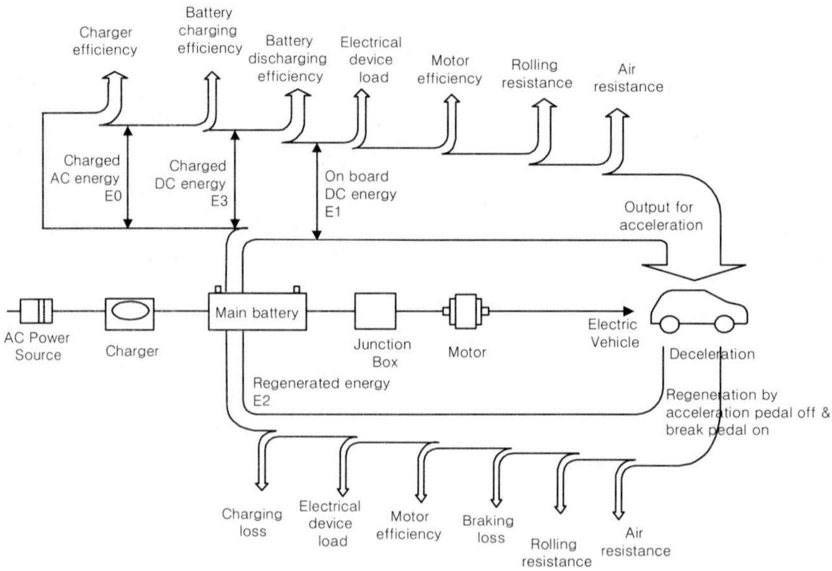

그림 5.14 전기자동차의 에너지사용 분포

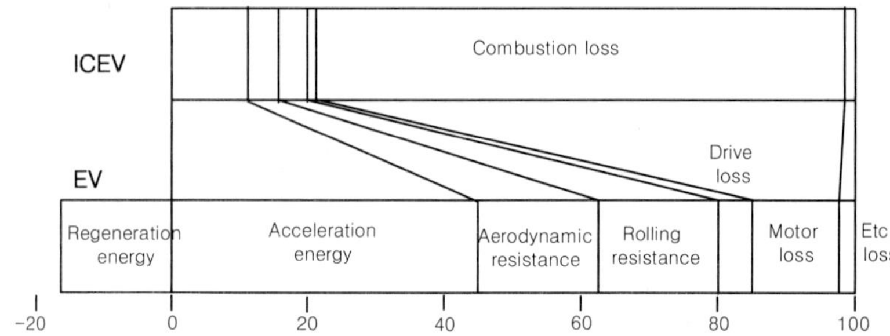

그림 5.15 전기자동차와 내연기관 자동차의 에너지소비 비교

내연기관 자동차와 전기자동차의 에너지소비 비중을 비교하여 보면 그림 5.15와 같다. 내연기관의 경우 공급에너지(연료)는 대부분 연소로 손실되며 20% 정도만 차량 구동에너지로 사용된다. 반면 전기자동차에서는 연소손실에 해당하는 모터구동손실 등은 전체의 20% 정도이며 에너지 회수도 15% 이상 가능하기 때문에 차량에 공급되는 에너지만으로 비교하면 전기자동차 에너지 사용효율이 내연기관차량에 비해 월등하다.

5.4.3 전기자동차 동향

현재의 전기자동차의 최대 주행능력은 200km 수준이며 최고속도도 130km/h 수준으로 소형자동차를 중심으로 실용화의 문턱에 있다. 하지만, 전기자동차 대중화를 위해서는 충전, 폐차, A/S 등을 대처하는 전기자동차 기반시설(infrastructure)의 구축이 매우 중요하다. 이 밖에도 전기자동차의 주변장치 개발이 중요하며, 전기에너지를 운동에너지로 변환시키는 고성능전기모터 개발, 자동차의 전체 에너지시스템을 관리하는 EMS(energy management system), 기타 효율적인 파워스티어링, 에어콘, 히타 개발 등이 필요하다.

전기자동차는 장래의 자동차공해 및 에너지문제를 해결할 수 있는 가능성 높은 대안이라는 것에는 이견이 없으며 선진국에서는 정부와 자동차회사들을 중심으로 연구가 활발하게 진행되고 있다.

(1) 미국

미국 캘리포니아주의 ZEV(Zero Emission Vehicle) 프로그램은 CARB(California Air Resources Board)가 오염물질 배출 저감을 목적으로 1990년에 도입한 것으로 내연기관 차량의 배출가스를 점진적으로 감축하려던 이전과는 달리 무오염물질배출차(Zero Emission Vehicle)의 의무 공급이라는 기준을 자동차회사에 부여하였다. ZEV가 발표될 당시에는 전기자동차만이 무배출 기준을 달성할 수 있었는데, 기대와는 달리 전기자동차의 가격과 성능이 크게 향상되지 못하면서 이후 ZEV 판매비율 달성기준 시한이 연장되고, 하이브리드 자동차와 플러그인 하이브리드자동차, 연료전지 자동차와 같이 전기자동차 이외의 차종도 가산될 수 있는 방향으로 수정되었다. 의무판매 비율과 시한, 차종선택 등 기준에 관해서는 여전히 논의 중이지만, ZEV 프로그램이 저탄소 배출차의 기술 개발과 확산, 시장진입에 중요한 역할을 하였고, 향후 CO_2 배출 저감에 중요한 역할을 할 것이라는 점은 널리 인정되고 있다.

2008년 11월 캘리포니아주 샌프란시스코 베이(SF Bay) 지역 시장들은 2012년까지 그 지역을 미국의 전기자동차 수도로 만들려는 목표로 10억 달러에 달하는 전기자동차 충전 인프라 구축을 위한 투자 계획을 발표했다. 이는 전기자동차 상용화를 목표로 전기자동차가 도로를 주행하는데 필요한 기반시설을 제공하겠다는 전략이다. 인프라시설은 전기 충전소와 배터리 교환소가 주요한 기반시설로 베터플레이스(Better Place) 사와 협력으로 2010년부터 구축할 예정이며, 2014년까지 약 25만대의 전기자동차를 보급할 계획을 갖고 있다.

(2) 일본

일본은 2030년까지 운송부문의 석유의존도 감소와 에너지 효율 향상을 목표로 2007년 5월 '차세대 자동차·연료 이니셔티브' 계획을 발표했다. 이 계획은 일본 경제산업성과 자동차업계, 석유업체가 협력하여 차세대 자동차와 연료 도입을 촉진시킴으로써 에너지 안전보장, 환경보전, 경쟁력 강화를 동시에 달성한다는 목표를 가지고 있다.

이 계획은 5대 전략으로 그 내용을 구체화하고 있는데, 축전지, 클린디젤, 연료전지 자동차, 바이오 연료, 세계 제일의 자동차 사회 구상 등이 주요 내용이다. 일본 정부는 전기자동차, 하이브리드 자동차, 연료전지 자동차 등에 공통적으로 적용되는 '차세대전지 개발'을 위해 2007년부터 매년 49억엔씩 총 5년간 245억엔을 투자할 계획이다.

일본정부는 이 계획의 실현을 위해 2006년 4월, '차세대 자동차의 기초가 되는 차세대 전지 기술에 관한 연구회'를 발족했으며 이 연구회의 제언에 따라 전지의 성능향상과 비용 인하를 최대과제로 선정했다. 연구회의 제언에 따르면 전지가 상용화되기 위해서는 2015년까지 전지 성능을 1.5배 향상시키고 가격은 1/7 수준으로 인하시키며, 2030년까지 전지성능은 7배로, 가격은 1/40 수준으로 낮출 필요가 있는 것으로 분석하고 있다.

일본 미쓰비시 자동차에서는 전기자동차인 i-MiEV를 2009년 7월부터 양산하여 시판하였다. 또한, 일본 닛산 자동차에서는 전기자동차인 LEAF를 2011년 시판을 목표로 개발 중이며, 미국과 중국시장에 판매 예정이다. 또한, 일본 도요타자동차에서는 근거리용 신형 전기자동차를 2012년부터 양산 예정이다.

일본에서는 2009년에 닛산자동차, 미쓰비시자동차, Subaru 3개 회사가 중심이 되어 충전장치 표준화 및 고속충전소 건립을 위한 협의회를 결성하였다.

그림 5.16 일본 미쓰비시자동차의 전기자동차 i-MiEV 외형과 구조

(3) 우리나라

1990년대에 국내업체도 G7사업을 통해 기술개발을 추진하였으나, 배터리 기술부족, 불투명한 사업전망 등으로 개발을 중단하였다.

현재 일부 벤처기업 등을 중심으로 골프카 등 특수용도 전기차량에 대한 기술개발 및 사업화가 진행 중이나 단거리 저속운행용으로 공급하고 있어 수요가 한정되어 있다. 벤처기업의 전기자동차는 공원, 농촌 등에서 제한된 용도로 사용할 수 있는 성능으로

표 5.8 국내외 전기자동차 기술 수준 비교

	Nissan (Japan)	Mitsubishi (Japan)	Subaru (Japan)	CT&T (Korea)
Model name	LEAF	i-MiEV	Plug-in Stella	e-ZONE
Milage per charge (km)	160	160	90	1101)
Charging time	8 hr with 200V rapid: 30min(80%)	30min with 3 phase 200V (7 hr with 200V)	5 hr with 200V	2.5 hr with 200V
Price		~ $48,000	~ $ 50,000	~ $23,001)
Top speed (km/h)	140	130	100	60
Power (kW)	80	47	47	5
Battery (kWh)	24	16	9	?
Seating		4	4	2
Delivery	2011	2009	2009	2009

일반자동차와 같은 수준의 도로 주행은 불가능하다.

국내 자동차업계에서는 르노삼성자동차가 처음으로 2009년 5월 15일 '제1회 국제자동차 부품 세미나'에서 미래 발전 계획을 설명하면서 전기자동차의 대량 생산 계획을 밝혔다. 현대자동차에서도 전기자동차 개발을 추진하고 있으며, 정부의 시범운영사업에 참여를 준비하고 있다.

5.4.4 전기자동차 전망

최근들어 리튬배터리 기술이 한단계 발전함으로서 전기자동차에 대한 기대가 증폭되고 있으며 소형차 중심으로 전기자동차 상용화 모델도 발표되고 있다.

그러나 전기자동차가 본격적으로 상용화되기 위해서는 현재 100Wh/kg 수준의 에너지밀도가 500Wh/kg 수준으로 5배 이상의 성능 향상을 요구하고 있으며, 가격도 현재의 1/10 이하가 되어야 가능할 것으로 예상하고 있다.(그림 5.17)

리튬배터리기술의 한계가 250Wh/kg의 에너지밀도까지인 것으로 예측되고 있어 현

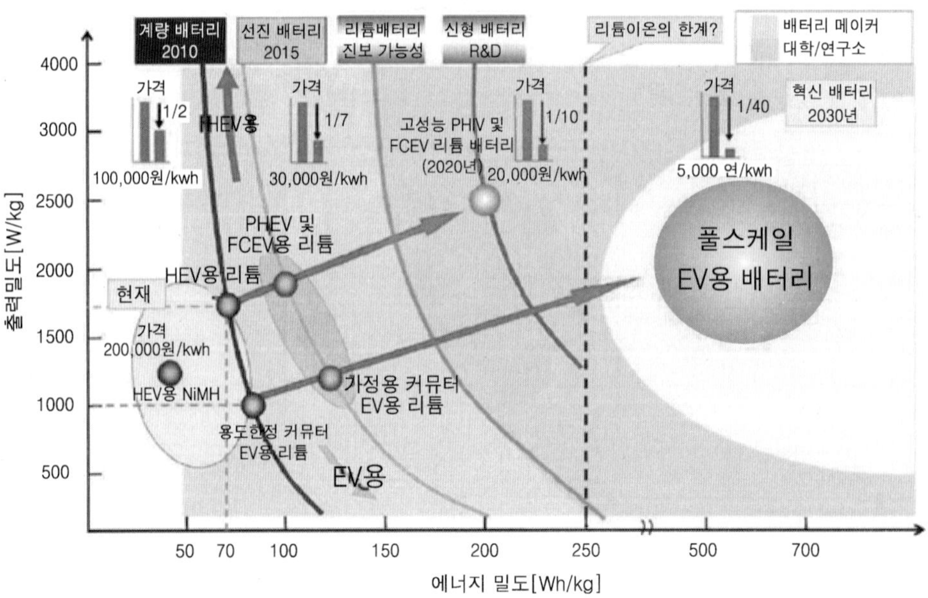

그림 5.17 일본의 전지기술 전망

재 기술을 뛰어넘는 새로운 기술의 발전이 필요한 것으로 예상하고 있다.

또한 전기자동차가 대량으로 증가하면 소모전력량을 감당할 수 있는 발전소의 증설이 필수적이며, 전기충전인프라 구축도 병행되어야 하기 때문에 보다 장기적인 전망으로 기술발전과 투자를 할 필요가 있다.

5.5 연료전지(Fuel Cell)자동차

연료전지 자동차는 가장 핵심이 되는 연료전지스택과 모타, 수소연료탱크, 배터리 및 제어장치로 구상되어 있다. 그림 5.18은 도요타자동차의 연료전지자동차 구성을 나타낸 것이다.

그림 5.18 연료전지자동차 핵심 구성부품

5.5.1 연료전지

(1) 작동 원리

1839년 William Groves가 전기분해셀의 양전극에 수소와 산소를 공급하였을 때 외부 전도체를 통하여 전류가 흐르는 것을 발견함으로서 연료전지 원리를 발표하였으나 자동차에 적용하기 위한 연구는 1980년 후반에 미국의 DOE의 지원으로 본격적인 연구가 시작되었다.

수소가스를 양극(anode)에 공급하면 전기화학반응(electrochemical reaction)에 의하여 전극표면에서 양자(protons)와 전자(electrons)를 생성한다. 이렇게 발생된 전자는 전도체를 통하여 음극으로 이동하며 양극 사이에 설치되어 있는 모터 등을 구동할 수 있는 전기를 발생한다. 음극으로 이동한 전자는 산소 및 이미 발생한 양자와 반응하여 물을 생성한다.

이때 백금촉매를 사용하여 반응속도를 촉진하면 실용화가 가능한 전류량을 얻을 수 있다.

양극에서의 반응식: $H_2 \rightarrow 2H^+ + 2e^-$

음극에서의 반응식: $O_2 + 4H^+ + 4e^- \rightarrow 2H_2O$

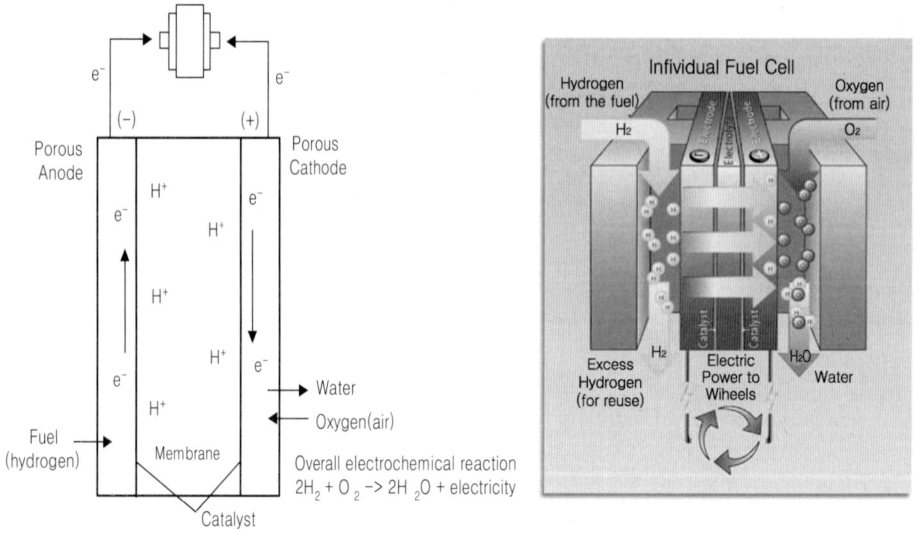

그림 5.19 연료전지의 기본 작동

연료전지의 연료를 수소로 사용할 경우의 연료전지의 반응은 "$2H_2$ + O_2(산화제) → $2H_2O$ + 전기"이다.

연료전지의 장점으로는 효율이 90% 이상이며 특히 부분부하에서 높다. 현재의 연료전지 1개는 0.55~0.75V 전압범위에서 0.8~1.2A/cm^2 정도의 전류를 얻을 수 있는 수준이다. 자동차 모터를 구동할 수 있는 전류를 얻기 위해서 여러개의 연료전지를 직렬 또는 병렬로 연결(stack)하여 사용한다.

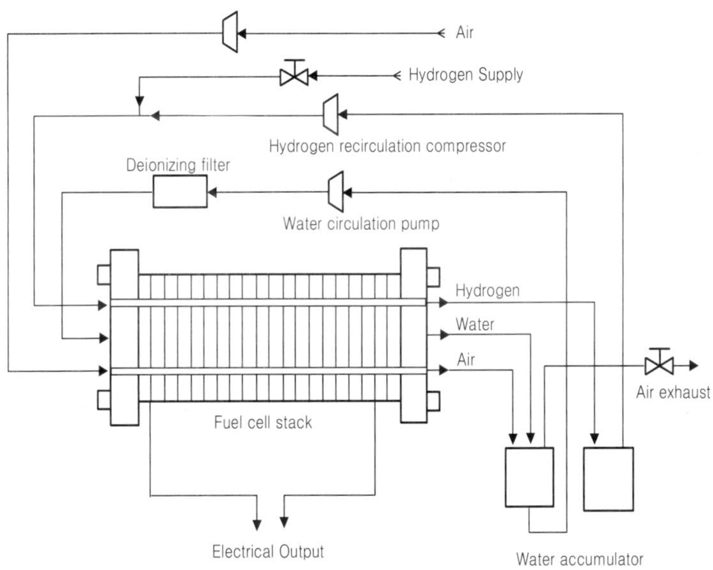

그림 5.20 Fuel cell stack을 사용한 PEMFC subsystem

(2) 연료전지 및 연료종류

연료전지 설계는 전해질의 종류에 따라 현재 5종류의 방식이 연구되고 있다.

연료전지의 연료는 수소로 제한되어 있지는 않으며 일반적인 연료전지의 반응은 "연료 + 산화제(oxidant) → H_2O + 전기 + 기타 부산물"로 표현된다.

표 5.9 연료전지 종류

Type	Electrolyte(전해질)	온도(℃)	특 성	사용처
AFC (Alkaline)	KOH(OH−)	60~120	고효율, CO_2에 민감	우주, 군사
PEMFC (Proton exchange membrane)	Polymer 전해질(H+)	20~120	high power density	우주, 차량
PAFC	아인산: Phosphoric acid (H+)	160~220	효율제한, 부식	대형차량
MCFC	Molton carbonates (CO−3)	550~650	제어복잡, 부식	발전소
SOFC (Solide oxide)	Solid doped Zr−oxide(O=)	850~1000	고효율	발전소

주: PEMFC는 SPFC(solid polymer fuel ceall)로도 불리며 자동차용으로 가장 많이 연구되고 있는 방식이다.

① 수소연료

가장 단순한 형태의 연료전지는 수소를 직접 연료로 사용하는 경우이다. 공기는 압축기로 공급하며 연료전지스택에서 배출되는 수분과 수소의 습기를 제거하기 위한 제습장치와 냉각시스템 등이 추가로 필요하다.

수소연료 공급장치가 필요하며 4종류의 저장방식이 연구되고 있다. 고압가스 실린더가 현재 가장 많이 사용되고 있으며, 1996년도에 발표된 벤츠자동차의 NECAR−2에서처럼 140리터 실린더 두 개에 250bar의 압력으로 탑재되어 약 250km 주행 성능을 보인다.

이외에도 금속수소화물(reversible metal hydride)방식은 대기상태에서 가장 많은 양의 연료를 저장할 수 있으며, 초저온액체(cryogenic liquid)저장방식, 저온탄소흡착(low temperature adsorption on carbon)방식이 연구되고 있다.

② 메탄올연료

메탄올연료의 경우 수소시스템에 비해 증발기(vaporiser), 수소변환기(reformer), gas clean−up system, start−up heater 가 추가된다.

가장 중요한 시스템은 증발된 메탄올연료를 reformer내에서 수소로 변환시키는 방법이다. Steam reforming, partial oxidation, autothermal reforming 등의 방법이 있지만 자동차에는 autothermal reformer가 유력한 방식인 것으로 고려된다.

또한 메탄올연료를 수소로 변환시키는 변환기를 사용하지 않고 직접 메탄올 연료를 사용하는 연구도 진행되고 있다. 이 방식은 효율이 너무 낮아 지금까지는 사용이 고려되지 않았으나 최근 들어 촉매기술이 발전되면서 수소연료 사용시의 효율과 비슷한 30% 이상의 효율을 얻을 수 있는 것으로 발표되고 있다.

1997년도에 벤츠에서는 A-class급의 콤팩터 차량에 메탄올연료를 사용하는 NECAR-3를 발표하였다. 이 차량의 수소변환기는 메탄올을 80%까지 수소로 변환시킬 수 있으며 총 에너지효율(energy-to-road)은 31%로 디젤승용차의 24% 보다도 높다. 또한 제동에너지까지 회수할 경우 40%를 충분히 상회할 수 있을 것으로 예상하고 있다.

③ 가솔린 연료

가솔린 연료를 사용할 수 있으면 기존의 연료제조 시설과 공급망을 그대로 사용할 수 있으면서 배기공해를 대폭적으로 줄일 수 있어 타 시스템에 비해 매우 유리하다.

수소변환 시스템을 활용할 경우 훨씬 복잡하긴 하지만 가솔린으로부터 수소로 변환하여 전체효율을 30% 이상 얻을 수 있는 것으로 분석하고 있다.

크라이슬러에서 가솔린 연료전지자동차 개발에 주력하고 있다. 기존 가솔린엔진에 비해 열효율이 50% 이상 높으며 따라서 1회 주유시의 주행거리도 길어져 640km 이상이 될 것으로 기대하고 있다.

연료전지는 전기를 발생시키는 장치이며 축전지와 같이 에너지를 저장하는 장치는 아니다.

연료전지의 결점으로는 부하변동에 따르는 반응속도가 느려서 차량 냉간시 출발과 급가속성능이 떨어진다. 또한 시스템 가격은 약 $200/kW으로 그 동안 많이 낮아졌지만 아직도 엔진시스템($30/kW)에 비해 크게 높아 실용화에 중요한 장애요인으로 작용하고 있다. 크라이슬러에서는 2010~2015년경에 가격경쟁을 할 수 있는 가능한 수준으로 개발이 가능할 것으로 기대하고 있다.

5.5.2 국내외 현황

미국의 경우 에너지성이 2002년 1월 연료전지자동차 개발 및 수소공급 인프라 기술개발을 중심으로 하는 'Freedom CAR'라는 국가계획을 발표하였는데, 지엠, 포드, 다임러크라이슬러 등의 자동차회사와 국립연구소, 대학이 함께 참여하는 이 계획에 약 1.5억불을 지원하고 있으며, 이 중 연료전지자동차 개발에만 전체예산의 45%가 배정되었다.

유럽연합의 경우 제6차 Framework 프로그램(2002~2007)으로 정지형 및 수송용 연료전지 개발을 진행하였으며 저가격화 및 첨단재료 개발에 주력하고 있는 상태이다. 또한 2003년부터 30대의 연료전지 버스를 유럽의 10개 도시에 투입하여 각 지역별 평가 목적에 따라 연료전지 버스와 수소 인프라에 대한 평가를 진행하고 있다.

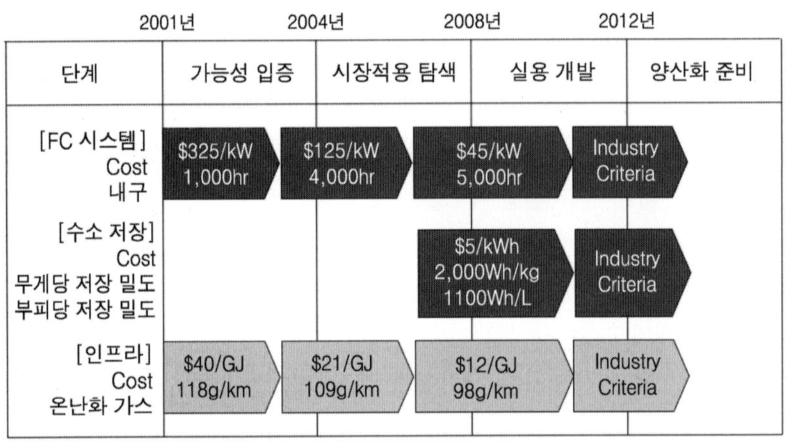

(출처: 코리아오토포럼)

그림 5.21 미국의 연료전지 자동차 개발 목표

일본의 경우 2002년 12월 2일 토요타와 혼다가 각각 연료전지자동차 한 대씩을 정부에 임대 형식으로 전달하고 고이즈미 총리가 직접 그 자동차들을 시승함으로서 일본이 미국과 유럽을 뿌리치고 연료전지자동차를 판매하기 시작한 첫 번째 나라가 되었다. 또한 그 다음날에 도요타는 캘리포니아 대학에 6대를, 혼다는 로스앤젤레스 시청에 1대를 임대해 줌으로서 이들 연료전지자동차 또한 미국정부가 상업화를 승인한 첫 번째 연료전지자동차가 되었다.

그리고 일본 통산성 공업기술원 산하 신에너지 개발기구(New Energy Development Organization; NEDO)가 1992년부터 2001년까지 10년간의 프로그램으로 고분자전해질 연료전지 시스템 개발을 추진하였으며, 2002년부터 2005년까지 연료전지 실증 프로젝트(JHFC: Japan Hydrogen & Fuel Cell Demonstration Project)를 추진하였다. 이 프로젝트에는 자동차회사(8개사), 석유/에너지 관련기업(13개사), 정부 관련부처 등이 참여하였으며, 승용차 및 버스를 대상으로 연료전지자동차의 에너지절약효과 연구, 안전 등에 관한 법규 및 기준 작성을 위한 데이터 확보 등을 목표로 추진하였다.

표 5.10 일본 NEDO의 연료전지자동차 가격 및 성능 목표

<table>
<tr><th></th><th>현재</th><th>2007
(초기차 실증)</th><th>2010
(초기차 한정 도입, 추정 10만대/년)</th><th>2015
(초기차 보급 및 차세대차 실증, 약 100만대/년)</th><th>2020~30
(차세대차 본격 보급, 약 100만대/년)</th></tr>
<tr><td>차량효율
LHV(HHV)</td><td>약 50% (42%)</td><td>50% (42%)</td><td>50% (42%)〈</td><td>60% (51%)</td><td>60% (51%)</td></tr>
<tr><td>내구성</td><td>약 1000시간</td><td>2000시간</td><td>3000시간</td><td>5000시간</td><td>5000시간</td></tr>
<tr><td>운전온도</td><td>약 80℃</td><td>−20~80℃</td><td>−30~90℃</td><td>−30~100℃</td><td>−40~120℃</td></tr>
<tr><td>제조가격</td><td>수십만엔/kW</td><td>−</td><td>5~6만엔/kW</td><td>약 1만엔/kW</td><td>약 4천엔/kW</td></tr>
<tr><td>스택</td><td>1. 최적화/고성능화
2. 평가해석 방법확립
3. 열화 및 반응기구해명
4. 내구성/신뢰성 향상
5. 고효율화</td><td>1. 고내구화 (가동정지 대응 등)
2. 저비용화
3. 평가해석 방법확립
4. 양산화 대응</td><td>1. 차세대 기술을 기반으로 한 고성능/고효율화 및 스택 부자재 최적화
3. 고내구화 기술 최적화 (고온화 대응)</td><td>1. 장기적 과제 해결에 의한 고성능화
2. 고성능 스택 부자재 대량생산기술 확립
3. 차세대 스택 고내구화
4. 스택 양산기술 확립</td><td rowspan="3">비고
1. 발전효율, 내구성, 제조원가는 동시에 달성이 기대되지만 상호 trade-off 관계에 있음.
2. 운전온도는 시동온도를 포함. 운전온도는 스택 이미지를 표현하는 것으로 상기 세가지 지표를 만족시키는 것이 최우선.
3. HHV 수치는 참고치.</td></tr>
<tr><td>MEA</td><td></td><td>1. 고온 및 저가습 대응
2. 양산화 대응</td><td></td><td></td></tr>
<tr><td>기타</td><td>주변기기 부품 수 저감 및 재료비 저감</td><td>귀금속 촉매 저감</td><td>차세대 주변기기 최적화</td><td>차세대 주변기기 비용절감(성능 유지)</td></tr>
<tr><td>차세대 기술</td><td colspan="2">고온 및 저가습 대응기술개발
고온 및 저가습 대응 MEA 개발
고온대응 분리판 개발(저손실 가압계)</td><td colspan="2">고온 및 저가습 대응기술(단셀 수준)
대응온도: 90~100℃(〈약 30%RH)
내구성: 3000시간(저비용 가능할 것)</td><td>고온 및 저가습 대응기술(스택 수준)
대응온도: 100~120℃(무가습)
내구성: 5000시간(저비용 가능할 것)</td></tr>
<tr><td>장기적 과제</td><td colspan="5">무가습 MEA 개발, 백금대체기술확보, 저산소 과전압 촉매개발 등(성능 및 비용 확보가 전제)</td></tr>
</table>

우리나라의 연료전지자동차 개발은 2000년부터 본격적으로 시작되었으며, 2000년도부터 2006년까지의 연구개발 동향은 다음과 같다.

① 2004년부터 2008년까지 지식경제부의 지원을 받는 수소연료전지사업단에서 자동차구동용 80kW급 PEMFC 발전 모듈 개발 연구, 수소스테이션 건설 및 실증연구,

수송용 연료전지 모니터링 사업을 추진하였다.

② 2004년부터 2012년까지 지식경제부의 지원을 받는 미래형자동차사업단에서 80kW급 승용차용 고분자 연료전지 운전장치 시스템 개발, 승용 연료전지차량 개발, 핵심부품 및 시스템개발 과제를 추진하고 있다.

③ 2003년부터 2013년까지 고효율 수소에너지사업단(주관연구기관:한국에너지기술연구원)에서는 교육과학부 21세기 프론티어사업의 지원을 받아 고효율수소에너지 제조/저장/이용기술개발 사업을 추진하고 있다.

5.5.3 향후 동향

2010년 전후 본격적으로 연료전지 자동차는 양산될 예정이며, 미국 에너지성에서 예측하는 연료전지 시스템 예상 비용은 2010년 기준 $45/kW 정도이며, 사용 연료는 최종적으로 수소가 될 전망이다. 다음 표는 주요 자동차 제작사별 연료전지 자동차 실용화 계획으로써, 관련 부품 기술들은 이러한 계획 내에서 단계별로 개발될 예정이다.

표 5.11 주요 자동차 제작사별 연료전지 자동차 실용화 계획

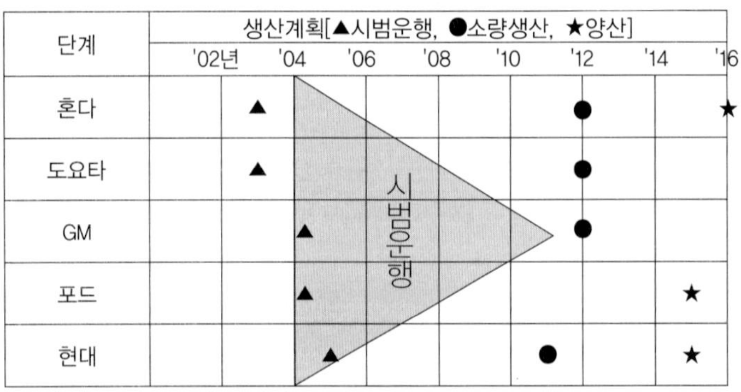

(출처: 코리아오토포럼)

5.5.4 연료전지자동차용 수소충전 인프라

수소스테이션은 연료전지 자동차 및 수소 내연기관 자동차에 수소를 공급하는 수소 충전설비를 말한다. 수소 스테이션은 액체 수소 및 기체 수소를 수소 생산처에서 제조하여 차량에 의해 운반한 후 연료전지자동차에 공급하는 off-site 방식과 온사이트(on-site)에서 직접 수소를 제조하여 차량에 수소를 공급하는 방식으로 구분할 수 있다. 또한 on-site 방식에 의한 수소 스테이션도 수소의 생산 방식에 따라 전기분해에 의해 수소를 생산하는 스테이션 및 화석연료의 개질에 의한 수소스테이션으로 구분할 수 있다.

표 5.12 각종 수소 스테이션의 특징

		수소원 및 제조방법	특징
On-site 방식	연료 개질형	천연가스, LPG, 메탄올, 나프타 등 석유계 연료의 수증기 개질 및 정제	- 도시가스, LPG의 인프라를 이용하여 온사이트에서 수소를 제조 - 기동시 수시간이 소요되며, 연속운전이 필요함
	수전해형	전력을 이용하여 물의 전기분해 (알카리 수전해, 고체고분자 전해질 수전해)	- 야간전력 이용가능 - 단시간내에 기동 가능 - 소규모 스테이션에 적합
Off-site 방식	액체수소 운송/저장형	부생수소 등을 정제, 액화하여 탱크로리로 운송 스테이션에서 저장, 기화시 고압으로 압축	- 액체수소로 공급가능 - 대용량 저장이 가능 - Boil-off gas 회수 필요
	고압수소 운송/저장형	부생수소등을 정제, 압축하여 트레일러로 운송하거나 근거리일 경우 파이프라인 운송하여 스테이션에 고압으로 압축하여 저장	- 설비비가 싸며 - 운전용이 - 근거리일 경우 최적. 운송거리가 길 경우 수소가격이 높아짐

궁극적으로 수소경제(hydrogen economy)시대가 도래하게 되면 renewable energy source에 의해 수소를 생산하고 생산된 수소를 파이프라인을 통해 공급하는 단계로 전이될 것으로 예상된다. 수소경제로 가기 위한 전이단계로서 on-site 및 off-site 수소스테이션이 선진국을 중심으로 건설되고 운영되고 있다. 이러한 수소 스테이션의 운영을 통하여 수소의 생산비용 및 운송비용, 저장방식, 설비의 용이성, 안정성 등에 대한 실증시험 및 경제성 분석이 진행되고 있다.

미국은 1999년부터 DOE와 California 정부의 지원하에 California주 팜스프링스의 교통국에 연료전지 버스를 주행하는 프로젝트를 발족하였다. 이 프로젝트에는 2000년 수전해장치, 2001년 천연가스 개질장치를 사용하는 수소스테이션을 설치하여 연료전

그림 5.22 미국 Santa Monica 수소충전소

지 버스의 테스트 주행을 개시했다. 이 시스템은 상용전력과 37kW의 태양광 발전설비에서 발생하는 전력을 사용하여 38Nm^3/hr의 알카리 수전해장치와 0.7MPa의 가압형 110Nm^3/hr의 천연가스 개질장치, PSA 정제장치를 이용해 수소를 생산한다.

2000년도부터 미국 California 주정부에서 추진 중인 California Fuel Cell Partnership Project 일환으로 액체수소 및 압축수소를 사용하는 연료전지자동차의 수소 공급을 위한 수소스테이션을 설치 운영하고 있다.

5.6 수소엔진 자동차

그림 5.23 BMW Hydrogen 7

표 5.13 BMW Hydrogen 7에 장착된 MED9 엔진 제원

Engine name	MED9
Manufacturer	BMW
Fuel	H2 & Gasoline
Engine type and number of cylinder	V12
Displacement (cc)	5,972
Stroke/bore(mm)	80/89
Power output (kW/@rpm)	191/5100
Torque(Nm/@rpm)	390/4300
Compression ratio	9.5
Valves/cylinders	4
Fuel consumption in the EU cycle, H2 fuel	3.6 kg/100km (=13.3L)
CO_2 emissions in the EU cycle, H2 fuel	5.2 g/km

수소엔진에 대한 연구는 1805년 스위스의 Rivaz가 최초로 개발하여 발표한 바가 있으며, 1920년대에 영국의 Ricardo 연구소에서 본격적인 연구가 수행되었다.

1970년에 일본 무사시공대의 Furuhama 교수가 수소 1호차량 개발을 필두로 액체수소를 사용하는 승용차인 무사시 8호, 냉동차인 무사시 9호 개발 등의 지속적인 연구를 진행하고 있으며, 일본 기계연구소에서도 1987년에 연소실내 직접분사방식엔진을 개발하여 차량에 탑재하여 주행을 성공하였다.

독일의 BMW도 독자적인 연구를 계속하여 오고 있다. 1978년에 연구를 시작하여 1979년에 최초로 중형모델인 520을 시험하였으며 2000년대에 들어서서 7시리즈를 계

그림 5.24 미국 CARB에서 시험 중인 개조된 수소하이브리드자동차

속하여 발표하고 있다.

최근 미국에서는 하이브리드자동차용 휘발유엔진을 수소엔진으로 개조하여 수소하이브리드자동차를 시험 운영하는 수준에 와 있다.

5.6.1 수소연료 특성

수소연료의 비점은 -253°C로 매우 낮아 상온에서는 기체상태이다. 그러나 LPG와 같은 통상의 기체연료와는 물성치에 큰 차이가 있어 기존 엔진의 연료전환기술 개념으로는 개발이 용이하지 않다.

수소연료는 가연범위가 0.1~7.1로 넓고, 점화에너지가 0.2mJ로 작으며, 연소속도가 빨라 희박연소가 용이하며 특히 저부하영역에서는 열효율이 증가한다. 그러나 조기점화(preignition) 가능성이 크며, 고부하영역에서는 역화가 발생하기 쉽다. 또한 연소실 내 유동증가는 도리어 연소에 역효과를 줄 수도 있어 연소실 설계에 기존 엔진과는 차별화 되는 개념이 필요하다.

자발화온도가 585°C로 가솔린보다도 높아 강제 착화방식을 사용하여야 한다.

질량대비 발열량은 가솔린에 비해 2.7배 크다. 그러나 상온에서는 가스상태로 밀도가 작기 때문에 저장용기의 크기와 무게가 문제되며, 흡기관분사방식에서는 출력의 저하가 현저하다.

단열화염온도 및 열전달계수가 커서 냉각손실 및 연소실 벽면온도를 증가시키며 따라서 냉각시스템과 열부하에 대한 대책이 필요하다.

윤활유연소에 의한 미량 이외에는 미연탄화수소와 일산화탄소 배출이 없어 공해가 적다. 그러나 단열화염온도가 석유계 연료보다 다소 높아 질소산화물 생성이 증가하며 연소소음이 발생하여 이의 대책이 필요하다.

5.6.2 연료공급장치

수소엔진 연구는 연료공급장치 개발과 이상연소 원인 규명에 주로 중점이 두어져 왔다. 초기에는 고부하시의 역화현상을 방지할 수 있는 연구가 이루어져 왔으며, 차츰 고출력화를 구현할 수 있는 연료공급장치 개발로 진행되어 왔다. 현재는 질소산화물

저감 및 조기점화 등의 이상연소 현상규명과 억제에 관심이 집중되고 있다. 또한 수소자동차의 실용화를 위하여 가장 장애용인으로 작용하고 있는 저장용기 개발도 중요 연구과제이다.

수소연료의 엔진공급방식은 흡기관내 분사식과 연소실내 직접분사방식으로 크게 나눌 수 있다.

흡기관내 분사방식은 장치가 비교적 간단하고 저압의 수소를 사용할 수 있으며, 기존 엔진을 크게 개조하지 않고 사용할 수 있는 장점이 있다. 그러나 수소와 공기가 혼합하여 연소실로 공급되는 예혼합방식이기 때문에 체적효율이 저하하여 출력이 가솔린에 비해 30%까지 감소되는 단점이 있다.

또한 흡기관내에 항상 가연수소 혼합기가 잔류하고 있으며 특히 고부하시 역화의 가능성이 높다. 연료의 특성상 농후한 혼합기가 사용되는 고부하영역에서는 쉽게 조기착화가 일어나고, 또한 연소속도가 빨라 흡기밸브를 통해 화염이 흡기관내로 전파하여 흡기관내의 연료혼합기가 연소하는 역화현상이 발생할 수 있는 가능성이 높다.

연소실내 직접분사방식은 공기가 연소실내에 흡입되고 흡기밸브가 닫힌 후 수소연료를 연소실 내에 직접 분사하기 때문에 흡기관내 분사방식의 단점인 체적효율 저하와 역화문제는 발생하지 않는다.

그러나 인젝터를 연소실에 설치하기 위해서는 연소실 헤드의 재설계가 선행되어야 하며, 짧은 시간에 정확한 량의 연료공급을 위한 제어장치가 필요하다. 또한 공급하는 수소연료의 압력이 상당히 높아야 하기 때문에 누설과 작동의 확실성 등이 요구되어 이를 만족하기 위해서는 연료공급장치의 구조가 복잡해진다.

연료분사기구 작동방식에는 기계식, 유압식, 솔레노이드방식 등이 있으며, 현재는 분사시기와 분사기간의 제어가 용이한 솔레노이드방식이 대부분 연구되고 있다. 엔진에서의 솔레노이드밸브 작동조건은 상당히 고속이기 때문에 응답속도가 매우 중요하다. 따라서 구동력이 크면서 응답성이 빠른 솔레노이드밸브 및 구동회로 개발도 중요한 연구개발의 대상이 되고 있다.

5.6.3 수소연료 저장장치

수소의 저장기술로는 기체, 액체, 고체상태로 저장하는 방안이 제안되고 있다.

(1) 액체 수소용기

액체수소를 만들기 위해서는 많은 에너지가 필요하여 제조가격이 고가이며, -253°C의 저온으로 보관하여야 하기 때문에 극저온용기가 필요하다. 또한 용기를 통해 하루 1~2%의 연료가 증발하는 문제점이 있다.

(2) 고압가스 용기

200bar 이상의 고압으로 저장하며 용기 중량이 무거운 단점이 있으며 안전측면에서도 제약조건이 많다. 최근에는 복합재료를 사용하여 용기의 경량화가 상당히 진전되고 있다.

(3) 수소저장합금

수소저장 밀도가 높고 고압용기나 극저온 단열용기가 필요 없으며 감압 또는 승온의 간단한 조작으로 수소가스의 방출이 용이하여 가장 우수한 저장방식으로 알려져 있다. 그러나 시스템이 복잡하고 연료 재충전 시간이 길며 중량 면에서도 불리한 점 등의 문제점이 있다.

수소저장합금 개발과 연료저장탱크 제작에 대한 기술확보가 핵심이다.

Part VI 연료 영향

제6장

연료 영향

6.1 가솔린연료

6.1.1 성능특성

(1) 반노킹성(Antiknock Index; AKI)

① 노킹

가솔린엔진의 연소는 연료공기 혼합기를 압축한 후 점화플라그로 점화시키면 화염의 가스팽창에 의하여 미연가스를 압축하면서 연소를 진행한다. 그러나 연소가 완료되기 전에 미연가스 영역의 온도가 자발화온도를 넘어서는 경우가 발생하며 이 때는 화염전파 말단에 있는 미연가스 전체가 거의 동시에 자발화함으로서 급격한 압력상승을 일으키며 이것을 노크현상이라고 부른다. 이와 같은 이상연소는 정상연소와는 틀린 일종의 굉음을 수반하며 배기관으로부터 검은색 배출가스와 불꽃을 토출하고 심할 경우 피스톤 및 밸브가 국부적으로 녹아 버리는 경우도 발생한다.

② 옥탄가(Octane Number; ON)

엔진의 노킹에 대한 저항능력을 나타내는 연료 기준으로서, 옥탄가에는 RON

(Research Octane Number)과 MON(Motor Octane Number)의 두 가지가 주로 사용되며 이 두 값의 평균치를 AKI로 나타낸다. 일반적으로 RON은 중저속과 엔진 디젤링의 노킹에 영향을 주며 따라서 RON 값이 너무 낮으면 저속시 노크현상이 나타난다. 반면 MON은 고속과 부분 트로틀링 노크에 영향을 주기 때문에 MON 값이 너무 작으면 가속시나 등판시 노킹이 발생한다. 통상의 가솔린연료는 RON이 MON보다 8~10정도 크다.

옥탄가는 Cooperative Fuel Research Committee에서 제정한 단기통 CFR 엔진으로 측정한다.

자동차 제조회사에서는 판매 차종에 적정한 옥탄가를 추천하고 있으며, 엔진에 요구되는 옥탄가(Octane Number Requirement; ONR)는 주로 엔진 설계시 결정된다. 표 6.2에서와 같이 ONR에 영향을 미치는 인자를 살펴보면, 압축비, 점화시기, 공연비, 연소온도, EGR율, 연소실 설계 등과 같은 설계인자와 대기압, 대기온도, 습도, 연소실 퇴적물 등과 같이 사용시 고려할 인자가 있다.

표6.1 옥탄가 측정방법 및 조건

	RON	MON
CRC Designation	F-1	F-2
ASTM Method	D2699	D2700
Engine Speed(rpm)	600	900
Intake Air Temp.(oC)	대기압과 연계	38
Mixture Temp.(oC)	규정되어 있지 않음	149
Coolant Temp.(oC)	100	100
Ignition Advance(deg)	13o bTDC	압축비와 연계

압축비를 높이거나 점화시기를 앞당기면 ONR이 커지며, 공연비 영향은 이론공연비인 14.7:1 에서 ONR이 최대이며 이 보다 농후하거나 희박해지면 ONR이 적어진다. 또한 연소온도가 높아지면 ONR이 증가하기 때문에 흡기온도와 흡기관의 열전달, 냉각수온도 등이 간접적으로 영향을 미친다.

EGR율도 ONR 영향이 크며, 연소실 설계도 중요한 인자로서 일반적으로 스월이 높으면 ONR이 감소한다. 대기압과 대기온도가 높아지면 ONR이 커지며, 습도 상승은 ONR을 감소시킨다. 또한 연소실 퇴적물은 연소실 열방산을 저해하고 압축비를 증가시키는 요인으로 작용하기 때문에 ONR 증가를 초래한다.

고옥탄가 연료를 사용하면 엔진성능이 향상되고 연비가 좋아진다는 생각은 옥탄가에 대한 잘못된 인식이며 사용자의 입장에서는 자동차 제조회사가 추천한 옥탄가 연료를 사용하면 충분하다.

표 6.2 옥탄가에 영향을 미치는 인자들

설계/작동인자	사용조건
압축비 점화시기 공기연료비 연소온도 -흡기메니폴드 열전달 -흡기 온도 -냉각수 온도 EGR 율 연소실 설계	대기압/고도 대기온도 습도 연소실 퇴적물

(2) 휘발성(Volatility)

휘발성은 연료가 액체에서 기체로 증발하는 능력으로서 표 6.3에 나타난 바와 같이 자동차 성능에 매우 중요한 영향을 미친다. 60년대와 같이 휘발성이 좋지 않은 연료의 경우 냉시동성과 엔진 워밍업 성능이 나쁘고 연소실이나 점화플라그의 퇴적문제가 심각해진다.

반면 휘발성이 너무 높을 경우 연료펌프와 공급라인 등에서 기포를 발생시켜 연료공급에 이상을 일으키는 증기폐쇄현상(vapor lock)이 생겨 출력저하와 불균일한 엔진작동을 유발하고 심하면 엔진이 정지한다. 또한 연비 악화를 초래하고 유해 증발가스를 증가시킬 수 있다.

보다 적정한 휘발성능을 가진 연료를 공급하기 위해서는 계절과 지역적인 고려가 필요하다. 겨울의 빠른 시동과 양호한 워밍업 성능을 위해서는 높은 휘발성이 요구되나, 여름의 증기폐쇄를 줄이고 고온 운전성을 보장하기 위해서는 낮은 휘발성이 필요하다. 또한 고도 차이와 한대 및 열대 지역 차이에 따른 연료 휘발성의 조절이 요구된다.

가솔린의 휘발성을 나타내는 방법으로는 V/L비(vapor-liquid ratio), 증기압(vapor pressure), 증류곡선(distillation curve) 등이 사용된다.

증기압 시험은 여러 종류가 있지만 대표적인 것으로 "Reid Vapor Pressure(RVP)"가 사용된다. 이 방법은 가솔린연료가 든 시료통을 100°F의 욕조에 담가서 연료의 증발압력을 측정하는 방법으로 연료탱크 등에서의 연료 증발손실에 대한 척도로 사용한다.

증류곡선법은 일반적으로 ASTM 증류가 사용되며 규정된 치수의 플라스크와 응결장치, 계량기를 사용하여, 100cc의 시료에 대해서 온도가 10°C 상승할 때마다 증류량을 읽어서 증류량과 온도와의 관계를 도시한 것이다. 곡선이 아래 측에 있을수록 일반적으로 휘발성이 좋은 연료라고 할 수 있다. 증류할 때 처음으로 연료액이 한방울 계량기에 떨어질 때의 플라스크 내의 온도를 초류점(initial point), 10%, 50%, 90% 증류할 때의 온도를 각각 10%점, 50%점, 90%점이라 하며, 전부 증류할 때를 종점(end point)이라고 한다.

그림 6.2에서 보는 바와 같이 10% 증류점은 저온시동성에 큰 영향을 미치며 증기폐쇄와 고온 운전성에도 관계가 있다. 50%점은 워밍업과 저온 운전성에 중요하며 증기폐쇄와 고온 운전성에도 영향을 미친다. 또한 이 영역은 연료경제성을 좌우한다. 90%와 종류점은 연소실과 점화플라그 등에의 퇴적에 중요한 영향을 미치며 엔진오일 희석에도 관련이 있다.

DI(distillation index)의 제어는 T10, T50, T90에 비롯되고 산소 함유량은 엔진 작동에 유리하다. 그리고 DI는 배기관에서 HC배기와 직접적으로 연관되어 있다. 그림 6.1은 T50과 T90에서 더 적은 THC 배출을 위한 최적 DI 값이 있다는 것을 나타낸 것이다.

표 6.3에 가솔린 휘발성이 엔진에 미치는 영향을 정리하였다.

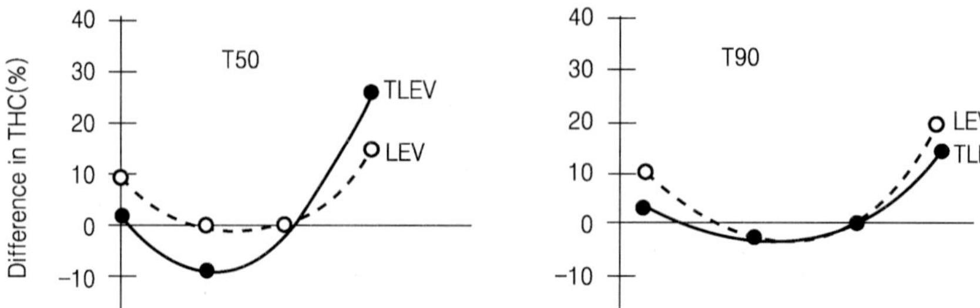

그림 6.1 T50/T90이 THC에 미치는 영향

표6.3 가솔린연료 휘발성이 엔진에 미치는 영향

저 휘발성	고 휘발성
저온 시동성 불량 워밍업 성능 저하 Poor cool weather driveabiliy 퇴적물 증가 - crankcase - combustion chamber - spark plug Unequal fuel distribution in carbureted vehicles	High evaporative emission/ Canister overload & purge Hot driveability problems/ Vapor lock Fuel economy may deteriorate

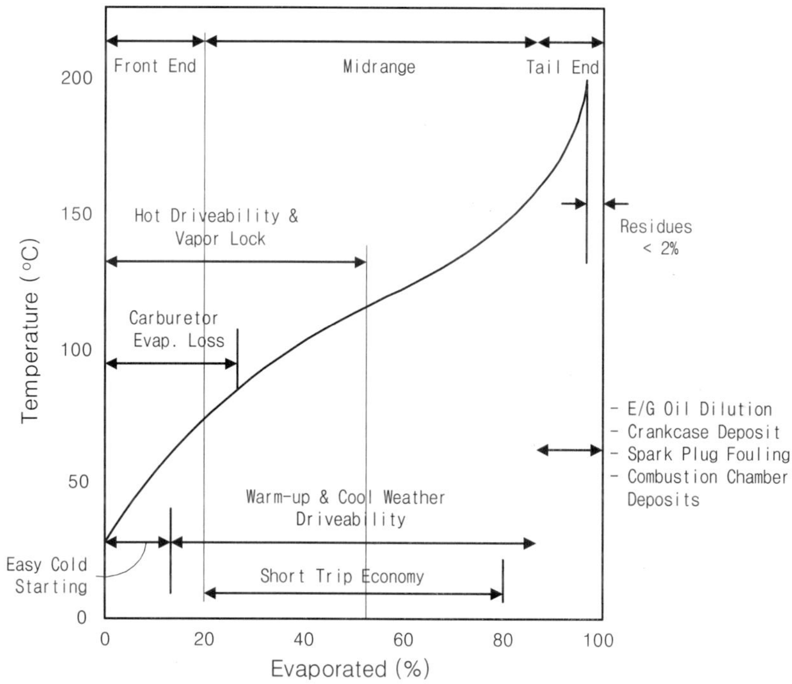

그림6.2 증류곡선과 중요영향 인자

(3) 발열량(Heating Value)

단위량의 연료가 온도 T에서 연소를 시작하여 연소가스가 최초의 온도로 냉각될 때까지 발생하는 열량을 발열량이라고 한다.

한편, 연소생성물 중에 존재하는 수증기(H_2O)의 증발 잠열을 포함하는 것을 고발열량(HHV; High Heating Value)이라고 하며 이것을 제외한 것을 저발열량(LHV; Low Heating Value)이라고 한다.

연료 1kg에 탄소 c, 수소 h, 유황 s, 산소 okg이 함유되어 있고 연소후 wkg의 수분이 발생한다고 하면 HHV와 LHV는 다음과 같이 구할 수 있다.

$$HHV = 8100c + 34400(h-o/8) + 2200s - 600w \ (kcal/kg) \quad (6-1)$$
$$LHV = H_h - 600(9h+w) = 8100c + 29000h - 4300o + 2200s - 600w$$

(4) 올레핀(Olefins)과 아로마틱(Aromatics; 방향족) 성분

올레핀은 가솔린에 5~20% 범위로 함유되어 있으며 화학반응이 활발하여 gum과 smog 등의 생성에 관계가 깊지만 반면 옥탄가를 향상시키는 긍정적인 역할도 있다. 그러나 올레핀은 파라핀보다 광화학반응도가 크기 때문에 개질연료에서는 이를 저감시키고 있다.

아로마틱성분은 100 이상의 RON과 90 이상의 MON을 갖고 있어 안티노킹 연료의 조성에 중요한 수단으로 사용된다. 다만 벤젠은 독성이 있어 성분이 제한되고 있지만 나머지 아로마틱스는 연료의 무연화 이후 중요하게 사용되고 있다.

아로마틱 성분은 C/H 값이 커서 비중이 높아 CO_2가 증가하며 또한 열량이 많아 연소온도를 높이기 때문에 NOx 발생량도 증가한다. 연료에서 아로마틱을 줄이면 배출가스에서 알데히드 성분이 증가하는 것으로 알려져 있다.

(5) 기타 연료특성

구리부식성(copper corrosivity)은 연료공급계통의 과도한 부식을 방지하기 위하여 규정한 특성이며, 안정성(stability)은 연료흡입 시스템에의 퇴적과 연료필터 막힘, 연료저장 기간 등과 관련되어 있다.

황함량이 과도할 경우 배기가스와 엔진 퇴적물 증가를 유발한다. 또한 엔진오일 첨가제 효율을 저하시켜 엔진마모를 촉진시킬 수 있다. 납성분은 촉매를 오염시켜 기능을 마비시키기 때문에 법적으로 함량을 규제하고 있다.

상변화 온도특성은 에탄올 또는 메탄올을 혼합한 혼합연료(blended fuel)의 물에 대한 내성(water tolerance)을 결정하는 중요한 요소이다.

(6) 가솔린 첨가제

첨가제에 대한 규정이 정해져 있지는 않으나 연료품질과 성능 향상, 공급기간동안의 기준 유지 등을 위해 수많은 종류의 첨가제가 사용되고 있다. 일반적으로 첨가제 가격은 고가이며 엔진에 미치는 영향으로는 엔진 성능향상과 수명 연장, 퇴적물 감소, 운전성 및 연료소비율 향상 등 수많은 효과가 있다.

중요한 첨가제 종류를 표 6.4에 정리하였다.

표6.4 가솔린 첨가제

Additive	Purpose
• Detergents/deposit control additives	– Eliminate or remove fuel system deposits
• Anti–icers	– Prevent fuel–line freeze up
• Fluidizer oils	– Used with deposit control additives to control intake valve deposits
• Corrosion inhibitors	– To minimize fuel system corrosion
• Anti–oxidants	– To minimize gum formation of stored gasoline
• Metal deactivators	– To minimize the effect of metal–based components that may occur in gasoline
• Lead replacement additives	– To minimize exhaust valve seat recession

특히 MMT(methylcyclopentadienyl manganese tricarbonyl)는 휘발유의 옥탄가를 높이는 연료 첨가물인 manganese–based 혼합물이다. 또한 경유 연료에는 매연을 줄이는 첨가물로 제시되고 있다. 2002년에 일부 자동차 제작자들은 MMT의 영향에 관한 연구를 수년간 공동으로 진행하였다.

연구 결과, MMT는 대기 중에는 소량만 배출되며, 대부분은 엔진 연소실, 촉매 그리고 배기계 내부에 잔류하는 것을 밝혔다. 또한 잠재적으로 연료 소비량을 증가시키고 엔진 성능을 떨어뜨린다. 특히, 그림 6.3에서 보듯이 100,000마일 운전 후 MMT 연료 사용 차량의 NMOG, 일산화탄소와 NOx 배출량은 두드러지게 증가하였다. 그림 6.4는 이 연구에 사용된 차량의 주요 부품에 미치는 MMT의 영향을 보여주는데, 그림의 침전물은 산화된 망간에 해당된다.

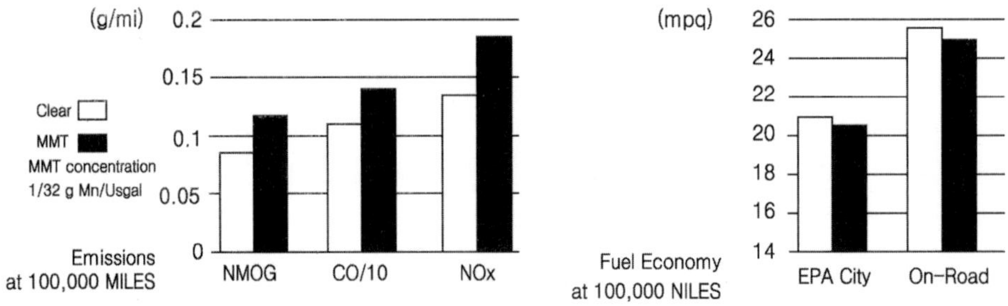

그림6.3 MMT사용 차량의 배출가스 및 연비 특성

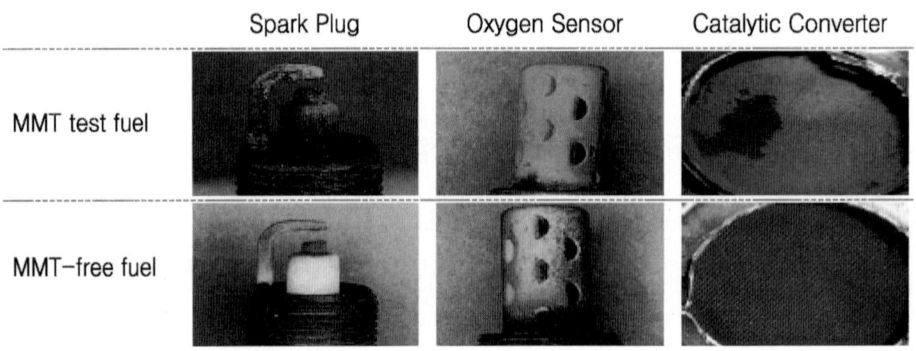

그림6.4 MMT사용 차량 부품 영향

6.1.2 연료 성분

(1) 파라핀계(Paraffin Family (Alkanes))

사슬구조(open-chain)의 형태로 모든 탄소결합이 단일결합으로 되어 있어 포화되어 있다고 부르며 C_nH_{2n+2} 형태의 분자식을 갖는다. 파라핀계 종류의 명칭은 -ane로 끝나며, 예를 들면 가장 간단한 멤버인 메탄(methane; CH_4)을 비롯하여 에탄(ethane; C_2H_6), 프로판(propane; C_3H_8), 부탄(butane; C_4H_{10}) 등이 있다.

SI 엔진의 노킹값은 옥탄가 100인 이소옥탄(isooctane; 2,2,4 trimethyle pentane)과 옥탄가 0인 헵탄(n-heptane)을 혼합한 연료로 측정하며, 예를 들어 ON이 80인 연료는 이소옥탄 80%(체적)와 헵탄 20%가 혼합된 연료의 ON에 상응한다는 의미이다.

동일한 개념으로 CI 엔진 노킹값은 세탄가 100인 헥사디케인(hexadecane; 일반적으로 세탄으로 불림)과 세탄가 15인 헵타메틸노네인(heptamethylnonane)을 혼합한 연료를 사용한다. 예를 들어 CN이 66인 연료는 세탄 60%(체적)와 헵타메틸노네인 40%가 혼합된 연료의 CN과 등가임을 의미한다.

저장에 안정성이 있고, 연소가 깨끗하며(clean burning), 가스켓이나 금속을 손상시키지 않는다. 또한 수소함유가 가장 많기 때문에 단위 중량당 발열량이 높으며, 반면 단위 체적당은 발열량이 낮다.

표 6.5 파라핀계 연료특성

Formular	Name	Mole weight	Specific Gravity	Ignition Temp. (oC,1atm)	Low Heating Value		A/F	ON	
					kcal/kg	kcal/l		RON	MON
CH_4	Methane	16.04	0.3	732	11830		17.2	120	120
C_2H_6	Ethane	30.07	0.37	504	11260		16.1	115	99
C_3H_8	Propane	44.09	0.5		10980		15.7	112	97
C_4H_{10}	Butane	58.12	0.579	430	10830		15.5	94	90
C_4H_{10}	Isobutane	58.12	0.557	477	10800		15.5	102	98
C_5H_{12}	Pentane	72.15	0.626	285	10740		15.3	62	63
C_5H_{12}	Isopentane (2-methyle butane)	72.15	0.620	427	10720		15.3	93	90
C_7H_{16}	Heptane	100.20	0.684	247	10640		15.2	0	0
C_8H_{18}	Octane	114.22	0.703	240	10610		15.1	-20	-17
C_8H_{18}	Isooctane (2,2,4-trimethyl pentane)	114.22	0.692	447	10590		15.1	100	100
C_9H_{20}	Hexadecane (cetane)	226.43	0.773		10500		15.0		

(2) 올레핀계(Olefin Family (Alkenes))

하나의 이중결합과 직선의 사슬구조 화합물로서 C_nH_{2n} 형태의 분자식을 갖으며, 명칭은 -ene로 끝난다. 수소첨가 반응(hydrogenation)으로 이중결합이 깨어져 다른 수소원자가 연결될 수 있기 때문에 비포화 상태라고 불린다.

물성은 파라핀계에 가까워 연소가 깨끗하며 옥탄가가 높으나 단점으로 공기와 접촉하면 산화되기 쉬워 연료의 질을 떨어뜨리고 고무질의 침전물을 발생시킨다.

올레핀은 불포화 탄화수소이며, 가솔린의 옥탄가 향상에 유익한 성분이다. 그러나 가솔린에서 침전될 수 있으며, HC과 유독 합성물의 배출을 증가시킨다. 특히, 올레핀은 불안정하며, 연료 점성입자를 희박하게하고 엔진의 흡기 시스템에 침적될 수 있다. 더군다나 오존입자와 화학적으로 반응하여 유독물질로 대기에 생성된다.

(3) 아로마틱계(Aromatic Family (Benzene derivatives))

벤젠계열은 환상(ring)구조로서 C_nH_{2n-6} 형태를 갖는 비포화 상태이다. 일반적으로 아로마틱계는 뛰어난 가솔린연료이다. 특히 벤젠(상업적인 명칭으로는 벤졸로도 알려져 있음)은 저급연료의 옥탄가를 높이는데 아주 우수한 혼합제(blending agent)이다.

아로마틱은 탄화수소 농도가 높기 때문에 체적당 발열량이 높고, 저장성이 안정적이며, 연소시 그을음(매연)이 발생하며, 용해성이 높아 가스켓 등을 녹이거나 부풀린다.

대개 방향족은 가솔린의 좋은 옥탄 성분이고 고효율 연료 분자이다. 그러나 연료 방향족은 엔진의 침전물을 증가시키고 배기관 내 CO_2를 증가시킨다. 즉, 무거운 방향족은 엔진에 다른 높은 분자 중량의 요소보다 특히 연소실 침전물에 연관되어 있다. 배기관에서 HC와 NOx를 증가시킨다. 그림 6.5는 45%에서 20%로 방향족을 줄인 결과 배기중의 유독 물질을 28% 감소한 결과를 나타낸 것이다.

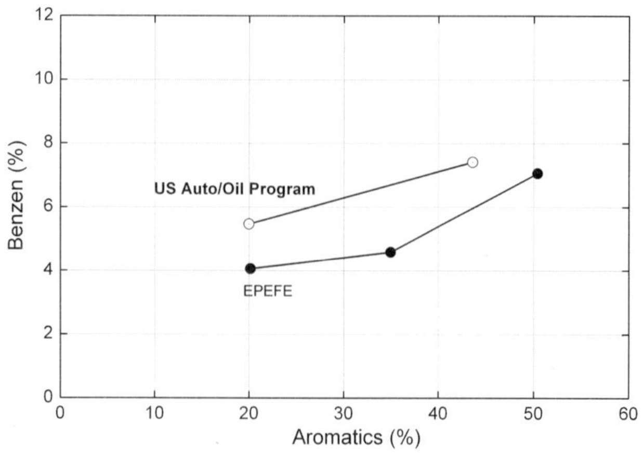

그림 6.5 연료내 방향족 성분이 배기관내 벤젠에 미치는 영향

(4) 알콜(Alcohols)

알콜은 석유의 부분적인 산화물이며 원유에는 전혀 포함되어 있지 않다. 성분은 파라핀계의 라디칼과 수산기(hydroxyl radical) OH에 붙어 사슬(chain)구조를 갖으며, 명칭은 파라핀계의 이름에 -ol로 끝난다. 예를 들면 메탄올(methanol; CH_4O), 에탄올(ethanol; C_2H_6O) 등이 있다.

알콜은 농산물이나 폐기물 등에서 제조되기 때문에 지하자원인 가솔린과 달리 고갈의 염려가 적어 향후 자동차 연료로 사용될 가능성이 많다. 현재 북미를 중심으로 가솔린연료에 일정비율 첨가되어 사용되고 있다.

표6.6 기타 탄화수소계 연료의 특성

Family Name	Formular	Name	Mole weight	Specific Gravity	Ignition Temp. °C,1atm	LHV kcal/kg	A/F	ON	
								RON	MON
Aroma-tic	C_6H_6	Benzene	78.11	0.879	592	9590	13.3		115
	C_7H_8	Toluene	92.13	0.867	568	9680	13.5	120	109
	C_8H_{10}	Ethyl benzene	106.16	0.867	460	9775	13.7	111	98
Olefin	C_3H_6	Propene	42.08	0.514		10880	14.8	102	85
	C_4H_8	Butene-1	56.10	0.595		10760	14.8	99	80
	C_5H_{10}	Pentene-1	70.13	0.641	298	10680	14.8	91	77
	C_6H_{12}	Hexene-1	84.16	0.673	272	10630	14.8	76	63
Alcohol	CH_4O	Methanol	32.04	0.792		4800	6.4	106	92
	C_2H_6O	Ethanol	46.06	0.785		6445	9.0	107	89
	C_3H_8O	Propanol	60.08	0.799		7390	10.5		
	$C_4H_{10}O$	Butanol	74.10	0.805		7935	11.1		

6.2 디젤연료

6.2.1 성능특성

(1) 세탄가(Cetane Number; CN)

CFR Cetane Engine 시험법(ASTM D613)에 의해 CFR 엔진으로 측정하며 시험연료

의 CN은 normal cetane과 heptamethyl nonane의 혼합연료의 점화성능(ignition quality)으로 비교한다.

세탄가는 디젤연료의 점화능력을 나타내며 CN이 클수록 연료 분사후 점화지연이 짧아진다. 또한 소음과 연비를 향상시키며, 배출가스도 저감된다.

그러나 CFR 엔진에서의 CN 측정은 정확도에 문제가 있어 새로운 방법으로 디젤연료의 API gravity와 mid-boiling point 값으로 Cetane Index(CI) 산정식을 ASTM D976에 제시하였다. CI는 디젤연료의 점화능력을 결정하는 데에 주로 사용되며 일반적인 디젤연료 특성비교는 CN 개념을 많이 사용하고 있다.

그림 6.6에서 보듯이 세탄가는 NOx에 상당한 영향을 미친다.

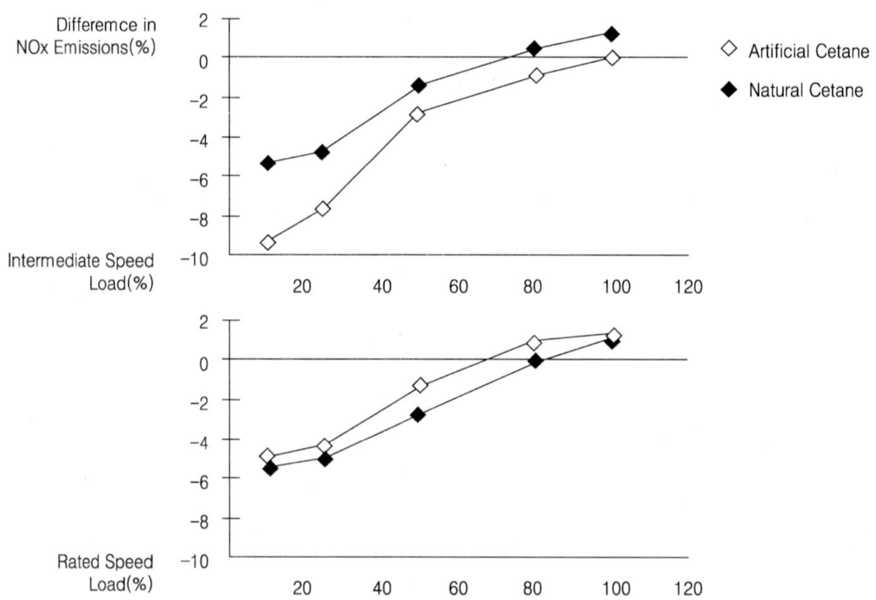

그림 6.6 CN를 50에서 58로 높였을 때의 NOx 배출에 미치는 영향

표 6.7 전형적인 디젤연료 물성치(평균치)

물 성 치	미국	일본	독일
Density(g/ml at 15°C)	0.856	0.835	0.832
Visc.(cSt at 20°C)	4.56	4.73	3.54
Sulfur(wt%)	0.21	0.38	0.17
Cetane Number	45.5	54.5	49.4
Cetane Index(1980)	45.8	53.7	50.2
Cloud Point(°C)	−11	−6	−7
Pour Point(°C)	−24	−16	−26
CFPP(°C)	−15	−11	−19
Distillation(°C)			
IBP	180	168	162
20%	239	237	214
50%	269	275	254
90%	316	326	322
FBP	346	348	360

(2) 휘발성(Volatility)

휘발성은 연료의 연소성능 지표라고 볼 수 있다. 10% 증류점은 연료증발 시작점의 성능에 관련되며, 90% 또는 95% 증류점은 연소영역에서의 연료증발 종료와 관련된 성능을 나타낸다. 따라서 고온에서 증발되는 성분은 연소되지 못하여 엔진 퇴적물로 남거나 매연을 증가시킨다.

95% 증류점이 높아지면 아이들에서의 냄새(odor)는 줄어든다. 그러나 매연과 배출가스에는 전반적으로 좋지 못한 영향을 주지만 연소실 설계에 의한 영향이 더욱 크다.

(3) 비중(Density)

비중은 SI 단위인 g/ml로 표시되나 디젤연료에서는 specific gravity(relative density)나 API gravity도 많이 사용하고 있다.

엔진의 연료공급 시스템은 체적을 제어하기 때문에 연료비중은 엔진 출력에 많은 영향을 미친다. 즉 비중이 높은 연료는 엔진 출력을 향상시키지만 반면 매연이 증가한다.

(4) 점도(Viscosity)

점도는 유체의 유동저항을 나타내는 것으로 점도가 크면 유동저항이 크다. absolute viscosity 단위는 poise(P), centipoise(cP)가 사용되며, kinematic viscosity로는 stroke(St), centistroke(cSt)가 사용된다.

$$cP = cSt \times oil\ density$$

연료점도는 인젝터 성능에 특히 중요한 영향을 미친다.

(5) 방향족 영향

방향족은 벤젠고리 하나 근처에 결합되어 있는 분자이다. 연료의 방향족은 연소의 영향에 연관되어져 있으며, 입자상물질과 PAH 형성에 영향을 준다. 특히, 디젤연료의 방향족은 화염온도에 연관되어 있다. 즉, 연료에서 높은 방향족은 연소 동안 화염의 온도를 증가시키고 NOx 증가를 초래하게 된다.

그림 6.7는 30%에서 10%로 방향족을 감소시킨 경우, 감소되는 NOx의 경향을 나타낸 것이다.

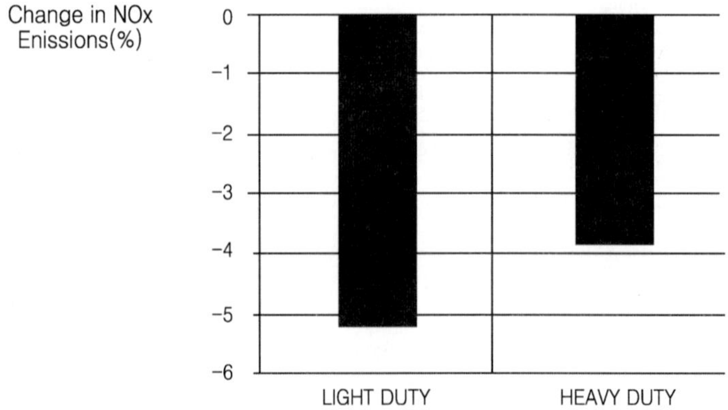

그림 6.7 연료내 방향족 함유량 변화(30 → 10%)에 따른 NOx변화

(6) 연료내 PAH 영향

그림 6.8에서 보듯이 PAH(tri+)는 디젤연료에 연관되어 차량에서 배출되는 PAH와 명확하게 관련되어 있음을 알 수 있다.

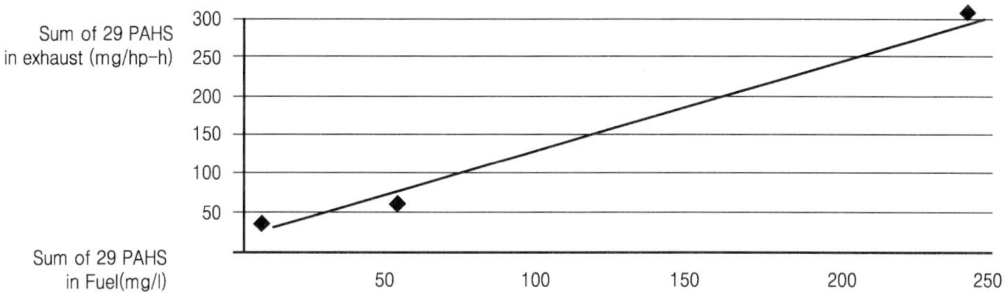

그림 6.8 연료 PAH와 배기 PAH와의 관계

6.3 환경문제와 연료변화

60년대부터 자동차가 환경에 미치는 영향이 증가하면서 배출가스를 줄이기 위한 노력이 꾸준하게 지속되어 왔으며 초기의 간단한 방식인 PCV(positive crankcase ventilation) 밸브사용으로부터 시작하여, 촉매사용, 배기 재순환장치 (EGR), 증발방지 캐니스터, 엔진 전자제어, 공연비조절장치 개선, 각종 센서사용, 연료인젝트를 사용한 포트공급방식(port fuel injection) 등의 기술에까지 도달하였다.

이들 기술에 의한 배출가스 감소량은 이전의 차량과 비교하면 일산화탄소(CO)와 탄화수소(HC) 성분은 95% 이상 저감되었고, 질소산화물(NOx)도 70% 이상 감소하였다.

지금까지의 배기저감은 대부분 자동차 엔진기술의 발전에 의해 주로 이루어졌으나, 이제부터는 깨끗한 연소 연료 개발이 중요한 역할을 할 것으로 기대하고 있다. 표 6.8에 환경문제 해결을 위한 가솔린 연료에서의 그 동안의 중요한 변화를 정리하였다.

6.3.1 무연연료

자동차 공해문제 해결을 위한 연료의 가장 첫 변화는 삼원촉매 사용을 위하여 연료를 무연화한 것이었다. 유연연료를 사용하면 촉매표면이 납으로 피막 되어 촉매기능을 할 수 없게 되기 때문에 연료의 무연화는 필수적으로 요구된다.

그러나 납(tetraethyl lead)은 가솔린 연료의 옥탄가 향상을 위하여 사용되었기 때문에 무연화에 따른 옥탄가 보상 대책이 필요하며 정유회사에서는 이를 해결하기 위하여 더욱 엄격한 제조공정처리와 함산소제 첨가방식을 사용하였다. 제조공정처리방식 향상에 따라 옥탄가는 증가하였지만 동시에 방향족(aromatics)과 olefins/diolefins 성분이 많아졌으며, 종류점 성분들이 증가하여 휘발성이 높아지고 따라서 증발가스(evaporative emissions)를 유발시키는 문제점 등이 발생하였다.

표 6.8 환경문제에 의한 미국의 가솔린 변화

Required Change	Environmental Reason	Automotive related Results
Reduction of Lead 86.1: 0.1g/gal 95.1: No Lead or heavy metals	To reduce health hazards via reduction in airborne lead	Fuel volatility is increased resulting in increase of hot start /hot driveability problems.
Regional Oxygenated Fuel Program	To reduce CO emissions	Increase use of ethanol & MTBE, no major automotive problems experienced.
EPA Phase 1 Volatility Controls	To reduce evaporative emissions and ozone formation	Reduced vapor pressure of fuel results in dramatically reduced hot start & hot driveability problem.
EPA Phase 2 Volatility Controls	Further reduction in evaporative emissions & ozone formation	Further reduction in vapor pressure should nearly eliminate all hot start/hot driveability problems. Some older vehicles may experience cold start & warm up performance problems on unseasonably cool days.
Oxygenated Fuel Programs	To reduce CO emissions	Expanded use of ethanol, MTBE, & possibly other oxygenates. No major problems anticipated based on success of existing programs.
Reformulated Fuel	To reduce ozone formation & air toxins	Further expanded use of fuel oxygenates. Some alternation of fuel properties. Performance standards expected to be similar to existing gasolines.
Deposit Control Additives	To reduce exhaust emissions	Reduced CO & HC emissions, improved warm up performance due to lower intake valve deposits.

6.3.2 함산소연료

겨울철에 대기 중 일산화탄소량이 많은 콜로라도에서는 1988년 1월에 자동차 배출가스 중 CO배출량을 감소시키기 위하여 겨울동안 함산소연료 사용을 의무화하였다.

함산소제는 주로 알콜과 에테르류로써 현재 가장 많이 사용되고 있는 성분으로는 MTBE(methyl tertiary butyl ether)와 에탄올의 두 종류이며, 최근 들어 TAME (tertiary amyl methyl ether)와 ETBE(ethyl tertiary butyl ether)도 사용되고 있다. 이들과 혼합된 함산소연료는 공기연료 혼합기에 산소를 추가한 결과를 가져오기 때문에 완전연소에 보다 가까워 일산화탄소 배출량을 줄여준다.

(1) 에탄올(Ethanol)

1970년대 후반의 유류파동 사태에 에탄올이 대체연료로서 가솔린과 혼합하여 많이 사용되었으며, 이때 가솔린에 10% 에탄올을 혼합한 것을 gasohol이라 불렀다. 이후에 가솔린 공급이 다시 원활해지면서 에탄올은 옥탄가 향상제로 주로 사용되었으며 에탄올 혼합가솔린의 명칭도 "unleaded plus", "super unleaded plus" 등으로 불려졌다.

최근 엔진개발 기술의 향상에 따라 디젤엔진에의 에탄올 적용연구도 진행되고 있다. Peroxide와 같은 보조물질을 이용하여 순수 에탄올과 디젤연료를 혼합하는 방법 등이 연구되고 있으며 디트로이트 디젤엔진회사에서는 100% 에탄올을 이용한 6V-92 엔진을 개발하여 발표한 바 있다. 에탄올과 디젤은 쉽게 혼합되나 시간에 따라 상분리가 일어나며 peroxide와 같은 촉매를 사용하여 이 문제를 해결할 수 있으며, 10% peroxide /60% ethanol /30% diesel의 비율로 혼합하여 사용할 경우 보통의 디젤연료와 비슷한 성능을 얻을 수 있는 것으로 발표되고 있다.

알콜연료를 자동차에 사용할 경우 몇 가지 고려하여야 할 문제점들이 있다. 먼저 알콜연료는 가솔린에 비해 발열량이 낮기 때문에 연료탱크의 용적을 증대하여야 한다. 예를 들면 에탄올의 발열량은 76,000Btu/gallon로서 가솔린 발열량 115,000Btu/gallon에 비해 66% 정도이기 때문에 100% 에탄올 사용시는 가솔린 사용에 비해 연료탱크를 2배가량 크게 하여야 한다. 그러나 가솔린에 에탄올을 10% 혼합한 가소홀의 경우에는 3.4% 에너지 차이가 나기 때문에 큰 고려는 없어도 된다.

알콜연료 사용시 혼합기가 희박해 짐에 따른 출력, 가속성, 시동성 등의 악화로 연료계 조정이 요구된다. 예를 들면 공연비 조절, 점화시기 조정, 시동성 향상을 위한 보조장치 설치, 연료증발 촉진을 위한 흡기관 열량보충(3~6배) 등에 대한 대책을 세워야 한다.

증류점 특히 50% 증류점의 조절이 어려우며 증기압이 증가하여 vapor lock, 증발가스 악화 등의 현상이 유발될 수 있으며 이에 대한 대책도 필요하다. 예를 들면 10% 에탄올 혼합시 RVP 0.5~0.7psi 증가하고, 3~4% 메탄올 사용시는 2.5~3.0psi 증가한다. 메탄올은 금속부식성이 강하기 때문에 연료공급계통과 피스톤, 밸브 등의 재질을 개선하여야 한다. 에탄올의 경우는 메탄올에 비해 문제가 적다.

함산소제나 가소홀과 같은 20% 이내의 에탄올 혼합시는 엔진개조 없이 그대로 사용할 수 있고 가솔린의 옥탄가를 향상시키기 때문에 노킹방지 등의 자동차 성능향상 효과를 가져 올 수 있다. 또한 동결방지를 위한 antifreezer 기능과 엔진 클리너 효과를 가져 오는 solvent 역할도 한다.

(2) MTBE

MTBE는 메탄올과 isobutylene의 화학반응으로 제조하며 가솔린 내 MTBE 함량은 최대 15vol%로 한정하고 있다. 15vol% MTBE는 2.7wt% 산소를 함유하고 있으며 옥탄가는 2.5~3.0 상승한다. 자동차회사에서 추천하는 MTBE 함유 가솔린을 살펴보면 현대자동차가 11% 이내, Peugeot 12.5% 이내, Saab 11% 이내를 추천하고 있다.

MTBE 자체에 포함된 메탄올, 이소부탄 등이 불완전 연소될 때 유독가스인 HCHO가 발생되어 인체에 유해하다는 것이 밝혀지면서 계속적인 MTBE 사용시 문제점에 대해 검토가 진행되고 있다. 또한 다수의 사람들이 두통, 무력감, 권태, 구토, 졸림현상 등을 느꼈으며 이러한 생리적인 현상들이 혈액 중 MTBE 농도와 상관관계가 있을 것으로 추측하고 있으며 연구가 진행되고 있다.

표6.9 가솔린 함산소 연료 특성

	에탄올	메탄올	MTBE	ETBE	TAME	TBA	가솔린
분자식 (Formular)	C_2H_5OH	CH_3OH	$(CH_3)_3-CO$ CH_3	$(CH_3)_3-CO$ C_2H_5	C_5H_{12} OCH_3	C_4H_9 OH	C_4-C_{12}
몰질량(g/mol) 밀도(kg/l) 이론공연비	46.07 0.79 9.02	32.04 0.795 6.48	88.15 0.740 11.69	102.18 0.750 12.10	102.18 0.77 12.1	74.12 0.79 11.1	0.75
산소(wt%) 추천최대함량 블랜딩후 산소함량	37.0 10%이내 3.5%	50.0 5% 2.5%	18.20 15% 2.7%	15.75 17.2% 2.7%	15.7	21.6	0.0
RON MON (RON+MON)/2	106 89 98	106 92 99					92 83 88
RON Blending MON (RON+MON)/2	129 96 112.5		119 103 111	119 104 112	114 99	113 92	
저발열량(MJ/kg) 증발열(MJ/kg)	26.78 0.93	19.92 1.17	35.27 0.32	36.03	37.7	33.5	42~44
비점(°C) Flash Point 발화온도 Blending Reid Vapor Pressure	78.3 285 420 20	64.7 280 470 60	55.2 245 733 8	72 4	86	82.8	35~210

표6.10 EU의 함산소화합물 규제치

함산소화합물	최대허용량(vol%)	
	원칙적허용량	상황에 따른 사용가능량
메탄올	3	3
에탄올	5	5
TBA	7	7
에텔 (MTBE, TAME, ETBE 등)	10	15
기타	7	10
산소함유량	2.5	3.7

표 6.11 디젤 함산소 연료 특성

	에탄올	메탄올	DME	Bio-diesel	경유
분자식 (Formular)	C_2H_5OH	CH_3OH	CH_3OCH_3	Various oil and esters	C_{16}–C_{34}
몰질량(g/mol)	46.07	32.04	46.07	330	≈200
밀도(kg/l)	0.79	0.795	0.66	0.88	0.8~0.89
이론공연비	9.02	6.48			14.6
산소(wt%)	37.0	50.0	34.7	11	0.01
추천최대함량	10%이내	5%			
블랜딩후 산소함량	3.5%	2.5%			
세탄가	low	〈5	〉55	〉48	40~55
저발열량 (MJ/kg)	26.78	19.92	24.16	38.5	42.8
증발열(MJ/kg)	0.93	1.17			
비점(°C)	78.3	64.7	−24.8	162	145~390
Flash Point	285	280			
발화온도	420	470			
Blending Reid Vapor Pressure	20	60			

6.3.3 개질연료

1990년 11월 부시 대통령에 의해 발표된 Clean Air Act 수정안에서 CO 문제지역(CO non-attainment area)은 1992년부터 함산소연료를 사용하고, 특정 오존문제지역은 1995년부터 개질연료(reformulated gasoline) 사용을 의무화하였다.

Clean Air Act 수정안에는 모든 납 및 중금속 성분을 제거하도록 규정하고 있으며 1995년부터 시판되는 가솔린에 연료공급시스템의 퇴적을 방지할 수 있는 첨가제 사용을 요구하고 있어 이것은 연소실과 흡기 밸브 퇴적물도 동시에 줄일 수 있을 것으로 예상하고 있다. 마지막으로 수정안은 대체연료 사용 차량, 예를 들면 에탄올, 메탄올, 가스연료, 전기자동차 등을 촉진시킬 수 있는 Pilot Alternative Fuel Program을 포함하고 있다.

표 6.12에 1990년 개정된 Clean Air Act내용을 정리하였으며, 표 6.13은 우리나라의 자동차 연료규격이다.

표6.12 1990년 개정된 미국 CAA 규정

	Oxygenated Gasoline	Reformulated Gasoline
Areas affected	CO non-attainment	Ozone non-attainment
Effective from	Nov. 1992 (winter months)	1995 (all year)
Oxygen content(vol.)	2.7% minimum	2% minimum
RVP (summer/winter)		7.2/8.1 psi (50/56 kPa)
Benzene (vol%)		1% maximum (25%)
Aromatics (vol%)		15% (15%)
Reduced in VOC's (vol%)		
Reduced in air toxics (vol%)		

표6.13 우리나라 자동차연료 품질기준

연 료	항 목	2000.1.1-	2002.1.1-	2006.1.1-	2009.1.1-
휘발유	방향족(부피%)	35이하	35이하	30(27)이하	24(21)이하
	벤젠(부피%)	2이하	1.5이하	1이하	0.7이하
	올레핀(부피%)	23이하	18	18(21)이하	16(19)이하
	납(g/liter)	0.013이하	0.013이하	0.013이하	0.013이하
	인(g/liter)	0.0013이하	0.0013이하	0.0013이하	0.0013이하
	산소(무게%)	1.3~2.3	1.0~2.3	1.0~2.3	2.3이하
	황(ppm)	200이하	130이하	50이하	10이하
	증기압(kPa, 37.8℃)	82이하	70	65	60이하
경유	10% 잔류탄소량(%)	0.15이하	0.15이하	0.15이하	0.15이하
	황(ppm)	500이하	430이하	30이하	10이하
	밀도@15℃ (kg/m3)		815~855	815~845	815~835

연료의 산소함량 증가는 CO 감소에 효과가 크나 NOx 증가를 초래할 수 있기 때문에 오존이 문제시되는 대도시에 함산소연료 사용은 신중하게 접근하여야 한다.

6.3.4 연료의 유황성분

미국 ULEV와 같이 강화된 배출허용기준을 만족하기 위해서는 후처리장치의 성능 향상이 중요하다. 가솔린엔진에서는 기존의 삼원촉매 뿐만 아니라 희박연소엔진용

lean NOx 촉매 사용이 고려되고 있다. 또한 디젤엔진에서도 lean NOx 촉매 적용 검토와 함께, 매연여과장치(DPF), 산화촉매(DOC) 등이 적용되고 있다.

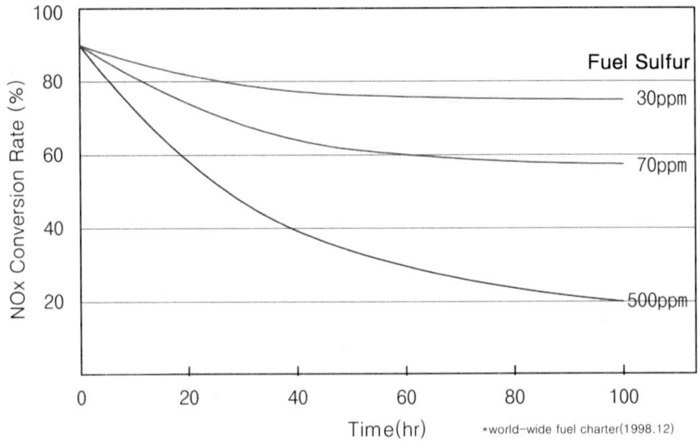

그림 6.9 연료 유황성분의 NOx 촉매 성능에 미치는 영향

삼원촉매나 산화촉매에서는 연료의 황성분이 고온에서 sulfate(SO_3, H_2SO_4)를 생성시키며, NOx 촉매와 촉매방식 매연여과장치에서는 유황성분이 촉매 표면을 피독하여 촉매 기능을 저하시킨다. 그림 6.9에서 보듯이 연료의 유황 함유량에 따라 NOx 촉매의 성능에 큰 차이가 있음을 알 수 있다.

따라서 후처리장치의 정상적인 성능을 위하여 자동차제작사에서는 가솔린 및 디젤연료 모두 30~10ppm 이하의 초저유황연료를 요구하고 있다.

6.3.5 정유회사의 탈유황과정

그림 6.10은 정유회사에 있어서의 원료에서 제품까지의 유황성분의 변화를 보인 것이다. 원유(아라비안라이트/아라비안헤비의 50/50브랜드원유)는, 상압증류탑에서 LPG, 나프타(naphtha), 등유, 경유, 상압잔유로 분리된 후, 수소화 탈황장치를 거쳐, 접촉개질, 접촉분해, 알킬레이션장치로 공급된다. 각 장치에서 얻어지는 직류가솔린, 접촉개질가솔린, 접촉분해가솔린, 알킬레이트의 가솔린 반제품(基材)은, 제품의 옥탄가나 RVP를 만족시키도록 브랜드된다.

접촉분해장치(FCC: Fluid Catalytic Cracking) 원료 이외는, 하류 촉매의 독이 되는 유황을 ppm 이하로 탈황하기 때문에 유황은 문제가 되지 않는다. 유황을 약 4.1wt% 포함하는 상압잔유는, 직접탈황장치에서 0.5wt%까지 탈황된 후, 잔유 FCC장치로 수송되어, 140wtppm의 유황을 포함하는 FCC 가솔린으로 분해된다.

직류경유, 접촉분해경유, 수소화 분해경유의 경유 반제품은, 제품의 유황성분, 세탄가를 만족시키도록 브랜드된다. 직류경유와 접촉분해경유는, 각각 약 1.43wt%, 0.3wt%의 유황을 포함하고 있어, 혼합된 후, 심도탈황장치로 공급되어, 0.05wt%까지 탈황된다. 접촉분해경유는 유황량은 적지만, 난탈황성 다고리방향족 타입의 유황화합물을 많이 포함한다는 것, 착색이 쉽다는 점으로, 직류경유에 혼합할 수 있는 비율은 최대 20%이다.

수소화 분해경유는, 통상 유황량이 30wtppm 이하로 낮고 또 세탄가도 높다는 점에서 고품질 경유 반제품으로서 우수하다. 그러나 수소화 분해장치가 고가이고 또 다량의 수소를 소비하기 때문에 제조코스트가 높고, 생산량이 제한된다.

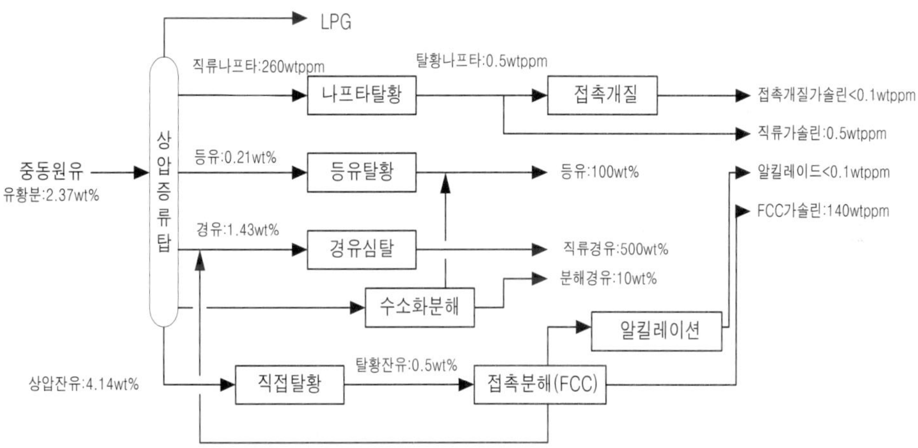

그림 6.10 정유회사에 있어서의 원료에서 제품까지의 유황성분의 흐름

(1) FCC가솔린의 탈황

가솔린의 유황성분의 대부분은 FCC 가솔린에 포함되어 있는 유황에 기인한다는 점에서, FCC 가솔린의 유황을 저감하는 것이 가솔린의 유황을 줄이는 가장 효과적인 방법이다. 예를 들어, FCC 가솔린의 유황과 브랜드비율을 각각 200wtppm, 40vol%라고

하면, FCC가솔린의 유황을 70% 삭감할 경우, 가솔린의 유황레벨을 30wtppm 이하로 할 수 있다.

FCC 가솔린의 유황을 저감하는 방법으로서는, FCC 장치의 원료인 감압경유 혹은 상압잔유의 유황레벨을 내리는 방법과 제품인 FCC 가솔린을 탈황하는 방법이 있다. 후자는 비교적 마일드한 조작조건에서, 대상으로 하는 FCC 가솔린만을 유황레벨을 만족하도록 탈황시킬 수 있는 장점이 있다. 그러나 탈황과 병행해서 높은 옥탄가의 올레핀(olefin)의 수소화가 진행되기 때문에, 옥탄가를 잃을 위험이 있다. FCC 가솔린의 탈유황과정은 옥탄가의 손실을 최소화하면서 탈황하는 방안이 이루어지고 있다.

예를 들어, 비점이 낮은 경질 FCC 가솔린 유분에 올레핀이 많이 포함되고, 비점이 높은 중질 FCC 가솔린분에 유황화합물이 많이 포함되는 FCC 가솔린의 특징을 이용해, FCC 가솔린을 경질 FCC 가솔린과 중질 FCC 가솔린으로 분리한 후에 중질 가솔린만을 탈황하는 방법이나 각각의 유분에 맞는 최적 조건에서 탈황하는 방법이 채용되고 있다.

증류와 반응을 조합한 반응증류형 탈황프로세스를 그림 6.11에 보였다. FCC 가솔린과 수소는 각각 탈황촉매를 충전한 스프리터의 중간부분과 탑 바닥에 도입되어, 경질 FCC 가솔린과 중질 FCC 가솔린은 각각 비교적 저온인 탑 꼭대기와 고온인 탑 바닥으로 증류 분리되는 과정에서 80~95% 탈황된다. 높은 탈황율을 요구하지 않는 경우는, 중질 FCC 가솔린만을 탈황한다.

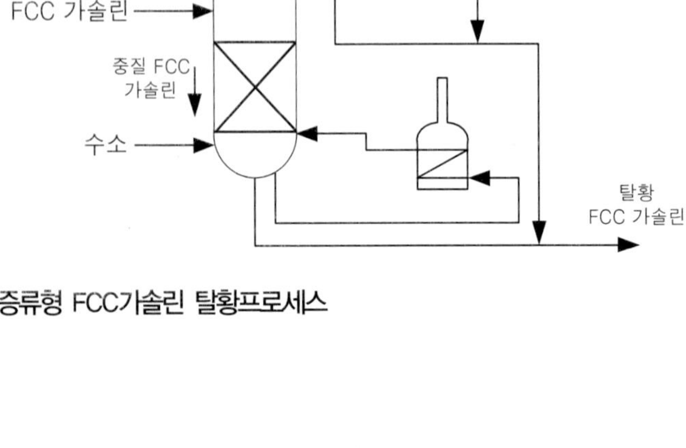

그림 6.11 반응증류형 FCC가솔린 탈황프로세스

(2) 경유의 초심도탈황

500wtppm 이하로 심도탈황된 경유 유분 중에 잔류하고 있는 유황의 대부분은 4,6-디메틸디벤조티오펜과 그 유사 유황화합물에 기인한다는 점에서, 50wtppm 이하의 탈황을 위한 초심도탈황은, 가장 탈황하기 어려운 4,6-디메틸디벤조티오펜의 탈황 여하에 달려있다. 4,6-디메틸디벤조티오펜이 탈황되기 어려운 이유는, 유황원자를 두 개의 메틸기가 보호하고 있는 형태로 되어 있기 때문에 입체장해가 되어, 유황원자가 촉매에 흡착할 수 없게 된데 따른다.

현재의 500wtppm에서 50wtppm으로 저유황화하기 위해서는, 반응속도를 약 3~4배 높일 필요가 있다. 현재의 탈황촉매의 활성을 약 3~4배 높일 수 있으면 기설 심도탈황장치로 대응가능한데, 과거 20년간의 탈황촉매 활성향상이 약 1.5배라는 것을 감안하면 현실적으로는 반응온도나 촉매량을 늘리는 것으로 대응하지 않을 수 없다.

반응온도를 현행 심도탈황에 비해 약 30℃ 높여 반응속도를 높이는 방법은, 촉매수명의 현저한 저하를 초래한다. 따라서 촉매량으로 대응하기 위해서는, 반응기를 2~3기 새롭게 추가할 필요가 있다. 반응기 추가나 초심도탈황에 동반하는 압력손실이나 수소소비량 증가는, 압축기의 능력을 높이거나 경우에 따라서는 수소제조설비 증강을 필요로 한다.

6.3.6 연료 비중

지금까지는 주로 연료의 화학적 성분에 대해 규제가 이루어졌지만, 공급연료의 고압화에 따라 연료공급장치가 정밀도를 요구하고 내마모성에 대한 요구가 커지면서 연료의 물성치에 대한 규제도 병행하게 되었다.

경유의 전자제어식 커먼레일장치는 공급연료량을 체적으로 제어하기 때문에 연료비중은 실제 공급연료 중량에 상당히 큰 영향을 미친다. 따라서 경유에서는 연료비중 범위를 좁게하여 품질을 일정하게 하도록 규제하고 있으나, 연료의 수율과 직접 관계되어 정유회사의 경유 생산량에 영향을 미친다. 연료비중 이외에도 점도와 윤활성에 대한 기준도 적용하는 추세이다.

연료 밀도의 감소는 모든 디젤 차량에 있어서 PM을 감소시키며, 특히 대형 차량에서는 NOx도 감소시킬 수 있음을 알 수 있다.

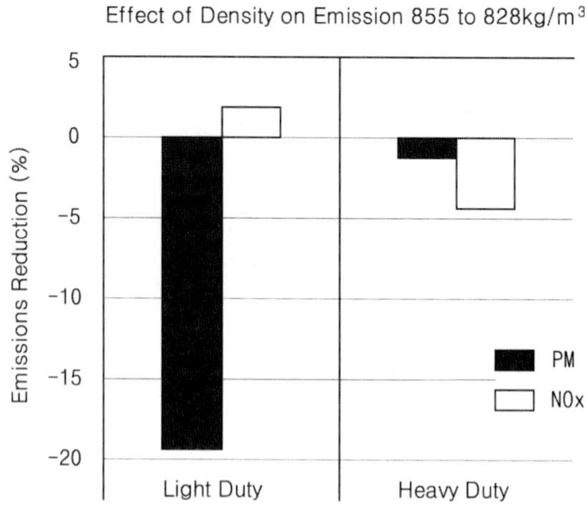

그림 6.12 연료 밀도의 배출가스 영향

그러나 체적으로 조정하여 분사하는 연료공급방식에서는 밀도의 감소는 연료소비가 증가하고 엔진출력은 감소시킨다. 그림 6.13은 연료밀도 감소시, 엔진 출력의 감소를 보여준다.

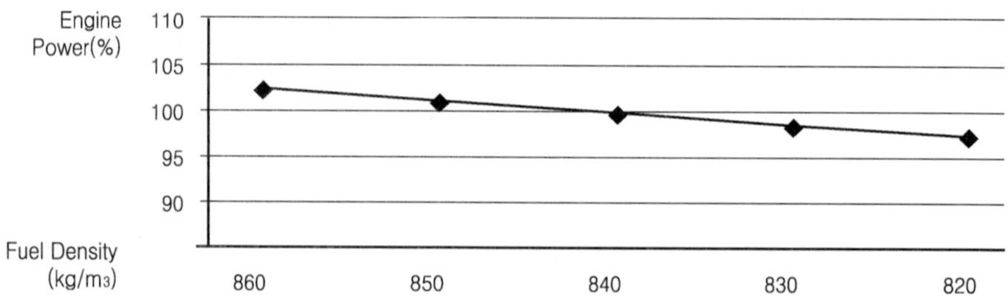

그림 6.13 연료 밀도를 855kg/㎥에서 828로 감소할 때의 출력감소 특성

6.4 저배기기술의 연료영향

6.4.1 휘발유자동차 삼원촉매장치의 연료유황 영향

가솔린엔진의 삼원촉매는 CO, HC, NOx를 동시에 저감시키는 장치이다. 최근의 삼원촉매는 CCC(closed coupled catalyst)로 사용되기 때문에 열적 안정성(thermal stability) 향상이 가장 중요한 설계요인이다. Pd가 Pt에 비해 열적으로 안정되어 있기 때문에 Pd가 많이 사용되나 연료의 유황에 매우 민감하다.

그림 6.14는 연료의 유황성분이 TWC의 성능에 미치는 영향을 보기 위하여 미국의 Alliance와 AIAM에서 50대의 차량으로 fleet 시험한 결과이다. 유황 100ppm 연료와 1ppm 연료는 저감율에 큰 차이가 있음을 알 수 있다. 30ppm 연료의 경우에 비해서도 1ppm 연료는 NOx를 13% 저감시키는 것을 알 수 있다.

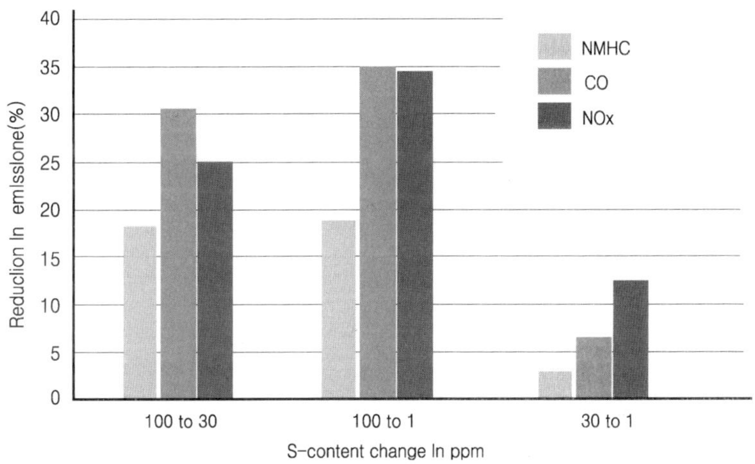

그림 6.14 연료의 유황성분이 TWC에 미치는 영향

6.4.2 휘발유자동차 흡장형 NOx 촉매의 연료유황 영향

연료의 유황성분 때문에 연소시 생성된 SO_2는 화학적으로 NOx와 유사한 특성을 갖고 있다. 유황은 NOx 흡장에 장해를 주어 촉매 효율을 저하시킨다.

그림 6.15와 6.16은 Renault와 Ford 자동차에서 실험한 결과로서 연료의 유황성분이 NOx trap의 내구성능에 미치는 영향을 나타낸다. 유황성분이 촉매성능에 미치는 영향이 매우 큼을 알 수 있으며, 무유황연료는 장시간 안정적으로 촉매성능을 유지하는 것으로 나타나고 있다.

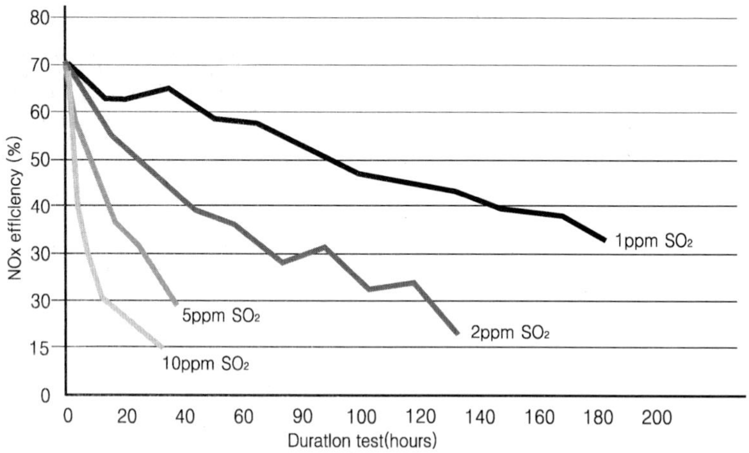

그림 6.15 연료의 유황성분이 휘발유자동차 NOx Trap에 미치는 영향(Renault)

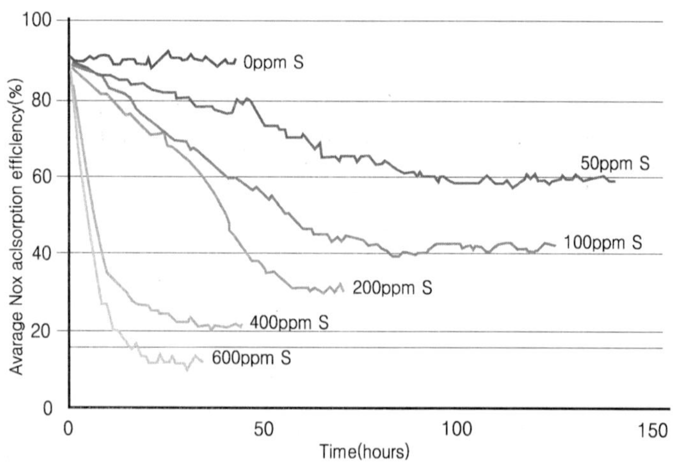

그림 6.16 연료의 유황성분이 휘발유자동차 NOx Trap에 미치는 영향(Ford)

6.4.3 경유자동차 산화촉매(DOC)의 연료유황 영향

연료유황이 경유산화촉매에 미치는 영향은 휘발유 삼원촉매와 유사하다. 또한 유황은 DOC의 light-off 온도를 증가시킨다.

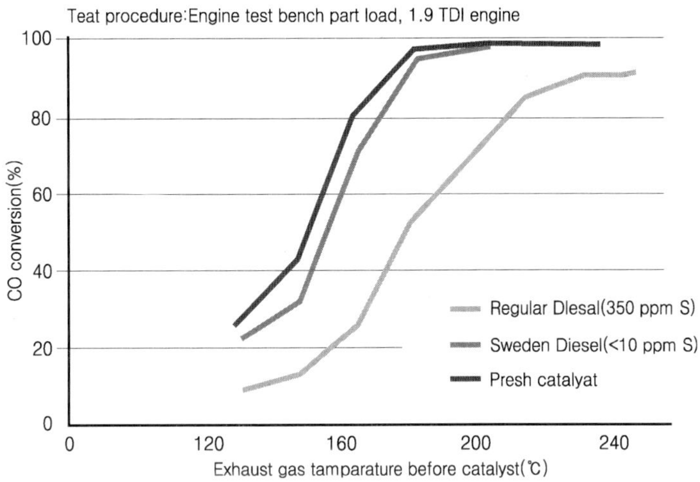

그림 6.17 연료의 유황성분이 DOC에 미치는 영향(Volkswagen)

6.4.4 경유자동차 NOx Trap의 연료유황 영향

휘발유자동차용 NOx Trap과 같이 경유 NOx Trap도 연료유황에 유사한 영향을 받는다. 그림 6.18에서는 유황 50ppm도 10ppm에 비해 촉매성능 저하에 현저한 영향을 미치는 것을 보여주고 있다. 그림 6.19는 light-off 온도에 미치는 영향을 보여주고 있다.

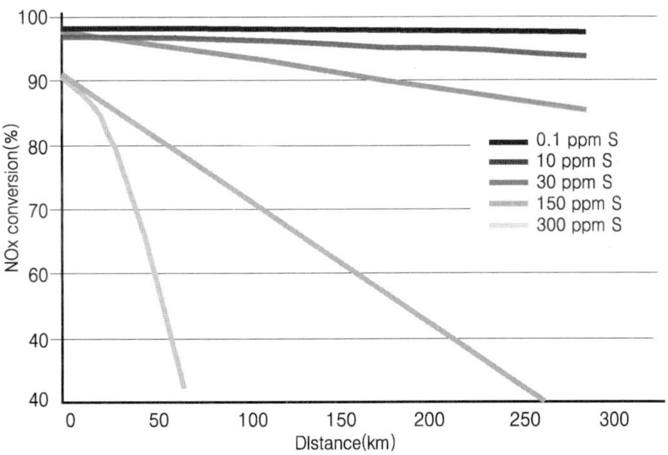

그림 6.18 연료의 유황성분이 경유자동차 NOx Trap에 미치는 영향(GM)

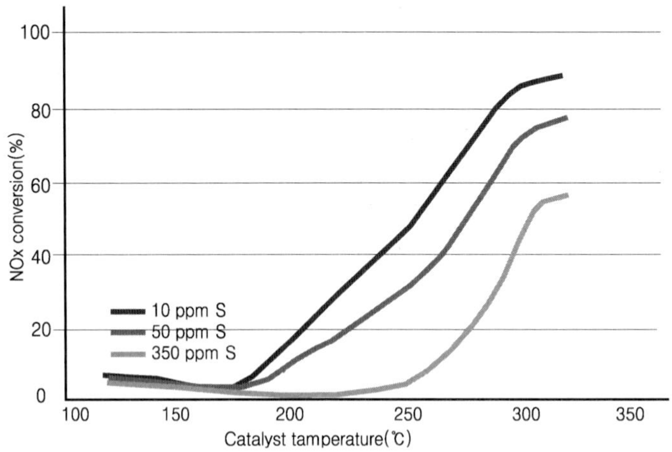

그림 6.19 유황성분과 경유 NOx Trap의 light-off 관계(Audi)

6.4.5 자연재생방식 매연여과장치의 연료유황 영향

유황이 자연재생방식 매연여과장치에 미치는 영향에는 두 가지 문제가 있다. 첫째는, 연료의 유황은 NO를 NO_2로 변환시키는 효율을 저하시킨다. 따라서 연료의 유황성분이 높으면 DPF의 자연재생온도를 상승시킨다. 둘째는 자연재생방식 매연여과장치는 산화력이 강한 백금촉매를 다량 사용함에 따라 유황이 황산(sulfuric acid)을 생성하게 된다. 현재의 PM 포집 필터의 무게를 측정하는 규제에서는 sulfate에 흡수된 수분에 의해 PM 배출량이 증가하는 것으로 나타난다. 그러나 실제로는 유황은 필터의 soot 여과성능에는 영향을 미치지 않는다.

그림 6.20에서 보면 유황 50ppm 연료와 20ppm 연료의 PM 배출량에 현격한 차이가 있음을 알 수 있다. 이런 이유로 초기에는 Johnson Matthey에서 유황 50ppm 이하의 연료를 요구했으나 현재는 20ppm 이하를 요구하고 있다.

그림 6.21은 1ppm과 44ppm 연료를 사용하는 자연재생방식 매연여과장치의 시험모드에 따른 PM 배출량 차이를 나타내고 있다.

그림 6.22는 유황 350ppm과 0ppm 연료사용시 재생평행온도(BPT)를 나타낸 것으로 40°C의 차이가 있음을 알 수 있다.

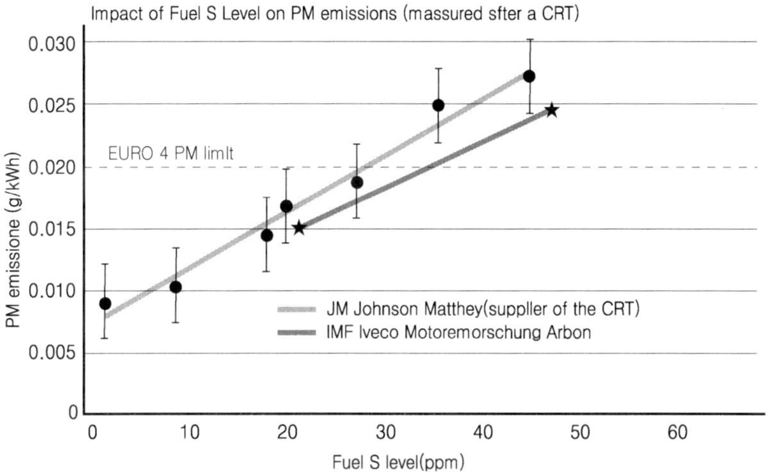

그림 6.20 유황성분이 자연재생방식 매연여과장치에 미치는 영향(IVECO)

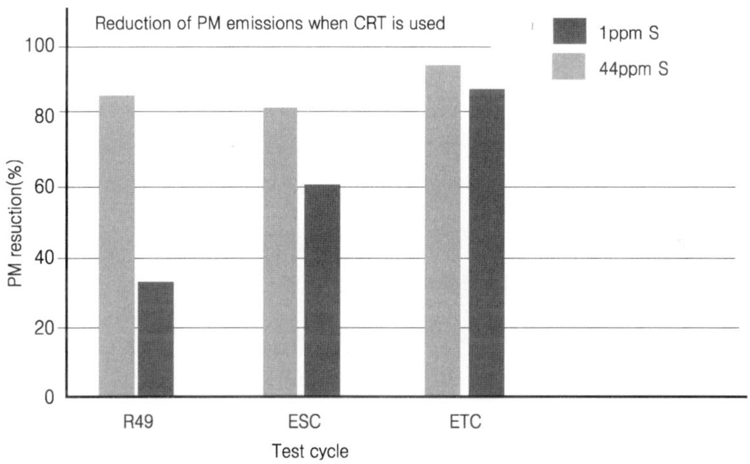

그림 6.21 자연재생방식 매연여과장치의 유황에 따른 시험방법 민감도(Volvo Truck)

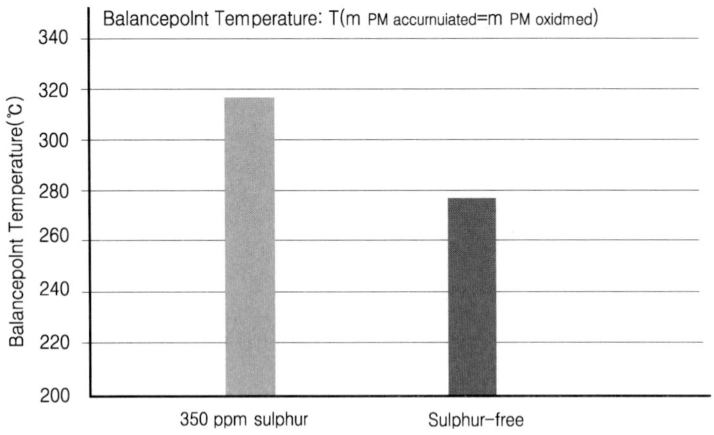

그림 6.22 자연재생방식 매연여과장치의 유황에 따른 BPT 차이(Volkswagen)

6.5 압축천연가스(CNG; Compressed Natural Gas) 자동차

6.5.1 연료특성

메탄을 주성분으로 지하에서 추출되는 가스를 천연가스(natural gas)라고 하며 프로판이나 부탄과 같은 액체연료를 분리하면 95% 이상이 메탄성분이다.

메탄은 상온에서는 고압으로 가압하여도 기체상태로 존재하기 때문에 부피가 너무 커서 상업적인 운송이 어려우며, 산지에서 채취한 가스를 −162°C로 냉각하여 액화시킨 액화천연가스(LNG; liquefied natural gas) 상태로 운반한다.

천연가스 연료특성으로는 ①저공해 연료이며 CO_2 발생도 적다. ②취급과 조절이 용이하며 시동성이 좋다. ③옥탄가가 높아 압축비를 높일 수 있으며 대형 디젤엔진에도 사용이 가능하다. ④비중이 공기보다 가벼워 누설시 대기로 쉽게 확산되어 안전성이 높다.

일반적인 가스연료의 연소특성을 비교하기 위한 지표로서 웨버지수와 연소속도지수가 많이 사용된다.

표 6.14 대체연료 물성치

	NG	LPG	에탄올	메탄올	DME	수소	가솔린	경유
분자식	C_1–C_3 (주로 CH_4)	C_3–C_4 (주로 C_3H_8)	C_2H_5OH	CH_3OH	C_2H_6O	H_2	C_4–C_{12}	C_{16}–C_{34}
몰질량(g/mol)	16	44	46	32	46	2	약100	
밀도:액상(kg/l) :기상(kg/m³)	0.42 0.8	0.51 2.0	0.79	0.795	0.668 1.59	0.0708	0.75	0.84
이론공연비	17.3	15.6	9.02	6.48	9.0	34.3	14.7	14.6
RON MON	130 125~130	96~111 89~96	106 89	106 92			92 83	
Cetane Number			8	5	〉55			45~55
저발열량(MJ/kg)	54.7	46.3	26.78	19.92	28.4	119.4	42~44	42
에너지밀도(MJ/l)	7.88*	23.5	21.03	15.69	18.97	1.93*	31.83	35.08
비점(°C)	−162	−42	78.3	64.7	−20	−252.7	35~210	180~360
자발화온도(°C)	632	504	420	470	235	585	250	225

주: 에너지밀도 (*)는 246kg/cm²에서의 값

(1) 웨버지수(Webbe Index; WI)

웨버지수는 가스연료의 단위 시간당 방출되는 에너지를 정의하기 위한 변수로서 동일한 노즐압력에서 동일한 WI를 갖는 가스를 사용하면 동일한 출력을 얻을 수 있는 개념이다.

전체열량을 Q, 노즐 단면적 A, 노즐 출구양단 압력차 $\Delta P(=P_1-P_2)$, 밀도 ρ, 노즐유량 V, 단위체적당 발열량 H라 하면

$$Q = H \times V = H \cdot A\sqrt{\frac{\Delta P}{\rho}} = \frac{H}{\sqrt{\rho}} \cdot A\sqrt{\Delta P} \propto \frac{H}{\sqrt{d}}\sqrt{\Delta P} \qquad (6\text{–}2)$$

d는 공기를 1로 했을 때의 연료가스 비중이며, WI는 다음과 같이 정의한다.

$$WI = \kappa_1 H / \sqrt{d}$$

CNG 엔진에서는 WI가 믹서의 연료공급 특성에 미치는 영향이 크며 따라서 엔진 성능에도 중요한 변수로 작용한다.

(2) **연소속도지수**(Combustion Potential; CP)

CP는 연소속도의 지표로서 수소의 연소속도를 기준으로 하여 타 가스연료의 연소속도를 이론적으로 계산할 수 있도록 다음과 같이 정의한 식이다.

$$CP = \kappa_2 [H_2 + 0.6 (CO + C_m H_n) + 0.3 CH_4] / \sqrt{d} \qquad (6\text{-}3)$$

차량의 연료로는 LNG 상태나 또는 압축천연가스(CNG; compressed natural gas) 상태로 사용한다.

LNG 자동차는 CNG 자동차에 비해 1회 충전당 주행거리가 긴 장점이 있어 장거리 운행 차량에 사용되고 있으며, 연료를 저온을 보관 유지하기 위한 단열 저장용기와 단열 배관 등 극저온 단열기술이 필요하다.

CNG 자동차는 기존의 가솔린엔진과 디젤엔진을 개조하여 사용할 수 있으며 연료공급 방식에 따라 CNG전용(dedicated), CNG-가솔린겸용(bi-fuel), CNG-디젤혼소(dual fuel)방식이 있다. CNG 자동차는 70년대 유류파동시 대체 에너지로서 관심있게 연구되어 왔으나 최근에는 배출가스를 저감시킬 수 있는 청정연료로서 사용이 증가하고 있다.

CNG 연료를 실린더 내로 공급하는 방식에 따라 휴미게이션(fumigation)방식과 직접 분사방식으로 나눌 수 있다. 지금까지는 흡기관에서 연료를 공기와 혼합하여 연소실 내로 공급하는 휴미게이션방식이 주로 사용되고 있으며, 향후 연소실 내에 연료를 직접 분사하는 방식이 사용될 전망이다. 휴미게이션 연료공급을 위하여 에어믹서 타입이 사용되어 왔지만 점차 배기규제가 강화됨에 따라 인젝터를 사용하여 정밀한 제어를 시도하고 있다.

6.5.2 CNG 가솔린엔진

CNG를 가솔린엔진에 적용하면 배출가스 저감효과가 현저하여 CO, HC는 30~50%,

CO_2도 20~30% 이상 감소하는 것으로 보고되고 있다. 또한 옥탄가가 130으로 높기 때문에 엔진 압축비를 높일 수 있어 엔진효율이 좋고 연료소비율을 향상시킬 수 있다. 엔진 연소실과 연료공급 계통에 퇴적물이 적어 윤활유나 엔진오일, 필터의 교환 주기가 연장되며 엔진수명도 길다.

그러나 가솔린엔진에 비해 출력이 10% 정도 감소(동일배기량 기준)하며, 1회 충전 거리가 짧고 개조에 필요한 장치 비용이 상당히 높다. 출력저하의 원인으로는 CNG 연료가 가솔린에 비해 단위체적당 발열량이 낮고, 체적효율이 떨어지며, 화염속도가 느림에 따라 모든 혼합기가 연소되는 타이밍 손실 등에 기인한다. 물론 CNG는 옥탄가가 높기 때문에 압축비를 높여 출력향상을 도모하지만 마찰손실 때문에 한계가 있으며 보통 12~15:1까지 가능하다.

CNG-가솔린 겸용(bi-fuel) 방식은 기존 가솔린 연료공급라인에 추가로 CNG 공급장치를 설치하여 필요에 따라 한 가지 연료를 선택하여 사용하는 시스템이다. 기존 장치에 CNG 공급장치가 추가되기 때문에 비용 증가가 크며, 대부분 사용차량의 개조(retrofit)에 적용됨으로 엔진 연소실을 개조하고 출력저하에 대한 대책이 필요하다. CNG 충전소가 충분하게 설치되어 있지 못한 초기 보급시 사용이 유리한 방식으로 LPG 자동차 보급 초기에도 이와 유사한 보급전략으로 추진하였다.

CNG 전용방식은 자동차회사에서 생산되는 제작차에 대부분 적용되기 때문에 연소실

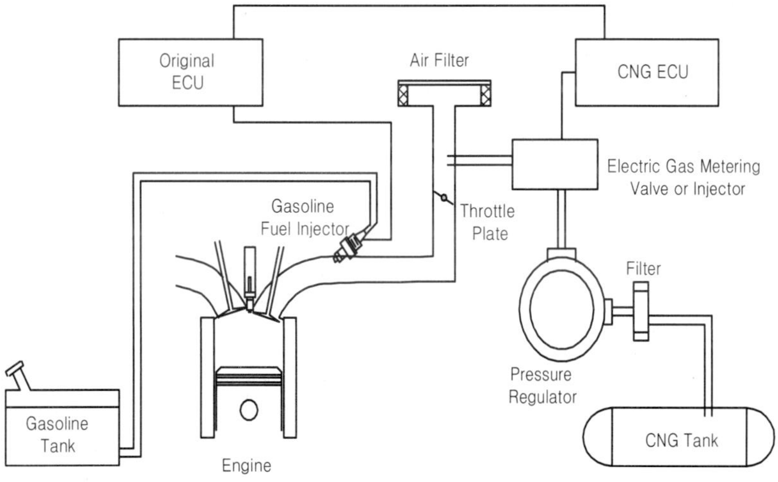

그림 6.23 전자제어식 CNG Bi-fuel 시스템

개조로서 출력과 성능의 보완이 용이하고 기존 가솔린연료 공급 장치를 제거하고 CNG 라인으로 설계하는 등으로 비용 상승도 줄일 수 있어 본격적인 CNG 자동차보급 여건이 갖추어지면 효율적인 시스템이다.

6.5.3 CNG 디젤엔진

자기발화 온도가 높은 천연가스의 연소를 위해서는 외부로부터 점화에너지 공급이 필요하며 착화원의 방식에 따라 경유파일롯트방식과 불꽃점화방식으로 나누어진다.

경유파일롯트방식은 CNG와 경유를 동시에 사용하는 혼소(dual fuel)방식으로 연소실에 CNG와 공기 혼합기를 먼저 공급한 후 디젤유를 적정량 분사(pilot)하여 점화시킴으로서 연소하는 방식이다. 기존 디젤엔진 연소실의 변경없이 CNG 공급시스템만을 장착(retrofit)함으로서 쉽게 CNG 엔진으로 변경(conversion) 할 수 있는 장점이 있어 주로 운행차량에 사용되고 있다.

이 방식의 단점으로는 개조키트 사용에 따르는 추가경비와 구조의 복잡성, 두 가지 연료를 주유하여야 하는 번거로움, CNG와 디젤유를 동시에 사용하여야 하기 때문에 CNG 사용량과 매연 저감효과 면에서 불리하다. 그러나 한편으로는 CNG가 없을 때 경유만으로도 운행이 가능하여 가솔린의 bi-fuel 방식처럼 CNG 충전소가 충분하게 설치되지 못한 초기 보급에 유리하다.

불꽃점화방식은 CNG만을 사용하는 전소방식으로 엔진 연소실까지 개조해야하기 때문에 주로 자동차제작사에서 신차에 적용하고 있다. 디젤엔진에 점화플러그를 장착하고, 압축비를 낮추어 오토사이클로 연소시킨다. CNG 사용량과 배출가스 저감효과가 커서 가솔린 전소엔진처럼 본격적인 CNG 자동차보급 여건이 갖추어지면 사용에 유리한 시스템이다.

미국의 CNG 자동차 보급전략을 보면 시내버스는 충전시설의 운용이 용이하기 때문에 전소방식을 사용하나 대륙을 횡단하는 화물트럭은 충전시설의 효율적인 사용이 어려워 혼소방식을 채용한다. 혼소방식에서는 파이롯트연료로 사용되는 디젤유의 사용율을 낮추는 것이 핵심기술이다.

표6.15 CNG 엔진 방식의 특성비교

		방식	비용	배기감소효과	기술난이도	비 고
가솔린 (LD)	신차	전소	▽	△	◇	· CNG 연료공급망 완비시 가능
		겸용	△	▽	◇	· 초기보급에 유리
	사용차	전소	◇	△	◇	· CNG 연료공급망 완비시 가능 · 필요시 다시 가솔린시스템으로 환원할 수 있도록 보통은 가솔린 시스템을 그대로 둠.
		겸용	◇	▽	◇	· 초기보급에 유리 · 가솔린시스템을 사용하지 않으면 전소시스템이 됨.
디젤 (LD, HD)	신차	전소	▽	△	△	· CNG 연료공급망 완비시 가능
		혼소	△	▽	▽	· 초기보급에 유리 · 제작사에서도 기존 디젤엔진을 이용하여 개발
	사용차	전소	△	△	△	· CNG 연료공급망 완비시 가능 · 전소 CNG 새엔진을 구입하여 교체하는 방법과 사용엔진을 conversion 하는 방법이 있음.
		혼소	▽	▽	▽	· 초기보급에 유리 · 가격이나 기술적 측면에서 훨씬 유리하나 CNG 사용 비율이 적으면 사업의미가 감소

주: ▽ 적음, ◇ 비슷, △ 큼

6.5.4 CNG 자동차의 시스템 구성

시스템은 크게 연료전환 키트(conversion kit)와 고압 연료탱크(bombe)로 이루어져 있다.

연료탱크의 소재는 철재나 알루미늄, 복합소재 등이며 160~200kg/cm^{3}의 압력으로 7~26m^{3}의 CNG를 저장한다. 고압상태로 차량에 적재되기 때문에 특히 안전성이 중요시 된다. 그러나 무게가 너무 무거워지면 차량 전체의 연비를 저하시키게 된다. 또한 CNG 구성부품에서 용기 가격이 대부분을 차지할 정도로 고가인 것도 CNG 자동차 보급에 큰 장애요인으로 작용하고 있다. 따라서 가격이 저렴하면서 경량화된 고압용기 개발이 향후 중요한 과제이다.

연료공급 시스템은 크게 믹서타입과 인젝터(TBI와 MPI)타입으로 구분된다.

믹서타입 연료시스템은 연료탱크로부터 공급되는 연료의 개폐를 위한 연료차단 솔레노이드 밸브, 고압연료를 대기압으로 감압하여 믹서로 공급하는 감압 레귤레이타, 연료와 공기를 적절하게 혼합하여 흡기관으로 공급하는 믹서, ECU로 구성되어 있다.

인젝터타입은 연료차단 솔레노이드밸브, 레귤레이타, 연료공급 엔젝터, ECU 등으로 구성되어 있으며 연료를 고압으로 공급하기 때문에 출력향상과 배기가스 향상을 위한 정밀한 제어가 가능하다.

6.5.5 CNG 자동차의 배출가스 특성

CNG의 주성분인 메탄은 탄화수소계 연료 중에서 가장 안정된 연료로서 가솔린에 비해 CO와 HC의 배출량이 매우 적다. 그러나 THC중 메탄성분은 많이 배출되나 이것은 불활성 성분으로 대기를 오염시키지 않으나 지구온난화가스이기 때문에 저감 대책이 필요하다.

오존발생에도 NMHC(non-methane hydrocarbons)와 NO_X의 두 성분이 중요하게 작용하기 때문에 THC에서 메탄성분을 제외한 NMHC을 규제대상으로 하고 있다.

6.5.6 천연가스엔진 기술

그림 6.24은 천연가스엔진의 기술발전추세를 나타낸 것이다.

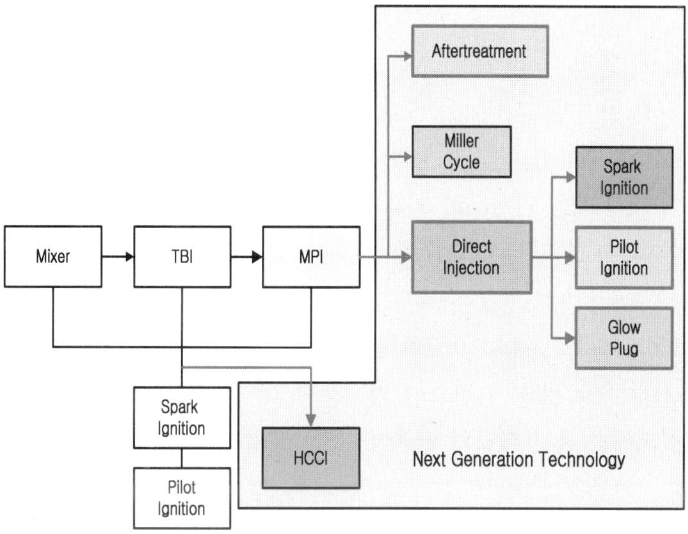

그림 6.24 천연가스 엔진 기술 발전 단계

(1) TBI(Trottle Body Injection) 또는 SPI(Single Point Injection) 방식

점점 더 엄격해지는 배기규제를 만족하기 위해서는 초창기의 믹서방식에서 공기량 측정과 연료압력 및 온도보정을 적용한 전자제어식 인젝션 시스템으로 전환되고 있다. 캐나다의 AFS사는 천연가스 엔진과 인젝터, 레귤레이터 등의 천연가스 자동차용 부품을 생산하는 업체로 쓰로틀바디에 인젝터를 장착하여 연료를 분사하는 전소 TBI 시스템을 개발하여 대형차량에 적용하고 있다. 가솔린과 천연가스를 선택적으로 사용하는 TBI

그림 6.25 국내 운행 중인 CNG 시내버스 및 청소차

겸용시스템을 개발하여 멕시코의 택시 개조 시장에 참여하고 있고, 10리터급 대형 엔진의 린번 전소 시스템도 개발하고 있다.

현재 우리나라 천연가스시내버스에 보급되어 있는 시스템은 Woodward 사의 시스템으로 비교적 우수한 제어성능을 가진 TBI 방식이라고 할 수 있으며, 모든 연소실에 공급되는 연료량이 여러 개의 인젝터의 조합으로 이루어진 미터링밸브로 조절하여 쓰로틀바디 앞에서 공급하는 방식이라고 할 수 있다.

(2) MPI(Manifold Ported Injection; Multi Point Injection) 방식

국내의 차기 기술로 개발이 필요한 기술로서 각 기통별로 연소실로 들어가기 바로 전 흡기매니폴드에 설치된 각각의 인젝터로 연료량을 기통별로 제어하는 연료분사방식이다.

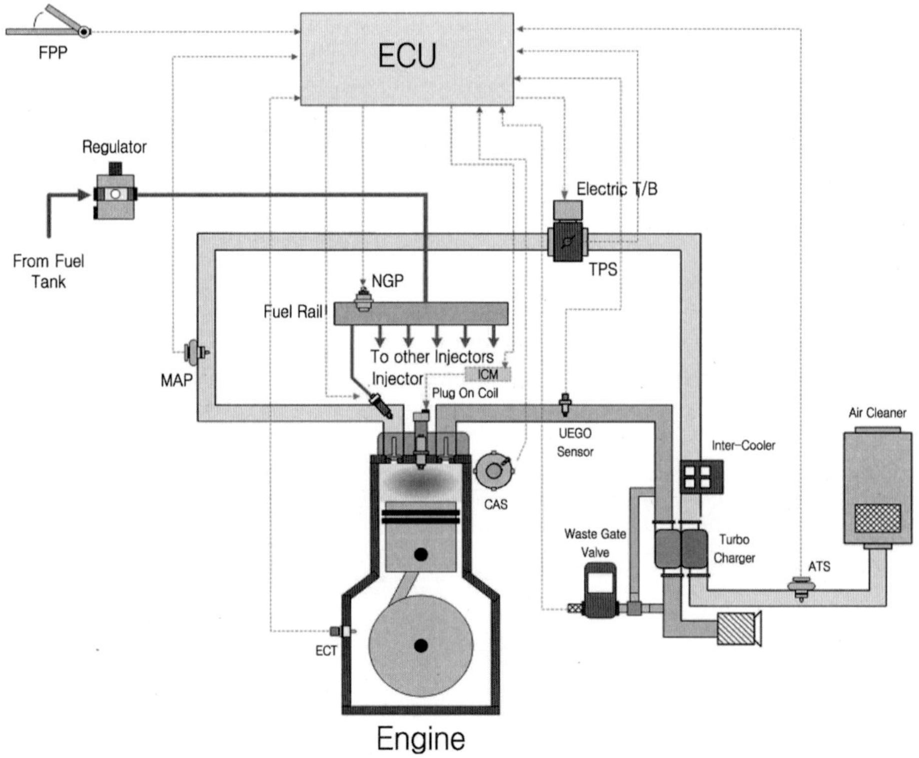

그림 6.26 MPI 천연가스 엔진 시스템 구성도

기존 TBI 방식에서는 연료와 공기가 완전히 혼합되어 연소실로 유입되므로 흡기밸브와 배기밸브의 열림이 겹치는 밸브오버랩 기간에 연료-공기 혼합기의 일부가 연소실에 갇히지 않고 바로 배기관으로 빠져 나감으로서 HC 배출이 증가하는 요인이 되나, MPI 방식에서는 배기밸브 닫힘 시기를 고려하여 연료를 분사함으로서 이러한 문제를 해결할 수 있다. 특히 현재 국내 시내버스용 천연가스 엔진의 경우 디젤엔진을 베이스 엔진으로 하여 밸브오버랩 기간이 매우 크게 설계되어 있기 때문에 MPI 방식을 적용할 경우 HC 저감효과가 클 것으로 예상된다.

이외에도 MPI 방식은 기존 TBI 방식에 비해 여러 가지 장점을 가지고 있다. 희박연소 방식의 경우 안정적인 점화가 매우 중요하며 분사시기를 조절하여 점화시점에서 점화플러그 주변의 연료-공기 혼합기 분포를 최적화함으로서 엔진성능 향상과 배기저감효과를 가져올 수 있다. 그리고 연료공급부에서 연소실까지 체류시간의 감소로 가감속시 응답성능이 향상되고 또한 연료가 공급되어 연소실에서 연소 후 배기관에 설치된 산소센서에 의해 공연비가 측정되는 주기가 짧아짐으로서 공연비제어의 정밀도를 향상시킬 수 있다.

(3) Pilot-ignited natural gas engine(PING: 혼소엔진)

운행되고 있는 대형 경유차량을 천연가스 자동차로 전환하는 방법으로는 전소(dedicated), 혼소(dual fuel) 등의 시스템이 있으나 개조 방법의 용이성과 충전소 인프라가 잘 구축되어 있지 못한 현재의 국내 여건에서는 점화계와 피스턴 등의 개조가 불필요하고 천연가스 연료가 떨어졌을 때에는 경유로도 운행이 가능한 혼소방식으로의 개조가 적합하다.

혼소엔진은 연소실에 천연가스와 공기혼합기를 먼저 공급한 후 적정량 분사(Pilot)된 디젤을 점화원으로 이용하여 연소하는 방식으로서, 저부하 영역에서는 경유사용량이 많으나 일정 부하 이상에서의 천연가스 대체율이 약 80% 이상이고 전부하 영역에서는 최대 90%까지 대체가 가능한 것으로 알려져 있으며, PM의 저감효과가 크고 향후에 촉매와 EGR 등을 적용하면 배기가스를 획기적으로 줄일 수 있다.

혼소차량에 적용 가능한 천연가스의 연료 상(phase)은 CNG와 LNG 모두 사용할 수 있으며, 일단 연료제어시스템이 개발되면 그 대상을 CNG로 하거나 LNG로 쉽게 개조 적용할 수 있다. 현재 국내에서 운행 중인 시내버스와 일부 개조되고 있는 승용차량에 사용되고 있는 연료는 모두 CNG이지만, 이는 기상연료를 압축하여 사용하기 때문에 탱크의 체적에 비해 주행거리가 짧은 단점이 있어 장거리 운행차량과 특수지에서 운행하는 대형 트럭 등에는 불합리하다.

LNG의 경우 1/3 이하의 체적으로 동일 주행거리를 주행할 수 있기 때문에 혼소엔진

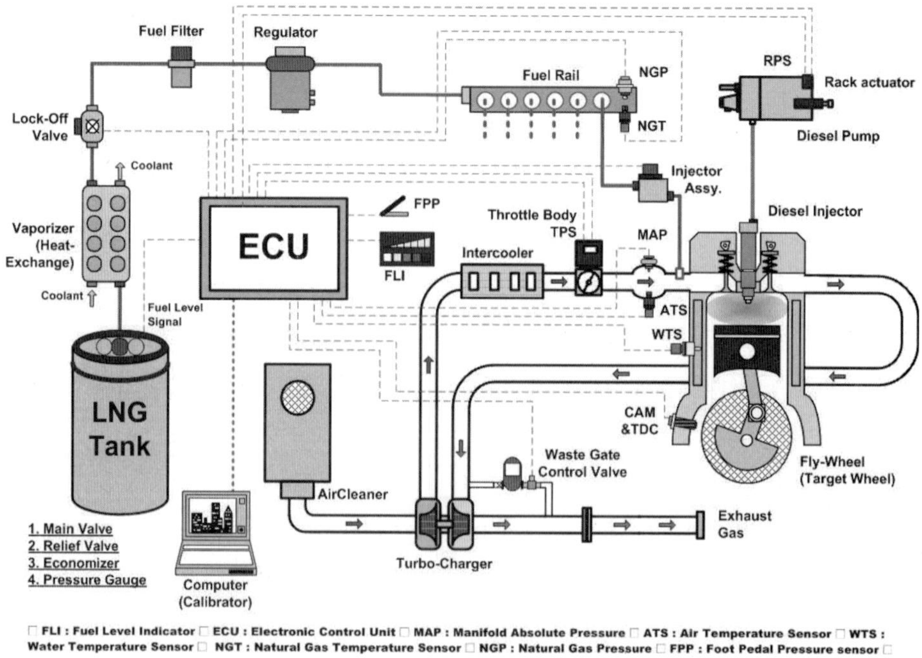

그림 6.27 LNG Pilot-ignited natural gas engine (PING: 혼소엔진) 시스템 구성도

그림 6.28 국내에서 개발된 혼소 LNG 화물차

에서 디젤연료와 함께 연료를 적재하기에 용이한 장점이 있어 LNG를 적용한 천연가스 혼소차량은 LNG 기지의 대형 운송트럭 등에 우선 적용하고 향후 충전시설 등을 고려하여 장거리 대형트럭과 버스 등에 그 적용 범위를 넓혀 나가는 것이 바람직할 것으로 판단된다.

(4) Micro-pilot ignited natural gas engine(Micro-pilot 혼소엔진)

현재 혼소엔진은 기존 디젤엔진으로부터 쉽게 개조할 수 있기 때문에 선진국에서는 retrofit시장에서 널리 사용되고 있으나, 기존 기계식 분사시스템을 사용할 경우 디젤연료 소모량이 20% 이상까지도 소모하고 있어 배기배출 측면에서 천연가스를 사용한 청정연료의 장점을 살리지 못하고 있다.

그러나 최근 개발되고 있는 혼소엔진은 전자식 커먼레일 시스템을 이용한 micro-pilot injection으로 완전부하조건에서는 1% 정도의 디젤연료량만으로 운전이 되기 때문에 배기배출 측면에서는 천연가스 전소엔진에 준하면서 엔진효율 측면에서는 디젤엔진에 준하는 특성을 가지고 있어 선진국에서는 최근 이에 대한 연구가 지속적으로 수행되어 왔으며 계속적으로 연구결과들이 발표되고 있다.

특히 최근 선진국에서는 모든 대체에너지 자동차의 경우도 배기저감 뿐만 아니라 CO_2 배출가스 저감을 위해 디젤엔진에 준하는 효율의 엔진개발을 목표로 하고 있기 때문에 Micro-pilot 혼소엔진은 유망한 기술로서 주목을 받고 있다.

국내의 경우, 지금까지는 heavy duty 디젤엔진이 기계식 분사시스템이었으나 최근 heavy duty 엔진도 전자식 common rail injection 엔진이 개발되고 있기 때문에 micro-pilot injection을 적용한 혼소엔진의 적용이 가능하다고 할 수 있으며, 이러한 최신 혼소엔진 기술로 배기배출과 효율측면에서 보다 경쟁력 있는 천연가스 엔진을 개발할 필요성이 있다.

특히 국내의 경우 천연가스 차량은 배기가스의 청정성으로 도심지의 대기질 개선을 위해 기존 디젤 시내버스를 대체하여 정책적으로 보급하고 있으나, 시내버스의 경우 잦은 정차와 교통정체로 인해 천연가스 엔진의 효율이 디젤엔진에 비해 상당히 낮은 아이들이나 부분부하조건에서 많이 운행되고 있기 때문에 에너지 효율 측면에서는 바람직하지 못하다.

Micro-pilot 혼소엔진은 소량의 디젤연료소모로 배기배출은 천연가스 전소 엔진에 준하면서 아이들이나 부분부하조건에서도 디젤엔진에 거의 준하는 엔진효율을 유지할 수 있기 때문에 기존 천연가스 엔진에 비해 연료소모량을 20%~30%까지 향상시킬 수 있어 천연가스 차량 운행시 연료비 절감에 따른 경제성 향상효과를 가져올 수 있을 것으로 기대된다.

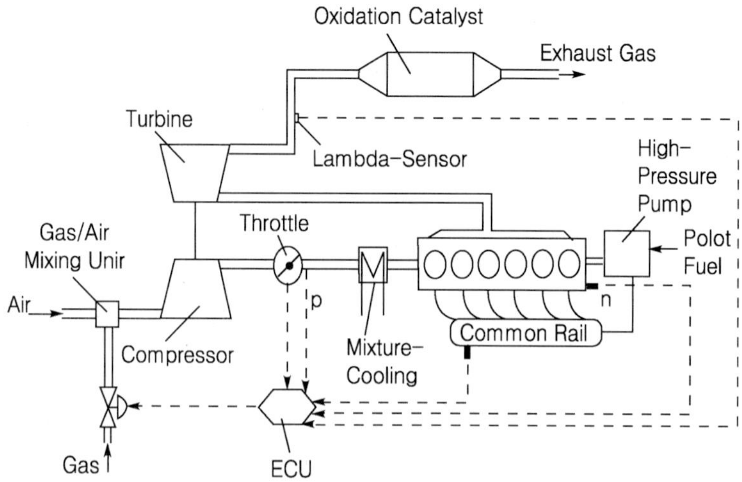

그림 6.29 Common Rail Micro-Pilot 혼소엔진 시스템 구성도

(5) Direct Injected natural gas engine(DING: 직접분사 천연가스 엔진)

현재 천연가스 엔진의 연료공급방식은 부하에 따라 쓰로틀밸브로 흡기량을 조절하고 흡기량에 비례하게 연료를 분사한다. 흡기매니폴드에서 연료와 공기가 혼합되어 연소실내로 공급되며, 전소엔진의 경우는 점화플러그로 점화를 하고 혼소엔진의 경우는 소량의 디젤로 점화를 하는 방식이다.

이와 같이 흡기매니폴드에서 연료와 공기가 혼합되어 연소실로 공급되는 방식을 예혼합(pre-mixed) 방식이라고 하며, 예혼합 방식의 단점은 디젤엔진과 같은 압축착화 방식에 비해 저부하영역에서 쓰로틀밸브 사용에 따른 펌핑손실에 의해 엔진효율이 상당히 저하된다는 점이다.

이러한 손실을 줄이기 위해 쓰로틀밸브를 사용하지 않고 공기가 연소실로 유입된 후 연료를 실린더 내에 직접분사하여 실린더 내에서 공기-연료 혼합기가 형성되도록 하여 혼합기를 연소시키는 방식을 직접분사방식이라고 한다.

직접분사된 연료-공기 혼합기를 점화시키는 방법은 크게 점화플러그에 의한 점화, 디젤 파일럿 분사 점화, 글로우 플러그에 의한 점화 등 여러 가지 방식이 연구되고 있으며 각 방식의 특징은 아래와 같이 요약할 수 있다.

1) 직접분사 + 스파크점화

흡기량을 조절하는 드로틀밸브를 사용하지 않으며, 공기가 연소실에 유입된 후 연료를 실린더 내 직접분사를 하여 스파크로 점화하는 성층혼합연소(stratified charged combustion) 방식으로 초희박연소를 실현하여 연비를 향상시킬 수 있다.

저속에서는 디젤과 거의 동일한 열효율달성이 가능하나, 고속에서는 짧은 시간내에 연료와 공기 혼합기 형성이 잘 이루어지지 않아 연소가 불안정하고 열효율이 감소하는 경향이 있다.

이러한 문제점을 해결하기 위해 연소실형상, 실린더내 공기유동, 인젝터, 인젝션 압력 등의 최적화 연구가 진행 중이다.

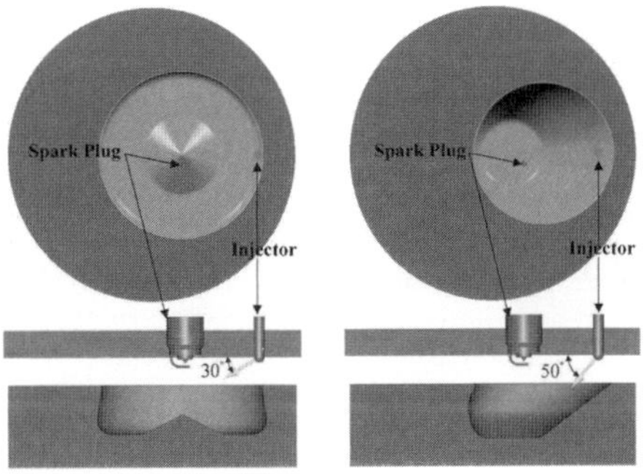

그림 6.30 스파크 점화의 직접분사 방식

2) 직접분사 + 디젤 파일럿 점화

현재 직접분사식 디젤 파일럿 점화방식으로 가장 뛰어난 기술은 Cummins-Westport 사의 HPDI(High Pressure Direct Injection) 기술이다. 이 기술은 그림 6.31과 같이 기존의 디젤인젝터를 개량하여 디젤연료와 고압의 천연가스를 하나의 인젝터로 분사하며, 디젤연료를 먼저 파일럿 분사하고 점화지연 후 연소가 시작될 때 천연가스를 분사하여 연소되는 방식이다.

Cummins-Westort 사의 HPDI 방식은 다른 천연가스 엔진과는 달리 공기-연료혼합기 형성 후 화염이 전파되어가는 예혼합연소방식(오토사이클)이 아닌 연료가 분사되어 확산되면서 연소가 진행되는 확산연소방식(디젤사이클)을 유지함으로서 디젤엔진의 높은 압축비와 좋은 연비를 그대로 유지할 수 있고 응답성이 빠르며 노킹이 발생하지 않기 때문에 연료성분의 영향을 받지 않는 장점이 있다.

Cummins-Westort 사의 HPDI 시스템의 가장 큰 장점은 엔진효율이며 기존 베이스 디젤엔진과 효율의 차이가 2.3% 내외이며, 파일럿 디젤 연료량은 20% 부하에서 열량대비 9%, 100% 부하에서는 2.4%이며, LNG 트럭에서는 평균적으로 94% LNG와 6% 디젤을 소모하는 것으로 나타났다.

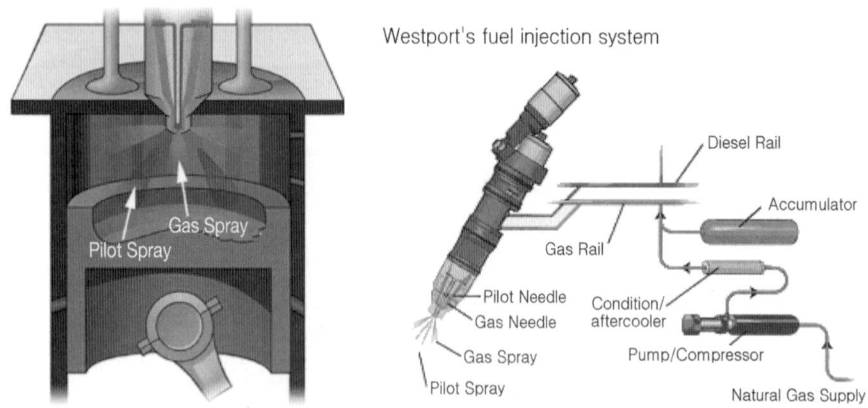

그림 6.31 Cummins-Westport사의 HPDI 시스템 구성도

3) 직접분사 + 글로우플러그 점화

연소실내에서 직접분사로 공급되는 천연가스를 1300~1470K의 고온으로 유지되는 글로우 플러그(glow plug)를 이용하여 점화하는 방식으로 현재 연구개발단계에 있다.

이러한 점화방식의 장점은 디젤 파일럿 점화방식과 달리 하나의 연료(천연가스)만을 사용하며 효율은 거의 디젤엔진과 동등하게 유지할 수 있다는 점이다.

그러나 현재에는 고부하 조건에서 디젤엔진보다 점화지연이 길기 때문에 NOx 배출량이 많고 저부하 조건에서는 과도하게 희박해지면서 불완전연소에 의해 열효율이 낮은 단점이 문제점으로 나타나고 있다.

이러한 문제점을 해결하기 위해 고부하 조건에서는 NOx 배출량 감소를 위해 EGR을 사용하고, 저부하 조건에서는 높은 압력 분사 등의 방법이 요구되고 있다.

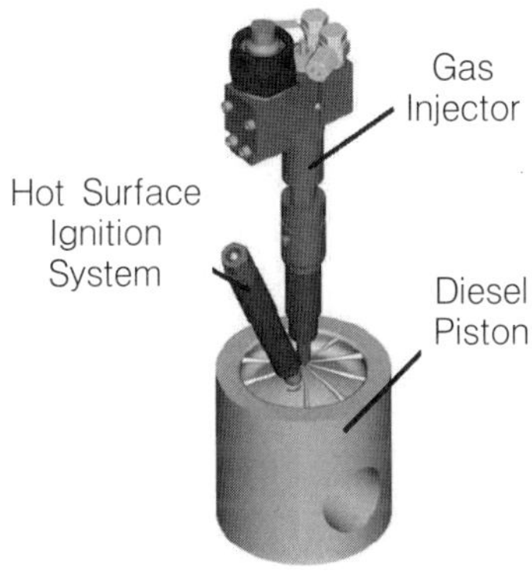

그림 6.32 글로우플러그 점화의 직접분사방식

6.6 액화천연가스(LNG) 자동차

LNG 자동차는 −162°C로 냉각하여 액화시킨 액화천연가스를 극저온 단열용기에 저장하여 사용하는 방식이다.

LNG를 기화시켜 믹서나 인젝터를 사용하여 흡기관에 공급하는 방식과, 기화된 가스를 고압으로 가압하여 연소실 내에 직접 분사하는 방식이 있으며, 전자의 기술은 현재 실용화 단계에 있으나 후자의 직접분사식은 연구단계이다.

LNG 자동차는 연료를 액체상태로 저장하기 때문에 CNG 자동차에 비해 주행거리가 길다. 또한 우리나라와 같이 LNG 상태로 수입하는 경우는 이를 직접 사용할 수 있어, LNG를 기화하여 배관을 통하여 공급한 후 다시 압축하여 사용하는 CNG에 비해 압축기를 구동하여야 하는 에너지가 절감되며 압축기 설치도 필요 없다.

그러나 지금까지는 LNG 단열용기 개발, LNG 충전기술에 어려움이 있었으나 최근 들어 상용화 됨으로서 LNG 차량이 본격 운행되고 있다.

LNG 단열용기에 전달되는 외부 열원에 의해 용기내의 LNG 성분 중 비점이 낮은 메탄성분이 먼저 증발하여 증발가스(BOG; Boiled off Gas)가 발생되며, 이 증발가스에 의한 용기 내 압력 상승을 방지하기 위하여 증발가스를 엔진에 우선적으로 공급하거나 대기 중으로 방출하여야 한다. 따라서 시간이 경과할수록 용기 내에는 메탄성분이 감소하고 고비점의 연료성분이 농축되는 weathering 현상이 발생한다.

예를 들면 연료 증발율이 하루 3% 정도일 경우 충전 후 20일 경과시 연료의 메탄성분은 100%에서 70%로 감소한다. 이에 따라 연료의 발열량은 최대 37% 감소하고 옥탄가도 24% 정도 낮아진다. 이것은 엔진의 정밀한 연료공급을 위하여 매우 어려운 기술적 장애요인으로 작용하고 있다.

6.6.1 LNG 자동차 연료용기

LNG 자동차는 초저온 연료용기 기술개발이 최근에 이루어져 CNG 자동차에 비해 실용화가 늦어졌다. LNG 연료용기는 −162℃로 단열을 장시간 유지하여야 하고, 자동차 주행시의 진동과 용기 내의 연료유동에 의한 압력변동 등을 견딜 수 있어야 한다. 현재 상용화되어 있는 LNG 용기는 스테인레스 재질의 2중 원통형이며, 두 개의 원통사이는 진공으로 단열되어 있다.

그림 6.33은 LNG 연료용기의 구조도이며 그림 6.34는 자동차에 실제 사용되고 있는 LNG 연료용기를 보이고 있다.

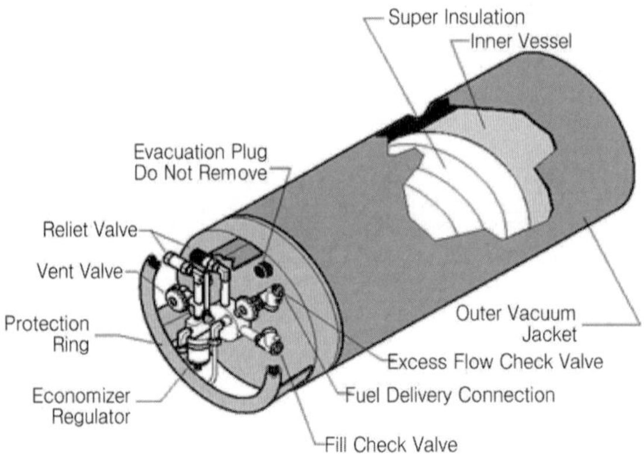

그림 6.33 LNG 연료용기 구조도

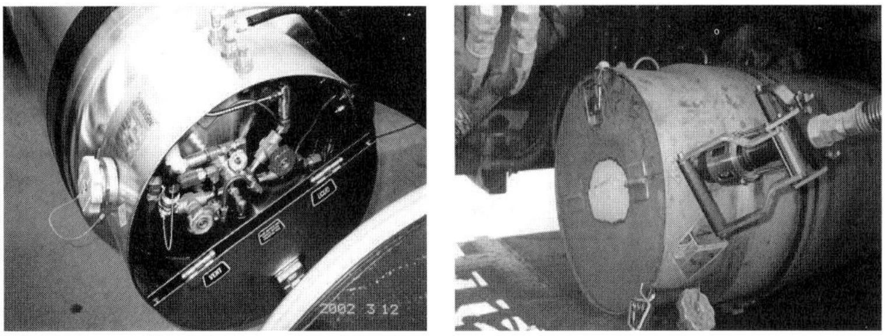

그림 6.34 차량에 설치된 LNG 연료용기

그림 6.35는 LNG 연료용기의 차량내 설치 구조도이다. 연료탱크 내의 압력은 탱크에 부착되어 있는 가압 증발기와 감압밸브로 조절되며 보통 50~80psi(3.4~6bar)로 유지된다. 엔진에 공급되는 연료는 별도의 연료펌프를 사용하지 않으며, 그림 6.36과 같이 엔진의 냉각수를 이용하는 열교환기(vaporizer)에 의해 가스로 변환되며 레귤레이터를 거쳐 엔진이 요구하는 압력으로 공급된다. 그러나 DING(Direct Injection of Natural Gas) 엔진과 같이 고압의 연료공급을 요구할 경우는 LNG 연료펌프를 사용하여야 한다.

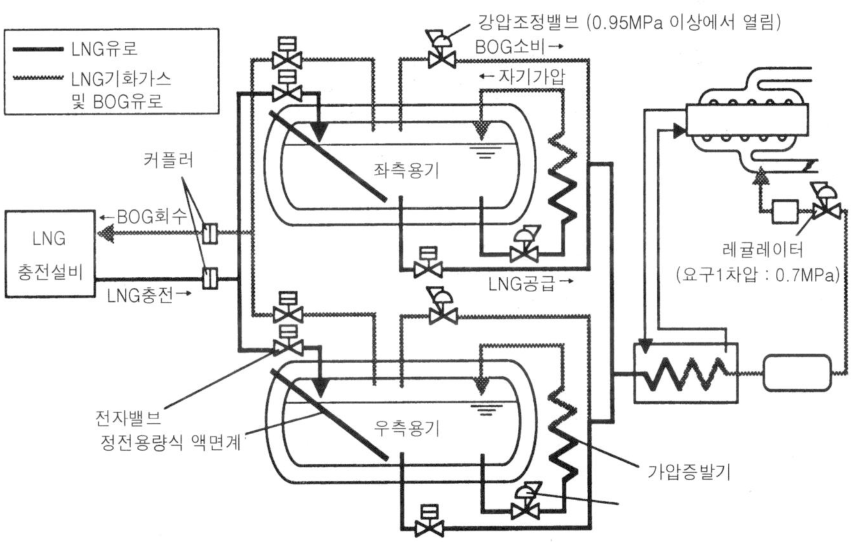

그림 6.35 LNG 연료용기 설치 구조도

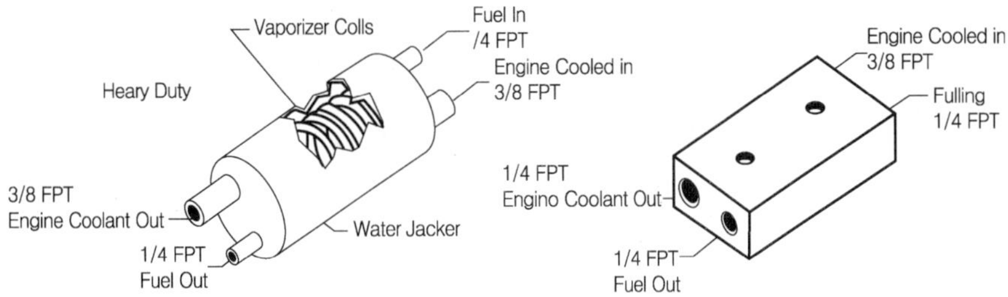

그림 6.36 Vaporizer

6.6.2 LNG 자동차 및 엔진

LNG 자동차는 시내버스뿐만 아니라, 용기의 설치 공간이 부족한 청소차나 장거리를 운행하는 트럭 등에도 적용된다. 특히 장거리를 운행하는 트럭의 경우는 천연가스와

그림 6.37 미국의 LNG 전소자동차

그림 6.38 미국의 LNG 혼소자동차

경유를 동시에 사용할 수 있는 혼소엔진(Dual-fuel; Pilot Injection Natural Gas)을 사용하고 있다.

6.6.3 LNG 운송 트레일러

LNG 기지로부터 천연가스자동차 충전소까지의 연료를 공급하는 트레일러는 2만리터~4만리터의 LNG탱크를 사용한다. 트레일러 내부에 LNG 펌프를 장착하여 LNG 자동차에 직접 연료를 공급하는 시스템도 사용되고 있다. 트레일러용 용기를 차고지 등에 설치하여 간이 LNG 저장소(콘테이너)로 사용하는 방법도 있다.

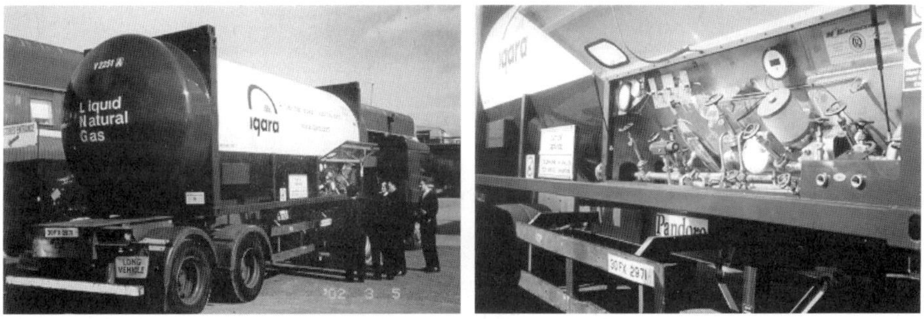

그림 6.39 LNG 이동 트레일러

그림 6.40 LNG Container

6.6.4 LNG 저장용기

충전소에 LNG 연료를 저장하는 연료탱크의 설치방법으로는 수평형, 수직형, 지하저장형이 있다. 설치공간이 부족할 경우 수직형으로 설치하면 유리하지만 설치비용과 시설물에 대한 민원발생의 소지가 크다. 반면 수평형은 설치가 용이하나 설치공간을 많이 차지한다. 지하에 매설하면 외부 노출 등의 문제는 없지만 관리의 어려움과 국내의 경우 안전기준상 허용이 되지 않는 문제가 있다.

그림 6.41 수평식 저장탱크

그림 6.42 수직식 저장탱크

그림 6.43 지하 매설식 저장탱크

6.6.5 LNG 초저온 펌프

초저온의 LNG 연료를 이송하기 위해서는 초저온펌프가 사용되어야하며, pump의 신속한 작동을 위하여 LNG내에 설치하여 작동하는 submerge 펌프가 사용되고 있다

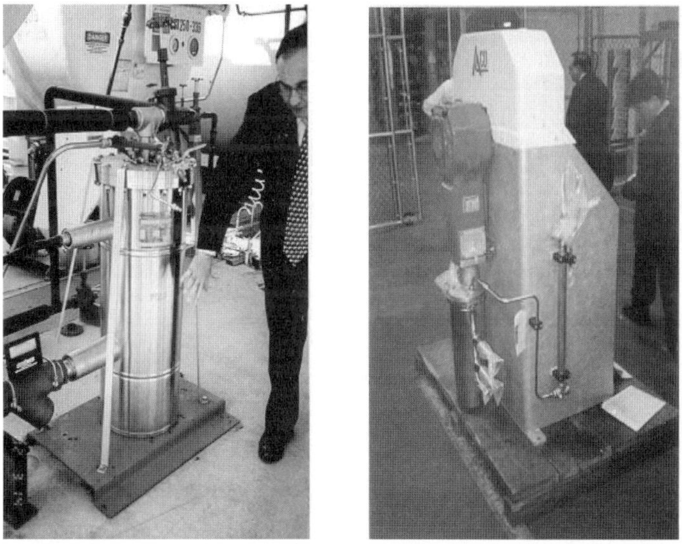

그림 6.44 LNG 펌프

6.7 액화석유가스(LPG; Liquefied Petroleum Gas)

LPG 연료의 청정성 및 안전성, 그리고 자동차 연료로서의 장점 때문에 오래 전부터 자동차 연료로서 사용되어 왔다. 세계적으로 LPG 자동차는 1997년 기준으로 약 400만대에서 2000년 기준으로 약 730만대로 큰 폭으로 증가하고 있으며 우리나라는 250만대 이상을 보유하여 세계에서 LPG 차량을 가장 많이 보유하고 있다.

현재 보급되어 있는 LPG 차량 종류는 택시, 소형차(LD Cars, LD Fleets) 및 중형차(HD Buses, HD Trucks)이다. 우리나라와 일본은 택시가 많이 보급되어 있고, 이탈리아, 네덜란드, 폴란드는 소형차(LD Cars)가 많이 보급되어 있으며 러시아에는 LPG 중형트럭이 많이 보급되어 있다.

6.7.1 LPG 연료 특성

LPG는 프로판, 프로필렌, 부탄, 부틸렌 등의 혼합가스로 상온, 상압에서는 기체이나 냉각 또는 가압에 의해 쉽게 액화된다. 미국의 LPG는 30%는 석유정제과정에서 부산물로 얻으며 70%는 천연가스의 부산물로 생산된다.

미국의 LPG는 프로판이 주성분이나 우리나라의 수송용 LPG는 부탄을 주로 사용하며 겨울철에는 저온에서의 연료 이동을 위해 프로판 양을 증가시켜 증기압을 높인다.

LPG는 CNG와 거의 유사한 청정 연료이며, 액체상태로 이동과 공급이 용이한 장점이 있다. 그러나 LPG는 공기보다 무거워 대기 중에 노출될 경우 대기 중으로 쉽게 확산되지 않고 누출된 곳에 축적되어 화재나 폭발의 위험이 크다. 또한 가솔린이나 디젤에 비해 동일 체적당 에너지 밀도가 70%~75% 수준으로 낮아 일회 충전 시 주행거리가 짧아진다.

표 6.16 우리나라의 부문별 LPG 조성(1994년: 1000Bbl)

	수송	산업	가정상업	도시가스
프로판	118	5324	26300	10144
부탄	15232	6160	87	10

표 6.17 미국의 전형적인 LPG 조성

성분	Commercial Grade HD-5	Commercial Propane	Commercial B/P Mixtures
Propane	90% liquid vol.	대부분 프로판	부탄과 프로판 혼합
Propylene	5% liquid vol.		
Butane & heavier HC	2.5% liquid	2.5% liquid	
Pentane & heavier HC			2% liquid vol.
Sulfur	123ppm	185ppm	140ppm

6.7.2 LPG 엔진 기술

자동차 및 산업기계 등에 사용되는 LPG 연료공급방식을 분류하여 그림 6.45와 표

그림 6.45 LPG연료공급방식의 분류

6.18에 나타내었고 이를 살펴보면, 크게 믹서방식과 분사방식으로 나눌 수 있다.

표 6.18 LPG 연료공급장치의 기술별 분류

시스템 \ 특성	연료공급기			전자제어 시스템	가스압 (자체압력)		액체	고압가스법 적용	시스템	세대별 구분
	믹서	흡기관 분사	실린더 내분사		저압	고압	펌프			
단순믹서 방식	○				○				배기가스를 위한 제어는 없음. 백화이어 가능성 있음. 출력저하	제1세대
피드백 믹서방식	○			○	○				강화된 배기가스규제에 대응곤란. 백화이어 가능성 있음. 출력저하	제2세대
전자제어 믹서방식	○			○	○	○			산소센서의 신호로 연료량 보정. 강화된 배기가스규제에 대응 곤란.	
전자제어 기체분사		○		○		○			출력향상. 배기가스규제 강화에 대응가능. 출력 약간 저하	제3세대
전자제어 액체분사		○		○			○	○	출력동등. 배가가스규제강화에 충분히 대응. 가압펌프 필요	
전자제어 직접분사			○	○			○	○	효율향상. 배기가스우수. 고압가압펌프 필요. 기술적인 어려움 있음.	제4세대

(1) 전자제어 믹서방식

그림 6.46과 같은 전자제어 믹서방식은 배기가스 규제의 강화에 따라 기존의 피드백 믹서 시스템으로는 배기가스를 저감시키는 것이 곤란하게 됨에 따라 개발된 시스템이다. 연소특성의 개선, 삼원촉매 포함, 그리고 가스유량이 비교적 정밀하게 제어되는 방식이다.

장점으로는, 가솔린 연료분사방식의 차량에서도 스로틀 바디에 믹서를 장착하는 것이 가능하게 되었다. 베이퍼라이져에 전자밸브가 붙어 있어 감속시에 불필요한 연료를 커트하는 것이 가능하고, 삼원촉매 부착의 차량에도 엔진제어 성능을 저해하지 않고 LPG차로 전환이 가능하게 되었다는 점이다.

단점은, 가솔린차의 전자제어 연료분사와 같은 정밀한 연료제어는 불가능하고 체적효율의 감소로 인하여 가솔린에 비해 약 10~20%의 출력이 저하되고 있다. 그리고 역화(backfire) 문제가 완전히 해결되지 않고 있다는 점도 단점으로 들 수 있다.

가스분사 방식(제3세대)은 믹서방식에서의 문제점인 역화를 방지하기 위하여 개발이 시작되었다.

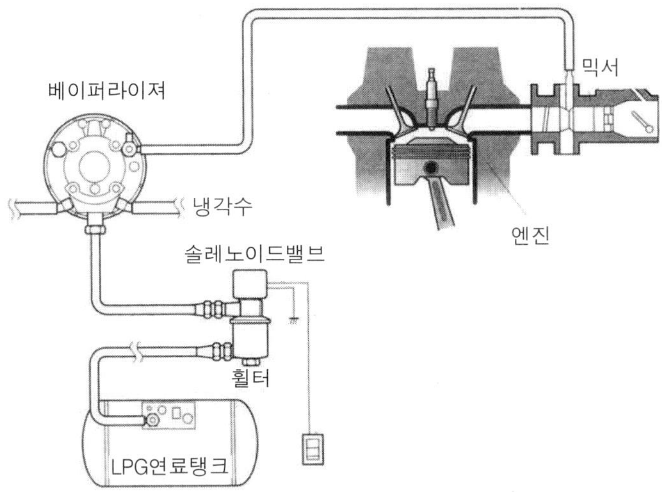

그림 6.46 전자제어 믹서방식의 구조

(2) 다점분사방식(Multi point injection)

엔진 흡기관의 실린더마다 인젝터를 설치하는 방식으로 분사시간에 따라서 연속형(continuous)과 순차형(sequential)으로 분류할 수 있다. 이 방식의 장점은 전자제어 믹서방식(제2세대) 시스템에 비하여 출력이 향상되고 배기가스 규제강화에 대응이 가능하다는 점이다. 반면 단점은, 가솔린차에 비하여 출력이 약간 저하되고 mono-fuel 방식으로 하더라도 가스분사식에서는 겨울철 냉시동성에 문제가 있다.

(3) 액상분사방식(LPi: Liquid Phase LPG Injection)

전 세계적으로 최근 강화되는 배기가스 규제 및 천연자원의 효율적인 사용을 위하여 대체연료 사용에 대한 관심과 연구가 활발하게 진행되고 있으며 이에 따라 차량용 엔진에서는 저연비 및 저공해성을 목표로 하는 청정 가스연료의 사용 또한 증가하는 추세이다.

대표적인 청정가스연료 중의 하나인 LPG의 경우, 지금까지 기화기 방식의 연료시스템을 사용하고 있어 연료공급의 정확도가 떨어져 아직까지 청정한 연료로서 제 역할을 다하지 못하고 있는 실정이었다. 이에 선진 외국에서는 1994년대부터 LPG의 정확한 공급과 LPG엔진의 문제점인 냉시동성, 출력부족을 해결할 수 있는 LPG 액상분사방식을 개발하여 실용화하였다.(그림 6.47)

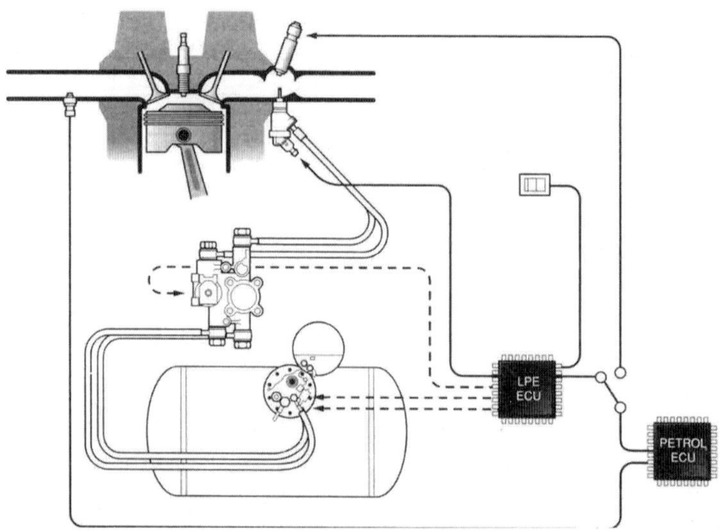

그림 6.47 다점정기 액체분사방식(Vialle사)

(Multi point sequnetial liquid injection system)

그림 6.47의 방식은 네덜란드의 Vialle사가 실용화한 LPi시스템으로 흡기관내에서 정확한 연료량을 액체상태로 분사하는 기술을 이용한 것으로, 액상 LPG의 기화로 인하여 흡기 혼합기의 온도가 강하되고 이 현상에 의하여 엔진 효율이 향상되는 특징이 있다.

장점으로는, 정확한 연료분사를 하기 때문에 연비, 출력, 배기가스성능이 향상되고, 기존의 가솔린용 전자제어 시스템과의 연동(단, bi-fuel 차량의 경우)으로 정밀한 제어가 가능하고, 부품점수의 삭감에 의한 코스트저감, 자기학습기능으로 신뢰성 향상, 조정 불필요, 그리고 소프트웨어변경만으로 신형차량에 대응이 가능하다는 점 등이다.

이에 반하여 단점으로는, 엔진시스템 소프트웨어의 개발이 복잡하고, 제어 소프트웨어를 대상 가솔린차에 맞춰서 개조를 해야 한다는 점(단, bi-fuel 차량의 경우)이 있다. 이 시스템을 이용한 대형 LPG차량이 개발되어 많은 보급이 이루어진 상황이다. 독일의 MAN사와 네덜란드의 DAF사에서 대형 LPG엔진(11~12리터급)을 생산하여 판매 중에 있고, 중소형 차량의 액상분사식 LPG액상분사 엔진기술은 1997년 유럽에서 개발완료되어 현재 보급단계에 있다.

일본에서는 본격적인 LPi차량보급에 앞서 2000년 10월부터 유럽시스템을 도입하여 시범사업 형태로 보급이 시작되었다. 2000년 10월경부터 닛세키미쓰비시(주)에서 전자제어 액체분사 방식인 네덜란드의 비알레사 제품을 도입하여 일본에서 보급사업을 시작하였다. 초기 성능평가를 위하여 모니터링사업을 하였고, 일부 결과를 정리하면 12개의 운전성 및 안정성 면 항목에서 매우 우수 또는 우수한 평가를 받았다.

국내에서도 LPi 차량을 세계 최초로 양산에 성공하였으며, 2003년 하반기에 현대자동차 Grandeur XG의 V6 엔진에 적용하였으며, 2007년의 ULEV 배출허용 기준을 만족하고 있다.

그림 6.48 현대자동차의 LPi 택시

LPG 연료공급방식 가운데 기상분사방식 및 액체분사방식간의 특성을 비교하면 아래 표 6.19와 같다.

표6.19 LPG 기체 및 액체분사 방식간의 특성 비교

		가스분사			액상분사
분사방식		일점문사방식 (single point continuous injection)	다점연속분사 (multi point continuous injection)	다점정기분사 (multi point sequential injection)	다점정기분사 (multi point sequential injection)
시스템 구성	베이퍼라이져	○	○	○	×
	압력조절기	×	○	×	○
	디스트리뷰터	×	○	○	×
	분사노즐	○	○	×	×
	인젝터	×	×	○	○
	가압펌프	×	×	×	○
성능 비교	배기가스	규제강화에 대응곤란	규제강화에 대응곤란	EURO4 만족가능	EURO4 ULEV 만족
	출력 (가솔린대비)	낮음	약간 낮음	약간 낮음	동등
	분사압력	< 2기압		+0.6~2 기압	+5 기압
비고		닛산디젤	Tartarini (ETAgas) Landi Renzo Lovato	Koltech (GSI) Tanaka Motors (개발중)	Vialle Tartarini(개발중) Aisin, Nikki (개발중)

(3) LPG 직접분사 방식(LPG Direct Injection)

가솔린 엔진 뿐만 아니라 LPG 엔진과 천연가스 엔진을 포함한 모든 전기점화방식 엔진에서는 기존 쓰로틀 밸브를 사용할 경우 발생되는 펌핑손실과 예혼합 연소에 의한 희박한계로 인해 특히 아이들과 저부하 구간에서 엔진효율이 디젤엔진에 비해 현격하게 나빠진다고 할 수 있다.

이러한 문제점을 해결한 초저연비 엔진개발을 위해 최근에는 LPG 엔진에서도 연료를 액상으로 실린더 내에 직접 분사하여 층상연소를 하여 엔진효율을 향상시키는 LPG

직접분사 엔진에 대한 연구가 진행되고 있다. 그러나 직접분사 방식에 대한 연구는 가솔린 엔진의 경우에는 많은 연구가 수행되어 왔으나, LPG 엔진의 경우 아직 초기단계에 있다고 할 수 있다.

LPG 직접분사방식은 흡기포트에 액상으로 LPG를 분사하는 LPi 방식과는 달리 연소실 압력 대비 상대적으로 높은 고압의 액상 LPG 연료를 분사해야 하기 때문에 고압분사에 의한 이상분무(2-phase spray)에 대한 연구와 아울러 고압 및 고압조건에 대한 연료 누설 연구가 병행되어져야 한다.

직접분사식 LPG 엔진개발과 관련한 가장 최근 국내 연구로는 고압 액상분사를 위한 연료계 및 연소특성 해석을 위주로 하여 자동차기반기술개발사업이 수행 중에 있으나 이 사업은 연료계 부품개발이 목적인 사업이라고 할 수 있다.

그러나 직접분사식 엔진용 제4세대의 개발을 위해서는 LPG 연료의 층상분사에 대한 체계적인 분석을 통한 핵심 분사기술의 확보가 필요하다고 할 수 있으며, 예를 들어 연소실내 고압 액상 LPG 분사가 가능한 분사능력을 보유한 인젝터 현황 및 이들의 분사특성 그리고 연소실의 고온 및 고압조건에 분사되는 LPG 연료의 기화열에 의한 냉각효과 범위를 통해 엔진에서 요구되는 LPG 분사압 등 제4세대 LPG 층상분사에 대한 실용화 가능한 데이터의 확보가 필요하다고 할 수 있다.

6.8 GTL(Gas to Liquid)

원유가격의 상승과 자원의 한계 등으로 원유와 비슷한 매장량이 있는 천연가스 사용에 관심이 커지고 있다.

유전에서 부산물로서 배출되는 천연가스의 대부분은 연소시키며 이 경우 지구온난화의 요인인 이산화탄소를 다량 발생시킨다. 또한 천연가스는 기체이기 때문에 원유에 비해 소비지까지의 수송에 어려움이 많다. 이와 같은 배경으로 천연가스를 원료로 액체연료(GTL) 제조에 새로운 관심이 많으며 세계적으로 실용화 단계에 있다.

GTL(Gas to Liquid)이 주목받는 이유는 다음과 같다. 우선, 수요지로부터 멀리 떨어져 있는 중소규모의 가스자원의 유효활용이 가능하고 경제적으로 GTL은 유전발견과 동등한 가치가 있으며 석유자원의 고갈에 대응할 수 있다. 그리고 제조된 액체연료는 특히 청정경유로 사용될 수 있을 것으로 기대되며 원유 출하설비를 이용할 수 있다.

프로세스 기술이 급속하게 발전되어 가격절감이 가능하고 가스전의 환경개선에 기여하고, 유전에서 발생하는 가스처리에도 적용 가능하다.

6.8.1 GTL 제조 공정

① 원료인 천연가스로부터 불순물 제거

② 합성가스(CO와 H_2 혼합가스) 제조

- 부분산화법(partial oxidation): 천연가스를 산소로 부분적으로 산화, 가장 오래된 방법, 반응온도가 높고, CO_2비율이 낮으며 매연발생.

$$(CH_4 + 1/2O_2 \rightarrow CO + 2H_2)$$

- 스팀개질법(steam reforming): 천연가스와 스팀(H_2O)을 870°C로 가열하고 튜브내에 충진하여 촉매상에서 반응시킴. 산소를 필요로 하지 않으며, 상업화실적이 많음. ($CH_4 + H_2O \rightarrow CO + 3H_2$)
- Autothermal 개질법: 산소와 스팀을 동시에 사용하는 방법이며, 순수한 산소대신 공기를 사용하는 방법이 주목됨. Start/Stop이 용이하며, Syntroleum사에서 사용

	H_2	CO	CO_2	합계
스팀개질	75	15	10	100
부분산소	62	35	3	100
Autothermal 개질	34	17	2	53(나머지는 질소)

③ 합성가스로부터 액체연료 제조: FT 합성, ($CO + 2H_2 \rightarrow -CH_2- + H_2O$) $-CH_2-$ 결합 고리길이는 촉매의 선택성과 반응조건에 따라 결정된다.

$C_1 \sim C_4$: 기체

$C_5 \sim$: 액체 (경유분: $C_{10} \sim C_{20}$)

$C_{20} \sim$: 고체

④ 수소화처리: 제품 분리

6.8.2 제조회사 기술동향

Fischer Tropsch법은 일산화탄소의 수소화 반응에 따라 탄화수소를 합성하는 방법으로, 1923년 독일의 Kaiser Wilhelm 석탄연구소에서 Franz Fischer와 Hans Tropsch의 두 사람에 의해 발명되었다. 기술의 핵심은 반응기, 촉매, 열공급과 개량, H_2O와 CO_2 등의 제거 또는 이용이다.

세계 2차대전 이전의 독일과, 전후 남아프리카공화국에서 상업화되었으나 이때는 석탄을 원료로 하였고 경제적인 이유보다는 정치적인 필요성으로 실시되었다. 이후 프로세스가 현재에 이르기까지는 많은 회사가 기술개량에 참여하였으며 경제성을 확보하는 수준에 이르렀다. 독일에서는 1944년에 16,000배럴/일(약 90만kl/년)이 최대생산 시기였다. 미국 광산국에서는 독일 FT 플랜트 기술자를 미국에 초청하여 FT 개발에 종사시켰으며, 독일의 2개 플랜트를 해체하여 미국에 1개 플랜트를 조립하여 운전하였다. 동시에 광산국에서는 1950년에 새로운 플랜트를 텍사스에 건설(Hydrocol)하여 천연가스에서 휘발유를 생산하였다. 그러나 기술상의 문제와 천연가스 가격상승과 원유가격 저하 등의 이유로 가동이 중단되었다.

남아공의 Sasol과 Mossgas는 인종차별정책에 따른 경제제재에 따라 정부의 에너지 자급자족정책에 따라 석탄액화와 천연가스액화의 두 가지 프로젝트를 추진하여 왔으며 그 동안의 기술축적으로 국제적인 기술경쟁에 참여하고 있다.

6.8.3 GTL 연료특성

· 합성연료 특성(예)

프로세스	석탄간접액화법		천연가스간접액화법	
	(SASOL)		SHELL	EXXON
특성	가솔린유분	경유유분	경유유분	경유유분
〈조성〉				
파라핀	60%			
올레핀	32%			
아로마틱	0%	〈3%	〈1%	〈1%
유황	10ppm	〈1ppm	검출불가	〈10ppm
옥탄가	35	-	-	-

프로세스 / 특성	석탄간접액화법		천연가스간접액화법	
	(SASOL)		SHELL	EXXON
	가솔린유분	경유유분	경유유분	경유유분
세탄가	−	〉70	75	74
제조가	$24/배럴			$20~21/배럴
플랜트능력 (배럴/일)	110,000		12,500	10,000

· 합성경유 물성치(예)

항목	합성경유(1)	합성경유(2)	Shell	Syntroleum	JIS 2호경유
밀도(g/cm^3) @15°C	0.7826	0.780	0.791	0.772	0.8330
동점도(mm^2/s) @30°C	4.145	2.66(cSt) @40°C			3.496
세탄지수 세탄가	93.2 87.8	 74	 73.7	74.1 73.6	56
유황분(%mass) 아로마틱분(%vol)	〈0.0001 0	〈1 〈1	〈0.05 0.1		0.035 26.7
증류온도(°C) 초류점 50% 90% 종점	 170.5 292.0 327.5 338.5				 174.0 277.0 333.0 360.0
유동점(°C) 인화점(°C)	0 106	 62.2			−7.5 73
진발열량(MJ/kg)	43.52				42.95
외관		엷은 호박색, 투명			42.95

6.9 DME

6.9.1 특성

DME(Dimethyl Ether)는 종래에는 메탄올로부터 추출되어 에어로졸 산업분야에 사용되어왔으나 덴마크의 Haldor Topsoe 사에 의해 천연가스나 석탄에서 만들어지는 합성가스로부터 생산할 수 있는 경제적인 제조과정을 개발함에 따라 주목을 받게 되었다.

현재는 폐플라스틱이나 바이오 메스 등의 다양한 에너지원으로부터 나올 수 있을 뿐만 아니라 친환경적 연료이다.

DME의 원료는 메탄(천연가스나 biogas)이며, 천연가스를 LNG로 액화시키는 비용보다 DME 생산가격이 적으며, 수송비용도 LNG 보다 적게 든다.

DME의 가장 중요한 특성은 표 6.11에서 보듯이 세탄가가 아주 높아 디젤연료를 대체할 수 있다는 것이며, 화학적 구조가 에탄올에 비교될 수 있을 수준의 산소성분이 많아 연소시 매연이 거의 없다. 또한 물성이 LPG와 유사하여 LPG대체연료, 연료전지 등의 다양한 용도로 사용할 수 있고 수송·저장수단, 인프라 구축 등의 장애가 적다는 장점이 있다.

반면 비점(boiling point)이 낮아 연료를 액체상태로 유지하기 위해서는 적정한 용기로서 LPG와 유사하게 취급하여야 한다. 또한 밀도와 발열량이 낮아 디젤연료에 비해 많은 양의 연료공급량이 필요하며 연료분사시스템의 개량이 필요하다. 점도도 경유에 비해 낮기 때문에 연료 분사계에 누설이 발생하며 이를 방지하기 위해서는 윤활 향상제를 첨가하여야 한다. 또한 연료계통의 실링고무 등과 반응하기 때문에 재질에 주의하여야 한다.

DME 연료특징을 정리해보면 다음과 같다.

- 산소함유율 34.8%로 높다.
- 상온상압에서 무색투명한 기체이며 LPG와 유사한 기압에서 액화된다.
- 저발열량은 경유의 70% 정도이다.
- 세탄가가 55 이상으로 높다.
- 점도가 경유에 비해 낮다.
- 인체에 무해하다.
- 금속 부식성은 없으나 고무류와 반응한다.

DME 사용 엔진의 배출가스 특성은 메탄가스 사용엔진과 유사하며 종래의 디젤엔진과는 달리 PM과 NOx의 trade-off를 고려할 필요가 없어 EGR을 사용하여 NOx를 대폭 저감할 수 있다.

6.9.2 제조공정

(1) 천연가스로부터 제조

기존공정은 메탄올 두 분자를 탈수시키는 반응으로 다음과 같은 2단계 공정으로 제조된다.

1단계) $2CH_4 + O_2 \rightarrow 2CO + 4H_2 \rightarrow 2CH_3OH$

2단계) $2CH_3OH \rightarrow CH_3OCH_3 + H_2O$

그러나 합성가스로부터 직접 DME를 합성하는 과정은 1단계 공정으로 다음과 같다.

$$3CH_4 + 3CO_2 \rightarrow 6CO + 6H_2 \rightarrow 2CH_3OCH_3 + CO_2$$

천연가스에 산소와 이산화탄소를 넣고 개질 반응하여 생성된 합성가스로부터 이산화탄소를 부분적으로 분리한 후 DME를 합성한다. 반응물로서 천연가스의 주성분인 메탄 원료 1,600kg에서 DME 1,966kg을 제조하고, 중량비로 약 123% 수율을 얻어 전환율이 약 95%에 달하였다.

합성가스(H_2/CO)를 공업적으로 얻을 수 있는 방법으로 천연가스의 개질반응으로 크게 수증기 개질공정(steam reforming), 촉매 부분 산화 공정(catalytic partial oxidation) 그리고 이산화탄소 개질(CO_2 reforming) 등으로 나뉜다. 반응의 종류에 따라서 합성가스의 조성이 다르므로 적용범위가 조금씩 다르게 되는데 Fischer-Tropsch(F-T) 반응에 의한 탄화수소 및 알콜류 합성, 암모니아 합성, 메탄올 합성, 옥소(oxo)반응에 의한 알콜류의 제조, DME 제조, 그리고 이산화탄소의 정제를 통한 수소에너지 생산이 적용의 예이다.

개질공정의 촉매 시스템은 니켈 금속이 효과적인 촉매로 알려져 있으며 백금 등의 8족 전이금속 담지 촉매들도 반응이 우수한 것으로 알려져 있다. 이산화탄소 개질반응은 $H_2/CO=1$인 반응으로 메탄올이나 DME 등 함산소물(oxygenates)를 제조하는데 적합한 공정으로 알려져 있다. 그러나 CO_2/CH_4 개질반응의 상용화를 위한 중요한 관건은 촉매를 비활성화(deactivation)하는 코크(coke)의 형성을 억제하는 데 있다. 메탄 개질반응이 일어날 때 촉매에 침적되는 탄소는 열역학적으로 예측할 수 있는 메탄의 분해 또는 일산화탄소의 불균형(Boudart reaction)에 의한 것으로 알려졌다.

$$2CO \rightarrow C+CO_2 \quad \triangle Ho298K = -172.4 \ kJ/mol$$

$$CH_4 \rightarrow C+2H_2 \quad \triangle Ho298K = +74.9 \ kJ/mol$$

DME 합성반응은 순간적인 심한 발열반응으로 반응온도 상승에 의한 촉매의 비활성화 가능성이 있기 때문에 반응열의 효율적 제거가 요구된다. 반응 자유에너지의 비교결과로부터 합성가스를 이용한 DME의 합성은 메탄올 합성에 비하여 열역학적으로 평형수율 제한에 훨씬 유리한 장점이 있다는 것을 알 수 있다.

(2) 바이오 매스로부터 제조

바이오 매스로부터 DME를 만들기 위해서는 우선 바이오 매스의 가스화가 선행되어져야 한다. 목질계 바이오매스를 온도 473~873K 하의 무산소 상태에서 가스(CO, H_2, CH_4, CO_2, H_2O), Char과 탄화수소로 열분해 하여 원료의 75~90%를 가스 및 탄화수소로, 10~25%를 Char로 전환한다.

이렇게 생성된 물질에 산소 또는 공기를 공급하여 연소시켜 Char는 973~1,473K에서 Boudouard 반응($C+CO_2+2CO$)과 수성가스 반응($C+H_2O \rightarrow H_2+CO$)에 의해 CO와 H_2를 얻는다. 상기 과정을 거쳐 생성한 것이 바이오 매스 가스이고 CO, H_2, CO_2, H_2O, CH_4, C2+(C_2 이상의 탄화수소)의 성분을 지닌다. 두 번째 공정에서 공기를 공급하면 저급에너지의 가스가 생성되고 산소의 공급으로는 중급 에너지가 생성되어 DME 등 화학 제품연료의 합성이 가능하게 된다.

바이오 매스로부터 얻어진 가스화 연료는 타르와 Char 분을 제거한 후에도 메탄, CO_2, C2+, N_2 등은 합성반응에서 불활성 가스로 작용하여 DME 반응속도와 반응평형점을 낮추는 결과를 초래하기 때문에 이러한 생성물이 적게 나오게하는 가스화 프로세스 및 운전이 바람직하다.

목질계 바이오 매스의 가스화는 경제적 측면에서 화석연료에 비해 떨어지고, 원료공급시스템이 미비하다. 그리고 가스화 효율이 낮을 뿐만 아니라 유해 화학물질(타르)이 발생한다는 점도 극복해야 할 문제점들이다.

6.9.3 DME 연료 자동차 기술개발

해외의 DME 자동차 연구개발은 유럽과 일본을 중심으로 활발히 진행되고 있다. 유럽의 경우에는 IEA(International Energy Agency) 주도하에 여러 컨소시움이 구성되어 다양한 연구가 수행되고 있고, 일본의 경우에는 주로 경제산업성 및 국토교통성 등 정부기관의 지원하에 관련 산업체 및 연구기관이 참여하여 연구를 진행하고 있다.

유럽에서 DME 관련 연구는 1995년경에 연구결과가 발표되면서 본격적으로 주목을 받기 시작하였다. NOx 및 매연배출이 적은 DME 엔진의 저공해성은 AVL, University of Denmark, Haldor Topsoe 등에 의해 1995년에 발표하였고 1995년부터 5년간 덴마크 도로안전 및 교통국과 환경보호국의 지원하에 실험실 환경 및 실제주행 조건하에서 DME 연료를 경유차 연료로 사용할 경우 청정성을 확인하기 위한 연구를 수행하였다.

세계 최초로 대형버스의 엔진(DH10A)과 연료공급 시스템을 DME에 적합하도록 개조하여 시험한 결과 Euro IV기준의 배출가스 성능 및 경유차량과 동등한 동력성능을 성공적으로 증명하였다.

Volvo사는 AF for HD(Alternative fuel for heavy duty) 프로젝트에 참여하여 2002년부터 3년간 대형 DME 트럭을 제작하여 주행시험을 하는 것을 목표로 기술개발을 실시하였으며 프랑스의 르노는 1997년경부터 5년간의 연구결과 DME는 매연을 배출하지 않고 이산화탄소의 배출을 줄일 수 있는 가능성이 있음을 확인하였다. 그러나 DME 자동차 개발에 대한 르노의 입장은, 5년 이내에 DME가 자동차 연료시장의 5%를 차지하는 시점, 연료의 가격 및 자동차 관련부품이 경제성을 갖춘 시점, 그리고 다른 자동차업체들과의 연대 여부 등을 본격적인 DME 자동차 사업참여에 대한 판단 기준으로 삼고 있다.

일본에서의 DME 자동차 관련연구는 일본석유공단이 지원하여 이와타니산업, 산업기술총합연구소(AIST), 미쓰비시자동차 등이 공동으로 수행하고 있는 '운행차를 대상으로 하는 DME 디젤 자동차 개발'이 있다. 경제 산업성은 2002년부터 DME 자동차용 장치 및 부품과 관련하여 연구개발을 수행할 예정이고, 신에너지개발총합기구(NEDO)는 1997년부터 7년간 고효율자동차의 개발을 목표로 하여 연구개발을 수행 중에 있으며, 이 가운데 DME 엔진 탑재 하이브리드 버스는 히노 자동차와 일본자동차연구소(JARI)가 공동으로 개발하였다.

Vehicle View					
Category Usage	HDV Long haul fleet	MDV Working w/crane	LDV Urban delivery	LDV Urban delivery	HDV Road cleaning
GVW ton (Payload ton)	20 (10)	7.9 (3.5)	5.8 (2)	4.9 (2)	16.5 (6.5–7.5) [plan value]
FIE	In-line jerk type	Common rail	In-line jerk type	Common rail	In-line jerk type
Fuek tank Liter x No.	171×2	135×1	134×2	135×1 [plan value]	171×2 [plan value]
Manufacturer	Nissan Diesel corp. NTSEL	Isuzu (advanced engineering center Ltd)	Bosch corp. (JPN) NTSEL	Isuzu (advanced engineering center Ltd)	Nissan Diesel corp. NTSEL
Remarks	· Certificated by MLIT in Aug.'06 · w/DeNOxCat	· Certificated by MLIT in Aug.'05 · w/crane	Certificated by MLIT in May'06	To be certificated by MLIT in Mar '07	To be certificated by MLIT in Mar '07

그림 6.49 일본의 DME차량 개발현황

미국에서의 DME 자동차 개발은 유럽 및 일본에 비하여 활발하지 않으나, 에너지성(DOD) 및 환경국(EPA)은 DME 자동차의 청정성 및 디젤 대체 자동차로서의 가능성에 대한 평가를 수행하였고 에너지성의 지원 하에 Air Proudcts, Navistar, DuPont 등의 기업이 참가하여 펜실베니아주립대에서 DME 셔틀버스 개발연구를 2002년까지 수행하였다.

이 차량에는 Navistar T444E 터보디젤엔진이 탑재되어 있고, DME의 저점성으로 인한 문제를 해결하기 위해 경유에 DME 15~25 wt%가 함유되어 있는 혼합연료를 사용하여 약 300km의 운행실적을 보여주었다. 그러나 연료온도의 상승 및 연료순환펌프의 문제 등 해결해야 할 점이 많은 기초단계의 연구개발수준을 나타내었다.

국내의 경우 에너지기술연구원에서 2000년부터 2년간 지경부 에너지기술개발사업의 일환으로 DME의 디젤엔진 적용을 위한 연료공급계 및 연소계 기반기술 연구를 추진하였다. 배기량 304cc, 최대출력 6.5kW/3,500rpm의 공냉 단기통 직접분사식 디젤엔진에, 순수 DME, DME-경유 혼합연료, DME-LPG혼합연료, DME-바이오 디젤 혼합연료 등을 적용하여 각종 연구를 진행하였다.

또한, (주) SK, 인하대학교가 참여하여 2002년도에는 소형 인라인 분사계 디젤엔진의 연료공급계를 사용하는 DME엔진 최적화 기술연구가 3년간 실시되었다.

6.10 물혼합연료(Emulsified Fuel)

디젤엔진의 NOx 저감을 위하여 엔진 연소실에 연료와 함께 수분(물)을 함께 공급하는 연구는 상당히 오래 전부터 연구되어 왔다. 연소실 내에 수분을 공급하는 방법으로는 흡입공기에 수분을 포함시켜 공급하는 방법, 연소실에 물을 분사하는 방법, 물혼합연료 분사방법 등으로 구분된다.

수분을 함유한 흡입공기 공급기술이나 물분사기술은 수분의 잠열과 불활성 가스 효과에 의하여 연소온도 저감을 가져와 NOx 저감에 매우 효과적임은 확인되었으나, 매연의 증가와 연소효율의 저하를 수반하며, 수분에 의한 엔진의 부식과 엔진오일 희석 등의 부작용이 커서 실용화 기술로 발전되지 못하였다.

반면 물혼합연료는 물의 작은 액적을 디젤연료유 내부에 혼입한 에멀젼연료를 연소실에 분사하기 때문에 고온 연소장에서 연료 내부에 있는 물이 열을 받아 미세폭발(micro explosion)을 일으키면서 연소한다. 따라서 연료 액적이 미립화되어 연소실 내부에 골고루 퍼지면서 연소효율을 향상시키고, 연소온도 상승을 억제하여 NOx 감소와

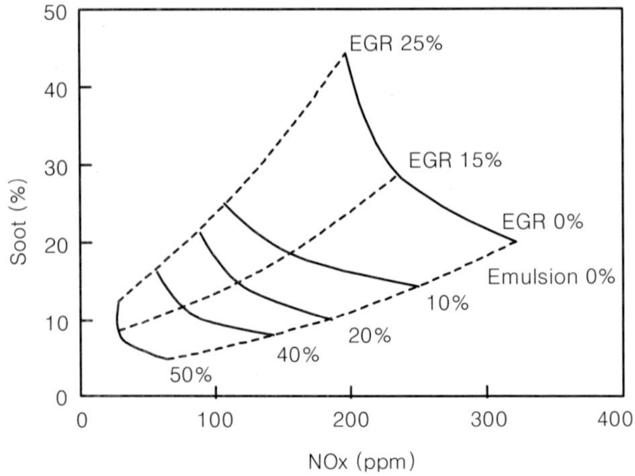

그림 6.50 에멀젼연료와 EGR에 의한 NOx 및 soot 저감효과

함께 매연의 감소 효과도 동반한다. 또한 수분은 미세폭발 현상과 함께 매우 미세한 액적으로 변하여 연소되거나 증발되기 때문에 연소실 벽면에 직접 닿지 않아 엔진부식이나 엔진오일 희석 등의 영향은 거의 없는 것으로 발표되고 있다.

에멀젼연료의 연소특성으로는, 연료 내부에 있는 물방울의 폭발, 분무 모우멘텀 증가에 의한 공기유동의 활성화, 점화지연기간의 증가에 의한 예연소기간 증가, 연소온도 저하에 의한 냉각열손실 감소 등이며 열효율도 5~10% 향상된다.

에멀젼연료 공급방식은 크게 두 가지로 나누어진다. 첫째는 에멀젼연료자체를 제조하여 차량에 공급하는 방식이며, 둘째는 차량에 연료탱크와 물탱크를 동시에 보유하고 분사기에서 연료와 물을 직접 혼합하여 에멀젼화시켜 엔진에 공급하는 방식이다.

에멀젼연료 제조시는 물과 연료의 혼합기술과 혼합된 연료가 장기간 상분리가 발생하지 않도록 하는 기술이 중요하다. 엔진의 중부하영역에서는 에멀젼연료의 물성분이 60%까지도 효율적으로 작동하나, 저속(아이들링)에서는 물 성분이 많으면 불안정한 운전상태를 보이며 고부하 운전에서는 출력 저하가 심하다. 따라서 엔진 운전조건에 따르는 에멀젼연료 중의 물성분 조절이 요구되며 특히 에멀젼연료 공급방식에서는 이를 위한 보완기술이 필요하다.

직접혼합방식은 엔진의 운전조건에 따른 물혼합비의 조절이 용이하여 최적의 엔진성능을 유지할 수 있으나, 연료분사계에 별도의 장치를 부착하여야 하기 때문에 약간의 엔진개조가 필요하며 장치비용에 대한 경제적 부담이 있다.

6.11 바이오디젤(Bio-diesel)

바이오디젤(Bio-diesel)은 유채, 해바라기씨, 팜유 등과 같은 식물성 오일, 우지 등과 같은 동물성 지방, 혹은 폐식용유 등과 같이 다양한 자원을 트랜스-에스테르화 과정(Trans-esterification)이라 불리는 촉매 반응을 시켜 생산한 메틸 에스테르(methyl esters) 연료를 총칭하는 것이다.

바이오 디젤은 디젤 연료와 물성치 측면에서 흡사하고 자발화의 척도가 되는 세탄가가 비슷하지만, 단위 질량당 에너지 함유량이 낮고, 점도가 다소 높다는 특징이 있다. 연료 자체에 질량 기준으로 11% 정도의 산소가 함유되어 있어, HC, CO의 저감뿐만 아니라 연소실에서 Soot 성분의 산화 과정을 일으켜 입자상물질(PM, Particulate Matter)의 발생을 억제하지만 연소실의 고온 고압 상태에서는 가용 산소 성분의 존재는

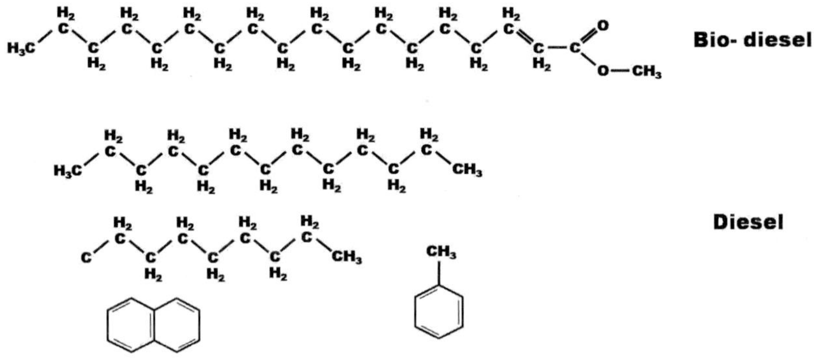

그림 6.51 바이오 디젤과 디젤 연료의 화학 구조

NOx의 생성을 촉진하는 문제를 일으키기도 한다.

바이오디젤을 디젤 대체 연료로 적용할 경우, 가장 큰 장점은 물성치의 유사성으로 인해 기존의 디젤 엔진의 큰 개조 없이도 적용이 가능하다. 그러나 연료의 산화안정성과 저온 유동성이 디젤에 비해 나빠서 쉽게 변질되거나 시동성 악화를 유발하기 때문에 바이오 디젤과의 접촉에 의한 연료 계통의 고무 성분의 열화 특성, 저온에서의 저유동 특성에 의한 예열 장치의 보완 등이 요구되고 있는 실정이다.

기존 바이오디젤이 갖고 있는 많은 문제점을 개선하기 위해 개발되고 있는 연료로서 수첨바이오디젤(HBD, Hydrotreated Biodiesel)의 경우 산소가 들어있지 않은 순수한 탄화수소로 구성되어 있어, 기존 경유의 혼합유로 손색이 없을 뿐만 아니라 생산설비도 기존 정유공장 시설을 대부분 그대로 활용할 수 있다는 점에서 추가적인 투자비 지출이 없이 경제적으로 생산할 수 있다는 이점이 있다.

기존의 바이오 디젤과의 가장 큰 차이점은 기존 공법인 trans esterification 대신 수소를 첨가시켜 hydrocarking 시킨다는 점이다. 3단계의 과정을 거치면서 hydro-treating을 통해 기존의 바이오 디젤에 비해 세탄가가 높아 경유로서의 품질이 우수할 뿐만 아니라 이산화탄소 배출량도 상대적으로 낮다. 또한 aromatic 성분과 sulfur가 거의 없으며, 저장 안정성도 매우 우수하다.

HBD의 생산 기술은 현재 핀란드의 Neste Oil, 미국의 UOP, 브라질의 Petrobras 등에서 생산하고 있으며 고유 반응기술을 보유하고 있다.

표 6.20 바이오디젤 연료의 물성치

Properties	Diesel	Bio-diesel(FAME)	HBD
Density@15℃ g/㎤	0.825	0.874	0.783
Distillation, ℃	200~300	330~355	250~320
Flash Point, ℃	60	180	116
Cetane Number*	50	50~60	80~99
TAN**, ㎎/g	0.00	0.26	0.00
Heating Value, kcal/L	9,100	8,350	8,800
Pour Point, ℃	〈-20(winter)	13	16
Oxygen Contents, wt. %	0	12	0
n-Paraffin, %	-	n.d.	99.9

* IQT(Ignition Quality Test)로 측정
** TAN: Total Acid Number

바이오 디젤의 보급은 1990년대 초반 프랑스, 독일 등의 유럽에서 시작되었으며 프랑스의 경우 대형트럭이나 버스 등 사업장 차량을 대상으로 BD30 등과 같은 혼합연료를 보급하였다. 독일의 경우 연료계 부품을 수정한 전용차량에 BD100을 보급하여왔다.

유럽에서는 2003년 5월에 Directive 2003/30/EC를 발효하여 2005년까지 자동차 연료의 2%, 2010년까지 5.75%, 2020년까지 20%의 바이오 연료를 대체하기로 하였으며, 최근에는 2020년까지 EU 모든 국가에서 의무적으로 최소 10%를 달성하는 것으로 목표치를 수정하였다. 또한 2010년까지 총 에너지의 12%를 바이오 에너지로 대체할 계획을 수립하고 2010년까지 액체 바이오 연료(바이오 디젤 80%, 바이오 에탄올 20%)를 1억 8천만톤 보급할 계획을 수립함에 따라 다른 지역보다 바이오 디젤의 생산이 급격히 증가하고 있는 상황이다.

연료품질 기준은 2003년 BD100 품질기준인 EN14214를 제정함과 아울러 경유의 품질기준(EN590)에 바이오 디젤을 5%이내 포함할 수 있도록 하여 일반경유로서 보급을 확대하고 있으며 2009년도부터 7%까지 상향 개정되며 향후 10%까지 허용하는 것을 검토하고 있다.

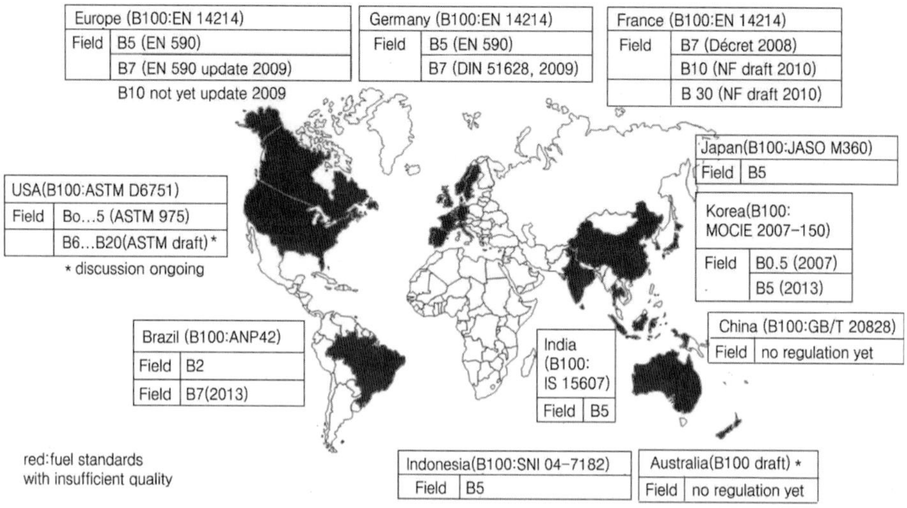

(Bosch사 자료 참고)

그림 6.52 바이오디젤 보급 국가 및 품질기준 현황

전 세계적인 바이오 디젤의 생산량은 2005년 현재, 41.25억 리터 규모이며, 그 중에서 독일의 연간 생산 규모가 19.21억 리터로서(세계 생산량의 46.57%) 가장 활발하게 바이오 디젤을 사용하고 있다.

독일의 경우, 정책적으로 100%의 바이오 디젤 연료(BD100)를 사용하는 소비자에게 세금 감면의 해택을 통해 그 사용을 권장하고 있으며, 독일 내에만 1,500개의 BD100 연료를 판매하는 주유소가 설치 운영되고 있다. 당초 분사계와 배관계의 재료 등을 개조한 OEM 차량을 대상으로 BD100을 보급하여 왔던 독일은 2003년에는 승용차와 fleet 트럭 등을 대상으로 BD100을 공급하고 있으며, 2004년부터는 일반 차량에 BD5의 보급에 착수하여 2005년 현재 전체 바이오 디젤 보급량의 40%가 BD5 형태로 공급되고 있으며, 전체 바이오디젤 생산량 중에서 승용차에 10%, fleet 차량에 45%, 농업기계에 5%의 BD100이 공급되고 있다.

바이오디젤 보급에 있어 유럽에 비해 다소 미온적인 미국은 90% 바이오 디젤 제조 원료로 대두유를 사용하고 있으며, 2005년 현재 바이오 디젤의 연간 생산 규모 2.84억 리터의 규모로 관용차량, 공공버스, 대형 트럭의 경우에 BD20의 바이오 연료를 정부 보조금 지원 하에 보급 중에 있다. 또한 특정용도의 군용선박, 발전용, 쓰레기 수거차, 농가차량 등에 BD100을 사용하고 있다. 2008년에는 BD100과 경유(BD5)의 ASTM 규격 개정과 아울러 BD6~BD20의 규격을 새로 제정하였다.

차세대 바이오디젤인 HBD의 경우에도 기존 바이오디젤과 비교하여 품질이 월등히 우수할 뿐만 아니라 제조경제성 또한 동등 이상의 경쟁력을 갖추고 있기 때문에 유럽에서는 기존 바이오디젤보다 보급이 더 장려될 것으로 전망되며, 미국에서도 동등한 세제 혜택이 주어질 것으로 예상된다. 아시아의 경우에도 HBD를 선호하고 있기 때문에 앞으로 HBD의 비중이 점차 높아질 것으로 전망된다.

국내의 경우, 2002년 산업자원부 제정 "바이오 디젤 시범 보급 사업 추진에 관한 고시"에 의거하여 수도권과 전라북도에서 지정 주유소를 대상으로 BD20의 보급 시작으로 그 보급이 확산되어 2002년에 2개의 바이오 디젤 생산업체에서 2006년 현재 9개의 제조업체로 증가하여 연간 20만 톤 규모의 바이오 디젤을 생산하고 있다.

그러나 바이오 디젤 혼합 연료의 저온 시동성 문제와 연료계에 대한 품질 보증 문제 등으로 인하여 자가 주유 및 정비 시설을 갖춘 사업장 차량을 대상으로 그 보급이 제한되어 있다. 2007년 말까지의 연간 9만 킬로리터 보급 계획에 따라 일반 경유에 약 0.5%의 바이오 디젤을 혼합하여 판매하고 있으며, 2008년 BD1, 2012년 BD3을 보급할 계획이고 이후 그 혼합율을 5%까지 증가시킬 계획이다. 이러한 정부의 도입확대에 따라 국내 바이오디젤 업체는 총 20개사에 달하며 생산능력은 연간 80만톤을 상회하고 있다.

국내 자동차 업계의 경우 바이오디젤의 저온 필터 막힘 현상 등과 같은 저온 시동성 및 주행성 문제 등으로 그 품질을 유채유 기준으로 제정된 유럽의 EN 14214 규정 수준으로 요구하고 있으나 대부분이 대두유를 원료로 사용하는 국내 바이오 디젤 품질 기준

표 6.21 엔진 제작사들의 바이오 디젤 연료의 차량 적용성 검토

엔진제작사	바이오 디젤 시험 결과
Caterpillar	- BD5 의 경우 엔진오일 분석을 통한 교환주기 확인 요망
Daimler-Chrystler	- 품질기준 만족시 BD5의 모든 차량 적용 가능 - BD20에 대한 현상태 보증은 불가능
DEER	BD5까지는 보증하나 그 이상은 불가
GM	- BD20을 위한 Fleet special equipment option 장착차량의 경우 BD20 사용 허용 - BD100은 ASTM 6751, 경유의 경우 ASTM D 975 만족 요구 그 이상의 혼합은 추천하지 않음
Cummins Inc.	- 바이오디젤 연료의 PM 저감효과 확인 (DPF 장착 및 미장착 차량 모두 가능)

의 경우, 유리 글리세린과 글리세라이 등에 대한 품질 기준이 아직 마련되어 있지 않고, 요오드가 높아 산화 안정성이 낮은 특성 때문에 바이오 디젤 제조 원료별, 함량별 성분 분석 및 이에 대한 성능 평가 연구가 진행 중이다.

6.12 바이오에탄올(Bio-Ethanol)

바이오 에탄올은 가솔린연료를 대체하는 에너지원으로 식물을 발효시켜 만드는 알코올 연료를 의미하며 고유가와 온난화 대응에 효과적인 대안으로 거론되고 있다. 바이오 에탄올의 원료가 재생성을 갖는 식물이어서 석유와 달리 원료의 고갈 우려가 없고 또한 에탄올이 사용되면서 발생하는 이산화탄소가 식물이 자랄 때 다시 흡수하기 때문에 온난화에 영향을 미치지 않는다는 장점이 있다.

바이오 에탄올은 당질계(사탕수수), 전분질계(곡물류), 셀룰로오스계(목재, 야생풀)와 같은 다양한 바이오자원으로부터 생산이 가능하다. 1세대 원료인 당질계, 전분질계는 식량자원의 남용이라는 비판에 직면하여 현재는 2세대 셀룰로오스계 비식용 원료로부터 에탄올을 생산하기 위한 노력이 진행되고 있다.

당질기반의 대표적 자원인 사탕수수는 브라질과 같은 일부 제한된 아열대 지방에서만 재배가 가능하여 지역적 제한이 있지만 에탄올 생산이 다른 원료에 비해 상대적으로 단순한 설비공정과 적은 생산비용이 소요되는 유리한 면이 있다. 사탕수수로부터 추출

표 6.22 가솔린 대비 바이오 에탄올 현황 비교

Type	Retail price (per gallon)	Energy balance (output/input)	GHG emission (production and use) (lbs/gallon)	Remarks
Gasoline	$3.03/$4.91	–	20.4	US/Brazil
Corn ethanol	$2.62(E85) ($3.71, energy equivalent)	1.3	16.2(22% less)	Based on US data
Cane ethanol	$2.92 ($3.88, energy equivalent)	8	9.0(56% less)	Based on Brazil data
Cellulosic ethanol	N/A	2~36	1.9(91% less)	–

된 사탕액(Juice)은 효모에 의해 직접 에탄올 농도 12~15%의 용액으로 전환되며 이후 농축을 통해 순도 99.27%의 무수에탄올로 만들어져 가솔린과 혼합 또는 에탄올 자체로 가솔린 대체연료로 사용된다.

전분질 원료는 옥수수, 쌀, 보리, 밀, 감자, 고구마 등 대부분의 식용작물이 해당되므로 지역 특성과 국가 단위의 농업기반에 적합한 원료의 선택이 가능한 이점이 있고, 당질계와 같이 생산기술이 이미 확립된 상태이지만 당질계에 비하여 녹말을 효모가 발효할 수 있는 당으로 전환하기 위해 증자단계(liquefaction)가 포함되어 상대적으로 높은 생산비용이 소요된다.

셀룰로오스계는 식량으로 사용이 불가능한 섬유소계 원료를 의미하며 나무, 볏짚 등을 재료로 사용한다. 당질계 및 전분질계 원료에 비해 10배 이상 많은 가용자원을 갖고 있기 때문에 적절한 기술이 개발된다면 가솔린에 비해 충분한 경제성을 가질 것으로 평가된다.

생산 공정으로는 알코올 생산원료인 당의 고분자 물질인 셀룰로스를 먼저 분리하고 분해효소를 사용하여 당으로 전환한 후, 앞에서 언급한 효모에 의한 발효 및 농축과정을 거치면 된다. 리그닌(lignin)을 제거하기 위해 산과 열을 필요로 하는 전처리 과정이 필요하여 고가의 생산설비를 갖추어야 하며 세 가지 원료 중 가장 생산수율이 낮다.

2005년 기준 전 세계 바이오 에탄올의 보급량은 약 3,200만kL이고 이중 미국과 브라질의 소비량이 약 3,000만kL로 90% 이상을 차지하며 이외에 중국, 프랑스 등에서 많이 사용하고 있다. 브라질을 제외한 모든 나라에서는 바이오 에탄올의 생산가격이 가솔린에 비해 높아 경제성이 없다는 문제점이 있다.

에탄올 연료는 가솔린 연료 대비하여 에너지 함량이 단위 부피당 67%이지만 옥탄가가 107(RON기준)이므로 가솔린 보다 노킹현상을 억제할 수 있어 압축비의 증가가 가능하므로 엔진의 성능 및 연비 향상에 효과적이고 함산소 연료이므로 CO와 같은 유해배출가스 감소도 가능하다.

일반적으로 기존 가솔린 자동차에서 10%의 에탄올 첨가는 문제가 없는 것으로 알려져 있기 때문에 특별한 개조 없이도 현재 운행 중인 자동차에 E10 수준의 적용은 가능하다.

바이오 에탄올이 10% 이상 첨가된 혼합연료를 자동차에 적용하기 위해서는 기존 자동차의 연료시스템 개선이 우선 필요하다. 에탄올이 고무류 부식 및 알루미늄 계통의 재질에 백화현상(efflorescence)을 일으키기 때문에 연료공급파이프, 압력게이지, 증발가스관련 부품, 센서 등에서 재질변경 혹은 표면처리를 통하여 에탄올 성분과의 반응성을 가지지 않도록 부품계의 개선이 요구된다. 또한, 연료성분변화에 따라 점화시기, 공연비 제어를 통하여 엔진연소를 최적화시키는 소프트웨어적인 작업도 동시에 필요하다.

자동차 연료로서 바이오 에탄올의 품질은 전반적으로 우수한 편이지만 배출가스 측면에서 알데히드(aldehyde) 계통의 유해 성분 배출이 증가하거나 가솔린과의 혼합시 바이오 에탄올에 포함된 수분에 의해서 상분리가 일어날 수 있는 현상은 바이오 에탄올 사용의 단점으로 지적되고 있으며 이를 해결하기 위해 경제적인 무수 에탄올 생산공정 기술개발 및 배출가스 저감과 관련된 기술개발이 계속적으로 이루어지고 있다.

브라질에서는 현재 판매되고 있는 자동차의 85%가 가솔린과 에탄올을 혼합연료로 사용하는 FFV(Flexible Fuel Vehicle)이며 2004년 160억리터를 생산하여 가솔린 생산량(158억리터)보다 앞선 상태이다. 또한 모든 주유소에서 E95, E25가 팔리고 있으며 2005년 기준으로 평균 전체 자동차 연료의 44%를 바이오 에탄올이 차지하고 있다.

미국은 세계 최대의 에탄올 생산 및 소비국가로서 1990년대 이후 연료첨가제로 사용되었던 발암물질인 MTBE(Methyl Tertiary Butyl Ether)가 미국 전역의 지하수에서 발견되면서 에탄올의 사용이 급증하였다. 생산량은 1996년 40억 리터에서 2004년 140

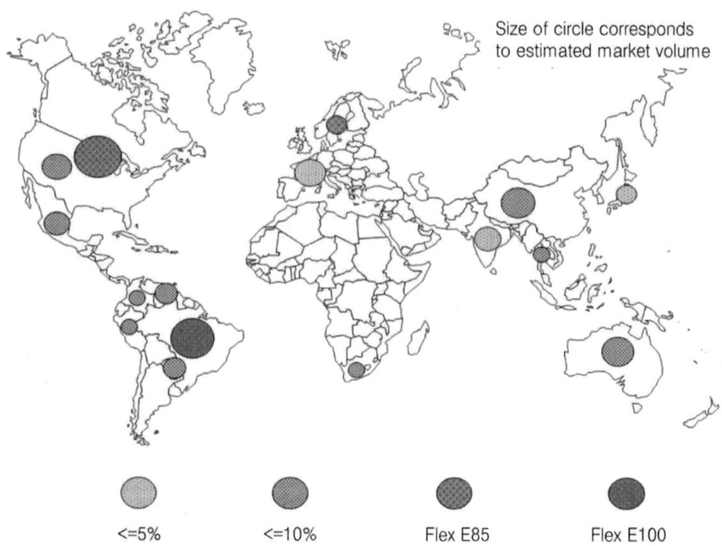

그림 6.53 Worldwide Bioethanol Usage (Bosch)

억리터로 증가하였으며 매연 15~20% 증가세를 보이고 있다.

사용량은 1990년 의회를 통과한 CAAA90(Clean Air Act Amendments)에 의해 크게 증가하였으며 2005년까지 연간 디젤연료를 제외하고 소모되는 자동차 연료 5300억 리터 중 2.6%(136억 리터)의 에탄올 연료가 혼합되었다.

중국은 옥수수를 주 원료로 하고 있으며 2005년까지 생산된 바이오 에탄올의 80%가 옥수수를 원료로 하고 있다. 옥수수 외에도 지역에 따라 밀, 카사바, 쌀 등이 원료로 사용되고 있으나 식량자원으로부터의 에너지 생산을 벗어나고자 노력 중에 있으며 정책적으로 2010년까지 48억 리터 생산을 목표로 하고 있다.

인도는 사탕수수 제당 부산물로 나오는 몰라세스(molasses)로부터 바이오 에탄올을 생산하고 있으며 생산공장이 꾸준히 증가하고 있다. 2005년에 생산된 에탄올 중 2억 리터가 정부가 정한 가솔린 연료에 5% 혼합규정을 지키는데 사용되었다.

유럽의 경우 바이오 에탄올의 비중이 낮지만 2005년 생산된 총 바이오 연료중 18.5%에 해당되는 8.7억 리터가 생산되었다. 주로 스페인, 독일, 프랑스가 에탄올 생산을 선도하고 있으며 스페인의 경우 연간 5억 리터, 프랑스의 경우 1.3억 리터, 독일의 경우 1.44억리터를 생산하고 연료첨가제인 ETBE(Ethyl Tertio-Butyl Ether)에 첨가하거나 FFV차량에 연료로 사용하고 있다.

국내에서는 2006년 기준 3억 리터의 바이오 에탄올이 생산되고 있으나 그 중의 93%가 음료용이며 나머지 7% 정도는 의약품, 식품첨가물과 같은 산업용으로 사용되고 있다. 국내 대부분의 바이오 에탄올 생산은 진로발효, 한국알콜산업, 창해에탄올 등과 같은 주정회사를 통해서 이루어지고 있다.

국내에서도 2011년까지 1차 에너지의 5%를 신재생에너지(바이오 연료 0.21%)로 대체하기 위한 노력의 일환으로 바이오 에탄올 도입을 위한 생산 및 실증 시범연구가 진행중에 있으며 바이오 에탄올을 혼합한 연료를 도입할 경우 발생할 수 있는 품질 특성 및 제조 운반 과정에서의 안정성 등을 평가하기 위한 실증 평가가 완료된 상태이다.

6.13 Auto/Oil Program

자동차에 의한 공기오염문제 해결을 위한 중요 대책으로는, 제작차 배기규제와 운행차 관리가 있으며 또한 연료가 자동차 성능 및 배출가스에 미치는 영향이 지대하기 때문에 연료품질에 대한 규제도 중요하다.

특히 자동차의 성능과 배출가스는 엔진설계와 연료품질에 매우 밀접하게 영향을 받기 때문에 이 두 요인의 상관관계를 고려하여 자동차배출가스를 규제하고 관리하는 것이 합리적이다. 미국과, 유럽, 일본에서는 연료품질 개선과 자동차의 상관관계를 규명하여 효율적인 환경투자와 연료 및 자동차 규제수준을 결정하기 위한 정부와 기술인들의 협력체계가 정립되어 Auto/Oil Program을 진행하고 있다.

6.13.1 미국의 Auto/Oil program

1989년에 미국의 자동차 빅 3사와 14개 주요 정유 회사가 Air Quality Improvement Research Program(AQIRP) 콘소시움을 구성하여 자동차 배출가스 감소와 공기오염 해결을 위한 개질(reformulated)가솔린 및 대체연료와 자동차 배출물과의 상관관계를 규명하는 Auto/Oil Programme을 최초로 시작하였다. Phase I 프로그램은 1993년에 종료되었으며 계속하여 2단계 Phase II 프로그램이 진행되고 있다.

Phase I에서는 최신 및 사용차량(current and older vehicles) 53대에 성분이 다른 29가지의 연료를 적용한 2200가지 이상의 경우에 대하여 배출물을 측정 비교하였다. 이 실험에서는 아로마틱, 올레핀, 함산소성분, 황성분, 증기압, 90% 증류점 등을 다양하게 변화시킨 개질가솔린을 사용하였고 157가지의 배기성분을 측정하였다. 또한 가솔린에 메탄올을 0%에서 85%까지(M0 to M85) 혼합한 연료를 사용한 연구용 차량(FFV)의 배기가스를 측정하였다.

Phase II도 Phase I과 동일한 방식으로 진행하지만 시험차량을 121대로 증가하고 연료도 CNG, LPG를 추가하였으며 측정가스 종류도 175가지로 증가하였다.

(1) Phase I의 결과에 따른 제안내용

① 연료증발 배출물과 오존(ozone) 감소를 위한 RVP 저감

② 배출가스, 유해물질 및 오존 감소를 위한 유황성분 감소

③ 오존 감소를 위한 olefin성분 감소

④ 오존과 배기HC의 저감을 위한 90% 증류점 감소

⑤ 유해물질 저감을 위한 aromatic 성분 감소

⑥ CO의 저감을 위한 함산소연료 사용

6.13.2 미국 Auto/Oil program의 Phase I 결과 분석

(1) 함산소제(Oxygenates) 영향

가솔린에 함산소제인 MTBE를 15% 첨가(연료의 함산소량 2.7% 증가)시
- HC 5%~9% 감소, CO 11%~14% 감소
- NOx와 타 유해물질의 배출에 대하여는 큰 차이 없음.

아로마틱 성분이 적은 연료에 에탄올 10%, MTBE 15%, ETBE 17% 혼합시
- HC, NMHC, CO 감소
- NOx는 도리어 5% 정도 증가

(2) 아로마틱 영향

아로마틱 성분이 45%에서 20%로 감소시
- 신차 경우: HC 6% 감소, CO 13% 감소, NOx 큰 변화 없음
- 사용차량: HC 14% 증가, CO 변화 없음, NOx 11% 감소

(3) 유황성분과 올레핀 영향

유황성분을 500ppm에서 50ppm으로 낮추었을 때
- NOx 9%, CO 13%, NMHC 16% 감소

올레핀을 20%에서 5%로 저하하였을 때
- NOx 7%, 1,3butadiene 30% 감소
- CO 큰 영향 없음
- HC 6% 증가

표 6.23 함산소제 사용에 따른 배출물 감소효과 (in low aromatic fuel)

	Ethanol (10%)	MTBE (15%)	ETBE(17%)
Diurnal NMHC	△30%	6%	5%
Diurnal Benzene	△28%	9%	6%
Hot soak NMHC	△50%	△14%	△10%
Hot soak Benzene	△45%	△1%	△10%
Total HC	5%	7%	6%
NMHC	6%	8%	7%
CO	13%	9%	15%
NOx	△5%	△4%	△5%
Benzene	12%	11%	9%
1,3 Butadiene	6%	2%	3%
Formaldehyde	△19%	△6%	△17%
Acetaldehyde	△160%	△2%	△260%

주: △ 증가

(4) 90% 증류점 영향

90% 증류점을 360°F에서 280°F로 저감시

- 신차 경우: HC 22% 감소, 대기유해물질 16% 감소, CO 영향 없음, NOx 5% 증가
- 사용차량: CO 14% 증가, HC 6% 감소, NOx와 유해물질은 큰 변화 없음

(5) RVP 영향

RVP를 9psi에서 8psi로 1psi 저감시

- 연료증발 배출물 34% 감소
- HC, CO도 감소

6.13.3 유럽의 Auto/Oil program

EUROPIA(Europe Oil Industry)와 ACEA(Europe Vehicle Industry), European Commission이 모여서 유럽의 Auto/Oil program을 1994년에 시작하였다. 미국과 유럽의 기존 환경정책 기조는 가장 유용한 기술(BAT; Best Available Technology)의 채용을 유도하는 자동차배출가스 기준설정이었으나 Auto/Oil Program을 계기로 투자

효과에 비해 과도한 비용이 소요되지 않는 최선의 기술(BATNEEC; Best Available Technology Not Entailing Excessive Cost) 다시 말하면 가장 경제적으로 공기질을 향상시킬 수 있는 방법을 찾겠다는 비용효과(cost- effectiveness) 개념을 자동차배기 규제 정책의 기조로 채택하고 있다.

이를 위하여 자동차와 연료품질에 관련된 기술뿐만 아니라, 교통관리분석, 대중교통수단, 기타 가능한 정책수단을 포함하여 자동차배출가스 문제해결을 합리적으로 접근하는 프로그램을 추진하여 미국에서 종종 발생하는 기업과 정부간의 대립도 줄이고 있다.

Auto/Oil program의 기본 구조는 4단계로 구분되며,

① 현재의 공기오염도를 규명하고,

② 미래(2005/2010년)의 공기질 목표를 설정한 후

③ 이를 만족할 수 있는 기술적 대책과 비기술적 대책의 평가와 이들의 cost-effectiveness를 결정하며,

④ Auto/Oil program 연구결과를 근거로 배기규제를 제안한다.

구체적인 시행을 위하여 EPEFE(European Programme on Emissions, Fuels and Engine technologies)라는 연구사업을 시작하였으며 여기서 자동차기술, 연료, I/M (inspection & maintenance), 비기술대책을 대상으로 약 6백만파운드의 연구비를 투자하고 있다.

자동차공해에 대한 기여도의 비용평가 결과 자동차산업 분야에서 85%, 정유산업분야에서 15%의 비중으로 분석된다는 보고를 발표하고 있다.

6.13.4 유럽 Auto/Oil program의 결과 분석

(1) 가솔린 조성변화가 배출에 미치는 영향

연료 특성		배기관 배출							증발 배출		
		HC	CO	NOx	Bz	1,3B	FA	AA	DBL	HSL	RNL
RVP	↗	↗	↗	↙	~	~	~	~	↗	↗	↗
Dist.	T50 ↗	↗	×	×	*	*	*	*			
	T90 ↗	↗	×	×	*	*	*	*			
방향족	↗	↗	↗	×	↗	~	↙	↙	↗	↗	~
올레핀	↗	↙	~	↗	~	↗	~	~	~	~	~
벤젠	↗				↗	~	~				
황	↗	↗	↗	↗	↗	~	×	×			
산소	↗	↙	↙	~	↙	×	×	~	~	×	~
세정제	↗	↙	↙	×							

주: ~: no change ↗: increase ↙: decrease
×: no-relation *: to be analyzed Blank: no-data

(2) 경유 연료성분과 차량의 차이에 따르는 배출가스 영향

	CO	HC	NOx
연료 sulfur	10%	9%	10%
차량영향	64%	62%	83%

주: 차량의 영향이 연료성분 변화에 비해 배출가스에 미치는 영향이 큼

(3) 경유 연료성분 변화에 따른 cost effectiveness 분석

Diesel fuel	Base Average	I	II	III	IV	V (Local)
CN	51	53	54	55	58	58
Density kg/㎥	843	835	831	828	825	820
Poly Arom. %v	9	6	4.5	2.2	1	0.2
T95 oC	355	348	345	340	340	310

Diesel fuel	Base Average	I	II	III	IV	V (Local)
Sulfur ppmwt	450	300	200	50	30	50
CAPEX Millon USD	0	4316	10192	21463	23556	
Emission Change	NOx	−2	−2	−3	−3	
	PM	−6	−10	−14	−15	

(4) 경유 연료성분 변화에 따르는 배출가스와 엔진크기 영향

Change: ⬇10~25% ⇩<5% ↓<2%				
light duty heavy duty	CO	HC	NOx	PM
Reduce sulfur(0.05%→0)				⇩ ⇩
Reduce density(855→828kg/m^3)	⬇ ⇧	⬇ ⬆	↑ ⇩	⬇
Reduce polys(8→1%)	⇧	⇧ ⇩	⇩ ↓	⇩ ⇩
Reduce T90/95(370→325C)	⇧	⬆	⇧ ↓	⇩
Increase Cetane NO.(50→58)	⬇ ⬇	⬇ ⬇	↓	⇧

* conflicting effects between light and heavy duty
conflicting effects between emissions

6.13.5 일본의 Auto/Oil program

유럽의 Auto/Oil program을 기본모델로 하는 Clean Air program (JCAP)을 1996년에 시작하였으며 일본 통상성(MITI) 산하의 자원에너지청(Petroleum Department)이 주도하고 자동차 및 정유회사가 참여하고 있다.

이 프로그램의 기본목표는 다음과 같다.

① 자동차 및 연료의 자동차배출가스 저감기술개발,

② 자동차배출가스가 대기오염에 미치는 영향예측을 위한 모델연구,

③ 서로 다른 저배기 기술들의 cost−effectiveness 분석,

④ 이들 결과를 반영한 새로운 환경기준 제안

1단계(1997~1998) 계획: 1997년까지 기존 엔진 및 연료의 저배기기술을 평가하고

1998년에 신기술을 시험하고 모델연구 결과와 연계하여 cost effectiveness를 수행한다.

2단계(1999~2001) 계획: 1단계에서 도출된 배기규제를 시행하기 위한 새로운 시험방법 개발에 중점을 두며, 연료와 자동차의 신기술을 개발하여 시험하고 적용하는 연구도 지원한다.

JCAP운영 체계를 보면, 석유산업활성화센타에서 JCAP 추진을 주도하고 있으며, 8개의 working group과 일본자동차연구소(JARI)와 석유기반기술연구소(ATRI)를 중심으로 사업과 연구를 수행하고 있다.

Working group은 크게 3분야로 나누어져 있다. 유럽과 같이 가솔린 및 디젤연료영향, 시험방법, 가격분석을 위한 추진그룹을 두었으며, 자동차 배출가스의 인체영향 연구를 위한 그룹, 연료와 엔진기술간의 상관관계를 규명하기 위한 연소연구그룹 등을 추가하였다.

- 가솔린 및 디젤연료영향, 시험방법, 가격분석을 위한 추진그룹
- 자동차 배출가스의 인체영향 연구를 위한 그룹,
- 연료와 엔진기술간의 상관관계를 규명하기 위한 연소연구그룹

표 6.24 JCAP 조직도

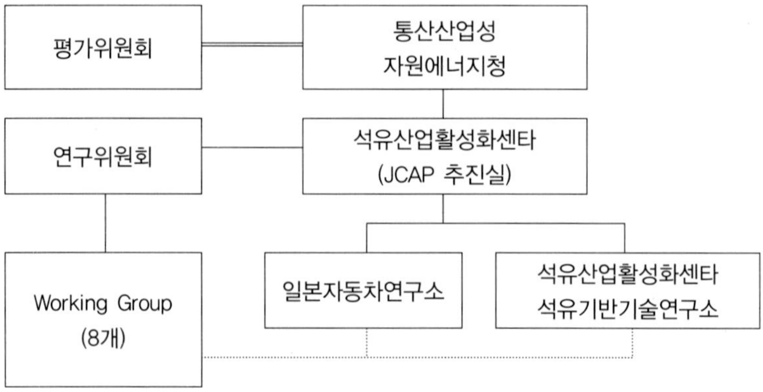

표6.25 JCAP Working Group 분류

가솔린차그룹	가솔린차량 적용 자동차 및 연료기술 검토
디젤차그룹	디젤차량 적용 자동차 및 연료기술 검토
대기모델그룹	자동차의 공기질에 영향 시뮬레이션을 위한 모델개발
시험법그룹	JARI와 ATRI에서 수행하고 있는 연구의 시험방법 정립
경제성그룹	저배기기술의 경제성분석
연소해석그룹	서로 다른 연소기술의 상호 상관관계 규명
생체영향그룹	인체의 유해성 규명
JCAP 조정그룹	업계의 분쟁과 협력조정

6.13.6 최근의 Auto/Oil program 현황

2단계로 나누어 8년간 진행된 미국의 AQIRP(Auto/Oil Air Quality Improvement Research Program) 이후 APBF(Advanced Petroleum Based Fuels) Project를 계속하여 추진하였다. 장래의 배출가스 규제에 적합한 경유엔진의 개발을 목표로 한 경유엔진시스템과 연료에 관한 연구 프로젝트로서 미국 에너지성(DOE: Department of Energy)이 주관하였으며, 이 프로젝트의 연구대상을 디젤엔진과 디젤배기 후처리기술 및 연료에 초점을 맞추고 있다.

DECSE(Diesel Emission Control Sulfur Effect)는 당초 경유엔진의 배출가스 저감에 미치는 연료 중의 황 성분의 영향을 연구하기 위한 프로그램으로 추진되어 왔으며 APBF의 최초 프로젝트이다.

DECSE는 1995년 12월 HDE WG(Heavy Duty Engine Working Group)가 EPA에 설립되어, 석유업계 및 자동차제작사가 참가하여 세탄가 증가는 NOx 증가로 연결된다는 점과 방향족과 밀도의 저하는 NOx 배출을 저감시킨다는 결과를 도출하였다. 또한 APBF-DEC 프로젝트는 DECSE의 후속 프로젝트로서 2단계로 나누어 7년간 진행하였다. 이 프로젝트의 목적은 2010년 배출가스 기준에 대응하기 위한 연료, 윤활유, 경유엔진 및 배기정화기술의 최적 조합을 도출하는 것이다.

유럽의 오토 오일 프로그램은 1993년부터 2단계로 나누어 8년간 진행하였으며, 2001년 6월부터 CAFE(Clean Air for Europe) 프로그램을 계속하였다. CAFE의 목적은 지금까지 실시되어 온 AOP I, II와 유사하고, 배출량 및 대기질 예측모델에 의해 각 발생원의 대기환경에 대한 영향을 파악하여 비용효과가 뛰어난 대책을 실시하고, 환경목표를 달성하기 위한 것이다. 또한 CAFE에서는 자동차뿐만 아니라 보다 광범위한 발생원을 대상으로 하고 있으며 환경을 개선하기 위해서 보다 종합적인 대책이 필요한 것으로 결론을 내렸다.

일본은 Auto/Oil이라는 표현 대신 석유업계가 제안한 JCAP(Japan Clean Air Program)이란 명칭으로 1996년 후반부터 문헌조사, 기존 데이터의 해석과 1997년 이후의 상세 계획입안이 착수되어 1997년부터 5개년 계획의 JCAP의 활동이 개시되었다.

JCAP 프로그램은 1996년 9월부터의 계획책정기간과 이후 5년간의 활동으로 볼 수 있으며 1997년부터 2단계로 나누어 5년간 연구개발을 실시하였다.

JCAP이 완료된 이후, JATOP(Japan Auto-Oil Program)을 가동하여 바이오 연료 및 향후 배출가스 및 이산화탄소 규제에 대응하는 연구과제를 계속적으로 추진하고 있다.

2007년도부터 JCAP을 새롭게 발전시키는 형태로 '대기환경보전 및 개선' 을 전제로 지구온난화 문제에 대응하고 에너지 안전보장의 확보를 위해 CO_2 저감, 연료 다양화 및 배출가스 저감의 3가지 과제를 동시에 해결하는 '최적의 자동차 및 연료 이용기술의 확립'을 목표로 하여 신 프로젝트 JATOP을 5년 계획으로 시행 중이다.

표 6.26 Auto/Oil Program 진행 현황

Year	89	90	91	92	93	94	95	96	97	98	99	00	01	02	03	04	05	06	07	08	09	10	11
US	AQIRP-I				AQIRP-II				DECSE				APBF-DEC										
EU					Auto-Oil I				Auto-Oil II				CAFE										
Japan									JCAP I					JCAP II					JATOP				

주: AQIRP: Auto/Oil Air Quality Improvement Research Program
DECSE: Diesel Emission Control Sulfur Effect
APBF-DEC: Advanced Petroleum Base Fuel-Diesel Emission Control
CAFE: Clean Air For Europe
JCAP: Japan Clean Air Program
JATOP: Japan Auto-Oil Program

Part VII 규제 및 측정방법

제7장
규제 및 측정방법

7.1 자동차 환경정책 추진 도구

국내의 대도시 대기오염은 자동차가 주원인이기 때문에 자동차에 의한 대기오염 대책이 가장 중요하다.

자동차환경정책에서 추진할 수 있는 주요 정책적 도구는 다음과 같이 구분할 수 있다.

(1) 제작자동차 관리

자동차제작사에서 생산하여 판매한 차량이 배출가스보증기간 동안 허용된 배출허용기준을 준수하는지를 확인하고 관리하는 체계로서 자동차 관리에서 가장 핵심이 되는 중요한 관리도구이다.

이 과정은 사전인증, 양산차관리, 사후관리의 3단계 관리시스템으로 운용되고 있다.

1) 사전인증

자동차 판매 이후의 배출가스보증기간 동안의 배출가스 수준을 유지할 수 있을지를 검증하기 위하여, 자동차 개발과정에서 규정된 내구시험모드에 의하여 열화계수를 측정하고 이를 고려한 배출허용기준 통과 여부를 결정하여 인증서를 교부한다. 따라서 자동차배출허용기준, 배출가스측정 및 내구시험방법, 산출된 열화계수가 중요한 요소이다.

2) 양산차관리

인증을 받은 자동차가 양산제작 과정에서 사전인증차량과 동일한 품질로 생산되는지를 확인하는 과정이다. 수시점검과 정기적인 확인 검사가 시행된다.

3) 사후관리

판매된 자동차가 배출가스보증기간 동안 제작차 배출허용기준을 준수하는지를 확인하는 과정으로, 결함확인 검사 또는 결함확인검사(recall test)로 불리고도 있다. 이미 판매된 운행차에서 확인하기 때문에 운행차관리 영역으로 업무가 분류되기도 하지만 엄밀하게는 제작차 관리에 해당한다.

즉 판매된 차량을 자동차제작사에서 제시한 차량관리 지침에 따라 정상적으로 관리하였는데도 배출가스기준을 초과하게 되면 차량 자체의 결함으로 볼 수 있기 때문에, 제작차 개발과정에서의 문제점을 확인하고 이를 개선하는 recall을 실시하는 등 자동차제작사에서 조치를 취하도록 한다.

이를 위하여 배출가스 관련 부품의 결함을 모니터링하고, 일정 대수의 차량을 선정하여 배출가스 수준을 확인함으로서 차량의 배출가스 수준을 점검(screen test 또는 monitoring test)하여, 의심이 가는 차량을 집중적으로 확인 시험하고(recall test) 문제점이 확인되면 recall을 실시한다.

이때 배출가스 관련 부품의 이상에 의한 경우는 이들 부품의 보증기간을 고려한다. 따라서 배출가스보증기간, screen test, 결함확인검사(recall test), 배출가스 관련부품의 보증기간, 배출가스 관련 부품결함보고 등이 중요한 요소이다.

(2) 운행차 관리(I/M)

자동차제작사에서 제시한 차량관리 지침을 차량 소유주가 정상적으로 준수하지 않고 제대로 관리하지 않음으로서 배출가스기준을 초과하는지를 확인하고 관리하는 과정이다. 따라서 차량의 결함에 의한 것인지, 차량 소유주의 사용 부주의에 의한 것인지를 정확하게 구별하는 것이 중요하다.

자동차 소유자가 교통안전공단에서 실시하는 정기검사와 노상에서 실시하는 수시점검, 그리고 2002년부터 시행을 시작한 정밀검사가 있다.

운행차 정기 및 수시점검의 시험방법은 무부하급가속 시험법으로서 실제 주행상태와는 차이가 많아서 검사결과의 실효성에 문제가 제기되어 왔다. 즉 정기검사 시험영역은 아이들링과 무부하급가속 운전영역으로서 실제주행 영역과는 차이가 많아 정기검사에 대비하여 정비하더라도 실 주행시의 효과에 대해서는 의문이 있다. 이에 대한 보완으로 부하시험방법을 적용하는 정밀검사방법을 도입하여 검사와 실 주행시와의 연관관계를 접근시켰다.

운행차관리 방법에서의 주요 요소는 운행차 배출가스기준, 배출가스 시험방법, 불합격차량의 대책(정비방법), 시험결과의 제작차관리(모니터링) 자료로의 활용 등이다.

(3) 연료품질 관리

자동차 배출허용기준이 매우 엄격하게 강화되면서 후처리기술이 필수 불가결한 대책기술이 되었다. 후처리기술에서는 촉매기술이 가장 핵심이 되는 기술이며, 촉매는 연료의 품질에 매우 민감하게 영향을 받는다. 따라서 연료품질 관리는 자동차 환경정책에서 중요한 역할을 담당하게 되었다.

가솔린 삼원촉매 적용을 위하여 연료의 무연화가 중요한 이슈였으나, 최근 들어서는 경유자동차의 매연여과장치, NOx 촉매 기술 등의 후처리기술 적용을 위해서는 초저유황(ULSD) 또는 무유황 연료가 보급되고 있다.

또한 전자제어방식 초고압연료분사장치가 적용됨으로서 연료의 균질성 특히 밀도가 중요하며, 초저황유 사용에 따라 발생하는 점도의 보완, 현재는 미규제물질이지만 향후 추가될 것으로 예상되는 미량 유해물질들과 연관되는 연료성분들에 대한 관리들이 필요하다.

또한 매연여과장치 수명에 직접 영향을 미치는 연료와 윤활유의 금속성 첨가제 저감대책도 필요하다.

(4) 무저공해자동차 보급

강화된 배출허용기준을 만족하는 제작자동차는 보급에 시일이 많이 소요되기 때문에 이전의 완화된 기준에 맞추어 이미 판매된 차량에 대한 대책이 없으면 대기오염 개선에 많은 시일이 걸리게 된다.

따라서 이미 판매된 차량에 대하여 새로운 저공해기술 적용, 특히 PM과 NOx를 저감하는 후처리장치를 부착하는 retrofit 사업이 추진되거나, 경유자동차를 LPG또는 천연가스로 개조 또는 rebuild하는 프로그램도 필요하다.

또한 현재의 배출허용기준보다도 더욱 저공해화된 기술을 조기에 개발하여 보급함으로서 저공해 자동차기술 개발을 촉진하고 환경개선을 조기화시키는 노력도 필요하다.

무공해기술인 연료전지자동차나 전기자동차 개발과 저공해기술인 하이브리드자동차와 청정가스연료자동차를 조기에 개발하여 보급하는 것을 추진하고 있다. 휘발유나 경유자동차에서도 차기기준을 조기에 달성하는 차량에 대하여 인센티브를 지원하여 조기 보급을 유도하는 것도 바람직하다.

(5) 교통수요관리

급증하는 자동차 수요를 감안하면 저공해자동차 보급과 기준강화 등의 수단만으로 교통환경문제를 해결하는 데에는 한계가 있다. 교통 정체에 의한 불필요한 에너지 소모와 환경오염 유발이 심각하며 이의 개선을 위한 교통수요 관리가 중요하다.

원활한 교통소통을 위한 간선급행버스체계, 경전철 등 지역특성에 맞는 신규 대중교

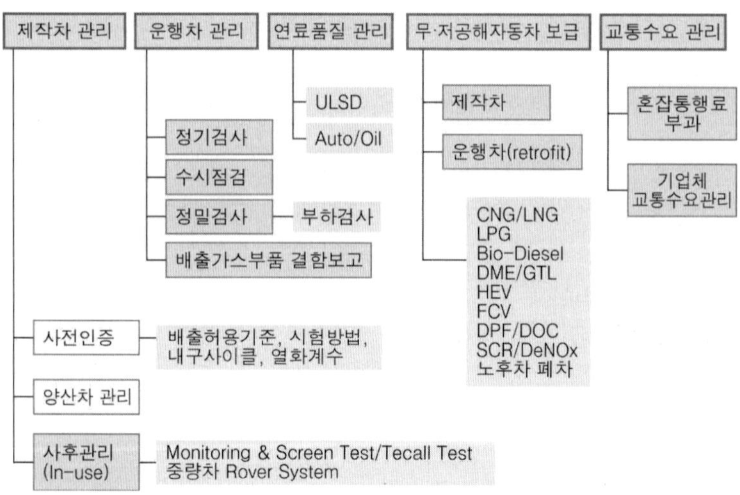

그림7.1 자동차 환경정책 관리 도구

통 수단에 대한 지원체계, 대중교통 육성, 보행자 통행과 자전거 이용 등 녹색교통수단에 대한 기반 수립 등이 필요하다.

7.2 자동차 인증제도

자동차회사에서는 저공해엔진 개발에 많은 노력을 기울이고 있으나 경제성과 기술적용의 한계성 등으로 회사에 따라 자동차 배출가스 수준에 차이가 있다. 특히 배기규제치와 시험방법(모드)은 엔진개발에 중요한 요인으로 작용한다.

배출가스와 관련된 규제종류로는,

① 배기관에서 직접 배출되는 유해가스인 CO, HC, NOx, NMOG, NMHC, HCHO, PM, smoke 등과 저온 시동시의 CO를 대상으로 하여, 제작자동차 배출허용기준과 운행차 배출허용기준으로 나누어 규제

② 차량의 연료공급계통에서 증발되는 HC 증발가스 규제

③ 연료품질기준

④ 배출가스와 관련되는 주요 부품의 정상작동 여부를 진단하는 OBD (On-Board Diagnostics) 규제

⑤ 주유시 증발가스 규제인 ORVR(Onboard Refueling Vapor Recovery)

⑥ 연비규제 등이 있다.

제작자동차 관리를 위해서는 자동차배출허용기준 강화와 함께 합리적인 제작차 인증제도 운용이 필요하다. 인증제도의 목적은 자동차제작사에서 생산되어 판매된 자동차가 배출가스보증기간동안 배출허용기준을 준수하는지를 확인하고 관리하는 제도이다.

(1) 사전인증

자동차제작사에서 개발한 자동차를 생산하기 전에 판매 이후에 배출가스보증기간 동안 배출허용기준을 준수할 수 있는지를 확인하고 인증하는 제도로서 사전인증을 취득하여야 자동차의 생산 · 판매가 가능하다. 그러나 이를 위해서는 먼저 자동차가 운행하면서 배출가스보증기간동안에 배출허용기준을 만족하는지를 확인하는 방법이 필요하다.

· 배출가스보증기간: 제작차관리의 궁극적인 목적은 자동차 수명동안 배출허용기준을 만족하는 것이다. 그러나 자동차의 운전자나 운전조건에 따라 자동차 수명은 차이가

많아 자동차 수명동안 자동차가 배출허용기준을 만족하는 것을 요구하는 것은 어렵다. 따라서 일정한 기간을 지정하여 배출허용기준을 만족하도록 관리하고 있으며 이 기간을 배출가스보증기간(useful life)이라고 한다.

우리나라의 휘발유승용차 배출가스보증기간은 2009년부터 10년 또는 192,000km로 강화되었다.

· 열화계수(DF; deterioration factor): 자동차의 운전기간이 경과함에 따라 기계부품이나 후처리장치 촉매 등에 열화가 발생하여 배출가스 수준이 증가한다. 따라서 인증대상 차량의 열화계수를 측정하여 이를 신차의 배출가스에 적용하여 배출허용기준을 만족하는지를 확인한다.

· 내구모드: 내구차량(DDV; durability data vehicle)을 제작하고 이 차량으로 일정한 내구모드에서 열화계수를 측정한다. 내구모드는 실제운전시의 열화계수와 유사한 특성을 가지면서 가능하면 짧은 기간에 시험을 마칠 수 있도록 한다.

배출가스보증기간이 5만km일 때는 AMA 11-lap 모드로 측정하였으며 시험기간이 6~7개월 가량 소요된다. 그러나 배출가스보증기간이 강화됨에 따라 열화계수 측정에만 1년 이상이 소요되며 이는 곧 자동차회사의 신차개발기간을 늦추고 자동차 경쟁력에 큰 영향을 주기 때문에 시험기간을 단축시켜야 할 필요성이 있다. 이를 위하여 AMA 사이클보다 실제운전 조건에 가까우면서 운전조건이 가혹한 ADP 모드로 변경하였다.

· 배출가스측정방법: 배출가스측정차량(EDV; emission data vehicle)에서 배출가스측정모드에 따라 배출가스를 측정하고 여기에 열화계수를 적용한다. 배출가스측정방법은 배출허용기준에서 정한다.

휘발유승용차는 차대동력계에서 시험하는 CVS-75(미국의 FTP-75와 동일) 모드를 적용하며, 대형차량은 엔진동력계에서 시험하는 D-13모드(2003년부터 ND-13(유럽의 ESC 모드와 동일))모드를 적용한다. 향후 국제조화시험모드인 WHSC(World Harmonized Stationary Cycle), WHTC(World Harmonized Transient Cycle)로 통일될 전망이다.

(2) 사후인증(In-use 관리)

사전인증은 자동차의 운행조건을 가정한 운전모드에 의해 열화계수를 측정한 것으로 이는 실제와 차이가 발생할 수 있다. 따라서 실제는 자동차가 판매된 이후에 적절하게 관리되고 운행되고 있는지와 자동차가 배출가스보증기간동안 배출허용기준을 준수하는(열화계수가 타당한지)지를 확인하는 것이 필요하다.

· Monitoring: 운행되고 있는 자동차의 배출가스 관련부품의 교환현황, 정기검사 결과 등을 모니터링함으로서 문제 차종에 대한 자료를 사전에 확보한다.

· Screen Test(Surveillance Test, Verification Test): 운행되고 있는 자동차를 운행거리 별로 가능하면 많은 대수를 선정하여 배출가스를 측정하고, 이 데이터로서 열화계수 및 배출가스수준을 일차로 확인한다. 모니터링 결과에 문제가 나타난 차종을 집중적으로 시험한다.

· Confirmatory Test(Recall Test): Screen test 결과에서 문제 차량이 확인되면 자동차제작사에 통보하여 자율적인 recall을 유도한다. 그러나 이에 불복하거나 이의를 제시하면 recall을 확인하는 시험을 시행한다.

우리나라의 경우는 모니터링과 스크린시험 단계는 시행되고 있지 않으며 매년 대상 차종을 선정하여 recall 시험을 시행하고 있다.

· 적절한 관리: 운전자에 의해 적절하게 관리되지 못한 차량을 평가대상 차량으로 선정하면, 문제가 없는 차종도 recall 시험에 불합격 될 수가 있다. 따라서 이와 같은 문제점을 방지하기 위하여, in-use 평가차량의 선정시 적절하게 관리된 차량의 선정을 위한 기준을 정하고 있다. 그러나 시험차량 선정기준이 너무 엄격하여 시험차량 선정율이 낮으면, 정상적으로 관리되어 운행되는 차량이 그 만큼 적다는 의미가 되며, 합리적인 사후관리 결과를 기대하기가 어렵다.

미국의 screen test시의 시험차량 선정율은 90%, confirmatory test시의 시험차량 선정율은 60% 정도이다.

반면 우리나라의 recall test시 시험차량 선정율은 30% 정도이다.

· CAP2000: 미국에서는 약 30년 동안 자동차인증제도를 시행하여 왔으며, 초기에는 사전인증에서 높은 불합격율이 나타났다. 그러나 자동차기술이 발전함에 따라 사전인증에서의 불합격은 현저하게 줄어들었으나 사후인증에서는 아직도 15% 정도의 불합격율을 보이고 있다.

따라서 사전인증은 제작사의 자율적인 시험결과를 인정하고 반면 사후관리를 강화하는 새로운 제작차 관리제도인 CAP2000(Compliance Assurance Program)을 2001년부터 시행하고 있다. 여기에서는 전차종의 25% 수준을 대상으로 하던 in-use 시험을 전차종으로 확대하는 것으로 목표를 정하고 있다.

· 중량차 관리: 중소형자동차의 배출가스측정모드는 CVS-75로서 차대동력계상에서 실제 차량으로 측정을 한다. 따라서 in-use 시험시도 시험차량을 선정하여 차대동력

계상에서 동일한 운전모드로 시험을 하기 때문에 in-use 관리가 용이하다.

반면 대형자동차의 배출가스는 엔진동력계상에서 D-13 모드로 측정하기 때문에, in-use 시험을 위하여 시험차량을 선정하면 차량에서 엔진을 탈착하여 시험하여야 비교가 가능하다. 그러나 이와 같은 절차는 현실적으로 시행하기가 매우 어려우며 따라서 합리적인 대형차의 사후관리 방안이 필요하다. 차량의 배기관에서 직접 배출가스를 측정할 수 있는 장치를 설치하고 일정한 주행로를 운전하여 배출가스를 측정하면(PEMS: Potable Emission Measurement System) 열화계수를 구할 수 있으며, 이를 사전인증 시의 열화계수와 비교함으로서 간접적으로 대형차량의 사후관리를 시행할 수 있다.

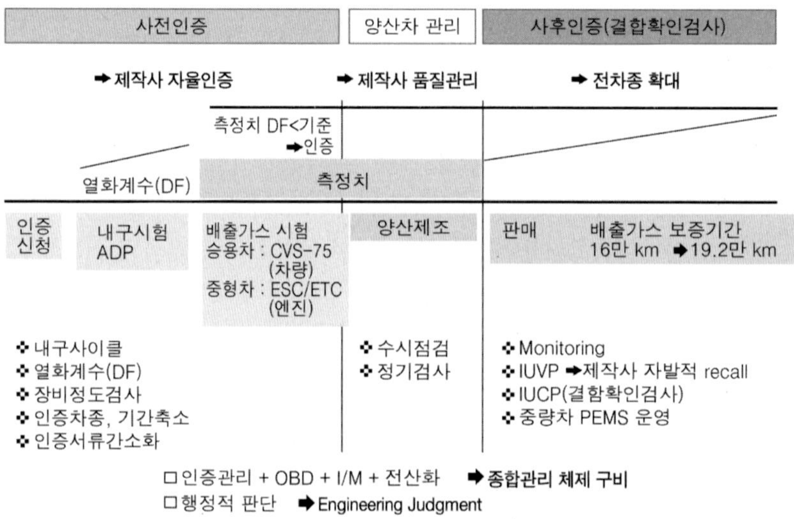

그림7.2 제작차 관리

(3) 각국의 자동차인증제도 비교

항 목	한 국	미연방	미연방 (CAP 2000)	CARB
• 인증내구				
16만km내구주행 내구모드 ⇒ DF	• ADP	• AMA⇒RDP-I	• ADP	
• 배출가스시험				
6.4K 주행 배출가스 측정	• CVS-75, Evap. • 제작사 시험	• FTP, Cold CO, ORVR, Evap, SFTP, CST • 제작사 시험		• 50F
배출치*DF 〈기준치		• Tier-I, Tier-II, TLEV, LEV, ULEV, SULEV • ORVR, Cold CO, Evap. SFTP, CST • NLEV • OBD-II • CFV		• Tier-I, TLEV, LEV, ULEV, ZEV • LEV-II • ORVR, Cold CO, Evap. SFTP • OBD-II • 50F
• 6.4K 확인시험				
Confirmatory Test		• EPA 확인시험	• EPA확인시험 • 제작사확인 시험	
• 양산차 관리				
COP (Confirmatory of Production)	• 수시검사 • 정기검사	• SEA -6.4K Test		• Assembly Line Test -FTP, QA Test
• 운행차배출 확인				
In-Use Tst	• 결함확인	• Surveillance Test • In-Use Confirmatory Test	• In-Use Verification Test • In-Use Confirmatory Test	
		• DF 미적용 〈기준치	• 기준치적용	• In-Use 기준 적용
• 운행차 검사	• 노상수시검사 • 정기검사 • CO/HC, Smoke, λ	• I/M Test		• HDVIP • PSIP • Idle Test

7.3 배출가스 허용기준

배출가스 규제모드는 전세계적으로 크게 미국, 유럽, 일본의 방식으로 나누어져 있으며, 규제치도 각국에 따라 차이가 있다.

시험모드는 운전속도와 부하, 가감속도 등에 비중의 차이가 있기 때문에 동일차량으로 각각의 시험방법을 비교하여 보면 차이가 발생한다. 이들 시험방법 사이의 상관관계는 일정하지 않다.

차량개발은 시험방법의 운전특성과 규제치를 고려하여 이루어지기 때문에 시험방법이 매우 중요하며, 또한 시험모드의 운전특성과 실제 도로주행 시의 운전여건에 차이가 있으면 배출가스 허용기준에 만족하더라도 실제 공해저감 효과를 제대로 얻기가 어려울 수도 있다.

예를 들면 고속운전모드 시험방법에 매칭된 엔진이 저속에서 운행되면 유해가스 배출이 과다할 수 있다. 실제 엔진개발시 모든 운전영역에서 배출가스 특성을 좋게 하기는 어려우며 규제모드에서 비중이 높은 영역을 중점적으로 매칭시키기 때문이다.

7.3.1 휘발유 승용차

국명	적용 년도	배출가스 허용기준(g/km)				시험방법
		CO	THC	NMHC	NOx	
한국	2002	2.11/2.61		0.047/0.056	0.12/0.19	CVS-75
	2006	1.06/1.31		0.025/0.034	0.031/0.044	
	2009	FAS 적용(LEV/ULEV/SULE/ZEV)				
미국	1994	2.11/2.61	0.25/-	0.156/0.193	0.25/0.37	FTP-75
	Tier-2 (Bin5)	2.11/2.61		0.047/0.056	0.031/0.04	SFTP
EC	2000	2.3	0.2(HC)		0.15	ECE-15 +EUDC
	2005	1.0	0.1(HC)		0.08	
	2009	1.0	0.1		0.06	
일본	2000	1.27/0.67		0.17/0.08	0.17/0.08	10.15모드
	2005	1.15		0.05	0.05	JC08모드
	2009	1.15		0.059	0.05	

주: 미국은 NMHC 대신 NMOG 적용

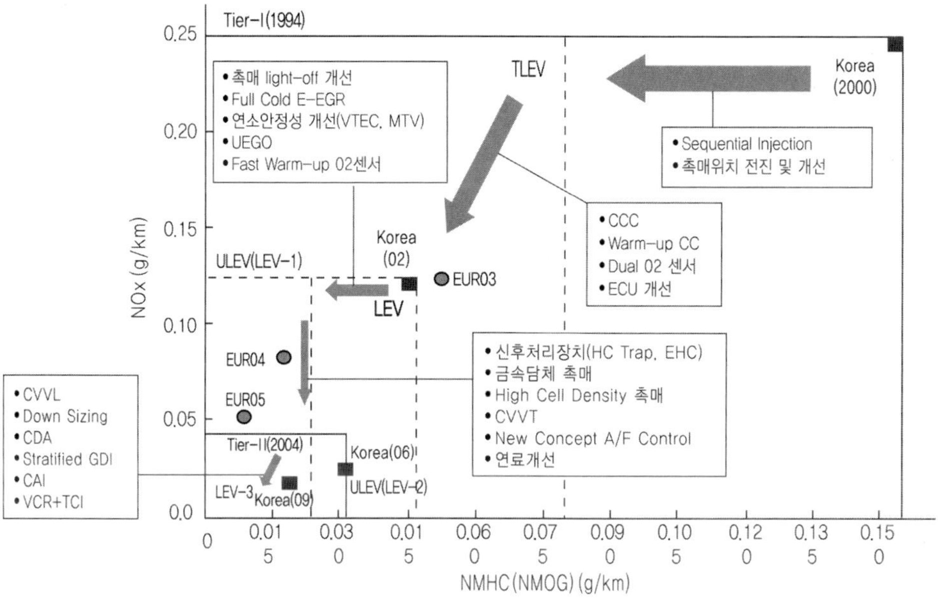

그림 7.3 휘발유승용차 기준변화 및 대응기술

7.3.2 Fleet Average System(FAS)

FAS 제도는 미국 캘리포니아주에서 처음 시행하였으며, 이후에 미연방에도 적용하였다. FAS 이전에 phase-in 규정이 시행되었으나, 실제로 phase-in 규정의 %를 맞추는 것이 쉽지 않아 FAS를 병행하여 도입하면서 업체에게 인증의 자유도를 넓혀주었다.

예를 들면, 캘리포니아 97MY의 phase-in 규제는 0.25기준 73%, LEV 기준 25%, ULEV 기준 2% 이며, FAS 기준은 NMOG 기준으로 0.202g/mile이다.

Phase-in 기준을 FAS 개념으로 환산하면, 0.25기준의 NMOG 규제치는 0.25 g/mile이며, LEV 기준의 NMOG 규제치는 0.075g/mile, ULEV에서는 0.040g/mile이다.

따라서 FAS로 환산하면,

$0.25 \times 0.73 + 0.075 \times 0.25 + 0.040 \times 0.02 = 0.202$가 된다.

만약 A라는 회사가 '97년에 0.25기준 30%, LEV기준 50%, ULEV 기준 20%를 판매할 경우 0.121 FAS가 되며, phase-in 기준에는 맞지 않지만 FAS 규제를 만족하여 판매가 가능하다.

또한 이 회사는 FAS 규제치인 0.202에 실제 판매 FAS인 0.121을 제한 값에 판매대수를 곱한 값만큼의 credits를 발생하였으며, 이를 98MY에 사용할 수 있다. 즉 이 회사는 97MY에 1000대를 판매하였으면,

(0.202−0.121) × 1000 = 81의 credits를 98MY에 사용할 수 있다.

표7.1 California Phase-in Schedule

		97	98	99	00	01	02	03	04	05	06	07	08	09	10
Phase −in	0.25 /100K	73	48	23											
	TLEV		–	0											
	LEV	25	48	73	96	90	85	75	48	40	35	30	25	20	15
	ULEV	2	2	2	2	5	10	15	35	38	41	44	44	49	49
	SULEV								5	10	12	15	20	20	25
	ZEV				(2)	(5)	(5)	10	10	10	10	10	10	10	10
FAS (NMOG) GVWR 〈6000lb	LDV & LDT 〈3750	0.202	0.157	0.113	0.073	0.070	0.068	0.062	0.053	0.049	0.046	0.043	0.040	0.038	0.035
	LDT 〈5750		0.205	0.150	0.099	0.098	0.095	0.093							
	LDT 〈8500								0.085	0.076	0.062	0.055	0.050	0.047	0.043

Phase-in에서 할당된 %로만 규정하면 이를 맞추기 위하여 차량 판매를 제한한다든가, 개발 주기를 맞추기 어려워 판매나 개발에 어려움이 발생하나, FAS와 credit 개념을 적용하면 적어도 3년 정도의 판매실적을 가지고 상품운영을 할 수 있어 기업의 개발 및 판매 전략에 상당한 유연성을 부여하게 된다.

즉, FAS는 % phase-in을 고려하면서 총량개념으로 전환한 것으로서, 실제 환경적으로 추가적인 부담을 주지 않으면서 자동차회사에도 개발과 판매에 자유도를 줄 수 있는 제도인 것으로 판단된다.

미국에 자동차를 판매하는 모든 회사는 매년 FAS를 관리하며, FAS를 만족하지 못하는(deficit가 발생하면) 해에는 다음해에 이를 만족시키겠다는 계획을 제출하거나 다른

회사의 잉여 credit를 사서 갚기도 한다.

국내는 2003년에 휘발유승용차에 처음으로 phase-in 제도가 도입되었고, 계속하여 생산 차종이 많아지고 또한 판매비율을 정확하게 맞추기가 어려운 문제들이 발생하기 때문에, 자동차제작사의 개발 및 판매에 유연성을 줄 수 있는 FAS 제도를 2009년부터 도입하였다.

7.3.3 경유 승용차

국명	적용년도	배출가스 허용기준(g/km)					시험방법
		CO	THC	NMHC	NOx	PM	
한국	2005	0.64	0.06		0.50	0.05	CVS-75
	2006	0.50	0.30(HC+NOx)		0.25	0.025	ECE-15+EUDC
	2009	0.50	0.23		0.18	0.005	
미국	1994	2.11/2.61	0.25/-	0.16/0.19	0.25/0.37	0.05/0.06	FTP-75
	Tier-2 (Bin5)	2.11/2.61		0.047/0.056	0.031/0.04	-/0.006	SFTP
EC	2000	0.64	0.56(HC+NOx)		0.50	0.05	ECE-15 +EUDC
	2005	0.50	0.30		0.25	0.025	
	2009	0.50	0.23		0.18	0.005	
일본	2002	0.63	0.12		0.28	0.052	10.15모드
	2005	0.63		0.024	0.14	0.013	JC08모드
	2009	0.63		0.024	0.08	0.005	

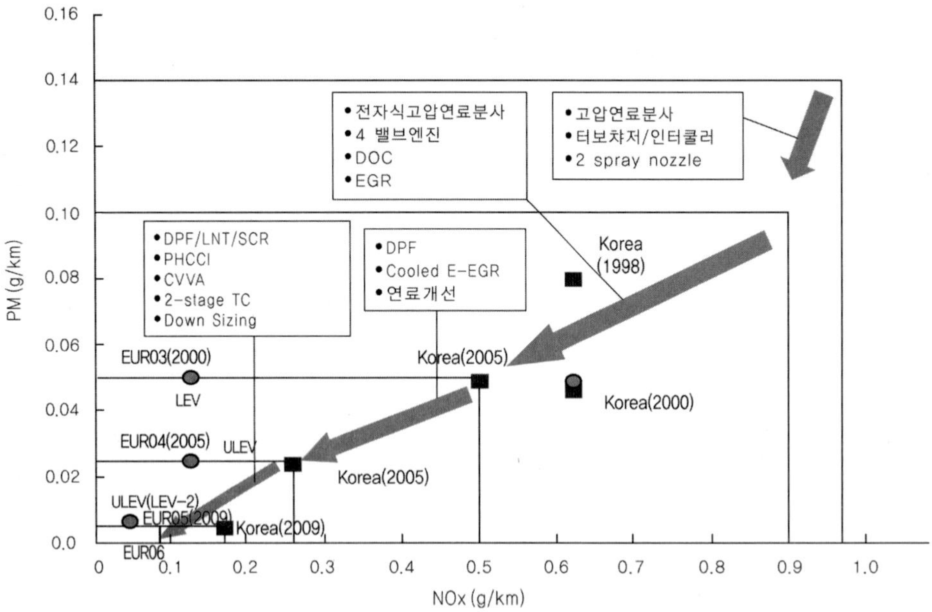

그림7.4 경유승용차 기준변화 및 대응기술

7.3.4 중량자동차(경유)

국명	적용 년도	배출가스 허용기준(g/kwh)				시험방법
		CO	THC	NOx	PM	
한국	2003	2.1	0.66	5.0	0.1	ESC/ ETC
	2006	1.5/4.0	0.46/0.55	3.5/3.5	0.02/0.03	
	2009	1.5/4.0	0.46/0.55	2.0/2.0	0.02/0.03	
미국	2004	20.79	0.67	5.36	0.13	Transient
	2007	20.79	0.18	0.26	0.013	
EC	2005	1.50/4.0	0.46	3.5/3.5	0.02/0.03	ESC, ETC
	2008	1.50/4.0	0.46	2.0/2.0	0.02/0.03	
	2013	1.50/4.0	0.13	0.4/0.4	0.01/0.01	
일본	2003	3.46/2.22	1.47/0.87	4.22/3.38	0.35/0.18	13-모드
	2005	2.95/2.22	0.23/0.17	2.7/2.0	0.035/0.027	JE05모드
	2009	2.22	0.17	0.7	0.01	

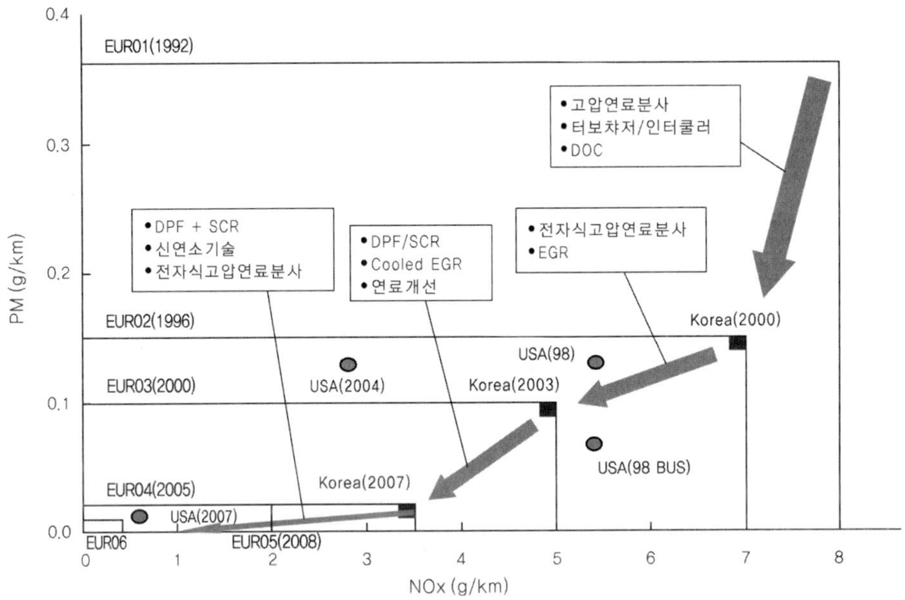

그림7.5 경유중량자동차 기준변화 및 대응기술

7.4 자동차 온실가스 배출허용기준

지구기후변화협약 이후 자동차 CO_2 규제에 대한 국제적 규제도 본격화되어 유럽을 필두로 미국, 일본, 캐나다 등에서 자동차 CO_2 배출허용기준을 설정하고 있다.

그림 7.6은 주요 국가에서 배출되는 승용차의 CO_2 평균 배출수준(NEDC 시험모드로 환산)으로서, 일본과 EU가 가장 배출이 적으며 대형 승용차가 많은 미국의 CO_2 배출이 가장 높다.

우리나라는 중간 수준에 있으며 EU나 일본과 경쟁하기 위해서는 많은 노력이 필요함을 알 수 있다.

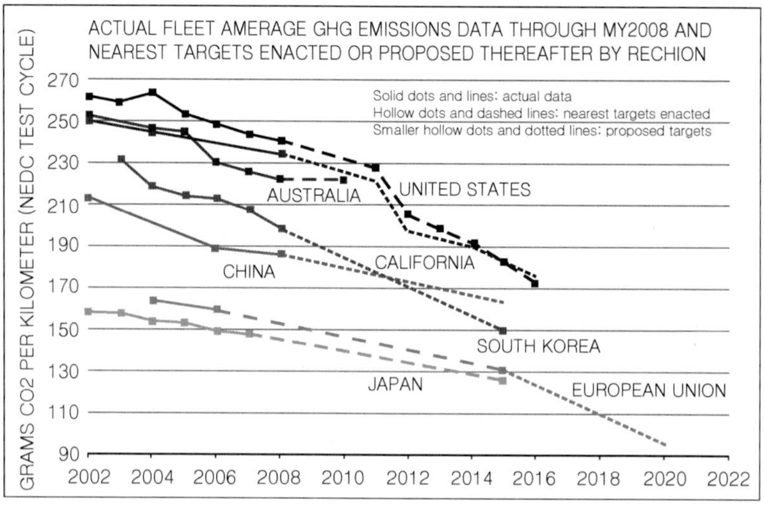

(출처: ICCT)

그림7.6 각국의 승용차 CO_2 현황

7.4.1 EU의 자동차 CO_2 기준

경유승용차와 소형차 보급이 많은 EU는 자동차 CO_2 규제에 가장 적극적이다. 2008년까지 신규자동차의 CO_2 배출량을 140g/km으로 규제하는 자동차 CO_2 배출제한을 제작사의 자발적 협약으로 시행하였으며, 이들 성과(그림 7.7)를 토대로 하여 2012년부터는 강제기준을 적용하기로 결정 하였다.

2012년부터 phase-in(2012년 65%/ 2013년 75%/ 2014년 80%/ 2015년 100%)으로 승용차 CO_2 배출 평균기준을 130g/km으로 정하고, 타이어나 바이오연료 등으로 10g/km을 추가하여 줄이도록 설정하였다. 이는 1995년 대비 35%를 삭감하는 수준이며, 2020년까지는 95g/km으로 강화하겠다고 제안해 두고 있다.

CO_2 120g/km에 대응하는 연비는 디젤차 4.5ℓ/100km, 휘발유차 5.0ℓ/100km 수준이다.

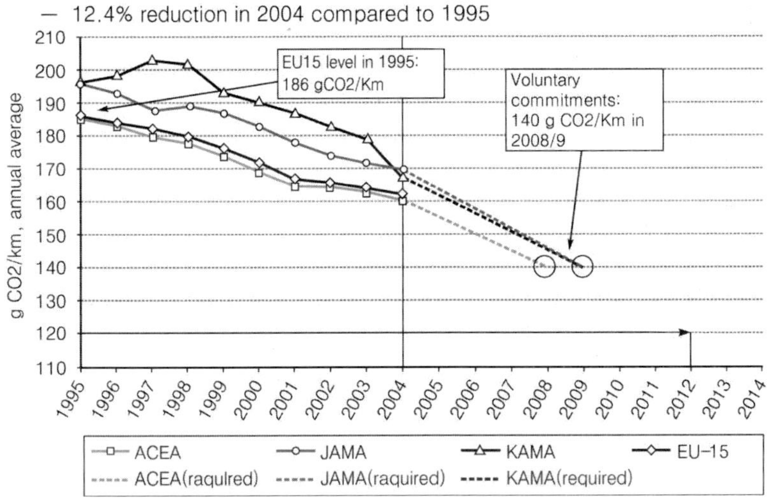

그림7.7 EU의 승용차 CO_2 삭감추세

7.4.2 미국의 자동차 CO_2 기준

미국은 부시 정부에서는 기후변화협약 자체를 반대하여 왔으나 오바마정부 이후 자동차분야의 대응에 많은 변화가 나타나고 있다.

캘리포니아 주정부는 자동차 CO_2 규제를 2009년부터 시행하는 것으로 결정을 하자, CO_2는 대기오염물질로 규정되어 있지 않기 때문에 주정부가 CO_2 규제를 할 권리가 없다는 등의 이유로 자동차회사가 캘리포니아 주정부를 상대로 소송을 제기하기까지 했으나 새 정부에서 캘리포니아 CO_2 기준을 승인하여 줌으로서 효력을 가지게 되었다.

캘리포니아주 자동차 CO_2 기준(g/km)

	2009	2010	2011	2012	2013	2014	2015	2016
PC/LDT1	201	188	166	145	142	138	133	128
LDT2	274	262	243	225	221	218	213	207

그 이전에 매사추세츠주를 포함한 12개 주(state)와 3개 시(city), Sierra Club을 포함한 환경단체 들이 연방정부가 자동차에 대하여 CO_2 규제나 저감정책을 추진하지 않

는 것에 대하여 불만을 가지고 EPA를 상대로 소송을 제기하였으며, 2007년 4월에 대법원에서, "CO_2를 포함한 지구온난화가스(green house gas)는 규제하여야 할 대기오염물질(air pollutant)이며, EPA에서는 자동차 배기가스(tailpipe emissions)의 GHG를 규제하여야 한다"고 원고 승소판결을 내렸다.

이 판결에 따라 이전까지는 '규제 권한이 없다'며 온실가스 규제에 소극적인 태도를 보여 온 연방정부에서 온실가스 배출량을 줄이기 위한 대책 수립이 불가피해졌으며, 부시정부에서 앞으로 10년내 미국의 자동차 휘발유 소비를 20% 감축하고 대체연료 사용을 현재보다 7배 정도 많은 350억 갤런으로 늘려 온실가스 증가를 억제하겠다는 내용의 '10년 내 20% 계획(20-in-10 plan)'을 발표하였다.

오바마정부에서는 2009년 5월에 새로운 국가연비향상정책(National Fuel Efficiency Policy)을 발표하면서, "2012년부터 2016년까지 점전적인(phase-in) 연비강화로 2016년에 35.5mpg의 자동차 연비를 달성하여 18십억 바렐의 오일소비를 줄이고 온실가스도 9억톤을 삭감"하겠다고 발표하였다. 또한 연비기준과 함께 온실가스 기준도 동시에 수립하도록 지시하였다.

EPA와 NHTSA가 합의하여 최종 발표한(2010.4) 미국 연방의 자동차 CO_2(equ.)와 CAFE 기준은 다음과 같다.

· 미연방 자동차 CO_2 및 연비기준

	2012	2013	2014	2015	2016
Passenger Cars					
CO_2(g/mi)	263	256	247	236	225
CO_2 equiv. mpg	33.8	34.7	36.0	37.7	39.5
CAFE mpg	33.1	34.2	34.9	36.2	37.8
Light Trucks					
CO_2(g/mi)	346	337	326	312	298
CO_2 equiv. mpg	25.7	26.4	27.3	28.5	29.8
CAFE mpg	25.4	26.0	26.6	27.5	28.8
Combined Cars & Trucks					
CO_2(g/mi)	295	286	276	263	250
CO_2 equiv. mpg	30.1	31.1	32.2	33.8	35.5
CAFE mpg	29.7	30.5	31.3	32.6	34.1

이 기준은 CO_2 emission footprint curve에 근거해서 설정한 기준이다. 즉 자동차의

foorprint에 따라 다른 CO_2 값을 가질 수 있지만 전체 평균은 아래 표의 기준을 만족하여야 한다.

자동차회사는 2012년부터 연비(CAFE)기준과 CO_2 기준을 동시에 만족하여야 하며, 향후 두 기준은 단일화될 것으로 전망된다.

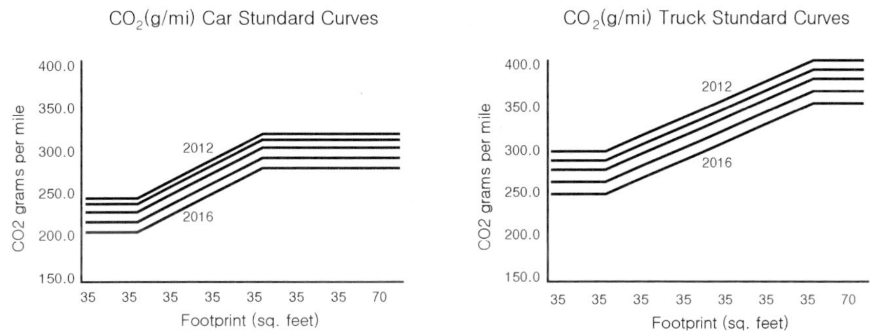

그림7.8 미국의 승용차와 트럭의 footprint curves

7.4.3 일본의 자동차 CO_2 기준

일본은 자동차 CO_2 기준 대신 연비기준을 채택하고 있으며, 연비값에서 CO_2를 환산하는 식을 도입하여 사용하고 있다.

연비기준은 차량 중량에 따라 세분화되어 있으며, 기준값은 그림 7.9와 같이 탑런너

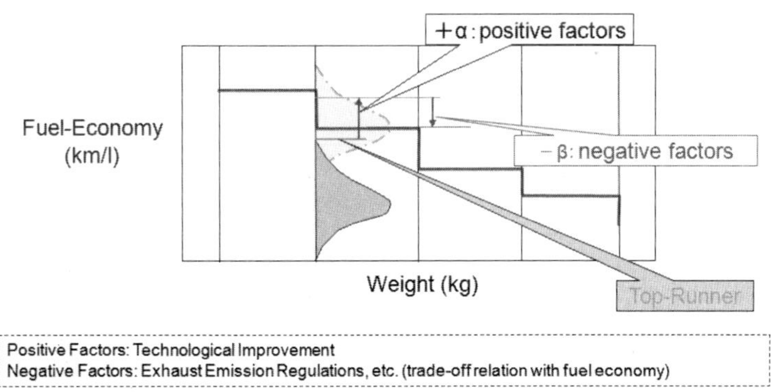

그림7.9 일본의 Top-Runner 방식

(top runner) 방식으로 결정하고 있다. 즉 현재 기술에서 가장 앞선 연비값에서 향후 기술적으로 향상이 가능한 수준을 더하고(positive factors), 여기에 배기가스기준 등에 의하여 연비가 나빠지는 요인(negative factors)을 감하여 향후의 연비기준 값을 정하는 방식이다.

그림 7.10은 일본 승용차 연비기준으로 2015년이 되면 2002년에 비해 연비가 12.2% 향상될 것으로 예상하고 있다. 대형차 연비기준은 세계 최초로 설정하였으며, 2002년에 비해 2015년에 연비가 12% 이상 향상되는 것을 목표로 정하고 있다.

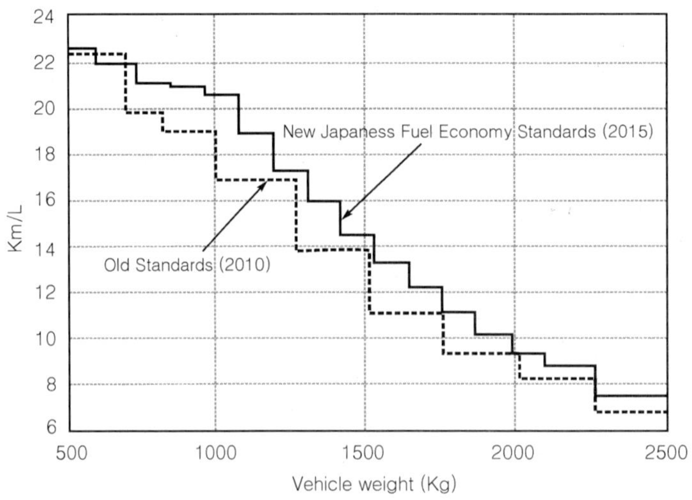

그림7.10 일본 승용차 연비기준

· 대형차 기준(세계 최초)

	Target Year	Base year(2002)	목표기준
Trucks	2015	6.32 km/L (CO_2 415 g/km)	7.09 km/L (CO_2 390 g/km) – 12.2% 향상
Buses	2015	5.62 km/L (CO_2 466 g/km)	6.30 km/L (CO_2 416 g/km) – 12.1% 향상

7.4.4 한국의 자동차 CO_2 기준

우리나라는 미국과 같이 자동차연비 및 CO_2 기준을 동시에 적용하기로 하였으며, 미국은 자동차회사에서 두 개의 기준을 모두 만족하여야 하나 우리나라는 둘 중에서 하나를 선택할 수 있도록 하고 있다.

2009년 7월에 녹색성장위원회에서 "자동차연비 및 온실가스 기준 개선방안"을 발표하였으며, 2010년 4월에 녹색성장기본법 시행령을 발표함으로서 본격적으로 자동차 연비 및 CO_2 기준을 설정하는 작업을 추진하고 있다.

녹색성장위원회에서 제시한 기본안으로는,

- 연비 17 km/L 이상, CO_2 140g/km 이하로 기준을 강화하여 미국수준 이상으로 설정하고, 2012년부터 단계적 적용(phase-in)
- CO_2는 이산화질소(N_2O), 메탄(CH_4), 수소불화탄소(HFCs) 등 감축분을 이산화탄소 감축량으로 인정하는 CO_2(equivalent) 적용
- 탑승인원 10인 이하 승용자동차(승합자동차 포함)를 대상
- 2012년부터 제작사 대상 벌과금 제도 도입
- 자동차 업계는 기준(연비와 CO_2 기준 중), 벌칙뿐만 아니라 차종 등도 유리한 쪽으로 매년 선택 가능
- 측정 모드를 미국방식(국내는 시티주행모드인 CVS-75 모드이나 미국은 시티주행모드 + 고속모드가 결합된 combined 모드)으로 전환
- 자동차 세제기준 전환(자동차 CO_2 tax 도입 고려)
- 업계 여건을 고려한 신축적인 보완장치 검토, 예를 들며 소규모 제작사에 대한 유예기간 설정, CO_2가 일정수준 이하로 적게 배출되는 차량에 대해 인센티브 부여, 연비 초과달성분에 대해 소급, 이월(carry back, carry forward) 허용제도 도입, 기준 초과달성 또는 미달성분에 대한 크레딧 판매 및 구입 제도 도입 등

7.5 자동차 연료 품질기준

7.5.1 한국의 자동차 연료 품질기준(대기환경보전법)

연 료	항 목	2000.1.1 ~	2002.1.1 ~	2006.1.1 ~	2009.1.1 ~
휘발유	방향족(부피%)	35이하	35이하	30(27)이하	24(21)이하
	벤젠(부피%)	2이하	1.5이하	1이하	0.7이하
	올레핀(부피%)	23이하	18	18(21)이하	16(19)이하
	납(g/liter)	0.013이하	0.013이하	0.013이하	0.013이하
	인(g/liter)	0.0013이하	0.0013이하	0.0013이하	0.0013이하
	산소(무게%)	1.3~2.3	1.0~2.3	1.0~2.3	2.3이하
	황(ppm)	200이하	130이하	50이하	10이하
	증기압(kPa, 37.8℃)	82이하	70	65	60이하
경유	10% 잔류탄소량(%)	0.15이하	0.15이하	0.15이하	0.15이하
	황(ppm)	500이하	430이하	30이하	10이하
	밀도@15℃ (kg/m^3)		815~855	815~845	815~835

7.5.2 국외 자동차 연료 품질기준 동향

현재 국제적으로 자동차 연료에 대한 질적 수준 향상(quality fuels)을 위한 많은 논의가 진행 중인데, 이들 대부분은 다음과 같은 목적으로 추진 중이다.

· 자동차 배출가스를 줄임으로서 대기환경오염에서 자동차의 영향 축소
· 자동차 성능에 대한 고객의 만족 증가
· 아래 세부 category별 적정 연료를 사용하기 위해 자동차 장비의 복잡함을 줄여서 고객의 비용(구입과 작동) 부담 경감 유도

최근에 발표된 World Fuel Chart 4에서 Category 4 연료기준까지 제안하고 있으며 이들 결과를 정리하면 다음과 같다.

Category 1:

emission control의 첫 번째 단계; emission control system의 보호와 자동차/엔진 성능에 기본을 두었다. 예를 들어, US Tier 0 와 EURO-1 배기기준

Category 2:

emission control의 엄격한 요구사항이나 시장에서의 추가 다른 요구. 예를 들면, US Tier 1, EURO-2 or 3, 또는 동등한 배기규정들

Category 3:

발전된 emission control 요구사항이나 시장에서의 추가 다른 요구. 예를 들면, US/California LEV or ULEV, EURO-3, JP 2005, 또는 동등한 배기규정들

Category 4:

NOx와 PM을 정교하게 후처리되도록 하는 emission control 요구. 예를 들면, US EPA Tier 2 또는 2007/2010 Heavy Duty On-Highway, US EPA Non-Road Tier 4, US California LEV-Ⅱ, EURO-4, EURO-5 Heavy Duty, 또는 동일한 배기규정들에 적용되며, 유황은 10ppm 이하이다.

표 7.2 무연휘발유(unleaded gasoline)의 Category 3

PROPERTIES	UNIT	LIMIT	
		Min.	Max.
'91 RON' (1) Research Octane Number	-	91.0	
Motor Octane Number	-	82.5	
'95 RON' (1) Research Octane Number	-	95.0	
Motor Octane Number	-	85.0	
'98 RON' (1) Research Octane Number	-	98.0	
Motor Octane Number	-	88.0	
Oxidation stability	minutes	480	
Sulphur content	mg/kg (2)		30
Metal content (Fe, Mn, Pb, Others)	mg/l	Non-detectable (3)	
Phosphorus content	mg/l	Non-detectable (3)	
Silicon content	mg/kg	Non-detectable (3)	
Oxygen content	% m/m		2.7 (4)
Olefins content	% v/v		10.0
Aromatics content	% v/v		35.0

표 7.2 계속

PROPERTIES	UNIT		LIMIT	
Benzene content	% v/v			1.0
Volatility	See Table, page 12			
Sediment	mg/l			1
Unwashed gums (5)	mg/100ml			30
Washed gums	mg/100ml			5
Density	kg/m^3	715		770
Copper corrosion	merit		Class 1	
Appearance	Clear and Bright; no free water or particulates			
Fuel injector cleanliness, Method 1	% flow loss			5
Fuel injector cleanliness, Method 2	% flow loss			10
Particulate contamination, size distribution	Code rating	18/16/13 per ISO 4406		
Intake-valve sticking	pass/fail		Pass	
Intake-valve cleanliness II				
Method 1 (CEC F-05-A-93), or	avg. mg/valve			30
Method 2 (ASTM D 5500), or	avg. mg/valve			50
Method 3 (ASTM D 6201)	avg. mg/valve			50
Combustion chamber deposits (5)				
Method 1 (ASTM D 6201), or	% of base fuel			140
Method 2 (CEC F-20-A-98), or	mg/engine			2500
Method 3 (TGA-FLTM BZ154-01)	% mass.@ 450℃			20

General Notes: N.B.#1: 부가적으로 엔진오일과 융화가 되어야만 한다(침전물/니스 침전물 엔진에서 증가하지 않음). 재 형태의 분말의 추가는 허용되지 않는다.

N.B.#2: 오염을 감소하기 위한 좋은 관리요령(먼지, 물, 다른 연료 등)

Footnotes: 1) 연료펌프에 대한 알맞은 분류는 정의되어지고 사용하여야만 한다. 연료는 SAE J285 'Recommended Practice Gasoline Nozzle Spouts'에 포함된 노즐을 이용하여 분사하여야 한다. 3개의 옥탄 등급은 최대 판매의 유동성으로 정의된다. 세 등급 모두가 유용성(availability)을 필요로 하지는 않는다.

2) mg/kg 단위는 종종 ppm으로 표현된다. 저유황은 촉매장치 자동차에 필수적인 사항이다.

3) 고의적인 첨가는 안 된다. 10mg/kg의 최대 레벨은 과도 상태 동안 받아들여질 수 있다.

4) 산화 촉매가 사용된 곳에는 에테르가 우선적이다. 에탄올 체적율 10%까지 올리는 곳(ASTM D 4806)은 현재 규정으로 허용된다. 그 혼합연료는 Category 3의 요구사항을 만족해야한다. 연료펌프 표시는 추천사항이다. 탄소가 2보다 높은(C〉2) 알코올은 체적에 의해 최대 0.1%로 제한된다. 메탄올은 허용되지 않는다.

5) 유연성(flexibility)을 제공하기 위해(예를 들면, 씻지 않은 gum 레벨을 증가시키는 세정 첨가제 사용을 가능하게 하는 것), 이 해당 연료는 unwashed gum limit 또는 combustion chamber deposits limit에 맞도록 대응해도 무방하다.

표7.3 무연휘발유(unleaded gasoline)의 경우, Category 4

PROPERTIES	UNIT	LIMIT	
		Min.	Max.
'91 RON' (1) Research Octane Number	–	91.0	
Motor Octane Number	–	82.5	
'95 RON' (1) Research Octane Number	–	95.0	
Motor Octane Number	–	85.0	
'98 RON' (1) Research Octane Number	–	98.0	
Motor Octane Number	–	88.0	
Oxidation stability	minutes	480	
Sulphur content	mg/kg (2)		10
Metal content (Fe, Mn, Pb, Others)	mg/l	Non-detectable (3)	
Phosphorus content	mg/l	Non-detectable (3)	
Silicon content	mg/kg	Non-detectable (3)	
Oxygen content	% m/m		2.7 (4)
Olefins content	% v/v		10.0
Aromatics content	% v/v		35.0
Benzene content	% v/v		1.0
Volatility	See Table, page 12		
Sediment	mg/l		1
Unwashed gums (5)	mg/100ml		30
Washed gums	mg/100ml		5
Density	kg/m^3	715	770
Copper corrosion	merit	Class 1	
Appearance	Clear and Bright; no free water or particulates		
Fuel injector cleanliness, Method 1	% flow loss		5
Fuel injector cleanliness, Method 2	% flow loss		10
Particulate contamination, size distribution	Code rating	18/16/13 per ISO 4406	
Intake-valve sticking	pass/fail	Pass	
Intake-valve cleanliness II			
Method 1 (CEC F-05-A-93), or	avg. mg/valve		30
Method 2 (ASTM D 5500), or	avg. mg/valve		50
Method 3 (ASTM D 6201)	avg. mg/valve		50
Combustion chamber deposits (5)			
Method 1 (ASTM D 6201), or	% of base fuel		140
Method 2 (CEC F-20-A-98), or	mg/engine		2500
Method 3 (TGA-FLTM BZ154-01)	% mass.@ 450℃		20

General Notes: N.B.#1: 부가적으로 엔진오일과 융화가 되어야만 한다(침전물/니스 침전물 엔진에서 증가하지 않음). 재 형태의 분말의 추가는 허용되지 않는다.

N.B.#2: 오염을 감소하기 위한 좋은 관리요령(먼지, 물, 다른 연료 등)

Footnotes: 1) 펌프에 대한 알맞은 분류는 정의되어지고 사용하여야만 한다. 연료는 SAE J285 'Recommended Practice Gasoline Nozzle Spouts'에 포함된 노즐을 이용하여 분사하여야 한다. 3개의 옥탄등급은 최대 판매의 유동성으로 정의된다. 세 등급 모두가 유용성을 필요로 하지는 않는다.

2) mg/kg 단위는 종종 ppm으로 표현된다. 저유황은 촉매장치 자동차에 필수적이다.

3) 고의적인 첨가는 안 된다. 10mg/kg의 최대 레벨은 과도 상태 동안 받아들여질 수 있다.

4) 산화 촉매가 사용된 곳에는 에테르가 우선적이다. 에탄올 체적율 10%까지 올리는 곳(ASTM D 4806)은 현재 규정으로 허용된다. 그 혼합연료는 Category 4의 요구사항을 만족해야한다. 연료펌프 표시는 추천사항이다. 탄소가 2보다 높은(C>2) 알코올은 체적에 의해 최대 0.1%로 제한된다. 메탄올은 허용되지 않는다.

5) 유연성을 제공하기 위해(예를 들면, 씻지 않은 gum 레벨을 증가시키는 세정 첨가제 사용을 가능하게 하는 것), 이 해당 연료는 unwashed gum limit 또는 combustion chamber deposits limit에 맞도록 대응해도 무방하다.

표7.4 경유(Diesel fuel)의 경우, Category 3

PROPERTIES	UNITS	LIMIT		
		Min.		Max.
Cetane Number	–	53.0		
Cetane Index (1)	–	53.0 (50.0)(1)		
Density @ 15℃	kg/m^3	820 (2)		840
Viscosity @ 40℃	mm^2/s	2.0 (3)		4.0
Sulphur content	mg/kg (4)			**50**
Metal content (Zn, Cu, Mn, Ca, Na, other)	g/l		Non-detectable (5)	
Total aromatics content	% m/m			20
PAH content (di+, tri+)	% m/m			3.0
T90 (6)	℃			320
T95 (6)	℃			340
Final Boiling Point	℃			350
Flash point	℃	55		–
Carbon residue	% m/m			0.20
CFPP (7) or LTFT or CP	℃	Maximum must be equal to or lower than		
		the lowest expected ambient temperature.		
Water content	mg/kg			200
Oxidation stability, Method 1	g/m^3			25
Oxidation stability, Method 2	induction time		(8)	

표7.4 계속

PROPERTIES	UNITS		LIMIT	
Oxidation stability, Method 2	induction time		(8)	
Foam volume	ml			100
Foam vanishing time	sec			15
Biological growth			'Zero' content	
FAME content	% v/v			5 (9)
Ethanol/Methanol content	% v/v		Non-detectable (10)	
Total acid number	mg KOH/g			0.08
Ferrous corrosion	–	–		Light rusting
Copper corrosion	merit		Class 1	
Ash content	% m/m			0.01
Particulate Contamination, total	mg/kg			10 (11)
Particulate Contamination, size distribution	code rating		18/16/13 per ISO 4406	
Appearance			Clear and bright; no free water or particulates	
Injector cleanliness	% air flow loss			85
Lubricity(HFRR wear scar dia. @ 60℃)	micron	–		400

General Notes: N.B.#1: 첨가제는 반드시 엔진 오일과 융화되어야 한다. 재 형태의 분말 추가는 허용되지 않는다.

N.B.#2: 오염을 감소시키기 위한 좋은 관리요령 (먼지, 물, 다른 연료 등)

N.B.#3: 펌프의 적당한 표시는 반드시 정의 내려지고 사용되어야만 한다.

Footnotes: 1) 세탄 index(표시)는 만약 세탄 Number로 맞추기 위해 표준화된 엔진을 이용할 수 없고 세탄 방부제가 쓰여 지지 않는다면 세탄 Number 대신에 받아들일 수 있다.

2) 최소한의 한계는 대기온도가 -30℃아래로 내려갈 때 800kg/m^{3}까지 느슨해 질 수 있다. 환경 목적을 위해 815kg/m3 의 최소는 채택될 수 있다.

3) 최소한의 한계는 대기온도가 -30℃아래로 내려갈 때 1.5mm2/s까지 느슨해질 수 있다. 그리고 대기온도가 -40℃까지 내려갈 때 1.3mm2/s까지 느슨해 질 수 있다.

4) 단위 mg/kg는 종종 ppm으로 나타낸다.

5) 3000mg/kg은 변화하는 한계로써 허용된다.

6) 최소한의 한계는 대기 온도가 -30℃아래로 내려갈 때 38℃까지 느슨해 질 수 있다.

7) 만약 compliance(탄력성or응함)가 CFPP에 의해 증명되어진다면, 그것은 반드시 cloud point 보다 10℃보다 더 증가해서는 안 된다.

8) 한계 및 시험 방법은 검토되고 있다.

9) FAME(지방 산 메틸 에스테스)을 위해 ENI4214와 ASTM D6751모두, 또는 동등한 기준은 고려되어져야 한다. FAME이 사용될 때, 적합하게 승인된 연료펌프의 사용이 추천된다.

10) 시험방법의 At 또는 Blow detection limit이 사용되어진다.

11) 한계 및 시험방법이 검토되고 있다.

표7.5 경유(Diesel fuel)의 경우, Category 4

PROPERTIES	UNITS	LIMIT		
		Min.		Max.
Cetane Number	–	55.0		
Cetane Index [(1)]	–	55.0 (52.0)[(1)]		
Density @ 15℃	kg/m^3	820 [(2)]		840
Viscosity @ 40℃	mm^2/s	2.0 [(3)]		4.0
Sulphur content	mg/kg [(4)]			**10**
Metal content (Zn, Cu, Mn, Ca, Na, other)	g/l	Non-detectable [(5)]		
Total aromatics content	% m/m			15
PAH content (di+, tri+)	% m/m			2.0
T90 [(6)]	℃			320
T95 [(6)]	℃			340
Final Boiling Point	℃			350
Flash point	℃	55		–
Carbon residue	% m/m			0.20
CFPP [(7)] or LTFT or CP	℃	Maximum must be equal to or lower than		
		the lowest expected ambient temperature.		
Water content	mg/kg			200
Oxidation stability, Method 1	g/m^3			25
Oxidation stability, Method 2	induction time		(8)	
Foam volume	ml			100
Foam vanishing time	sec			15
Biological growth		'Zero' content		
FAME content	% v/v	Non-detectable [(9)]		
Ethanol/Methanol content	% v/v	Non-detectable [(9)]		
Total acid number	mg KOH/g			0.08
Ferrous corrosion	–	–		Light rusting
Copper corrosion	merit		Class 1	
Ash content	% m/m			0.001[(10)]
Particulate Contamination, total	mg/kg			10 [(8)]
Particulate Contamination, size distribution	code rating	18/16/13 per ISO 4406		
Appearance		Clear and bright; no free water or particulates		
Injector cleanliness	% air flow loss			85
Lubricity(HFRR wear scar dia. @ 60℃)	micron	–		400

General Notes: N.B.#1: 첨가제는 반드시 엔진 오일과 융화되어야 한다. 재 형태의 분말 추가는 허용되지 않는다.

N.B.#2: 오염을 감소시키기 위한 좋은 관리요령 (먼지, 물, 다른 연료 등)

N.B.#3: 펌프의 적당한 표시는 반드시 정의 내려지고 사용되어야만 한다.

Footnotes: 1) 세탄 Index(표시)는 만약 세탄 Number로 맞추기 위해 표준화 된 엔진을 이용할 수 없고 세탄 방부제가 쓰여 지지 않는다면 세탄 Number 대신에 받아들일 수 있다.

2) 최소한의 한계는 대기온도가 -30℃아래로 내려갈 때 800kg/m^{3}까지 느슨해 질 수 있다. 환경 목적을 위해 815kg/m3의 최소는 채택될 수 있다.

3) 최소한의 한계는 대기온도가 -30℃아래로 내려갈 때 1.5mm2/s까지 느슨해 질 수 있다. 그리고 대기온도가 -40℃까지 내려갈 때 1.3mm2/s까지 느슨해 질 수 있다.

4) 단위 mg/kg는 종종 ppm으로 나타낸다.

5) 3000mg/kg은 변화하는 한계로써 허용된다.

6) 최소한의 한계는 대기 온도가 -30℃아래로 내려갈 때 38℃까지 느슨해 질 수 있다.

7) 만약 compliance(탄력성or응함)가 CFPP에 의해 증명되어진다면, 그것은 반드시 cloud point 보다 10℃보다 더 증가해서는 안 된다.

8) 한계 및 시험 방법은 검토되고 있다.

9) 시험방법의 At 또는 Blow detection limit이 사용되어진다.

10) 한계 및 시험방법이 검토되고 있다.

7.6 OBD 규제

엔진 부품이나 시스템에서 일어나는 오작동 및 고장을 쉽게 찾을 수 있도록 하는 자기 진단장치이면서, 차량이나 emission control system의 고장과 노후화를 점검함으로 사용중인 차량의 배기가스를 감소시키기 위한 목적으로 제정된 법규이다. 또한 차량의 emission 제어계통의 고장진단, 점검, 수리, 및 다른 서비스 관련 정보 등과 같은 표준화 관련 내용도 포함되어 있다.

1988년에 미국자동차공학회(SAE)가 OBD 시스템의 연결 플러그, diagnostic test signals 및 protocol의 표준화에 대한 기준을 확립하였으며, EPA가 SAE의 OBD programs 및 건의사항을 채택함으로서 OBD 규제가 시작되었다. OBD-II는 SAE에 의해 개발된 기준을 확장시킨 것이다.

미국 연방정부는 승용차 및 소형화물차에 1994년 모델 차종부터 OBD 규제를 적용하였으며 1998년부터 OBD-II가 적용된다. 미국 캘리포니아주(CARB)는 1990년 7월에 OBD-II 규제를 채용하였으며 1994년부터 생산되는 승용차, 소형 및 중형 화물자동차에 적용하고 있다.

유럽은 EURO-3 규제에 OBD-II 규제를 포함시킬 계획이며 우리나라도 이 제도의 도입을 검토하고 있다.

7.6.1 OBD-I

OBD-I 에서는 배출가스관련 주요부품의 작동오류(failure) 감지를 주 내용으로 한다.

- 촉매노화: 촉매의 기능이 저하하여 CO 3.4g/mile, HC 0.4g/mile, NOx 1.0g/mile 이상의 증가가 감지되면 촉매노화(catalyst deterioration)로 판정한다.
- 엔진실화: 엔진실화에 의해 CO 3.4g/mile, HC 0.4g/mile, NOx 1.0g/mile 이상의 증가가 발생하면 엔진실화(engine misfire)로 규정한다. 이 경우는 엔진실화가 발생하는 연소실도 밝혀야 한다.
- 산소센서노화: 산소센서의 기능저하에 의해 CO 1.7g/mile, HC 0.2g/mile, NOx 0.5g/mile 이상의 증가가 발생하면 산소센서노화(oxygen sensor deterioration)로 규정한다.
- 이외에도 증발가스 방지시스템, EGR 시스템, 기타 배출가스 방지부품의 누설이나 기능저하를 감지하도록 하고 있다

7.6.2 OBD-II

OBD-II 에서는 배출가스관련 주요부품의 작동오류(failure) 뿐만 아니라 기능저하까지를 감지하도록 범위를 확장하였다.

- 촉매 감시체계(catalyst monitoring systems)

- Non-LEV 시스템: 4만 마일 열화 후 HC 규제치의 1.5배 이상 초과시
- TLEV 시스템: 4만 마일 열화 후 HC 규제치의 2.0배 이상 초과시
- LEV 시스템: 4만 마일 열화 후 HC 규제치의 2.5배 이상 초과시, FTP NMHC 정화효율 50% 저하시
- ULEV시스템: 1998년 적용 잠정 안으로 HC 규제치의 1.5배 이상 초과시
- 가열촉매(heated catalyst monitoring): 엔진 시동후 촉매가 소장시간 내에 지정온도에 도달하지 않을 경우

- 엔진실화 감시체계(engine misfire monitoring systems)

- 촉매에 손상을 주는 200회전당의 실화율 감지 가능

– 배기규제치의 1.5배를 초과할 때의 1,000회전당 실화율 감지
– I/M 테스트 불합격시의 1,000회전당 실화율 감지

· 산소센서 감시체계
– 배기규제치의 1.5배 초과시의 센서의 전압과 응답속도 감시
– 시스템의 부품고장으로 기준 이내로 작동하지 않을 경우
– EGR 유량제어가 불량하여 배기규제치의 1.5배 초과시

· EGR 감시체계
– 시스템의 부품고장으로 기준 이내로 작동하지 않을 경우
– EGR 유량제어가 불량하여 배기규제치의 1.5배 초과시

· 증발가스 감시체계(evaporative system monitoring)
– 증발시스템의 공기유량 감시체계 도입
– 0.04in 구멍에 의한 누설 확인 시(2000년부터는 0.02in 구멍 적용)

· 연료공급 시스템 감시체계(fuel system monitoring)
– 배기규제치의 1.5배 초과시의 연료공급시스템

· 이외에도 2차공기공급 시스템, 에어콘 냉매누설감시 시스템, 기타 배출가스 방지 부품의 기능저하를 감지하도록 하고 있다

7.7 배출가스 시험방법 특성

7.7.1 샤시시험모드(승용차 및 소형화물차)

(1) 모드특성

항목	FTP-72	FTP-75 (CVS-75)	ECE-15	EUDC	10-Mode	11-Mode
사이클 거리(km) (mile)	12.07 (7.5)	17.84 (11.09)	1.013	6.955	0.664	1.021
시간(초)	1371	1877+600	195	400	135	120
사이클 회수/test	1	1	4	1	6	4
평균속도(km/h)	31.7	34.3	18.7	62.6	17.7	30.9
Idle 제외한 평균속도(km/h)	38.3	41.6	27.1		24.15	39.1
최대속도(km/h)	91.2	91.2	50	120	40	60
평균가속도(m/s^2)	0.60	0.67	0.75	0.833 (max.)	0.54	0.64
평균감속도(m/s^2)	0.70	0.71	0.75	1.389 (max.)	0.65	0.60
아이들(%time)	17.8	18.0	30.8		26.7	21.7
가속(%time)	33.5	33.1	18.5		24.4	34.2
정속(%time)	20.1	20.4	32.3		23.7	13.3
감속(%time)	28.6	28.5	18.5		25.2	30.8
출발상태	Cold	Cold	Cold+40s idling		Warm	Cold+25s idling
운전특성	도시주행	도시주행	저속 도시주행	도시 고속주행	도시주행	도시고속주행
적용국가	스웨덴	한국, 미국, 캐나다, 오스트리아	EEC	EEC	일본	일본

1) FTP(Federal Test Procedure)

2) FTP-75 Mode = FTP-72 Mode 시험 후 10분 정지하고 FTP-72의 전반 505초 운전모드 주행

3) ECE(Economic Commission for Europe)

4) EUDC(Extra Urban Driving Cycle)

5) 일본은 1992년 이후 10·15 모드사용: 10모드 3회 + 새로운 고속모드

(2) 미국 FTP-75 모드

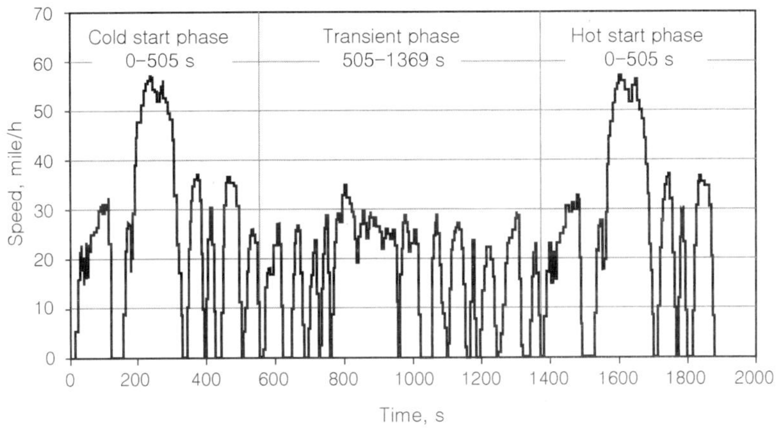

그림7.11 FTP-75 모드

- 3 페이스로 구분된다.
- 첫째 페이스는 20~30°C에서 12시간 이상 soak 된 상태에서 냉간시동으로 505초 동안 주행하는 cold transition phase (TP_{cold})이다.
- 둘째 페이스는 stabilized phase(SP)로 867초 동안 운전한다.
- 둘째 페이스가 끝난 후 10분 동안 엔진을 멈춘 후 첫째 페이스와 동일한 모드로 운전하는 hot transition phase(TP_{hot})가 셋째 페이스이다.
- 가중치는 $0.43*TP_{cold} + 1.0*SP + 0.57*TP_{hot}$ 이다.

(3) Supplemental Federal Test Procedure(SFTP)

EPA에서는 FTP 사이클을 분석한 결과 실제 운전상태와 전혀 일치하지 못하는 부분(약 15%)을 발견하여 이를 보완하기 위하여 샤시동력계 전환과 SFTP 기준을 설정하였으며, 2001MY부터 phase-in이 시작되었다.

Chassis Dynamometer Changerover: twin-roll에서 48인치 single-roll로 바꾸

며 시험방법은 현재와 동일하다.

2개의 새로운 single-bag 운전모드가 추가된다.

- US06: high speeds and high accelerations 운전모드로서 hot stabilized 상태에서 air conditioning 없이 10분간 운전하며, 최고 속도 80mph과 급가속이 포함되어 있다.
- SC03: 차량 출발 직후 운전상태를 대표하는 운전모드로서 환경챔버나 표준시험모드에 에어콘 부하가 적용된다.

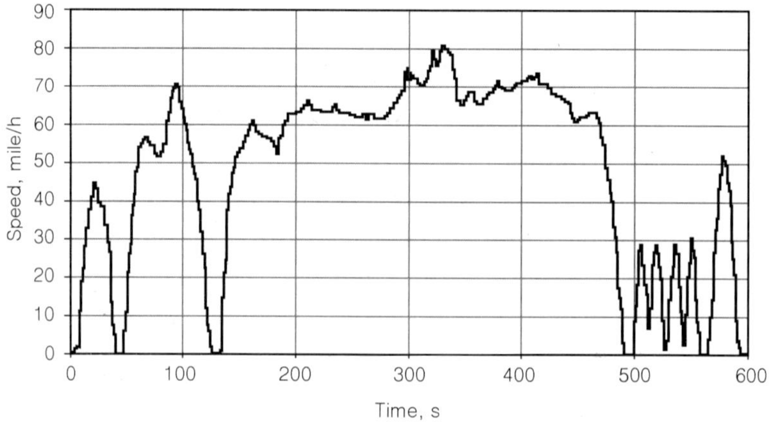

그림7.12 EPA US06 driving schedule

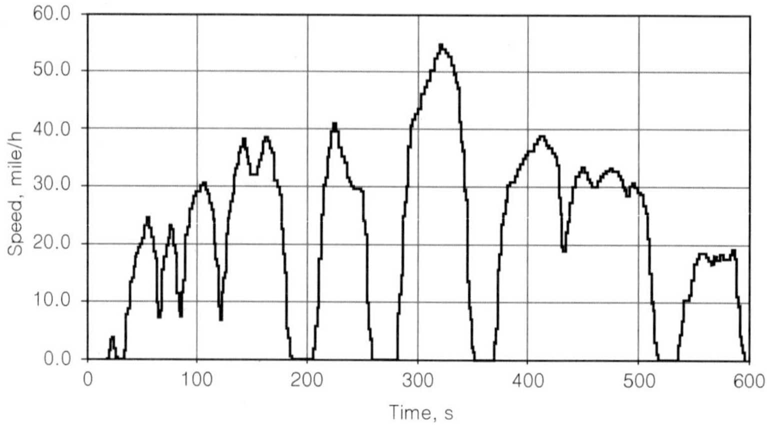

그림7.13 EPA SC03 driving schedule

특성	단위	FTP-75	US06	SC03
거리	km	17.77	12.8	5.8
시간	s	1874	596	596
평균속도	km/h	34.1	77.9	21.6
최대속도	km/h	91.2	129.2	88.2

(4) 유럽의 ECE-75와 EUDC 모드

특성	단위	ECE-15	EUDC
거리	km	1.013	6.955
시간	s	195	400
평균속도	km/h	18.7 (with idling)	62.6
최대속도	km/h	50	120

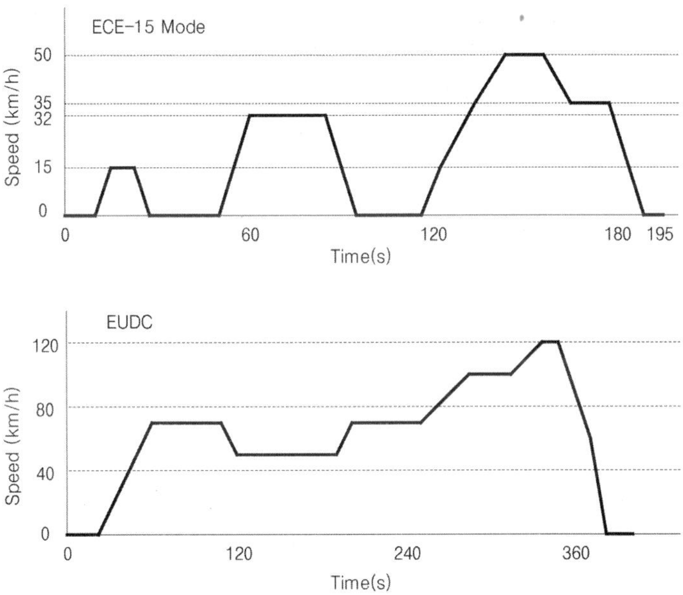

그림7.14 ECE-15 및 EUDC 모드

(5) 일본의 10·15 모드, 11-모드, JC08모드

특성	단위	10 · 15	11	JC08
거리	km	4.16	1.021	8.171
시간	s	660	120	1204
평균속도	km/h	22.7	30.9	24.4
최대속도	km/h	70	60	81.6

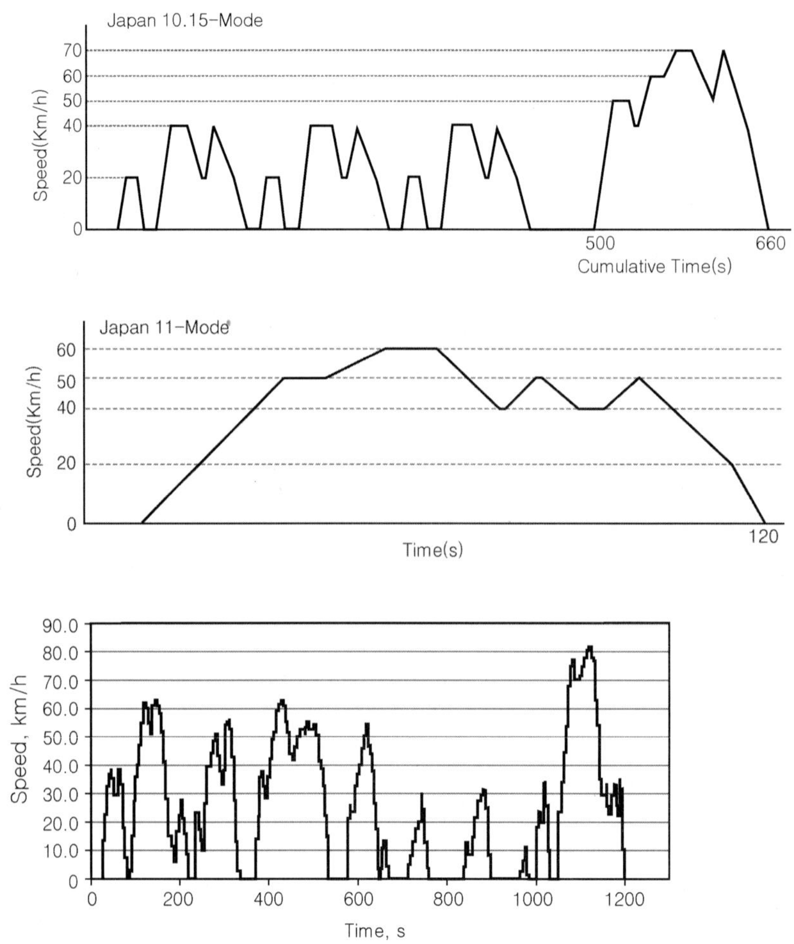

그림7.15 일본의 10 · 15 모드, 11-모드, JC08모드

(6) 미국과 유럽모드의 배출량 상관관계

각국의 주행모드의 특성에 맞게 자동차회사에서 차량의 배출가스 시스템을 선정하고 튜닝하기 때문에 일정한 상관관계를 갖지 못한다.

동일차량으로 미국 FTP-75와 유럽의 ECE-15 + EUDC 모드로 측정하여 비교한 아래의 상관관계 예를 보면 미국모드가 유럽모드 보다 배출량이 낮은 것을 알 수 있으며, 이 관계식을 환산식으로 사용하기에는 무리가 있다.

$$(NOx)_{ECE} = 1.18 \times (NOx)_{FTP}$$

$$(HC)_{ECE} = 1.47 \times (HC)_{FTP}$$

$$(PM)_{ECE} = 1.33 \times (PM)_{FTP}$$

7.7.2 엔진시험모드(중량자동차)

(1) 미국 Transient 모드

특성	단위	FTP Transient	비 고
거리	km	10.3	배출가스 250~350°C 450°C 구간도 있음
시간	s	1200	
평균속도	km/h	30	

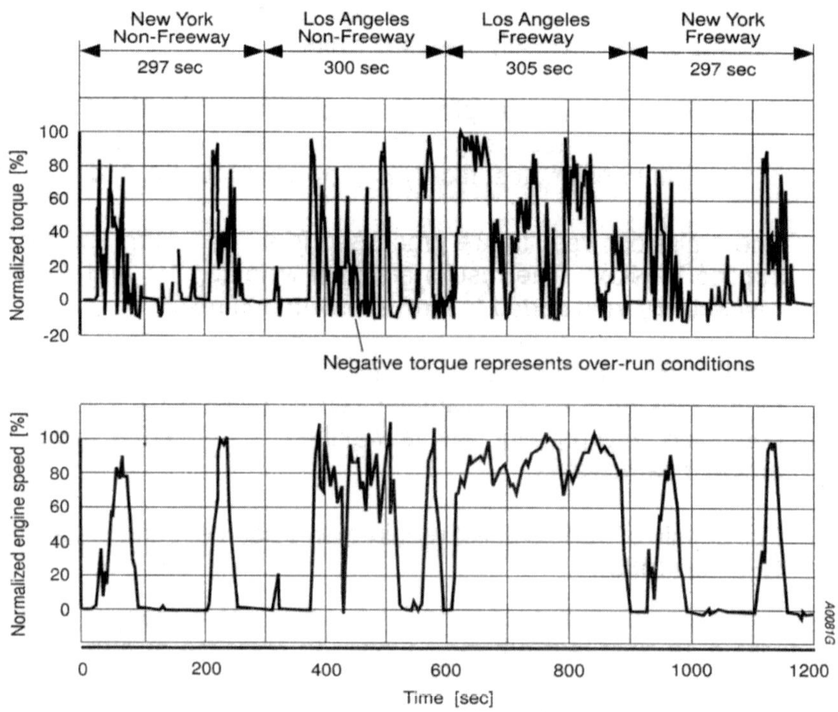

그림 7.16 미국의 Transient 모드(디젤)

표7.6 US HD Transient Cycle의 재현성

Emission	Detroit diesel	Ford	EPA	Navistar	Standard Deviation	Variance
CO	1.162	1.114	1.66	1.20	0.219	0.048
HC	0.11	0.113	0.103	0.14	0.014	197×10^{-6}
NOx	5.277	5.647	5.29	5.09	0.202	0.041
PM	0.169	0.17	0.169	0.166	0.0015	2.25×10^{-6}

(2) 유럽의 ESC 모드

정속 13모드 + 3 NOx 모드(NOx Control Zone)로 구성된다.

표7.7 시험일정

Mode Number	Engine Speed	Percent Load	Weighting Factor	Mode Length (Minutes)
1	Idle	–	0.15	4
2	A	100	0.08	2
3	B	50	0.10	2
4	B	75	0.10	2
5	A	50	0.05	2
6	A	75	0.05	2
7	A	25	0.05	2
8	B	100	0.09	2
9	B	25	0.10	2
10	C	100	0.08	2
11	C	25	0.05	2
12	C	75	0.05	2
13	C	50	0.05	2

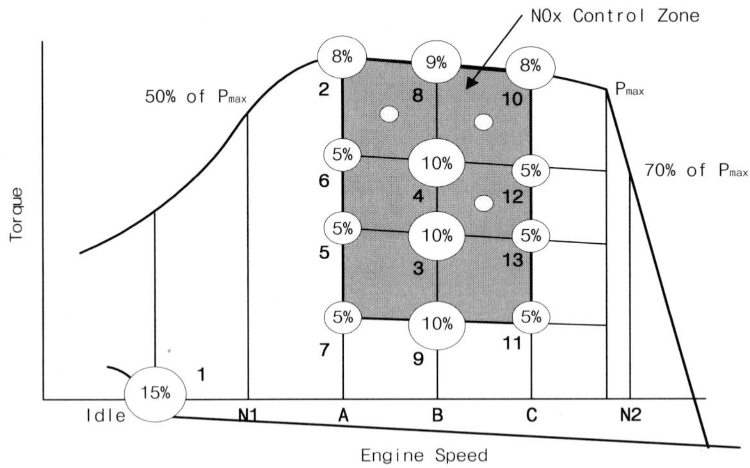

그림7.17 ESC 모드

설정방법은 출력(power)선도에서 최대출력의 50%시의 엔진속도(N1)와 최대출력 이후의 최대출력의 70%시 엔진속도(N2) 구간을 정하고, 이 구간을 100%로 하여 N1 측으로부터 25%를 A, 50%를 B, 75%를 C로 설정한다. 측정점은 엔진속도 A, B, C와 부하 1/4, 2/4, 3/4, 4/4 점에서 모드순서에 따라 행한다.

NOx 시험영역은 엔진속도 A, B, C와 부하 1/4과 2/4, 3/4, 4/4가 만나면서 만든

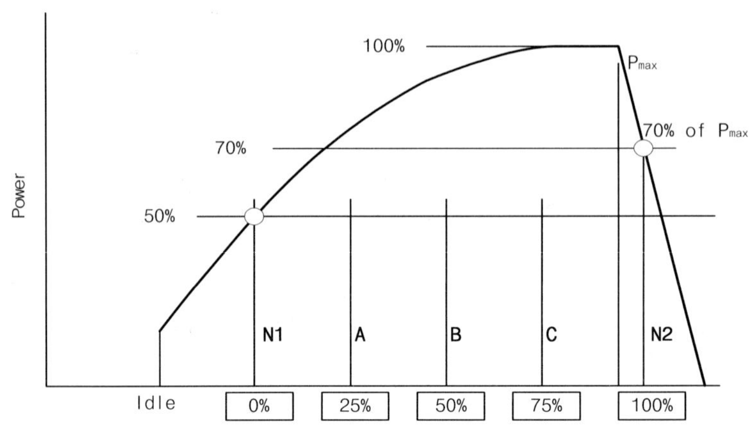

그림7.18 ESC 모드의 속도범위 설정방법

6개 구간이며, 이중 임의의 3개 구간의 임의 점에서 NOx를 측정한다. 측정된 NOx 값은 주변 4점의 보간값(interpolation)을 넘지 않아야 한다. (10% 정도의 초과는 허용)

(3) ELR 모드

매연시험모드로서 광투과식 매연측정기를 사용한다. 4개의 사이클로 구성되며, 엔진 속도는 A, C 구간, 부하는 10%~ 100% 구간에서 시험되며, 4번째 사이클은 임의로 속도와 저부하를 선정한다.

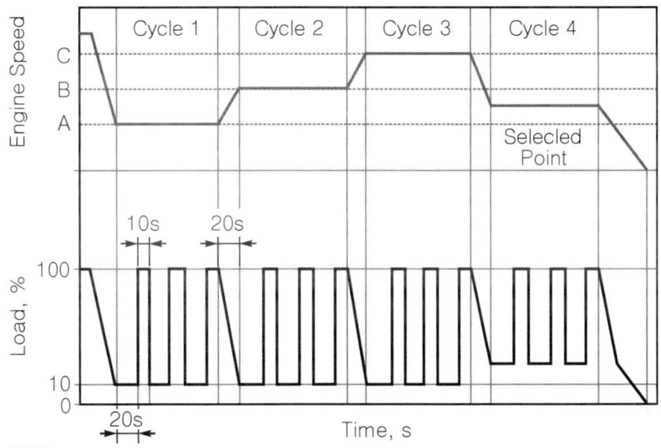

그림7.19 ELR 모드

(4) 유럽 ETC 모드

평균차속 Urban 50km/h, Rural 72km/h, Motorway 88km/h이다.

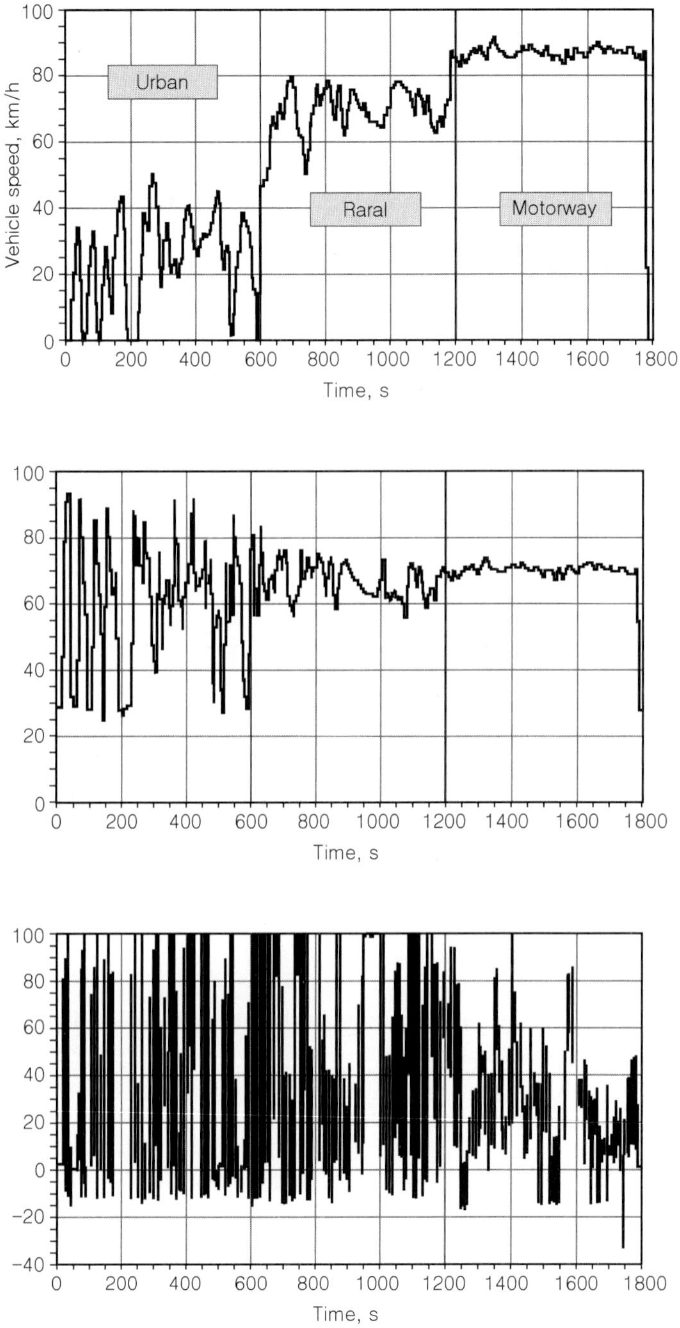

그림 7.20 ETC 모드 (차속, 엔진속도, 엔진토크)

표7.8 유럽 ECE-13 모드와 미국 Transient 모드사이클

모드 번호	속도	부하율 (%)	가중치(Weighting factor)		
			ECE-13	USA-13	Transient(*)
1	아이들링	–	0.25/3	0.20/3	0.151
2	최대토크속도(60%)	10	0.08	0.08	0.023
3		25	0.08	0.08	0.062
4		50	0.08	0.08	0.044
5		75	0.08	0.08	0.060
6		100	0.25	0.08	0.017
7	아이들링	–	0.025/3	0.20/3	0.151
8	최대출력속도(100%)	100	0.10	0.08	0.069
9		75	0.02	0.08	0.074
10		50	0.02	0.08	0.094
11		25	0.02	0.08	0.073
12		10	0.02	0.08	0.031
13	아이들링	–	0.25/3	0.20/3	0.151

주: (*): Transient 모드를 US-13 모드로 시뮬레이션된 값임.

(5) 일본 13 모드

표7.9 일본 13 모드사이클

모드 번호	속도(%)		부하율(%)		가중치(Weighting factor)	
	디젤	가솔린	디젤	가솔린	디젤	가솔린
1	20	20	0	0	0.41/2	0.314/2
2	40	40	20	40	0.037	0.036
3	40	40	40	60	0.027	0.039
4	20	20	0	0	0.41/2	0.314/2
5	60	60	20	20	0.029	0.088
6	60	60	40	40	0.064	0.117
7	80	80	40	40	0.041	0.058
8	80	80	60	60	0.032	0.028
9	60	60	60	60	0.077	0.066
10	60	60	80	80	0.055	0.034
11	60	60	95	95	0.049	0.028
12	80	40	80	20	0.037	0.096
13	60	→ 20	5	→ 0	0.142	0.096

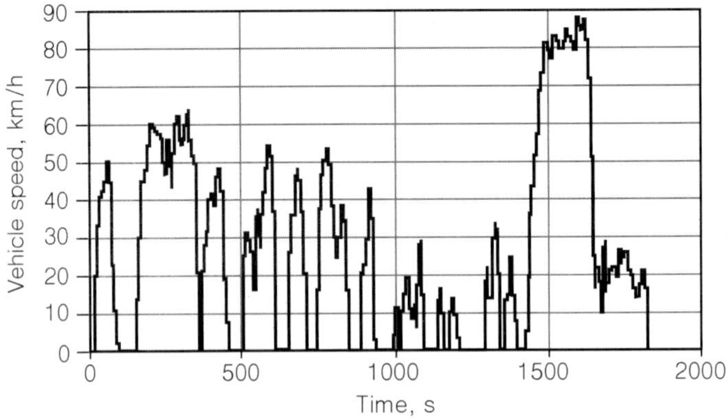

(시험시간 약 1800초, 평균속도 26.94km/h, 최고속도 88km/h)

그림 7.21 일본 JE05 모드

(6) 국제 harmonized 사이클

대형차의 배출가스 측정방법을 국제적으로 통일하기 위한 작업이 추진되어 왔으며, UN ECE GRPE 그룹에서 WHDC(world-wide harmonized heavy-duty certification)으로 WHSC(steady state cycle)와 WHTC(transient test cycle)을 제안하였다. 이 시험방법은 미국, EU, 일본, 호주의 운전조건을 고려하였다.

표 7.10 WHSC 사이클

모드번호	속도(%)	부하율(%)	가중치(Weighting factor)	운전시간(초)
0	Motoring	–	0.24	–
1	0	0	0.17/2	210
2	55	100	0.02	50
3	55	25	0.10	250
4	55	70	0.03	75
5	35	100	0.02	50
6	25	25	0.08	200
7	45	70	0.03	75
8	45	25	0.06	150
9	55	50	0.05	125

표7.10 계속

모드번호	속도(%)	부하율(%)	가중치(Weighting factor)	운전시간(초)
10	75	100	0.02	50
11	35	50	0.08	200
12	35	25	0.10	250
13	0	0	0.17/2	210
sum			1	1895

주: Including 20 s ramp

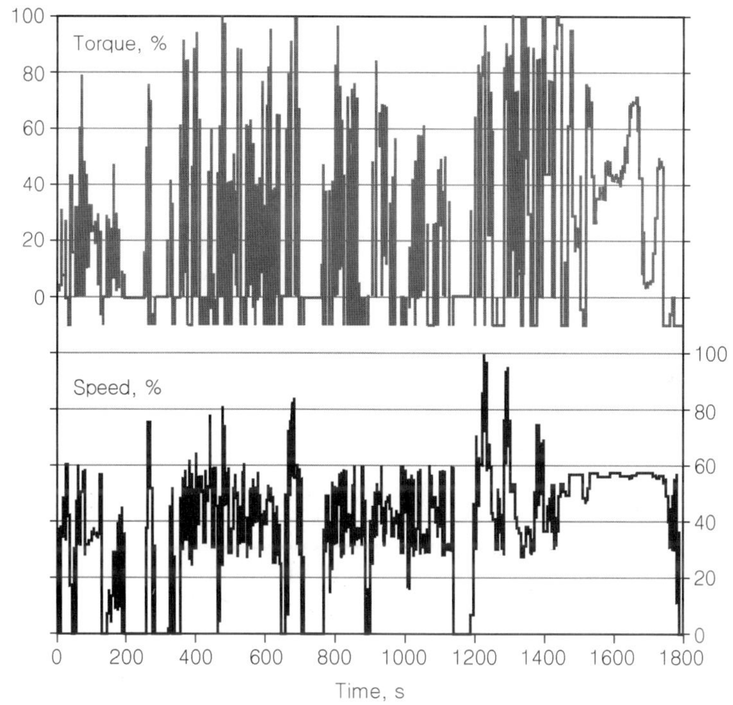

그림7.22 WHTC 모드

(7) 미국, 유럽, 일본모드의 특성비교

유럽과 미국사이클의 가중치를 보면 미국 transient 모드는 고속운전에 가중치가 상대적으로 크며, 유럽은 고부하 운전시 가중치가 높음을 알 수 있다.

일본모드는 중속구간 운전이 많으며 가중치도 중속(60%)에 높게 분포되어 있음을 알 수 있다.

PM과 NOx 배출량을 각 모드에서 비교하여 분석한 결과 다음 그림 7.23과 같은 모드 특성을 알 수 있다. 즉, 미국의 transient 모드는 고속운전모드이며, 유럽 ECE-13모드는 고부하운전모드, 일본 13-모드는 중속운전모드이다.

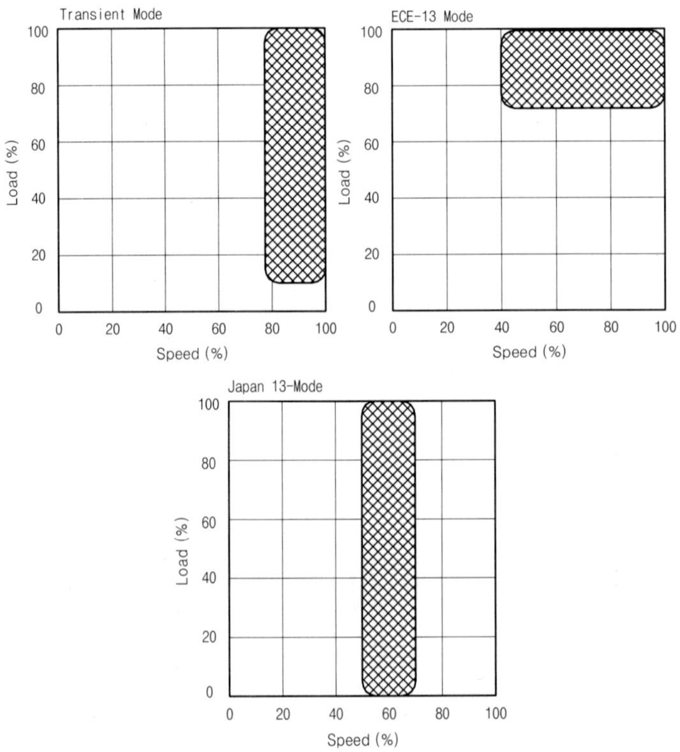

그림7.23 각 중량자동차 운전모드 특성

7.7.3 미국의 중량자동차 시험법 보완

(1) Supplemental Emission Test(SET)

SET는 유럽의 ESC 모드와 동일한 steady-state test로서 FTP Transient cycle을

ECU에 프로그램하여 인증시와 실제주행시의 엔진제어를 다르게 하는 것을 방지하기 위하여 도입하였다. 미연방정부는 2007년부터 적용, CARB는 2005년 적용한다.

(2) Not-to-Exceed(NTE) Limits

중량차량이 실제 운전하는 속도와 부하의 전영역에서 제대로 배출가스가 제어되고 있는지를 확인하기 위한 도구로 사용한다.

특정한 운전사이클을 정한 것은 아니며, 차량이 정상적으로 운전하거나 사용될 때의 엔진이 작동하는 영역으로 엔진 토크곡선 아래에 NTE 제어구역을 설정하였다.

NTE의 이점은 시험과정에 융통성이 많으며, EPA의 PEMS 장치 등을 적용하면 특히 in-use test를 쉽게 수행할 수 있다. (중량자동차의 in-use 시험은 차량으로부터 엔진을 탈착하여 엔진동력계 상에서 시험하여야 하지만 NTE 개념을 도입함으로서 차량상태에서 시험이 가능.)

차량의 정상운전 상태에서 NTP 구역의 배출가스들을 최소 30초 이상 측정하여 평균한 값이 FTP 기준의 1.25배가 초과하지 않아야 한다.

2004년 MY부터 적용되며, 배출가스보증기간동안의 in-use test에도 적용된다.

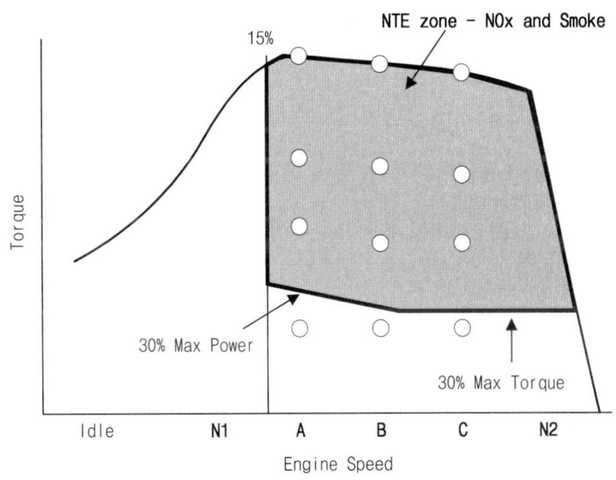

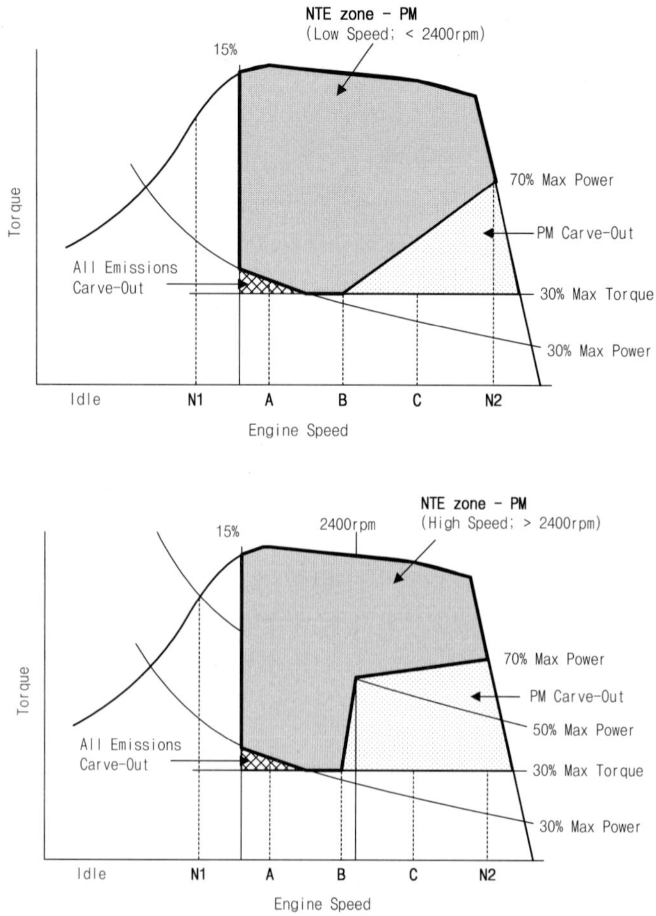

주: N1: 최대출력 50% 엔진속도; N2: 최대출력 70% 엔진속도
N1 측으로부터 25% A, 50% B, 75% C

그림7.24 NTE limits

(3) Consent Decree

1998년 10.22 미국 법원과 EPA에서 6대 heavy-duty diesel engine(HDDE) 제작사에 불법적인 ECU 적용에 대한 벌칙($10억 이상)을 부과하였다. 엔진회사에서는 고속도로에서 정속운전시 엔진 ECU가 인증시험 운전모드가 아니고 고속도로 운전임을 감지하도록 하여 엔진제어 프로그램을 연비운전 효율모드로 의도적으로 전환하였으며, 연

비는 향상되었으나 NOx가 3배 이상 증가된 것이 발견되어 이를 불법적인 “emission defeat device”로 규정하고 벌금을 부가하였다.

벌칙 내용으로는, $83.4M 벌금(civil penalties), $850M 이상 저공해엔진 개발 투자, $109.5M 새로운 배출가스 제어기술개발 투자를 위한 environment project 시행 등이었다.

Environment project의 하나로 IUC(in-use compliance) testing을 위한 IUC 실주행측정장치 개발을 요구하였으며, 4단계로 시행하여 왔다.

① Phase-1(1999.9): 자동차 배출가스 모니터링 기술 조사와 IUC 시험중 배출가스 모니터링 장치 개발

② Phase-2(1999.11): 측정절차와 루트(도시, 교외, 고속도로) 개발

③ Phase-3(2000.4~12): 1988~1998 사이에 생산된 노후엔진의 HDV의 in-use measurement campaign

④ Phase-4(2000.9~2003.12): 2000.1 이후 생산된 신엔진에 대한 HDV의 IUC 모니터링 실시

(4) IUC 배출가스 측정 시스템

운행하고 있는 대형자동차의 사후관리(in-use verification test, in-use confirmatory test; recall test)를 위해서는 차량으로부터 엔진을 탈거하여 배출가스 시험을 하여야 하기 때문에 우리나라는 물론 미국이나 유럽에서도 사후관리에 어려움을 겪고 있는 실정이다.

이를 개선하기 위한 방안으로 자동차에 배출가스를 측정할 수 있는 장치(PEMS; portable emissions measurement system)를 직접 설치하여 실제 도로를 주행하면서 배출가스를 측정하여 자동차의 배출가스 실태를 파악하고 배출허용기준 초과 여부를 확인하여 recall 여부를 결정하는 제도가 제안되어 시행되고 있다.

미국은 이미 제도를 법제화 하여 2007년부터 가스상 물질을 대상으로 시행하고 있으며 2008년에 PM을 추가하였다. 시험 대수는 엔진패밀리의 25% 이상을 선정하여 엔진패밀리당 5~10대를 제작사에서 시험을 시행한다.

1단계(phase-1)시험으로 처음 5대가 합격하면 시험중단, 2대 이상 불합격시 4대 이상 추가시험, 10대 중 6대 이하가 합격하지 못하면 2단계 정밀시험을 실시한다. 시험은 NTE(Not-to-Exceed) 구간에서 정속운전으로 30초 이상 샘플하며, 인증기준치의 1.25

배 이내면 합격으로 인정한다. 유럽도 이 제도 시행을 위하여 pilot program을 진행 중에 있으며, 일본에서도 PEMS 적용을 위한 시범운행을 진행 중에 있다.

PEMS를 이용한 대형차 관리가 효율적으로 정착되면, 현재 차대동력계(샤시동력계)에서 관리되고 있는 소형차의 사후관리도 PEMS를 사용하여 실제 주행상태(real world)에서 측정하고 관리하는 방식으로 변경하는 것을 추진하고 있어 향후 자동차사후관리제도에 큰 변화가 예상된다.

현재 미국 EPA에 공인된 PEMS 장비는 미국 Sensor사(Semtech-D)와 일본 Horiba(OBS 2000) 2개사가 있으며, 오스트리아 AVL 등에서도 공인을 준비하고 있다.

국내도 차기 기준에서 대형차의 배출가스보증기간을 연장강화뿐만 아니라 사후관리를 정상화하기 위한 방안을 추진하고 있다. 이를 위해서는 현행 제도 및 규정의 전반적인 검토 및 개선과 PEMS를 적용하기 위한 사전 준비(시범운행)단계가 필요하다.

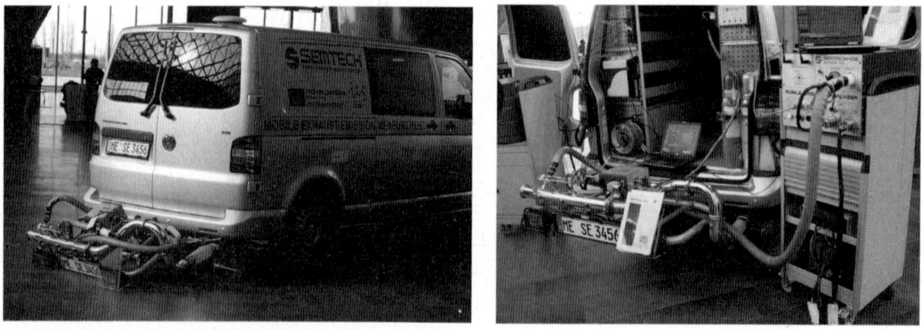

그림7.25 PEMS 장비 설치차량(Sensor사)

7.7.4 자동차 연료소비율 측정 및 표시방법

(1) 연료소비율 표시방법

자동차의 연료소비율(燃料消費率)은 줄여서 연비(燃費)로 표시하며 영문으로는 fuel consumption으로 표시한다. 자동차에서의 연비는 통상 단위 체적당 주행할 수 있는 거리인 km/ℓ로 표시하나 경우에 따라서는 ℓ/km도 사용한다. 예를 들면 현재 전세계적으로 개발의 대상이 되고 있는 초저연비자동차인 3L car는 3리터의 연료로 100km 주행한다는 3L/100km 이며 33.3km/ℓ와 동일한 의미이다.

km/ℓ로 표시할 경우 연료가 적게 소모되는 양호한 경우를 고연비 자동차로 표현한다. 반면 ℓ/km로 표시할 경우는 정 반대의 표현이 사용되며, 예를 들면 2L car는 3L car에 비해 연료가 1/3이 적게 소모되는 저연비자동차이다.

또한 엔진에서의 연료소비율은 엔진이 단위 일(에너지)을 얻기 위하여 사용한 연료중량인 g/kw・h 또는 g/ps・h로 표시하며 영문으로는 specific fuel consumption으로 표기한다. 이 경우는 저연비엔진은 연료소비가 적은 우수한 엔진이라는 뜻이 된다.

이와 같이 고연비와 저연비의 사용에 상당한 혼란이 있으며 국내에서는 일반적으로 연료경제성이 우수한 자동차를 고연비로 표현하기를 권장하고 있으나 엔진관련 엔지니어들은 저연비로 사용하고 있는 실정이다. 이와 같은 혼란은 "저연비엔진을 장착한 고연비자동차"라는 표현을 가져올 수도 있어 용어 사용에 대한 마땅한 대책이 필요하다.

(2) 연료소비율 측정방법

일반적으로 연료소비율 측정방법은 연료공급 라인에서 엔진에 공급되는 연료의 무게나 체적을 직접 측정하는 방법과 연소된 배출가스를 분석하여 환산하는 방법이 사용된다.

엔진 실험에서는 대부분 연료량을 직접 측정하며 차량의 경우도 실험 목적에 따라 이 방법을 사용한다.

그러나 현재 법규상 정해져 있는 신규 제작차의 자동차 연비 표시는 샤시동력계 상에서 배출가스규제 모드인 CVS-75 모드를 운전하여 배출가스를 측정하고 이 값을 이용하여 연비로 환산하는 방식을 사용하고 있다.

(3) 배출가스에 의한 연료소비율 계산식(Carbon balance method)

차량이 사용한 액체연료는 CH_n이며, 모드주행 후 측정된 배출가스가 CO(g/km), HC(g/km; CH_n로 가정), CO_2(g/km)이었다고 가정한다.

연료 밀도를 D(g/cc)라 하고,

연료 1g 중의 탄소중량 $C_m(g/g) = 12.011/(12.011+1.008\times n)$ 이다.

따라서 연료 1리터 중의 탄소중량 $WC_f(g/\ell) = 1000\times D\times C_m$ 이다.

또한, 1km 주행시 배출되는 각 배출가스의 탄소 중량은 다음과 같다.

$$HC\text{에서는 } HC(g/km) \times 12.011/(12.011+1.008 \times n) = C_m \times HC(g/km)$$

$$CO\text{에서는 } CO(g/km) \times 12.011/(12.011+16) = 0.429 \times CO(g/km)$$

$$CO_2\text{에서는 } CO_2(g/km) \times 12.011/(12.011+16 \times 2) = 0.273 \times CO_2(g/km)$$

따라서 1km 주행시의 총배출 탄소중량은 위의 합계로서

$WC_e(g/km) = C_m \times HC(g/km) + 0.429 \times CO(g/km) + 0.273 \times CO_2(g/km)$이다.

위의 관계로부터 연료 1리터로 주행할 수 있는 거리인 연비 FE는 다음과 같이 구할 수 있다.

$$FE(km/\ell) = WC_f/WC_e$$

$$= 1000 \times D \times C_m \ / \ (C_m \times HC(g/km) + 0.429 \times CO + 0.273 \times CO_2)$$

위의 관계식을 사용하여 가솔린과 디젤, LPG의 경우를 살펴보면 다음과 같다.(우리나라의 규정에 의한 연비계산 식)

가솔린: $FE(km/\ell) = 640 \ / \ (0.866 \ HC + 0.429 \ CO + 0.273 \ CO_2)$

디젤: $FE(km/\ell) = 734 \ / \ (0.866 \ HC + 0.429 \ CO + 0.273 \ CO_2)$

LPG: $FE(km/\ell) = 483 \ / \ (0.827 \ HC + 0.429 \ CO + 0.273 \ CO_2)$

변 수	가솔린	디젤	LPG (C_4H_{10} 기준)
n	1.85	1.85	2.5
D(g/cc)	0.74	0.848	0.584
C_m	0.866	0.866	0.827
$WC_f = D \times C_m$	640	734	483

압축천연가스(CNG)의 경우는 아직 우리나라에서는 공식적으로 규정화한 식은 없으며, 미국의 경우를 살펴보면 다음과 같다.

$$FE_e(mpg) = \frac{121.5 \times D \cdot C_m}{(0.749\,CH_4 + C_{m2} \cdot NMHC + 0.429\,CO + 0.273\,(CO_2 - CO_{2NG}))}$$

여기서 배출가스는 CH_4, NMHC, CO, CO_2를 고려하였으며, C_{m2}는 연료중의 비메탄 탄화수소조성의 탄소중량비이며, CO_{2NG}는 단위주행거리당 소비된 천연가스 연료중의 CO_2 중량이다. 미국의 경우 단위가 연비(mpg), 배출가스(g/mile), 연료밀도(g/ft^3)이다.

또한 분자의 121.5는 천연가스연료 소비율을 가솔린소비율로 환산하기 위한 값으로 에너지등가에 의한 결과이다. 따라서 FE_e는 천연가스 차량의 가솔린등가연비이다.

이를 우리나라에서 사용하고 있는 km/ℓ 단위로 할 경우는 다음 식과 같다.

$$FE_e(km/\ell) = \frac{1000 \times 909 \times D \cdot C_m}{(0.749\, CH_4 + C_{m2} \cdot NMHC + 0.429\, CO + 0.273\,(CO_2 - CO_{2NG}))}$$

여기서 분자의 930은 mpg 연비를 사용할 때의 121.5에 상당하는 값이다.

· 천연가스 차량 가솔린등가연비 산출 식의 환산값 계산근거

<table>
<tr><th></th><th>CNG</th><th>가솔린</th></tr>
<tr><td>연료밀도 D</td><td>0.75(kg/m^3)
0.00075(g/cc)</td><td>0.75(g/cc)</td></tr>
<tr><td>저발열량</td><td>11300(kcal/kg)</td><td>10270(kcal/kg)</td></tr>
<tr><td>단위체적당
에너지</td><td>8.47(kcal/ℓ)
▸240(kcal/ft^3)</td><td>7702(kcal/ℓ)
▸29150(kcal/gallon)</td></tr>
<tr><td rowspan="2">단위체적당
에너지비</td><td>1(kcal/ℓ)
▸1(kcal/ft^3)</td><td>909(kcal/ℓ)
▸121.5(kcal/gallon)</td></tr>
<tr><td colspan="2">동일한 에너지로 동일거리를 주행할 경우 CNG가 가솔린에 비해 연료량이 909(l/l), 121.5(ft^3/gallon)배 소요된다.
예를 들면 CVS-75 모드 (주행거리: 17.84km) 운전시 CNG 연료가 Qc(l) 사용되었으면 FE=17.84/Qc(km/ℓ)이다.
주행에 소요되는 일량은 동일하다고 가정하면 가솔린 연료는 Qc/909(l) 소요된다. 즉,
▸가솔린등가연비 FEe = 17.84×909/Qc(km/ℓ)</td></tr>
</table>

7.8 배출허용기준 비교

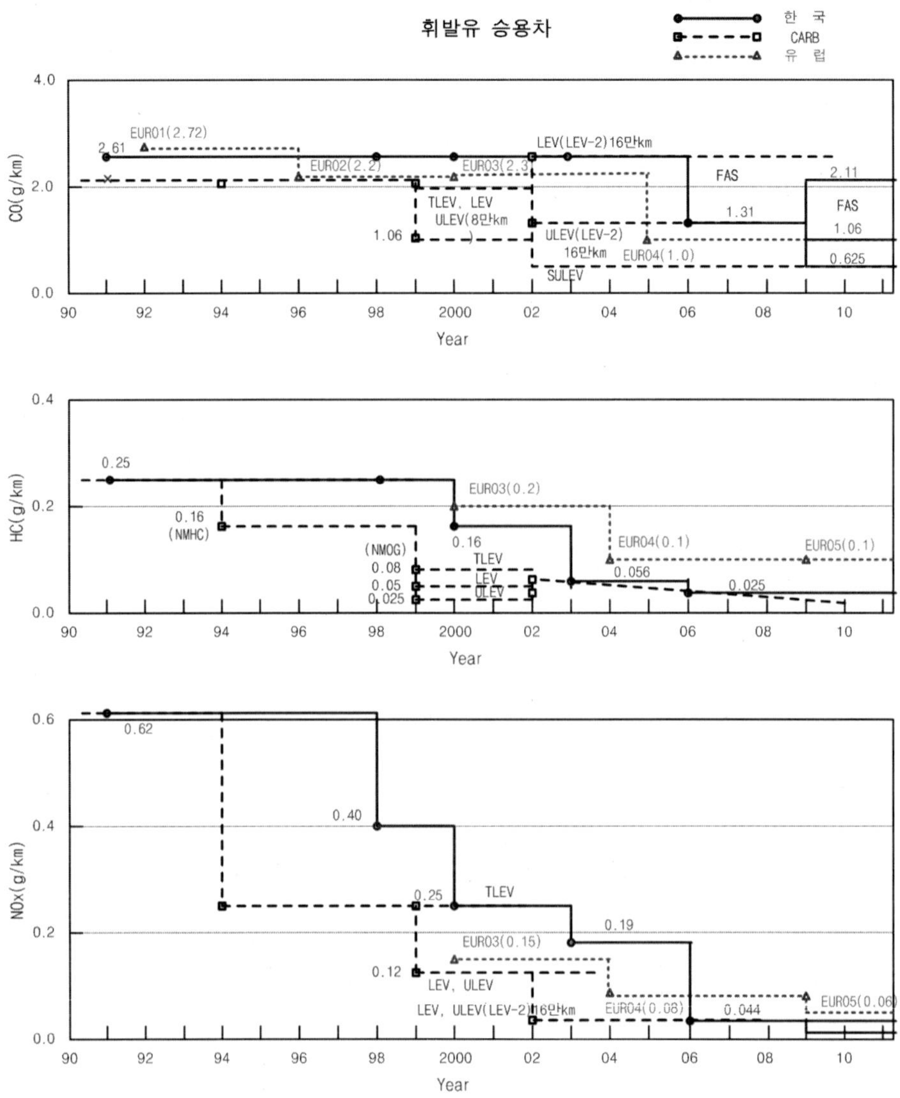

그림 7.26 휘발유 승용차 기준비교

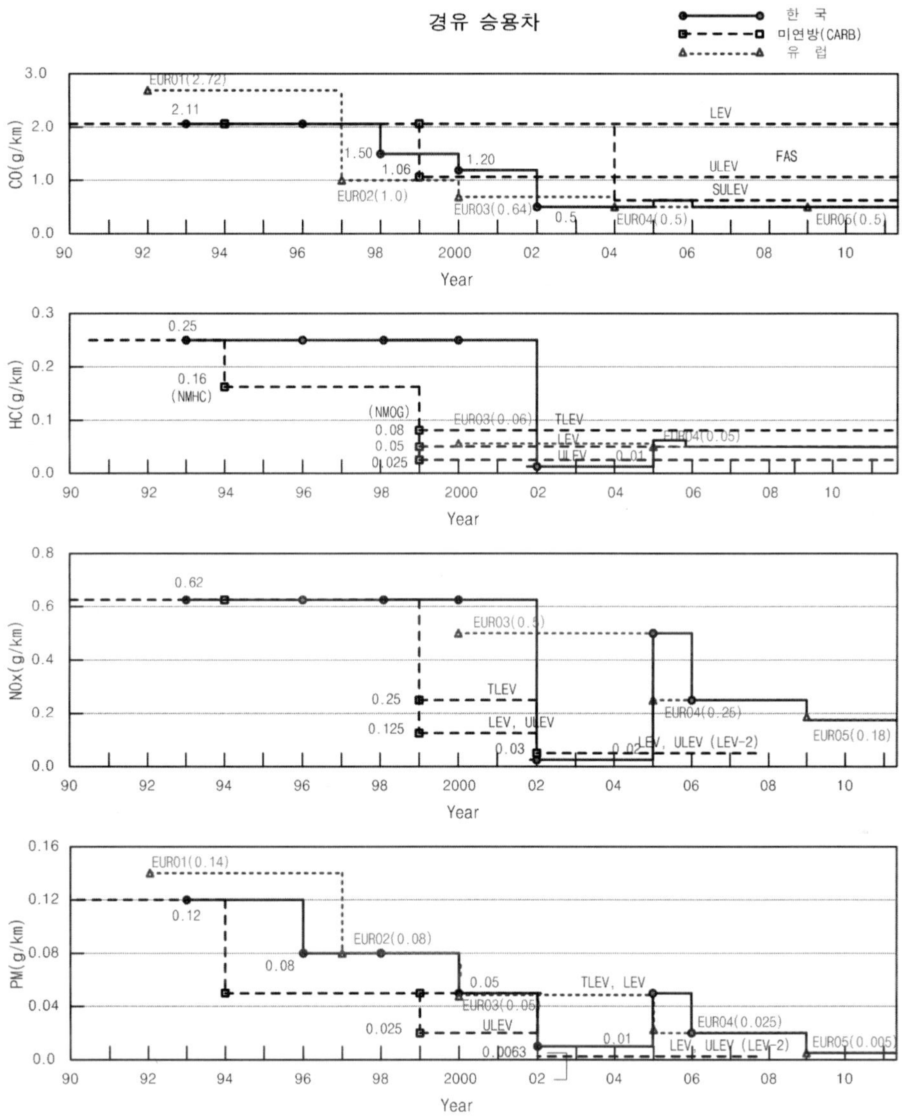

그림7.27 경유 승용차 기준비교

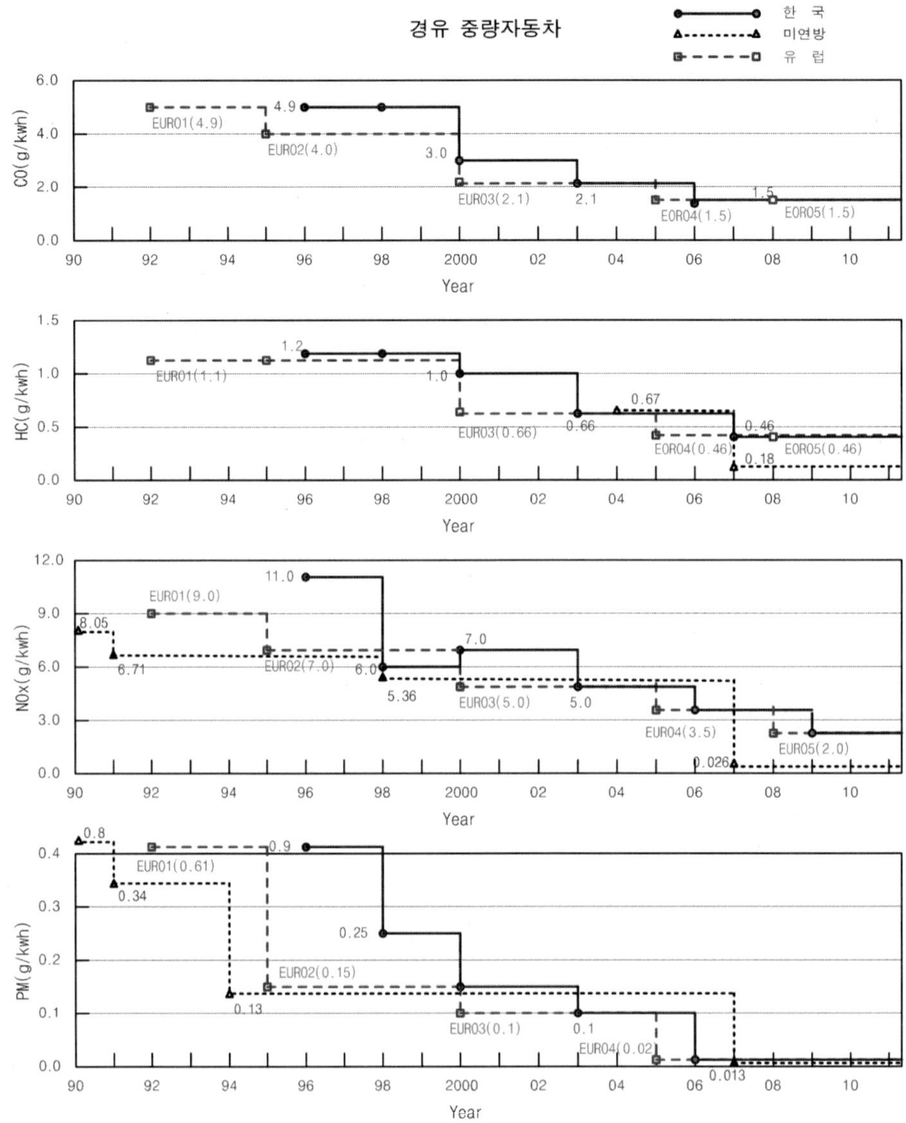

그림7.28 경유 중량자동차 기준비교

Part Ⅷ 경제성 분석

제8장
경제성 분석

자동차에 의한 대기환경 개선을 위해서는 다양한 정책들이 수립되고 시행된다. 예를 들면 자동차배출허용기준 강화가 가장 중요한 정책이 될 수 있으며, 2000년부터 시행되어오고 있는 천연가스버스 보급사업, 수도권특별법에서 주요사업으로 추진하고 있는 특정경유차 대책인 매연여과장치 부착, 경유차의 가스차량으로의 개조, 노후차 조기폐차 등의 정책들이 있다.

이들 정책들의 시행은 시민들을 위한 대기환경 개선의 공공성, 자동차 기술의 발전에 의한 국제 경쟁력 향상 등의 효과를 고려하여야 하겠지만, 또한 이들 사업의 사회적 편익을 분석하여 경제적으로 이득이 있는 사업임을 평가함으로서 사업의 시행 타당성을 확보하는 것도 매우 중요하다.

자동차배출허용기준을 강화하거나 저감장치를 보급함으로서 자동차로부터 저감된 대기오염물질에 오염물질 사회적한계비용을 곱하여 환경개선편익(benefit)을 추정하며, 자동차로부터 배출 또는 저감되는 대기오염물질의 배출량 산출은 일반적으로 VKT(Vehicle Km Travelled)방식으로 구한다.

사회적한계비용이란 단위 오염물질이 배출될 경우 사회가 입는 피해비용으로 오염물질이 배출되는 환경의 상태, 사회경제적 여건에 따라 국가별, 지역별, 시기별로 달라진다. 우리나라는 우리나라와 사회경제적으로 여건이 유사한 EU나, UNEP 자료를 주로 인용・사용하고 있다.

자동차배출허용기준을 강화함에 따라 이를 만족하기 위하여 소요되는 자동차의 배출가스저감장치 등의 상승비용, 천연가스보급을 위한 정부의 지원금액과 차량 및 충전소의 유지 및 관리비용, 매연여과장치를 부착하는 데에 소요되는 장치비용과 유지비용 등을 정책을 추진하기 위한 비용(cost)으로 잡는다.

경제성분석은 이와 같은 편익-비용(benefit-cost ratio)을 비교・분석하여 B/C 〉1 이면 사업시행의 타당성을 확보한 것으로 볼 수 있다.

8.1 자동차 오염물질 배출량 산출방법

자동차배출량 산출방법론은 VKT(Vehicle Km Travelled)방식으로 다음의 식으로 구한다.

$$\text{차종별연간배출량(ton/year)} = \text{차종별VKT(km/day)} \times \text{차종별배출계수(kg/km)} \times 10^{-6} \times 365\text{일} \quad (8\text{-}1)$$

$$\text{차종별VKT(km/day)} = \text{차종별등록대수} \times \text{차종별일일평균주행거리(km/day)} \quad (8\text{-}2)$$

정확한 배출량 산출을 위해서는 신뢰할 수 있는 차량등록대수와 일일 평균주행거리 및 배출계수의 데이터가 필요하다.

그림 8.1의 국내의 연도별 차량등록대수 예측 자료와 그림 8.2의 차종별 일일주행거리 데이터 등을 사용할 수 있다.

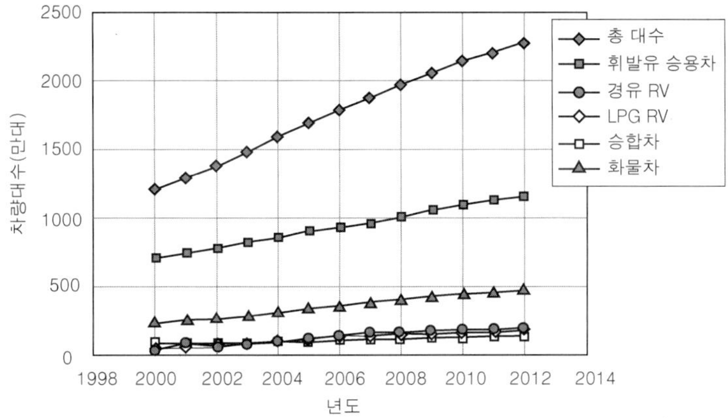

그림 8.1 연도별 주요 차종의 차량대수 변화

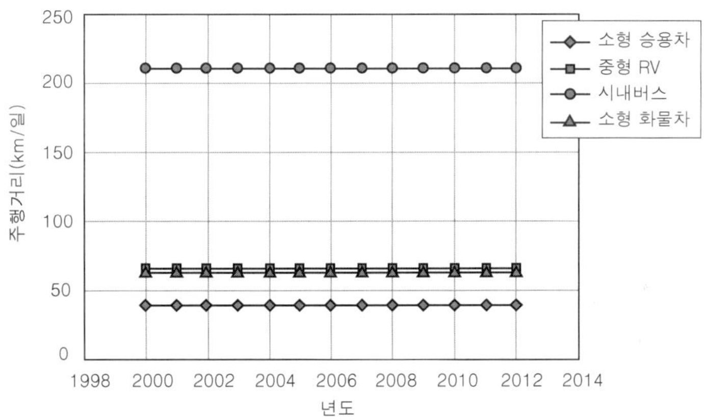

그림 8.2 연도별 주요 차종의 일주행거리 변화

식(1)의 차종별배출계수는 엔진가열 배출계수에 엔진미가열 배출계수로 나누어져 있으며, 이들 배출계수로 구한 배출량에 증발 배출량을 더하여 총 배출량을 산출한다.

(1) 엔진 가열 배출계수(Hot Emission Factor)

PM, NOx ,CO, HC의 엔진가열 배출계수는 국립환경연구원의 자료를 이용한다. 이 배출계수에는 해당연도에 적용되는 배기기준과 차량의 운행년수 등이 고려되어 있으며 차속의 함수이다.

(2) 엔진 미가열 배출량(Cold Start Emission)

엔진 미가열이 배출량에 미치는 영향을 고려하기 위해서 한국에너지지술 연구원에서 수행한 연구에서 사용한 다음의 식을 사용한다.

$$E_{cold,i,j} = m_j e_{hot,i,j} \beta_j (f-1) \times 10^{-6} \quad (8-3)$$

여기서 $E_{cold,i,j}$는 오염물질 i, 차종 j의 엔진미가열 배출량(ton/year), m_j는 차종j의 연간주행거리이며, $e_{hot,i,j}$는 오염물질 i, 차종 j의 엔진 가열 배출계수이다. β_j는 차종 j의 전체 주행거리 중 엔진 미가열 상태의 주행 비율로써 EU의 closed loop gasoline powered passenger car에 적용하고 있는 다음의 식을 사용한다.

$$\beta_j = 0.647 - 0.025\, l_{trip} - (0.00974 - 0.000385 l_{trip})\, T_a \quad (8-4)$$

여기서 l_{trip}은 일회통행거리(one trip length, km/회)로써 한국에너지기술연구원에서 수행한 14.26km를 사용하였다. 그리고 월평균 기온 T_a는 기상청의 월평균 기온을 사용한다.

f는 엔진가열 배출계수와 엔진미가열 배출계수의 비로써 차종, 오염물질의 함수로써 EU의 closed loop gasoline powered passenger car에 적용하고 있는 다음의 식을 사용한다.

$$f_{CO} = 9.04 - 0.09 \times T_a \quad (8-5)$$

$$f_{NOx} = 3.66 - 0.006 \times T_a \quad (8-6)$$

$$f_{VOC} = 12.59 - 0.06 \times T_a \quad (8-7)$$

(3) 증발 배출량

한국에너지기술연구원의 산출식을 이용하였으며, 휘발유 자동차에 대하여 적용한다.

$$E_{voc,j} = [365 \times a_j \times (e^d + S^c + S^{fi}) + R] \times 10^{-6} \quad (8-8)$$

여기서 $E_{voc,j}$는 오염물질 i, 차종 j의 증발 배출량(ton/year), e^d는 금속 탱크를 가지고 있는 휘발유 차량의 일중 HC 배출량(g/day−대), S^c는 카브레터 방식의 휘발유 차량의 일중 hot and warm soak 배출량(g/day−대), S^{fi}는 연료 분사식 휘발유 차량의 일중 hot and warm soak 배출량(g/day−대), R은 running loss에 의한 휘발유 차량의 일중 hot and warm soak 배출량이며, a_j는 차종 j의 휘발유 사용 차량등록대수이다.

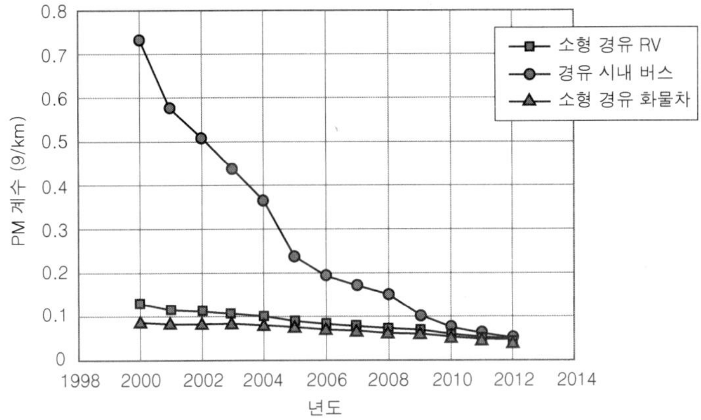

(가) PM 배출계수

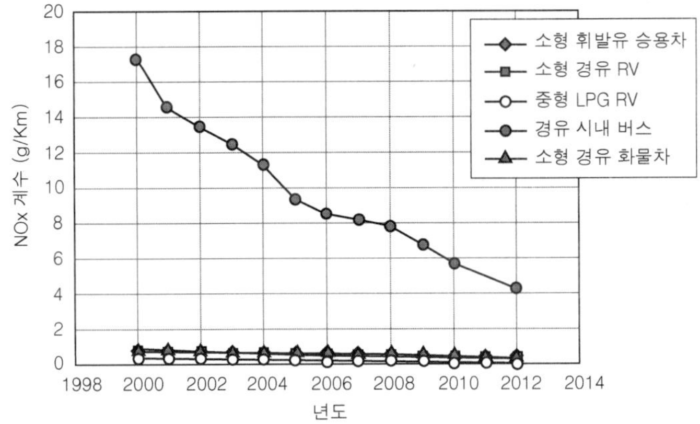

(나) NOx 배출계수

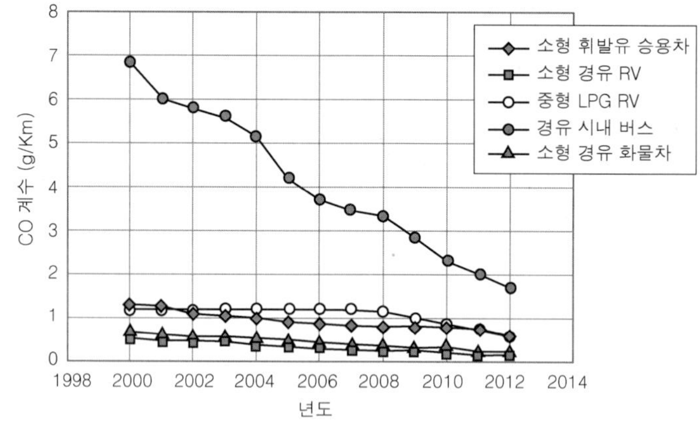

(다) CO 배출계수

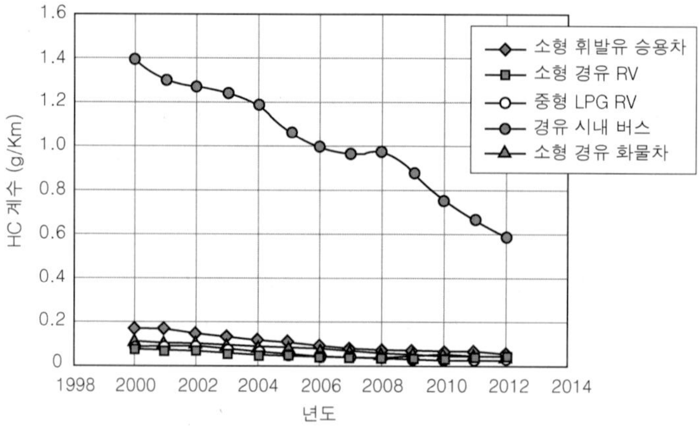

(라) HC 배출계수

그림 8.3 연도별 주요 차종의 배출계수 변화

(4) 신차등록대수

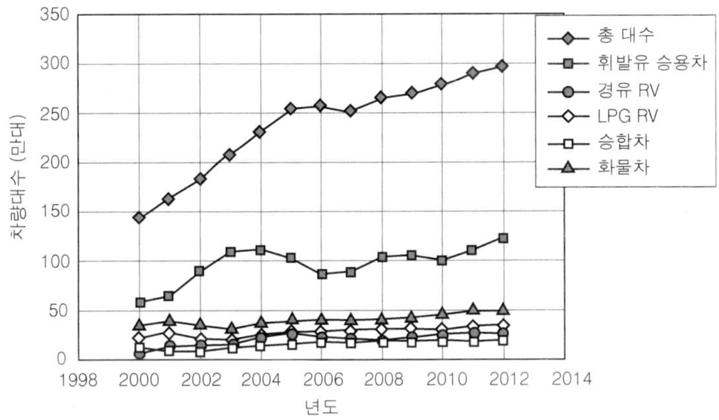

그림8.4 연도별 주요 차종의 신차등록 대수

8.2 환경개선의 사회적 편익분석

8.2.1 삭감 배출량의 사회적 한계비용 산출

대기오염물질로 인한 피해를 화폐단위로 계량화한 것을 사회적 비용이라 한다. 사회적 비용을 산출하는 방법에는 여러 가지가 있는데 일반적으로 대기오염으로 인해 질병이 발생하고 이로 인한 병원진료비 또는 입원비 등의 의료비에 지불되는 비용으로 산정하는 방법이 널리 이용되고 있다.

오염물질의 사회적 비용은 국가별, 지역별로 차이가 나타나며, 일반적으로 오염물질별 사회적 비용은 EU 값을 적용하였다.

표8.1 각 오염물질별 환경비용 (EU 자료)

(단위: 백만원/톤)

PM	NOx	SOx	VOC	CO
285.86	4.85	51.98	2.43	2.09

참고로 KEI에서 조사한 국가별 오염물질의 사회적 비용은 다음과 같으며, 우리나라는 EU 기준값과 큰 차이가 없음을 알 수 있다.

표 8.2 국가별·오염물질별 대기오염의 단위당 사회적 비용

(단위: US$/톤)

국가	SO_2			NOx			미세먼지		
	최저	평균	최고	최저	평균	최고	최저	평균	최고
한국	6,581	7,619	8,656	3,407	6,783	10,158	10,885	22,143	33,401
카나다	10,111	11,704	13,297	5,233	10,226	15,219	16,721	33,382	50,042
중국	3,019	3,495	3,970	1,562	3,216	4,870	4,992	10,502	16,011
일본	10,519	12,177	13,835	5,444	10,621	15,798	17,397	34,673	51,948
미국	12,127	14,038	15,949	6,277	12,174	18,070	20,056	39,738	59,420

이와 같이 정해진 각 유해가스별 사회적 비용을 우리나라 자동차배출허용기준을 강화하는 경우의 예에 적용해 보기로 한다.

우리나라는 2009년부터 강화된 새로운 기준(경유차는 EURO-5 기준, 휘발유차는 SULEV이 포함되는 FAS기준 적용)이 적용되며, 이 기준이 적용됨으로서 삭감되는 배출량에 오염물질의 환경비용을 곱하여 사회적 비용을 표 8.3에 산출하였다. 2010년에는 3661.9억원의 사회적 비용이 절감되나, 2015년에는 14246.4억원으로 급증한다. 2010년부터 2015년까지의 6년간의 절감되는 사회적 비용의 합계는 약 54,006억원으로 집계된다.

성분별 비중으로는 PM이 가장 높으며, NOx, CO, HC 순으로 나타난다.

표 8.3 새로운 기준 적용시 배출가스 저감의 사회적비용 (2010년~2015년)

년도		CO	HC	NOx	PM	총계
2010	K3	586730	39874	208097	12904	847604
	K4	583852	39761	206770	11667	842050
	삭감량 차이	2878	113	1327	1237	5554
	저감비용(억원)	60.2	2.7	64.3	3534.7	3661.9

표 8.3 계속

년도		CO	HC	NOx	PM	총계
2011	K3	532919	37314	194112	11206	775551
	K4	525453	36985	185518	9345	757301
	삭감량 차이	7466	329	8594	1861	18250
	저감비용(억원)	156.0	8.0	416.8	5320.9	5901.7
2012	K3	482871	34929	181308	9539	708647
	K4	472293	34466	164829	7101	678688
	삭감량 차이	10579	463	16479	2439	29959
	저감비용(억원)	221.1	11.3	799.2	6970.8	8002.4
2013	K3	433585	32371	167307	7884	641147
	K4	420060	31779	142558	4874	599271
	삭감량 차이	13525	591	24748	3010	41876
	저감비용(억원)	282.7	14.4	1200.3	8605.5	10102.9
2014	K3	414181	30823	161300	7259	613564
	K4	397828	30111	128769	3707	560415
	삭감량 차이	16353	712	32531	3552	53149
	저감비용(억원)	341.8	17.3	1577.8	10153.9	12090.7
2015	K3	409892	30860	162870	7330	610953
	K4	391141	30052	128688	3070	552952
	삭감량 차이	18751	808	34182	4260	58000
	저감비용(억원)	391.9	19.6	1657.8	12177.1	14246.4
합계(억원)		1453.6	73.3	5716.3	46762.8	54006.0

8.3 투자 비용분석

8.3.1 새로운 배출허용기준 대응을 위한 자동차 제작사 투자비용

새로운 배출허용기준 적용에 따르는 삭감 배출량의 편익비용에 대한 경제성 분석을 위하여, 자동차 제작사에서 투자한 비용을 산출하여야 한다. 투자비용은 개발비와 시설투자비, 차량가격 상승분 등을 합산하여야 하며, 국내 제작사에서 제시한 비용과 미국 EPA에서 분석한 자료(표 8.4) 등을 활용하였다.

표 8.4 LEV-1 차량의 배출허용기준 강화에 따른 차량의 추가금액

Category	LEV-2 Incremental cost to consumer (dollars)	SULEV
PC	71	131
LDT1	46	105
LDT2	184	279
MDV2	208	-
MDV3	209	-
MDV4	134	-

(출처: CARB자료)

위의 표는 LEV-1 차량이 SULEV 기준에 대응하기 위하여 예상되는 추가 비용이며, 휘발유 ULEV 차량의 경우는 촉매추가 비용과 일부 부품이 추가되기 때문에 위의 비용보다는 적어도 대응이 가능하다.

LPG 차량도 OBD 적용과 인젝터의 고품질화를 필요로 하기 때문에 휘발유 승용차와 유사한 비용이 추가 될 것으로 예상된다.

경유대형차의 경우는 urea-SCR 기술을 적용하는 EURO-4 차량의 경우에는 EURO-5 기준 대응을 위해서는 OBD 적용을 위한 추가부품과 fine tuning 기술 등의 보완이 필요하기 때문에 차량당 100만원 이하의 비용 증가면 대응이 가능할 것으로 예상된다.

경유승용차의 경우는 대형 경유승용차에는 DPF의 적용이 필요하지만, 중소형은 고가의 추가 부품없이 대응이 가능하다.

따라서 표 8.4와 위의 기술 분석을 토대로 하여 국내의 새로운 기준에 대응하는 차량의 비용 증가를 다음과 같이 설정하였다.

표 8.5 국내의 새로운 배출허용기준 대응을 위한 차량가격 상승분

구 분	휘발유승용차	경유승용 및 소형	경유중형	경유대형
차량가격(만원)	15	20	50	100

표 8.5에서 제시한 차종별 비용 상승분을 연도별 기준적용 차량대수에 적용함으로서 기준만족을 위한 투자비용을 표 8.6과 같이 산출하였다.

2010년에는 1,918억원의 투자비용이 발생하며 2015년까지 새로운 기준이 적용되는 차량의 누계는 900만대에 달하며 새 기준 적용에 따르는 차량가격의 추가분은 11,370억원이 되는 것으로 집계된다.

표 8.6 새로운 배출허용기준 대응 차량 추가비용(2010~2015)

년도	적용대수						투자비용
	휘발유승용	경유승용	소형트럭	중형	대형	계	
2010	86982	880306	764885	61957	0	1794130	3731
2011	385880	1528722	1163998	94014	79599	3252212	7230
2012	551751	2227538	1544090	125071	169898	4618348	10695
2013	706983	2902620	1897190	155128	268397	5930318	14120
2014	864945	3574470	2271893	184186	361896	7257388	17530
2015	985092	4693086	2789145	215593	376046	9058961	21281

8.4 새로운 배출허용기준 적용에 따르는 편익성 분석

이상에서 살펴본 바와 같이 새로운 배출허용기준을 적용할 경우의 저감 오염물질을 산출하였으며, 이것이 저감되지 못할 경우의 피해를 사회적 비용으로 환산한 비용은 2010년부터 2015년까지 54,006억원이다. 그리고 이 기간 동안 새 기준에 대응하기 위하여 추가된 차량의 가격 상승분은 21,281억원으로 산출된다.

따라서 새로운 기준적용에 따라 발생하는 사회적 절감비용에 기준 대응을 위하여 자동차에 투자하여야 하는 비용을 제하면 32,725억원의 편익이 발생한다. B/C 값도 2.54로 배출허용기준 강화정책이 타당함을 보여주고 있다.

또한 이와 같은 경제성 분석에 따른 사회적 편익 이외에도, 대기환경 개선에 의한 시민들이 느끼게 되는 환경의 쾌적성, 자동차 기술의 발전에 의한 경쟁력 향상 등의 부수적인 효과도 크다.

부록

부록 I. 국내 자동차 배출허용기준 현황

1. 차종분류

· 2000년 12월 31일까지

종 류	정 의	규 모
경자동차	적은 수의 사람 또는 화물을 운송하기 적합하게 제작된 것	– 엔진배기량 800cc 미만
승용자동차	사람을 운송하기 적합하게 제작된 것	– 엔진배기량 800cc 이상 및 차량총중량 2.5톤 미만 – 승차인원 8인 이하의 왜곤, 짚차 등 승합차 포함
소형화물 자동차	사람 또는 화물을 운송하기 적합하게 제작된 것	– 엔진배기량 800cc 이상 및 차량총중량 3.5톤 미만 – 승차인원 9인 이하의 밴, 상용차 포함
중량자동차	많은 사람 또는 화물을 운송하기 적합하게 제작된 것	– 차량총중량 3.5톤 이상
이륜자동차	1인 또는 2인 정도의 사람을 운송하기 적합하게 제작된 것	– 공차중량 0.5톤 미만

1) 승용자동차는 다목적형 승용자동차, 승차인원 8인 이하의 승합차(차량 너비 2,000㎜, 높이 1,800㎜ 미만)를 포함한다.

2) 소형화물자동차는 엔진배기량 800cc 이상인 밴(VAN)과 승용자동차에 해당되지 아니하는 승차인원 9인 이상의 승합차를 포함한다.

3) 중량자동차는 덤프트럭 · 콘크리트믹서트럭 및 콘크리트펌프 트럭 기타 환경부장관이 고시하는 건설기계를 포함한다.

· 2001년 1월 1일부터 2002년 6월 30일까지

종 류	정 의	규 모
경자동차	적은 수의 사람 또는 화물을 운송하기 적합하게 제작된 것	엔진배기량 800cc 미만
승용자동차	사람을 운송하기 적합하게 제작된 것	엔진배기량 800cc 이상 및 차량총중량 2.5톤 미만
다목적 자동차	주로 사람을 운송하면서 다양한 용도로 사용하기 적합하게 제작된 것	엔진배기량 800cc 이상 및 차량총중량 2.5톤 미만
중형자동차	사람 또는 화물을 운송하기 적합하게 제작된 것	엔진배기량 800cc 이상 및 차량총중량 3.5톤 미만
대형자동차	많은 사람 또는 화물을 운송하기 적합하게 제작된 것	차량총중량 3.5톤 이상
이륜자동차	1인 또는 2인 정도의 사람을 운송하기 적합하게 제작된 것	공차중량 0.5톤 미만

1) 다목적자동차는 다목적형 승용자동차, 승차인원 8인 이하의 승합차(차량 너비 2,000㎜, 높이 1,800㎜ 미만)를 포함한다.
2) 대형자동차는 덤프트럭 · 콘크리트믹서트럭 및 콘크리트펌프 트럭 기타 환경부장관이 고시하는 건설기계를 포함한다.
3) 중형자동차는 승용자동차 또는 다목적자동차에 해당되지 아니하는 승차인원 15인 이하의 승합차와 엔진배기량 800cc 이상인 밴(VAN)을 포함한다.

· 2002년 7월 1일부터

종 류	정 의	규 모	
경자동차	사람 또는 화물을 운송하기 적합하게 제작된 것	엔진배기량 800cc 미만	
승용 자동차	사람을 운송하기 적합하게 제작된 것	승용1	엔진배기량 800cc 이상, 차량총중량 3.5톤 미만, 승차인원 8인 이하 및 차량너비 2,000㎜, 높이 1,800㎜ 미만
		승용2	엔진배기량 800cc 이상 및 차량총중량 3.5톤 미만의 다목적형 승용자동차
		승용3	엔진배기량 800cc 이상, 차량총중량 3.5톤 미만 및 승차인원 15인 이하 (승용1에 해당하지 아니하는 자동차에 한한다)
		승용4	차량총중량 3.5톤 이상
화물 자동차	화물을 운송하기 적합하게 제작된 것	화물1	엔진배기량 800cc 이상, 차량총중량 2톤 미만
		화물2	엔진배기량 800cc 이상 및 차량총중량 2톤 이상 3.5톤 미만
		화물3	차량총중량 3.5톤 이상
이륜 자동차	1인 또는 2인 정도의 사람을 운송하기 적합하게 제작된 것	공차중량 0.5톤 미만	

1) 화물2는 엔진배기량 800cc 이상의 밴(VAN)을 포함하고, 화물3은 덤프트럭 · 콘크리트믹서트럭 및 콘크리트펌프 트럭 기타 환경부장관이 고시하는 건설기계를 포함한다.

· 2005년 1월 1일부터

종 류	정 의	규 모	
경자동차	사람 또는 화물을 운송하기 적합하게 제작된 것	엔진배기량 800cc 미만	
승용 자동차	사람을 운송하기 적합하게 제작된 것	소형	엔진배기량 800cc 이상, 차량총중량 3.5톤 미만, 승차인원 8인 이하
		중형	엔진배기량 800cc 이상 및 차량총중량 3.5톤 미만, 승차인원 15인 이하 (소형승용에 해당하지 아니하는 자동차에 한함)
		대형	차량총중량 3.5톤 이상 12톤 미만
		초대형	차량총중량 12톤 이상
화물 자동차	화물을 운송하기 적합하게 제작된 것	소형	엔진배기량 800cc 이상, 차량총중량 2톤 미만
		중형	엔진배기량 800cc 이상 및 차량총중량 2톤 이상 3.5톤 미만
		대형	차량총중량 3.5톤 이상 12톤 미만
		초대형	차량총중량 12톤 이상
이륜 자동차	1인 또는 2인 정도의 사람을 운송하기 적합하게 제작된 것	공차중량 0.5톤 미만	
건설기계	건설용으로 적합하게 제작된 것	원동기 출력 25마력 이상 750마력 미만	

1) 이륜자동차는 옆 차붙이 이륜자동차 및 이륜자동차에서 파생된 3륜 이상의 자동차를 포함하며, 공차중량이 0.5톤 이상인 이륜자동차는 경자동차로 분류한다.

2) 엔진배기량이 50cc 미만인 이륜자동차는 모페드형(스쿠터형을 포함한다)

3) 화물자동차는 엔진배기량 800cc 이상의 밴(VAN)과 덤프트럭 · 콘크리트믹서트럭 및 콘크리트펌프트럭을 포함한다.

※ 2008.1.1부터 경차기준 변경: 엔진 배기량 1000cc 미만, 길이 3.6m, 너비 1.6m, 높이 2.0m 이하

■ 참고: 차량 중량에 관한 정의

- GVW(Gross Vehicle Weigth) = 차량총중량 (한국)
- GVWR(Gross Vehicle Weight Rating; 차량총중량): 차량의 최대적재하중(미국)
- Curb Weight(공차중량): 표준장구와 정상 연료탱크 무게를 탑재하여 운행하는 상태의 실제 또는 제작사에서 추정하는 차량의 무게
- LVW(Loaded Vehicle Weight) = 공차중량+(300lbs)136kg
- ALVW(Adjusted Loaded Vehicle Weight) =TW(Test Weight) = (Curb Weight + GVWR)/2 (미국)
- R.M(Reference Mass): 연료탱크를 가득채우고, 75kg 이하의 악세서리를 포함하는 빈차에 100kg을 더한 중량. (Unladen mass of the vehicle with full fuel tank and all accessories, less 75kg, plus 100kg) (유럽)
- RW(Reference Weight)는 시험중량으로서 공차중량에 100kg을 더한 수치로 한다. (한국)

2. 경승용차 허용기준

· 운전모드: CVS-75모드(경유차는 2005년부터 ECE-15+EUDC); 단위: g/km

차 종	적용년도	CO	HC	NOx	포름알데히드	PM	매연
휘발유 및 가스 경승용차	91.2.2	8.0	2.1	1.5			
	96.12.1	2.11(4.5)	0.25(0.5)	0.62(1.25)			
	2000.1.1	2.11/2.61	0.16/0.19	0.25/0.37	0.005/0.007		
	2002.7.1	2.11	0.078	0.25	0.005		
	2006.1.1	1.06	0.025	0.031	0.005		
휘발유 경상용차	98.12.1	4.0	0.5	1.0			
	2000.1.1	2.11/2.61	0.25/0.29	0.62/0.85			
	2002.7.1	2.11	0.078	0.25			
경유 경승용차	1999.12.31이전	1.5	0.25	0.62		0.08	
	2000.1.1	1.2	0.25	0.62		0.05	
	2001.1.1	0.5	0.01	0.02		0.01	20%
	2002.7.1	0.5	0.01	0.02		0.05	15%
	2006.1.1	0.5	0.3 (HC+NOx)	0.25		0.025	10%
경유 경상용차	2000.1.1	1.2	0.25	1.02		0.11	

1) 증발가스 91.2.2 4g/test, 96.12.1 2g/test
2) 천연가스자동차: THC는 NMHC로 측정
3) 알콜연료자동차: THC 대신 알데히드 적용(0.009g/km)
4) ( )안의 기준은 96.11까지 인증받은 차량에 적용
6) 배출가스보증기간은 2009.1.부터 10년 또는 192,000km 적용
7) 경상용차: 코우치, 밴형 등 주로 화물수송용 자동차
8) 휘발유 및 경유 경승용차는 2009년부터는 승용차기준과 동일하게 적용

3. 승용차 허용기준

· 운전모드: CVS-75모드(경유차는 2006년부터 ECE-15+EUDC); 단위: g/km

차 종	적용년도	CO	HC	NOx	포름알데히드	PM
휘발유, 가스승용차	91.2.2	2.11	0.25	0.62		
	98.1.1	2.11	0.25	0.40		
	2000.1.1	2.11/2.61	0.16/0.19	0.25/0.37	0.005/0.007	
휘발유승용차	2002.7.1	2.11/2.61	0.047/0.056	0.12/0.19	0.005/0.007	
	2006.1.1	1.06/1.31	0.025/0.034	0.031/0.044		
가스승용차	2002.7.1	2.11/2.61	0.078/0.097	0.25/0.137	0.005/0.007	
	2006.1.1	2.11/2.61	0.047/0.056	0.12/0.19	0.005/0.007	
휘발유, 가스 승합차	98.1.1	2.75	0.30	0.62		
	2000.1.1	2.34/2.64	0.21/0.25	0.39/0.43	0.005/0.007	
	2002.7.1	2.11	0.056	0.19	0.007	
	2006.1.1	1.06/1.31	0.025/0.034	0.031/0.044	0.005/0.007	
경유 승용차	93.1.1	2.11	0.25	0.62		0.12
	96.1.1	2.11	0.25	0.62		0.08
	98.1.1	1.5	0.25	0.62		0.08
	2000.1.1	1.2	0.25	0.62		0.05
	2002.7.1	0.5	0.01	0.02		0.01
	2005.1.1	0.64	0.06	0.50		0.05
	2006.1.1	0.50	0.30 (HC+NOx)	0.25		0.025
	2009.9.1	0.50	0.23 (HC+NOx)	0.18		0.005
경유 승합차	98.1.1	1.5	0.25	1.12		0.14
	2000.1.1	1.2	0.25	1.02		0.11
	2001.1.1	1.1	0.22	0.95		0.11
	2002.7.1	0.95/0.95	0.08/0.08	0.65/0.75		0.07/0.09

1) 증발가스 91.2.2부터 2g/test
2) 천연가스자동차: THC는 NMHC로 측정
3) 알콜연료자동차: THC 대신 알데히드 적용(0.009g/km)
4) 승합차: 짚차 및 승차인원 8인 이하 승합차종 적용
5) 배출가스보증기간은 2009.1.부터 10년 또는 192,000㎞ 적용

6) 2000년 이후규제: 8만km/16만km 제작차 및 결함확인검사기준

7) 휘발유승용차는 2006년부터 phase-in(25/50/75/100%) 2009년에 100% 적용

8) 승합차는 2005년부터 소형차종에 분류 (소형승용중 GVW 2,500kg 초과차종은 화물기준 적용)

차 종	적용년도	CO	HC+NOx	NOx	PM	매연
경유승용2	2004.7.1	0.64	0.56	0.5	0.05	15%
경유승용1	2005.1.1	0.64	0.56	0.5	0.05	

차 종			적용년도	CO	HC	NOx	포름알데히드	PM
휘발유 및 가스경자동차, 소형승용, 소형화물, 중형승용, 중형화물	기준1	가	2009.1.1	2.11	0.047	0.031	0.009	LEV
휘발유 및 가스경자동차, 소형승용, 소형화물, 중형승용, 중형화물	기준1	나	2009.1.1	2.61	0.056	0.044	0.011	
휘발유 및 가스경자동차, 소형승용, 소형화물, 중형승용, 중형화물	기준2	가	2009.1.1	1.06	0.025	0.031	0.005	ULEV
휘발유 및 가스경자동차, 소형승용, 소형화물, 중형승용, 중형화물	기준2	나	2009.1.1	1.31	0.034	0.044	0.007	
휘발유 및 가스경자동차, 소형승용, 소형화물, 중형승용, 중형화물	기준3		2009.1.1	0.625	0.00625	0.0125	0.0025	SULEV
휘발유 및 가스경자동차, 소형승용, 소형화물, 중형승용, 중형화물	기준4		2009.1.1	0	0	0	0	

1) 2009년부터 FAS 적용: 배기관탄화수소 평균값은 아래와 같음.

적용대상	2009년	2010년	2011년	2012년 6월까지	2012년 7월부터	2013년	2014년	2015년
경자동차, 소형승용차(다목적형자동차를 제외한다), 1.7톤 미만 소형화물차	0.025g/km 이하	0.025g/km 이하	0.025g/km 이하	0.025g/km 이하	0.024g/km 이하	0.024g/km 이하	0.023g/km 이하	0.022g/km 이하
1.7톤 이상 소형화물차, 중형화물차, 중형승용차, 다목적형소형승용자동차	0.031g/km 이하	0.031g/km 이하	0.031g/km 이하	0.031g/km 이하	0.029g/km 이하	0.029g/km 이하	0.027g/km 이하	0.027g/km 이하

4. 소형화물자동차 허용기준

· 운전모드: CVS-75모드(경유차는 2007년부터 ECE-15+EUDC); 단위: g/km

차 종		적용년도	CO	HC	NOx	포름알데히드	PM
휘발유, 가스	LVW≤1.7t	91.2.2	6.21	0.5	1.43		
		98.1.1	6.21	0.5	0.75		
		2000.1.1	2.75	0.24	0.25		
	LVW〉1.7t	91.2.2	6.21	0.5	1.43		
		98.1.1	6.21	0.5	1.06		
		2000.1.1	3.11	0.29	0.43		
경유	LVW≤1.7t	96.1.1	6.21	0.50	1.43		0.16
		98.1.1	2.11	0.25	1.40		0.14
		2000.1.1	2.11	0.25	1.02		0.11
	LVW〉1.7t	96.1.1	6.21	0.50	1.43		0.31
		98.1.1	2.11	0.50	1.40 (1.96)		0.25 (0.35)
		2000.1.1	2.11	0.50	1.06		0.14

1) 경유 LVW〉1.7t 98.1.1의 ( )는 차량총중량 3.0톤 이상 3.5톤 미만 적용

2) LVW(Loaded Vehicle Weight) = 공차중량+136kg

차 종		적용년도	CO	HC	NOx	포름알데히드	PM
휘발유, 가스	화물1	2002.7.1	2.11	0.047	0.12	0.005	
		*2006.1.1	1.06/1.31	0.025 /0.034	0.031 /0.044	0.005 /0.007	
	화물2	2002.7.1	2.73	0.062	0.25	0.007	
		*2006.1.1	1.06/1.31	0.025 /0.034	0.031 /0.044	0.005 /0.007	
경유	화물1	2002.1.1	0.8	0.07	0.65		0.07
	화물2	2002.1.1	0.95	0.08	0.78		0.10

차 종	적용년도	구분	배출가스(g/km)				비 고
			CO	HC	NOx	PM	
경유 소형화물 경유중형 승용·화물	07.1/08.1	RW ≤1305kg	0.5	0.3 (HC+NOx)	0.25	0.025	매연10%
		1305kg<RW≤ 1760kg	0.63	0.39 (HC+NOx)	0.33	0.04	
	06.10/08.1	RW>1760kg	0.74	0.46 (HC+NOx)	0.39	0.06	매연10%
경유 소형화물 경유중형 승용·화물	09.9/11.1	RW ≤1305kg	0.5	0.23 (HC+NOx)	0.18	0.005	–
	10.9/12.1	1305kg<RW≤ 1760kg	0.63	0.295 (HC+NOx)	0.235	0.005	
	09.9.10/ 10.10	RW>1760kg	0.74	0.35 (HC+NOx)	0.28	0.005	–

5. 중량자동차 허용기준

· 운전모드: D-13모드(경유차는 2003년부터 ESC, 2007년부터 ETC); 단위: g/kWh

차종	적용년도	CO	HC	NOx	포름 알데히드	PM	매연
휘발유·가스	91.2.2	33.5	1.3	11.4		–	
	2000.1.1	33.5	1.3	5.5		–	
	2002.7.1	4.0	0.9	3.5		–	
	2004.1.1	0.4	0.2	3.5		–	
	2006.1.1	1.5(0.4)/ 4.0	0.46(0.2)/ 0.55	3.5/3.5			
	2009.1.1/ 2010.7.1	4.0	0.55	2.0			ETC
경유	96.1.1	4.9	1.2	11.0		0.9	35%
	98.1.1	4.9	1.2	6.0(9.0)		0.25(0.5)	25%
	2000.1.1	3.0	1.0	6.0		0.2	20%
	2002.1.1	2.1	0.66	5.0		0.15(1.0)	15%

· 운전모드: 계속

<table>
<tr><th>차종</th><th>적용년도</th><th>CO</th><th>HC</th><th>NOx</th><th>포름
알데히드</th><th>PM</th><th>매연</th></tr>
<tr><td rowspan="3">경유</td><td>2003.1.1</td><td>2.1</td><td>0.66</td><td>5.0</td><td></td><td>0.1</td><td>15%
K=0.8m-1</td></tr>
<tr><td>2006.10.1/
2008.1.1</td><td>1.5/4.0</td><td>0.46/0.55</td><td>3.5/3.5</td><td></td><td>0.02/0.03</td><td>10%
K=0.5m-1</td></tr>
<tr><td>2009.9.1/
2010.10.1</td><td>1.5/4.0</td><td>0.46/0.55</td><td>2.0/2.0</td><td></td><td>0.02/0.03</td><td>K=0.5m-1</td></tr>
</table>

1) ( )는 시내버스에 적용

2) 매연은 D-3모드로 측정, 2003년부터 ELR 모드

6. 운행차 배출허용기준

<table>
<tr><th>사용연료</th><th>차 종</th><th colspan="2">적용기간</th><th>CO(%)</th><th>HC(ppm)</th><th>매연(%)</th></tr>
<tr><td rowspan="6">휘발유,
가스,
알콜</td><td rowspan="3">승용자동차</td><td colspan="2">1988 이전</td><td>4.5</td><td>1200</td><td></td></tr>
<tr><td colspan="2">1988</td><td>1.2</td><td>220, 400(가스)</td><td></td></tr>
<tr><td colspan="2">2000</td><td>1.2</td><td>200</td><td></td></tr>
<tr><td rowspan="3">경자동차,
소형화물자동차,
중량자동차</td><td colspan="2">2000 이전</td><td>4.5</td><td>1200</td><td></td></tr>
<tr><td rowspan="2">2000</td><td>≤1.7톤</td><td>1.2</td><td>200</td><td></td></tr>
<tr><td>>1.7톤</td><td>4.5</td><td>1200</td><td></td></tr>
<tr><td rowspan="15">경유</td><td rowspan="6">승용자동차,
소형화물자동차</td><td colspan="2">1996 이전</td><td></td><td></td><td>40</td></tr>
<tr><td colspan="2">1996</td><td></td><td></td><td>35</td></tr>
<tr><td colspan="2">1998</td><td></td><td></td><td>30</td></tr>
<tr><td colspan="2">2001</td><td></td><td></td><td>20</td></tr>
<tr><td colspan="2">2002</td><td></td><td></td><td>15</td></tr>
<tr><td colspan="2">2007</td><td></td><td></td><td>10</td></tr>
<tr><td rowspan="9">중량자동차</td><td colspan="2">1993 이전</td><td></td><td></td><td>40</td></tr>
<tr><td colspan="2">1993</td><td></td><td></td><td>35</td></tr>
<tr><td colspan="2">1996</td><td></td><td></td><td>30</td></tr>
<tr><td rowspan="2">1998</td><td>시내버스</td><td></td><td></td><td>25</td></tr>
<tr><td>시내버스외</td><td></td><td></td><td>30</td></tr>
<tr><td colspan="2">2000</td><td></td><td></td><td>20</td></tr>
<tr><td colspan="2">2002</td><td></td><td></td><td>15</td></tr>
<tr><td colspan="2">2007</td><td></td><td></td><td>10</td></tr>
</table>

1) CO, HC 측정방법: 정지가동상태(아이들링)

2) 매연 측정방법: 차량 정지상태에서 무부하 급가속

7. 배출가스 보증기간

(1) 2002년 7월 1일 이후 제작자동차 〈신설 2000.10.30〉〈개정 2003.1.4〉

사용연료	자동차의 종류	적용 기간	
		2002년 7월 1일부터 2002년 12월 31일까지	2003년 1월 1일 이후
휘발유	경자동차	5년 또는 80,000㎞	5년 또는 80,000㎞
	승용1 · 승용2	5년 또는 80,000㎞	10년 또는 160,000㎞
		10년 또는 160,000㎞	
	승용3 · 화물1 · 화물2	5년 또는 80,000㎞	5년 또는 80,000㎞
	승용4 · 화물3	2년 또는 80,000㎞	2년 또는 160,000㎞
	이륜자동차(50㏄ 이상)	1년 또는 60,000㎞	2년 또는 10,000㎞
가 스	경자동차	5년 또는 80,000㎞	5년 또는 80,000㎞
	승용1 · 승용2	5년 또는 120,000㎞	10년 또는 160,000㎞
		10년 또는 160,000㎞	
	승용3 · 화물1 · 화물2	5년 또는 80,000㎞	5년 또는 80,000㎞
	승용4 · 화물3	2년 또는 80,000㎞	2년 또는 160,000㎞
경 유	경자동차	5년 또는 80,000㎞	5년 또는 80,000㎞
	승용1 · 승용2	5년 또는 80,000㎞	5년 또는 80,000㎞
	승용3 · 화물1 · 화물2	5년 또는 80,000㎞	5년 또는 80,000㎞
	승용4 · 화물3	2년 또는 80,000㎞	2년 또는 160,000㎞
	건설기계	–	1년 또는 20,000㎞

(2) 2006년 1월 1일 이후 제작자동차 〈신설 2003.12.10〉

사용연료	자동차의 종류	적용 기간
휘발유	경자동차	5년 또는 80,000㎞
	소형 승용	10년 또는 160,000㎞
	소형 화물, 중형 승용・화물	10년 또는 160,000㎞
	대형 승용・화물, 초대형 승용・화물	2년 또는 160,000㎞
	이륜자동차(50cc 이상)	2년 또는 10,000㎞
가 스	경자동차	5년 또는 80,000㎞
	소형 승용	10년 또는 160,000㎞
	소형 화물, 중형 승용・화물	10년 또는 160,000㎞
	대형 승용・화물, 초대형 승용・화물	2년 또는 160,000㎞
경 유	경자동차	5년 또는 80,000㎞
	소형 승용	5년 또는 80,000㎞
	소형 화물, 중형 승용・화물	5년 또는 80,000㎞
	대형 승용・화물, 초대형 승용・화물	2년 또는 160,000㎞
	건설기계	1년 또는 20,000㎞

1) 배출가스보증기간의 만료는 기간 또는 주행거리중 먼저 도달하는 것을 기준으로 한다.
2) 보증기간은 자동차 소유자가 자동차를 구입한 일자를 기준으로 한다.
3) 휘발유와 가스를 병용하는 자동차는 가스사용자동차의 보증기간을 적용한다.
4) 법 제34조제7항 및 제8항의 규정에 의하여 자동차 소유자 또는 운행자가 자동차제작자에게 결함시정을 요구하는 경우의 배출가스보증기간과 제89조 제1항의 규정에 의하여 자동차 소유자가 운행차배출허용기준 초과원인을 소명한 경우의 배출가스보증기간은 10년 또는 160,000㎞의 배출가스보증기간에 불구하고 별표 24의 배출가스 관련부품중 정화용촉매(Catalytic Converter) 및 전자제어장치(Electronic Control Unit)의 보증기간은 7년 또는 120,000㎞로 하고, 그 밖의 부품의 보증기간은 5년 또는 80,000㎞로 한다.

· 배출가스관련부품 (제85조 관련)

장치별 구분	배출가스 관련 부품
1. 배출가스 전환장치 (Exhaust Gas Conversion System)	산소감지기(Oxygen Sensor), 정화용촉매(Catalytic Converter), 매연포집필터(Particulate Trap), 재생용가열기(Regenerative Heater)
2. 배출가스 재순환장치 (Exhaust Gas Recirculation: EGR)	EGR밸브, EGR제어용서머밸브(EGR Control Thermo Valve)
3. 연료증발가스방지장치 (Evaporative Emission Control System)	정화조절밸브(Purge Control Valve), 증기저장 캐니스터와 필터 (Vapor Storage Canister and Filter)
4. 블로바이가스 환원장치 (Positive Crankcase Ventilation: PCV)	PCV밸브
5. 2차공기분사장치 (Air Injection System)	공기펌프(Air Pump), 리드밸브(Reed Valve)
6. 연료공급장치 (Fuel Metering System)	전자제어장치(Electronic Control Unit: ECU), 스로틀포지션센서(Throttle Position Sensor), 대기압센서(Manifold Absolute Pressure Sensor), 기화기(Carburetor), 혼합기(Mixture), 연료분사기(Fuel Injector), 연료압력조절기(Fuel Pressure Regulator), 냉각수온센서(Water Temperature Sensor), 연료분사펌프(Fuel Injection Pump)
7. 점화장치 (Ignition System)	점화장치의 디스트리뷰더(Distributor). 다만, 로더 및 캡 제외
8. 배출가스자기진단장치 (On Board Diagnostics)	촉매 감시장치(Catalyst Monitor), 실화 감시장치(Misfire Monitor), 증발가스계통 감시장치(Evaporative System Monitor), 2차공기 공급계통 감시장치(Secondary Air System Monitor), 에어컨계통 감시장치(Air Conditioning System Refrigerant Monitor), 연료계통 감시장치(Fuel System Monitor), 산소센서 감시장치(Oxygen Sensor Monitor), 배기가스 재순환계통 감시장치(Exhaust Gas Recirculation System Monitor), 부로바이가스 환원계통 감시장치(Positive Crankcase Ventilation System Monitor), 서머스탯 감시장치(Thermostat Monitor)

주: 위 표는 별표 21의 규정에 의한 배출가스보증기간내에 있는 자동차에 적용한다.

(3) 2009년 1월 1일 이후 제작자동차

사용연료	자동차의 종류	적용기간
휘발유	경자동차, 소형 승용차·화물차, 중형 승용차·화물차	10년 또는 192,000㎞
	대형 승용차·화물차, 초대형 승용차·화물차	2년 또는 160,000㎞
	이륜자동차	2년 또는 10,000㎞
가 스	경자동차	6년 또는 100,000㎞
	소형 승용차, 소형 화물차, 중형 승용차·화물차	10년 또는 192,000㎞
	대형 승용차·화물차, 초대형 승용차·화물차	2년 또는 160,000㎞
경 유	경자동차, 소형 승용차·화물차, 중형 승용차·화물차	10년 또는 160,000㎞
	대형 승용차·화물차	6년 또는 200,000㎞
	초대형 승용차·화물차	7년 또는 500,000㎞
	건설기계	1년 또는 20,000km

1) 배출가스 보증기간의 만료는 기간 또는 주행거리 중 먼저 도달하는 것을 기준으로 한다. 다만 건설기계의 경우 가동시간이 2,000시간을 초과하는 경우에는 1년이 지난 것으로 본다.
2) 보증기간은 자동차 소유자가 자동차를 구입한 일자를 기준으로 한다.
3) 휘발유와 가스를 병용하는 자동차는 가스사용 자동차의 보증기간을 적용한다.
4) 경유사용 경자동차, 소형 승용차·화물차, 중형 승용차·화물차의 결함확인검사 대상기간은 위 표의 배출가스 보증기간에도 불구하고 5년 10만km로 한다.
5) 위 표의 경유사용 대형 승용차·화물차 및 초대형 승용차·화물차의 배출가스 보증기간은 인증시험 및 결함확인검사에만 적용하고, 그 밖의 배출가스 보증기간 및 관련부품 보증기간은 2년 또는 16만km로 한다.
6) 경유사용 대형 승용차·화물차 및 초대형 승용차·화물차의 결함확인검사 시 아래의 배출가스 관련부품이 정비주기를 초과한 경우에는 이를 정비하도록 할 수 있다.

배출가스 관련부품	정비주기
배출가스재순환장치(EGR system including all related Filter & control valves), PCV 밸브(Positive crankcase ventilation valves), 선택적환원촉매장치[(SCR system including Dosing module(요소분사기), Supply module(요소분사펌프 & 제어장치)]	80,000km
연료분사기(Fuel injecter), 터보차져(Turbocharger), 전자제어장치 및 관련센서(ECU & associated sensors & actuators), 정화용 촉매(Catalytic Converter), 매연포집필터(Particulate Trap)	160,000km

7) 법 제52조제1항에 따라 자동차 소유자 또는 운행자가 자동차제작자에게 결함시정을 요구하는 경우의 배출가스 보증기간과 제85조 제1항에 따라 자동차 소유자가 운행차배출허용기준 초과원인을 소명한 경우의 배출가스보증기간은 10년 또는 160,000km의 배출가스 보증기간에도 불구하고 별표 20의 배출가스 관련부품 중 정화용촉매(Catalytic Converter) 및 전자제어장치(Electronic Control Unit)의 보증기간은 7년 또는 120,000km로 하고, 그 밖의 부품의 보증기간은 5년 또는 80,000km로 한다.

8) 휘발유 및 가스사용 경자동차와 소형승용차의 배출가스 보증기간은 2010년 1월 1일부터 연차적으로 자동차제작자별로 적용하되, 그 적용비율은 아래와 같다.

적용기간	2010년	2011년	2012년	2013년
출고비율	25%	50%	75%	100%

9) 휘발유 및 가스사용 중형 승용차·화물차의 배출가스보증기간은 2013년부터 적용한다.

10) 경유사용 자동차의 보증기간 적용시점은 별표17 제2호바목과 동일하게 적용한다.

11) 자동차제작자가 위 표의 적용일 이전에 제작된 자동차임을 소명한 자동차로서 위 표의 적용일부터 90일(대형 및 초대형 화물의 경우에는 180일) 이내에 출고하는 자동차에 대하여는 제작 당시의 기준을 적용한다.

부록 II. 외국의 자동차 배출허용기준 현황

1. 미국(연방)의 자동차배출가스 허용기준

· 소형승용차(Light Duty Vehicles): 승차인원 12인 이하 차량

· 소형화물차 2010년 7월 29일

- Light Duty Truck: GVWR≤8500lb(3856kg), 공차중량≤6000lb(2721kg)
  LDT1: LVW ≤ 3750lb
  LDT2: LVW 〉 3750lb
- Heavy Light Duty Truck: GVWR≤8500lb, 공차중량〉6000lb
  LDT3: ALVW ≤ 5750lb
  LDT4: ALVW 〉 5750lb

· 중량자동차(Heavy Duty Vehicles): GVWR〉8500lb, 공차중량〉6000lb
  LHDDE(Light heavy-duty diesel engines): 8,500lb 〈 GVWR 〈 19,500lb
  MHDDE(Medium heavy-duty diesel engines): 19,500lb ≤ GVWR ≤ 33,000lb
  HHDDE(Heavy heavy-duty diesel engines): 33,000lb 〈 GVWR
  *HHDDE는 urban bus 포함
  *California LHDDE: 14,000lb 〈 GVWR 〈 19,500lb

· MDPV: Tier II 에서는 사람운송이 주목적인 SUV, passenger van 등은 GVWR 10,000lb까지는 Medium-duty passenger vehicles로 분류되어 light-duty vehicles 기준적용

1. 승용차(LDV) 허용기준

・주행모드: FTP-75 모드; 단위 g/mile(g/km)

(1) 휘발유 및 경유승용차

연료	적용 년도	CO	THC	NMHC	NMOG	NOx	PM	HCHO
휘발유	81. Tier 0	3.4(2.11)	0.41(0.25)			1.0(0.62)		2.0 (1.24)
	94. Tier I	3.4/4.2 (2.11/2.61)	0.41/- (0.25/-)	0.25/0.31 (0.156/ 0.193)		0.4/0.6 (0.25/0.37)	0.08/0.1 (0.05/ 0.06)	
	TLEV	3.4/4.2	0.41/-		0.125/ 0.156	0.4/0.6	0.08/ 0.10	0.015/ 0.018
	LEV	3.4/4.2	0.41/-		0.075/ 0.090	0.2/0.3 (0.12/0.19)	0.08/ 0.10	0.015/ 0.018
	ULEV	1.7/2.1 (1.06/1.31)	0.41/-		0.040/ 0.055 (0.025/ 0.034)	0.2/0.3	0.08/ 0.10	0.008/ 0.011
경유	82.	3.4(2.11)	0.41(0.25)			1.0(0.62)	0.6(0.37)	
	87	3.4(2.11)	0.41(0.25)			1.0(0.62)	0.2(0.12)	
	94	3.4/4.2	0.41/-	0.25/0.31		1.0/1.25	0.08/0.1	
	TLEV	3.4/4.2	0.41/-		0.125/ 0.156	0.4/0.6	-/0.08	0.015/ 0.018
	LEV	3.4/4.2	0.41/-		0.075/ 0.090	0.2/0.3	-/0.08	0.015/ 0.018
	ULEV	1.7/2.1	0.41/-		0.040/ 0.055	0.2/0.3	-/0.04	0.008/ 0.011

1) Tier 0: 1995년에 종료

2) Tier 1: 1994년 40%, 1995년 80%, 1995년 100% 적용

2) 94년부터 "8만km/16만km" 인증거리에 따른 규제치 적용

3) Tier I 적용비율: '94년 40%, '95년 80%, '96년 100%

4) 천연가스는 THC 미적용, LPG는 휘발유와 동일

(2) 메탄올자동차: 단위 g/mile(g/km)

연료	적용 년도	CO	OMHCE	OMNMHCE	NOx	PM
메탄올	Tier I	3.4/4.2 (2.11/2.61)	0.41/– (0.25/–)	0.25/0.31 (0.156/0.193)	0.4/0.6 (0.25/0.37)	0.08/0.1 (0.05/0.06)

1) NMHC: Non–Methane Hydrocarbons
2) OMHCE: Organic Material Hydrocarbon Equivalent
3) OMNMHCE: Organic Material Non–Methane Hydrocarbon Equivalent

(3) Tier II 기준: 단위 g/mile(g/km)

	50,000miles					120,000miles				
	CO	NMOG	NOx	PM	HCHO	CO	NMOG	NOx	PM	HCHO
MDPV						7.3	0.280	0.9	0.12	0.032
Bin 10	3.4 [4.4]	0.125 [0.160]	0.4 (0.25)	–	0.015 [0.018]	4.2 [6.4]	0.156 [0.230]	0.6	0.08	0.018 [0.027]
Bin 9	3.4	0.075 [0.140]	0.2 (0.12)	–	0.015	4.2	0.090 [0.180]	0.3	0.06 (0.037)	0.018
Bin 8	3.4	0.100 [0.125]	0.14 (0.087)	–	0.015	4.2	0.125 [0.156]	0.20	0.02 (0.0124)	0.018
Bin 7	3.4	0.075 (0.047)	0.11 (0.068)	–	0.015	4.2	0.090	0.15	0.02	0.018
Bin 6	3.4 (2.11)	0.075	0.08 (0.050)	–	0.015 (0.009)	4.2	0.090	0.10 (0.06)	0.01 (0.006)	0.018 (0.011)
Bin 5	3.4	0.075	0.05 (0.031)	–	0.015	4.2 (2.61)	0.090 (0.056)	0.07 (0.04)	0.01	0.018
Bin 4	–	–	–	–	–	2.1	0.070	0.04 (0.025)	0.01	0.011 (0.007)
Bin 3	–	–	–	–	–	2.1	0.055	0.03 (0.019)	0.01	0.011
Bin 2	–	–	–	–	–	2.1	0.010	0.02 (0.012)	0.01	0.004 (0.0025)
Bin 1	–	–	–	–	–	0.0	0.000	0.00	0.00	0.000

1) [ ]은 HLDT에 적용하며 2008년 이후 적용종료
2) Bin9, Bin8은 2006년 MY(HLDT는 2008년)에 삭제
3) 임의 Bin 적용하나 평균 NOx 0.07g/mile 만족해야 함.

(4) 기준 단계적 도입(Phase-in) 일정

MY	US Program	Fleet Average NMOG NTR	Fleet Average NMOG ASTR
1998	Tier I	–	–
1999	NLEV	0.148	–
2000		0.095	–
2001~2005		–	0.075
	Tier II Phase-in	% meeting Tier II	Fleet Average NOx
2006		40%	0.07
2007		80%	0.07
2008		100%	0.07

1) NTR: NH, RI, DE, VA, PA, NJ, MD, CT, DC

2) ASTR: CA, MA, NY, VT, ME 제외한 전지역

2 소형화물차 허용기준

• 주행모드: FTP-75 모드; 단위 g/mile(g/km)

(1) 휘발유(NG, 메탄올, 에탄올, LPG) 소형화물차

적용년도	차량구분	CO	HC	NMHC	NMOG	NOx	PM	HCHO
87		10(6.22)	0.8(0.5)			2.3(1.43)		
90	LVW≤3750lb	10(6.22)	0.8(0.5)			1.2(0.75)		
	LVW〉3750lb	10(6.22)	0.8(0.5)			1.7(1.06)		
94 Tier I	LLDT(LDT1) LVW≤3750	3.4/4.2 (2.11/ 2.61)	−/0.8 (0.5)	0.25/0.31 (0.16/ 0.19)		0.4/0.6 (0.25/ 0.37)	0.08/0.1 (0.05/ 0.06)	
	LLDT(LDT2) LVW〉3750	4.4/5.5 (2.73/ 3.42)	−/0.8 (0.5)	0.32/0.40 (0.2/ 0.25)		0.7/0.97 (0.44/ 0.60)	0.08/0.1 (0.05/ 0.06)	
	HLDT(LDT3) 3750〈ALVW ≤5750	4.4/6.4 (2.73/ 3.98)	−/0.8 (0.5)	0.32/0.46 (0.2/ 0.29)		0.7/0.98 (0.44/ 0.61)	−/0.10 (0.06)	
	HLDT(LDT4) 5750〈ALVW≤8500	5.0/7.3 (3.1/ 4.54)	−/0.8 (0.5)	0.39/0.56 (0.24/ 0.35)		1.1/1.53 (0.68/ 0.95)	−/0.12 (0.075)	
TLEV	LDT1	3.4/4.2	−/0.8		0.125/ 0.156	0.4/0.6	0.08/0.1	0.015/ 0.018
	LDT2	4.4/5.5	−/0.8		0.160/ 0.200	0.7/0.9	0.08/0.1	0.018/ 0.023
LEV	LDT1	3.4/4.2	−/0.8		0.075/ 0.090	0.2/0.3	0.08/0.1	0.015/ 0.018
	LDT2	4.4/5.5	−/0.8		0.100/ 0.130	0.4/0.5	0.08/0.1	0.018/ 0.023
	LDT3	4.4/6.4		0.160/ 0.230		0.4/0.6	−/0.1	0.018/ 0.027
	LDT4	5.0/7.3		0.195/ 0.280		0.6/0.9	−/0.12	0.022/ 0.032
ULEV	LDT1	1.7/2.1	−/0.8		0.040/ 0.055	0.2/0.3	0.08/0.1	0.008/ 0.011
	LDT2	2.2/2.8	−/0.8		0.050/ 0.070	0.4/0.5	0.08/0.1	0.009/ 0.013

(1) 계속

적용 년도	차량구분	CO	HC	NMHC	NMOG	NOx	PM	HCHO
ULEV	LDT1	1.7/2.1	-/0.8		0.040/ 0.055	0.2/0.3	0.08/0.1	0.008/ 0.011
	LDT2	2.2/2.8	-/0.8		0.050/ 0.070	0.4/0.5	0.08/0.1	0.009/ 0.013
ULEV	LDT3	4.4/6.4		0.100/ 0.143		0.4/0.6	-/0.05	0.009/ 0.013
	LDT4	5.0/7.3		0.117/ 0.167		0.6/0.9	-/0.06	0.011/ 0.016
SULEV	LDT3	2.2/3.2		0.050/ 0.072		0.2/0.3	-/0.05	0.004/ 0.006
	LDT4	2.5/3.7		0.059/ 0.084		0.3/0.45	-/0.06	0.006/ 0.008

1) LVW (Loaded Vehicle Weight) = 공차중량 + 300lb
2) GVWR (Gross Vehicle Weight Rating) = 차량총중량
3) ALVW (Adjusted Loaded Vehicle Weight) = (공차중량 + GVWR)/2
4) LVW 적용 인증기간: "5년 5만mile(8만km)/10년 10만mile(16만km)"
5) ALVW 적용 인증기간: "5년 5만mile(8만km)/11년 12만mile(19.2만km)"
6) LLDT(Light light-duty truck); GVWR<6,000lb
7) HLDT(Heavy light-duty truck); GVWR>6,000lb

(2) 경유소형화물차

적용 년도	차량구분	CO	HC	NMHC	NMOG	NOx	PM	HCHO
87		10(6.22)	0.8(0.5)			2.3(1.43)	0.26	
90	LVW≤3750lb	10(6.22)	0.8(0.5)			1.2(0.75)	0.26	
	LVW〉3750lb	10(6.22)	0.8(0.5)			1.7(1.06)	0.45	
91	LVW≤3750lb	10(6.22)	0.8(0.5)			1.7(1.06)	0.26	
	LVW〉3750lb	10(6.22)	0.8(0.5)			1.7(1.06)	0.13	
94 Tier I	LDT1 LVW≤3750	3.4/4.2 (2.11/ 2.61)	–/0.8 (0.5)	0.25/0.31 (0.16/ 0.19)		1.0/1.25	0.08/0.1	
	LDT2 LVW〉3750	4.4/5.5 (2.73/ 3.42)	–/0.8 (0.5)	0.32/0.40 (0.2/ 0.25)		1.0/1.25	0.08/0.1	
	LDT3 3750〈ALVW ≤5750	4.4/6.4 (2.73/ 3.98)	–/0.8 (0.5)	0.32/0.46 (0.2/ 0.29)		0.7/0.98 (0.44/ 0.61)	–/0.10 (0.06)	
	LDT4 5750〈ALVW≤8 500	5.0/7.3 (3.1/ 4.54)	–/0.8 (0.5)	0.39/0.56 (0.24/ 0.35)		1.1/1.53 (0.68/ 0.95)	–/0.12 (0.075)	
TLEV	LDT1	3.4/4.2	–/0.8		0.125/ 0.156	0.4/0.6	–/0.08	0.015/ 0.018
	LDT2	4.4/5.5	–/0.8		0.160/ 0.200	0.7/0.9	0.08/0.1	0.018/ 0.023
LEV	LDT1	3.4/4.2	–/0.8		0.075/ 0.090	0.2/0.3	–/0.08	0.015/ 0.018
	LDT2	4.4/5.5	–/0.8		0.100/ 0.130	0.4/0.5	0.08/0.1	0.018/ 0.023
	LDT3	4.4/6.4		0.160/ 0.230		0.4/0.6	–/0.1	0.018/ 0.027
	LDT4	5.0/7.3		0.195/ 0.280		0.6/0.9	–/0.12	0.022/ 0.032
ULEV	LDT1	1.7/2.1	–/0.8		0.040/ 0.055	0.2/0.3	–/0.04	0.008/ 0.011
	LDT2	2.2/2.8	–/0.8		0.050/ 0.070	0.4/0.5	–/0.05	0.009/ 0.013
	LDT3	4.4/6.4		0.100/ 0.143		0.4/0.6	–/0.05	0.009/ 0.013
	LDT4	5.0/7.3		0.117/ 0.167		0.6/0.9	–/0.06	0.011/ 0.016
SULEV	LDT3	2.2/3.2		0.050/ 0.072		0.2/0.3	–/0.05	0.004/ 0.006
	LDT4	2.5/3.7		0.059/ 0.084		0.3/0.45	–/0.06	0.006/ 0.008

(3) Tier II 기준계획

	50,000miles					120,000miles				
	CO	NMOG	NOx	PM	HCHO	CO	NMOG	NOx	PM	HCHO
MDPV						7.3	0.280	0.9	0.12	0.032
Bin 10	3.4 [4.4]	0.125 [0.160]	0.4	–	0.015 [0.018]	4.2 [6.4]	0.156 [0.230]	0.6	0.08	0.018 [0.027]
Bin 9	3.4	0.075 [0.140]	0.2	–	0.015	4.2	0.090 [0.180]	0.3	0.06	0.018
Bin 8	3.4	0.100 [0.125]	0.14	–	0.015	4.2	0.125 [0.156]	0.20	0.02	0.018
Bin 7	3.4	0.075	0.11	–	0.015	4.2	0.090	0.15	0.02	0.018
Bin 6	3.4	0.075	0.08	–	0.015	4.2	0.090	0.10	0.01	0.018
Bin 5	3.4	0.075	0.05	–	0.015	4.2	0.090	0.07	0.01	0.018
Bin 4	–	–	–	–	–	2.1	0.070	0.04	0.01	0.011
Bin 3	–	–	–	–	–	2.1	0.055	0.03	0.01	0.011
Bin 2	–	–	–	–	–	2.1	0.010	0.02	0.01	0.004
Bin 1	–	–	–	–	–	0.0	0.000	0.00	0.00	0.000

1) [ ]은 HLDT에 적용하며 2008년 이후 적용종료
2) Bin9, Bin8은 2006년 MY(HLDT는 2008년)에 삭제
3) 임의 Bin 적용하나 평균 NOx 0.07g/mile 만족해야 함.
4) Tier II 에서는 사람운송이 주목적인 SUV, passenger van 등은 GVWR 10,000lb 까지는 Medium-duty passenger vehicles(MDPV)로 분류
5) 휘발유 유황: 2004년부터 120ppm (300ppm cap) 시작하여 2006년까지 30ppm (80ppm cap), 2007년에 15ppm 기준적용.

(4) 기준 단계적 도입(Phase-in) 일정(GVWR≤6,000lb)

MY	US Program	Fleet Average NMOG NTR		Fleet Average NMOG ASTR	
		LVW≤3750	3750〈LVW ≤5750	LVW≤3750	3750〈LVW ≤5750
1998	Tier I	-		-	
1999	NLEV	0.148	0.190	-	
2000		0.095	0.124	-	
2001~2005		-		0.075	0.100
	Tier II Phase-in	% meeting Tier II		Fleet Average NOx	
2006		40%		0.07	
2007		80%		0.07	
2008		100%		0.07	

(6,000lb〈GVWR≤8,500lb)

MY	% meeting LEV Standard	Percent LEV	Percent ULEV
2004	100%	40%	60%
2005	100%	40%	60%
2006	100%	40%	60%
	Tier II Phase-in	Fleet Average NOx	
2007	40%	0.127	
2008	80%	0.12	
2009	100%	0.12	

3. 중량자동차 허용기준

· 주행모드: Heavy duty transient 모드; 단위 g/bhp · h(g/kWh)

(1) 휘발유중량자동차

적용년도	차량구분	CO	NMHC	HC	NMHC + NOx	NOx	HCHO
87	GVWR≤14000lb	14.4(19.31)		1.1(1.48)		10.6(14.21)	
	GVWR〉14000lb	37.1(49.75)		1.9(2.55)		10.6(14.21)	
90	GVWR≤14000lb	14.4(19.31)		1.1(1.48)		6.0(8.05)	
	GVWR〉14000lb	37.1(49.75)		1.9(2.55)		6.0(8.05)	
91	GVWR≤14000lb	14.4(19.31)		1.1(1.48)		5.0(6.71)	
	GVWR〉14000lb	37.1(49.75)		1.9(2.55)		5.0(6.71)	
98	GVWR≤14000lb	14.4(19.31)	0.9	1.1(1.48)		4.0(5.36)	–
	GVWR〉14000lb	37.1(49.75)	1.7	1.9(2.55)	–	4.0(5.36)	–
2004	GVWR≤14000lb	14.4	–	–	1.0	–	0.05
	GVWR〉14000lb	37.1	–	–	1.0	–	

1) 2004년 GVWR≤14,000은 incomplete vehicle 기준임

2) 2004 MY부터 8,501~14,000lb GVWR 차량: 샤시동력계 인증

· 주행모드: 샤시동력계 시험; 단위 g/mile (디젤제외)

(2) 2004년 GVWR≤14,000 Complete Vehicles 기준

ALVW	CO	NMHC	NOx	HCHO
3751–5750	4.4/6.4	0.160/0.230	0.4/0.6	0.018/0.027
5751–8500	5.0/7.3	0.195/0.280	0.6/0.9	0.022/0.032
8501–10000	5.5/8.1	0.230/0.330	0.7/1.0	0.028/0.040
10001–14000	7.0/10.3	0.300/0.430	1.0/1.5	0.036/0.052

1) 5년 5만마일/11년 12만마일

2) ALVW = TW(Test Weight) = (Curb Weight + GVWR)/2

(3) 경유중량자동차 (GVWR>8,500lb)

적용년도	CO	NMHC	HC	NMHC + NOx	NOx	PM
88	15.5(20.79)		1.3(1.74)		10.7(14.35)	0.6(0.8)
90	15.5(20.79)		1.3(1.74)		6.0(8.05)	0.6(0.8)
91	15.5(20.79)		1.3(1.74)		5.0(6.71)	0.25(0.34)
94	15.5(20.79)		1.3(1.74)		5.0(6.71)	0.1/0.07 (0.13/0.09)
96	15.5(20.79)		1.3(1.74)		5.0(6.71)	0.1/0.05 (0.13/0.07)
98	15.5(20.79)	1.2	1.3(1.74)	–	4.0(5.36)	0.1/0.05
2004	15.5	–	–	2.4	–	0.1/0.05
	15.5	0.5	–	2.5	–	0.1/0.05
2007	15.5	0.14		–	0.20	0.01

1) 94년부터 "일반차량/시내버스" 구분 규제

2) 2004년 기준은 둘중 1개 선택

3) 2007년 적용

- NOx, NMHC는 2007-2009년까지 50%, 2010년 100% phase-in
- SET, NTE limits (1.5 x FTP) 적용
- 연료유황 15ppm(wt) (2006.6.1부터 생산)

(4) 매연기준

운전모드	기 준
Acceleration	20%
Lugging	15%
Peak	50%

1) opacity 측정

2. 미국 캘리포니아 자동차배출가스 허용기준

· 소형승용차(Light Duty Vehicles): 승차인원 12인 이하 차량
· 소형화물차: Light Duty Truck: GVW≤5750lb
· 중형화물차: Medium Duty Truck
 – 1995년 이전 MDV GVW≤8500lb: LDV 기준 적용
  LHDV 8500lb〈GVW≤14000lb: HDV 기준 적용
 – 1992년 이후 MD LEV or ULEV GVW≤14000lb
 – 1995년 이후 MDV 8500lb〈GVW≤14000lb
 – 2004년 8500lb 이하의 MVD와 HLDT을 LDT2 분류에 넣고 PC 기준 적용
  따라서 2004년 이후는 MDV는 8500lb〈GVW≤14000lb 에만 적용

· 중량자동차(Heavy Duty Vehicles): GVWR〉14000lb
 – LHDDE 14000lb 〈 GVW ≤ 19500lb
 – MHDDE 19500 〈 GVW ≤ 33000lb
 – HHDDE GVW 〉 33000lb

1. 승용차(LDV) 허용기준

· 주행모드: FTP-75 모드; 단위 g/mile(g/km)

(1) 일반 승용차

연료	적용 년도	CO	NMHC	NOx	PM	HCHO
휘발유	93. Tier I	3.4/4.2 (2.11/2.61)	0.25/0.31 (0.156/0.193)	0.4/0.6 (0.25/0.37)		0.015 (0.009)
경유	93.	4.2 (2.61)	0.31 (0.193)	1.0 (0.62)	0.08 (0.05)	0.015 (0.009)

1) HCHO는 메탄올과 FFV에 적용
2) 5년 5만 마일/10년 10만 마일

(2) 저공해자동차 (LEV-I)

	CO	NMOG	NOx	PM	HCHO
TLEV	3.4/4.2 (2.11/2.61)	0.125/0.156 (0078/0.097)	0.4/0.6 (0.25/0.37)	0.08(0.05)	0.015/0.018 (0.009/0.011)
LEV	3.4/4.2 (2.11/2.61)	0.075/0.090 (0.047/0.056)	0.2/0.3 (0.12/0.19)	0.08(0.05)	0.015/0.018 (0.009/0.011)
ULEV	1.7/2.1 (1.06/1.31)	0.040/0.055 (0.025/0.034)	0.2/0.3 (0.12/0.19)	0.04(0.025)	0.008/0.011 (0.005/0.007)
ZEV	0	0	0	0	0

1) HCHO는 메탄올연료만 적용

2) 가솔린과 디젤기준은 PM을 제외하고 동일

(3) 2004 MY 이후의 LEV-II 기준(GVWR<8,500lbs)

	CO	NMOG	NOx	PM	HCHO
LEV	3.4/4.2 (2.11/2.61)	0.075/0.090 (0.047/0.056)	0.05/0.07 (0.031/0.044)	-/0.01	0.015/0.018
ULEV	1.7/2.1 (1.06/1.31)	0.040/0.055 (0.025/0.034)	0.05/0.07 (0.031/0.044)	-/0.01(0.006)	0.008/0.011
SULEV	-/1.0(0.625)	-/0.010(0.006)	-/0.02(0.0125)	-/0.01(0.006)	-/0.004

1) 5년 5만 마일/10년 12만 마일

2) PC/LDT1/LDT2 phase-in
   일정: 25%(2004)/50%(2005)/75%(2006)/100%(2007)

· Fleet average NMOG (FANMOG) - Passenger Car & LDTs

	2001	2002	2003	2004	2005	2006	2007	2008	2009	2010
PC, LDT 0-3750lb LVW	0.070	0.068	0.062	0.053	0.048	0.046	0.043	0.040	0.038	0.035
LDT 3751lb LVW - 8500lb GVW	0.098	0.095	0.093	0.085	0.076	0.062	0.055	0.050	0.047	0.043

미국 캘리포니아에서는 연방정부보다 강화된 배출허용기준을 조기에 적용하여 왔다. 2006년 종료된 LEV-I 프로그램을 거쳐 2002년부터 LEV-II 프로그램을 시행하고 있다. 연방정부보다 앞서서 97년부터 저공해자동차기준인 LEV, ULEV 기준을 설정하여 phase-in으로 적용하기 시작하였다.

연방정부는 Tier-II 프로그램에서 저공해자동차 기준대신 bin 시스템을 채용하였지만, 캘리포니아는 LEV-II에서도 LEV-I 프로그램과 동일한 개념을 시행하고 있으며 LEV-II 프로그램에서는 LEV-I 프로그램보다 강화된 LEV, ULEV 기준에다 SULEV 기준을 추가하였다.

LEV, ULEV, SULEV, ZEV 기준으로 FAS 제도를 적용하고 있으며 기준 NMOG 값은 2010년까지 설정되어 있다.

2010년 초에 LEV-III 프로그램을 계획하여 초안을 다음과 같이 제안하였다.

- NMOG + NOx 기준: 2022년에 0.030g/mile (LEV-II 의 SULEV 수준)
- NMOG + NOx 값: LEV = 0.160 g/mi; ULEV = 0.125 g/mi; ULEV70 = 0.070 g/mi; ULEV50 = 0.050 g/mi; SULEV = 0.030 g/mi; SULEV20 = 0.020 g/mi
- PM: 0.002-0.004g/mile 사이, PM 갯수기준(10^{12} 개/mile)에 대해서도 검토되고 있음.
- 배출가스보증기간: 150,000 miles

2 소형 화물차 허용기준

· 주행모드: FTP-75 모드; 단위 g/mile(g/km)

(1) 휘발유 소형화물차

적용년도	차량구분	CO	MNHC	NOx	PM
93 Tier I	LVW≤3750	3.4/4.2 (2.11/2.61)	0.25/0.31 (0.16/0.19)	0.4/0.6 (0.25/0.37)	0.08/– (0.05/0.06)
	LVW〉3750	4.4/5.5 (2.73/3.42)	0.32/0.40 (0.2/0.25)	0.7/– (0.44/0.60)	0.08/– (0.05/0.06)
	3750〈ALVW ≤5750	4.4(2.73)	0.32(0.2)	0.7(0.44)	0.008(0.05)
	ALVW〉5750	5.0(3.1)	0.39(0.24)	1.1(0.68)	0.008(0.05)

(2) 경유 소형화물차

적용년도	차량구분	CO	HC	MNHC	NOx	PM
93	LVW≤3750	3.4/4.2 (2.11/2.61)	–/0.8 (0.5)	0.25/0.31 (0.16/0.19)	1.0/1.25 (0.62/0.78)	0.08/0.1 (0.05/0.06)
	LVW〉3750	4.4/5.5 (2.73/3.42)	–/0.8 (0.5)	0.32/0.40 (0.2/0.25)	–/0.97 (0.60)	0.08/0.1 (0.05/0.06)
	3750〈ALVW ≤5750	4.4(2.73)	0.8(0.5)	0.32(0.2)	0.98(0.61)	0.10(0.06)
	ALVW〉5750	5.0(3.1)	0.8(0.5)	0.39(0.24)	1.53(0.95)	0.12(0.08)

(3) 저공해자동차(3751–5750lb)

	NMOG	CO	NOx	PM	HCHO
TLEV	0.160/0.200 (0.10/0.124)	4.4/5.5 (2.80/3.42)	0.7/0.9 (0.44/0.56)	0.10(0.062)	0.018/0.023 (0.011/0.014)
LEV	0.100/0.130 (0.062/0.081)	4.4/5.5 (2.80/3.42)	0.4/0.5 (0.25/0.31)	0.10(0.062)	0.018/0.023 (0.011/0.014)
ULEV	0.050/0.070 (0.031/0.044)	2.2/2.8 (1.37/1.74)	0.4/0.5 (0.25/0.31)	0.05(0.031)	0.009/0.013 (0.006/0.008)
ZEV	0	0	0	0	0

1) 3750lb〈LVW≤5750lb 적용규정, LVW≤3750lb(1700kg)은 승용차 LEV기준에 준함

· Fleet average NMOG 기준적용(3750〈LDT2〈5750)

연도	98	99	00	01	02	03	04	05	06	07	08	09	10
NMOG	0.205	0.150	0.099	0.098	0.095	0.093	0.067	0.064	0.059	0.055	0.050	0.047	0.043

1) 판매차량의 평균치(sales-weighted emissions)가 NMOG 규제 만족

(4) 기준 단계적 도입(Phase-in) 일정(GVWR≤6,000lb)

MY	ZEV	Fleet Average NMOG	
		GVWR≤6000lb	
		LVW≤3750	3750<LVW≤5750
1998	0%	0.157	0.205
1999	0%	0.113	0.150
2000	0%	0.073	0.099
2001	0%	0.070	0.098
2002	0%	0.068	0.095
2003	10%	0.062	0.093
		GVWR≤6000lb	
		LVW≤3750lb	3750<GVWR≤8500
2004	10%	0.053	0.085
2005	10%	0.049	0.076
2006	10%	0.046	0.062
2007	10%	0.043	0.055
2008	10%	0.040	0.050
2009	10%	0.038	0.047
2010	10%	0.035	0.043

(5) LEV-II 기준

Weight(lbs) GVWR		CO	NMOG	NOx	PM	HCHO
< 8,500	LEV	3.4/4.2	0.075/0.09	0.05/0.07	-/0.01	0.015/0.018
	ULEV	1.7/2.1	0.04/0.055	0.05/0.07	-/0.01	0.008/0.011
	SULEV	-/1.0	-/0.01	-/0.02	-/0.01	-/0.006

3. 중형 화물차 허용기준

· 주행모드: FTP-75 모드; 단위 g/mile(g/km)

Test Weight (lb)	CO	MNHC	NOx	PM	HCHO
0-3750	3.4/5.02 (2.11/3.12)	0.25/0.36 (0.16/0.22)	0.4/0.55 (0.25/0.34)	-/0.08 (0.05)	0.015/- (0.009)
3751-5750	4.4/6.4 (2.73/3.98)	0.32/0.46 (0.2/0.29)	0.7/0.98 (0.44/0.61)	-/0.10 (0.06)	0.018/- (0.011)
5751-8500	5.0/7.3 (3.11/4.54)	0.39/0.56 (0.24/0.35)	1.1/1.53 (0.68/0.95)	-/0.12 (0.07)	0.022/- (0.014)
8501-10000	5.5/8.1 (3.42/5.03)	0.46/0.66 (0.29/0.41)	1.3/1.81 (0.81/1.12)	-/0.12 (0.07)	0.028/- (0.017)
10001-14000	7.0/10.3 (4.35/6.40)	0.60/0.86 (0.37/0.53)	2.0/2.77 (1.24/1.72)	-/0.12 (0.07)	0.036/- (0.022)

주: Test Weight= (공차+GVW)/2

(2) 저공해자동차 기준(LEV-I)

(LEV)

Test Weight	CO	NMOG	NOx	PM	HCHO
3751-5750	4.4/6.4	0.16/0.23	0.4/0.6	-/0.10	0.018/0.027
5751-8500	5.0/7.3	0.195/0.28	0.6/0.9	-/0.12	0.022/0.032
8501-10000	5.5/8.1	0.23/0.33	0.7/1.0	-/0.12	0.028/0.040
10001-14000	7.0/10.3	0.30/0.43	1.0/1.5	-/0.12	0.036/0.052

(ULEV)

Test Weight	CO	NMOG	NOx	PM	HCHO
3751-5750	4.4/6.4	0.100/0.143	0.4/0.6	-/0.05	0.009/0.013
5751-8500	5.0/7.3	0.117/0.167	0.6/0.9	-/0.06	0.011/0.016
8501-10000	5.5/8.1	0.138/0.197	0.7/1.0	-/0.06	0.014/0.021
10001-14000	7.0/10.3	0.180/0.257	1.0/1.5	-/0.06	0.018/0.026

(SULEV)

Test Weight	CO	NMOG	NOx	PM	HCHO
3751–5750	2.2/3.2	0.050/0.072	0.2/0.3	–/0.05	0.004/0.006
5751–8500	2.5/3.7	0.059/0.084	0.3/0.45	–/0.06	0.006/0.008
8501–10000	2.8/4.1	0.069/0.100	0.35/0.5	–/0.06	0.007/0.010
10001–14000	3.5/5.2	0.090/0.130	0.5/0.7	–/0.06	0.009/0.013

(엔진시험시 규제치)

· 주행모드: Heavy duty transient 모드; 단위 g/bhp · h(g/kWh)

Model Year	Vehicle Category	CO	NMHC+NOx	PM	HCHO
1992–2001	LEV	14.4(19.31)	3.5(4.69)	0.1(0.13)	0.05(0.067)
2002–2003	LEV	14.4(19.31)	3.0(4.02)	0.1(0.13)	0.05(0.067)
1992–2003	ULEV	14.4(19.31)	2.5(3.35)	0.1(0.13)	0.05(0.067)
1996 and later	SLEV	7.2(9.66)	2.0(2.68)	0.05(0.067)	0.025(0.034)
2004 and later	ULEV	14.4(19.31)	2.5(3.35)	0.1(0.13)	0.05(0.067)

(3) LEV-II 기준

Weight(lbs) GVWR		CO	NMOG	NOx	PM	HCHO
8,500–10,000	LEV	6.4	0.195	0.2	0.12	0.032
	ULEV	6.4	0.143	0.2	0.06	0.016
	SULEV	3.2	0.100	0.1	0.06	0.008
10,001–14,000	LEV	7.3	0.230	0.4	0.12	0.040
	ULEV	7.3	0.167	0.4	0.06	0.021
	SULEV	3.7	0.117	0.2	0.06	0.010

1) 120,000마일 적용

(4) Phase-in 일정

Model Year	Chassis-Certified Phase-in				Engine-Certified Phaase-in		
	Tier I	LEV	ULEV	SULEV	Tier I	LEV	ULEV
1998	73%	25%	2%		100%	0%	0%
1999	48%	50%	2%		100%	0%	0%
2000	23%	75%	2%		100%	0%	0%
2001	0%	80%	20%		100%	0%	0%
2002	0%	70%	30%		0%	100%	0%
2003	0%	60%	40%		0%	100%	0%
2004		40%	60%		0%	0%	100%
2005		40%	60%	0%	0%	0%	100%
2006		40%	60%	0%	0%	0%	100%
2007		40%	60%	0%	0%	0%	100%
2008		40%	60%	0%	0%	0%	100%
2009		40%	60%	0%	0%	0%	100%
2010		40%	60%	0%	0%	0%	100%

4. 중량 자동차 허용기준

· 주행모드: Heavy duty transient 모드; 단위 g/bhp · h(g/kWh)

(1) 중량 자동차

차량 구분	적용 년도	CO	NMHC + NOx	HC	NOx	PM	HCHO
가솔린	95	37.1(49.75)	1.7(2.28)	1.9(2.55)	5.0(6.71)		
	98	37.1(49.75)	–	1.9(2.55)	4.0(5.36)		0.05
	2004	37.1	1.0	–	–	–	0.05
디젤	95	15.5(20.79)	1.2(1.61)	1.3(1.74)	5.0(6.71)	0.1 (0.13)	
	98	15.5(20.79)		1.3(1.74)	4.0(5.36)	0.1	0.05
	2004	15.5	2.4*	–	–	0.1	0.05
버스	96	15.5(20.79)	1.2(1.61)	1.3(1.74)	4.0(5.36)	0.05/0.07 (0.067/0.094)	

1) HCHO: 메탄올자동차 적용

2) * = 2.5 with 0.5 NMHC cap.

3) smoke기준: acceleration 20%, lugging 15%, peak 50% opacity

(2) Phase-in 일정(%)

	2007	2008	2009	2010
NOx	50	50	50	100
NMHC	50	50	50	100
CO	100	100	100	100
PM	100	100	100	100
HCHO	100	100	100	100

(3) California Urban Bus Program

적용년도	Diesel Path		Alternative Fuel Path	
	NOx	PM	NOx	PM
2000	4.0	0.05	2.5	0.05
2002.7	Ultra low sulfur diesel fuel(15ppm)			
2002.10	NOx+NMHC 2.5	0.01	NOx+NMHC 1.8	0.03
2002.10	4.8 NOx fleet average			
2003-07	DPF retrofit			
2003.7	3 ZEBs for large fleets(>200)		-	-
2004	0.5	0.01		
2007	0.2	0.01	0.2	0.01
2008	15% of ZEBs for large fleets(>200)			
2010			15% of ZEBs for large fleets(>200)	

5. 증발가스 허용기준

(1) LEV-2 기준

	PC	LDT	MDV 6001-8500	MDV 8501-14000GVWR	HDV >14000 GVWR
3 Day Diurnal (g/test)	0.50	0.65	0.90	0.90	1.00
2 Day Diurnal (g/test)	0.65	0.85	1.15	1.15	1.25
Running Loss (g/mile)	0.05	0.05	0.05	0.05	0.05

6. Reactivity Adjustment Factors (RAFs)

- 가솔린 이외의 연료로 운행하는 차량의 인증시 TLEV, LEV, ULEV 기준의 NMOG는 연료별 RAF 값을 곱하여야 한다.

· 현행 ARB RAF 값

Fuel	TLEV	LEV	ULEV
Phase 2 Gasoline	0.98	0.94	0.94
M85	0.41	0.41	0.41
Ethanol	not estabilshed		
CNG	1.0	0.43	0.43
LPG	1.0	0.50	0.50

In order to certify Ethanol vehicles to standards more stringent than Tier-I, RAFs will be required

3. 유럽의 자동차배출가스 허용기준

1. 유럽의 자동차 분류(Vehicle Category Definitions)

- 1970년 제정(70/156)

(1) Category M: 적어도 4 wheels, 또는 1000kg 이상으로 3 wheels을 가지며 승객 운송용(carriage of passengers)으로 사용

- 승용자동차(M1): 승차인원 8인 이하, 차량 최대중량≤3500kg
- 미니버스(M2): 승차인원 8인 이상, 최대중량≤5000kg

(2) Category N: 적어도 4 wheels, 또는 1000kg 이상으로 3 wheels을 가지며 화물 운반용(carriage of goods)으로 사용

- 소형화물차(LDV;N1): 최대중량≤3500kg
- 중형화물차(MDV;N2): 3500kg〈최대중량≤12000kg
- 중량자동차(HDV;N3): 최대중량〉12000kg

※ R.M(Reference Mass): 연료탱크를 가득채우고, 75kg 이하의 악세서리를 포함하는 빈차에 100kg을 더한 중량. (Unladen mass of the vehicle with full fuel tank and all accessories, less 75kg, plus 100kg)

(3) Category O: Trailers (including semi-trailers)

- O1: 최대중량≤750kg
- O2: 750kg〈최대중량≤3500kg
- O3: 3500kg〈최대중량≤10000kg
- O4: 최대중량〉10000kg

2. 승용차 허용기준(Passenger Cars(≤2.5t GVW))

· **운전모드: ECE-15 + EUDC; 단위: g/km**

		적용년도	CO	HC+NOx	NOx	PM
EURO 1	모든 LDV	92.1.7 (new model) 97.12.31 (all model)	2.72/3.16	0.97/1.13		0.14/0.18
	DI 디젤	94	2.72/3.16	0.97/1.13		0.14/0.18
EURO 2	가솔린	96.1.1 (new model) 97.1.1 (all model)	2.2	0.5		
	IDI 디젤		1.0	0.7		0.08
	IDI 디젤		1.0	0.9		0.10
	DI 디젤	99	1.0	0.7		0.08
EURO 3	가솔린	2000.1	2.3	0.2(HC)	0.15	
	디젤	2000.1	0.64	0.56	0.50	0.05
EURO 4	가솔린	2005.1	1.0	0.1(HC)	0.08	
	디젤	2005.1	0.50	0.30	0.25	0.025
EURO 5	가솔린	2009.9	1.0	0.1(HC) 0.068(NMHC)	0.06	0.005 (GDI)
	디젤	2009.9	0.50	0.23	0.18	0.005
EURO 6 (제안)	가솔린	2014.9	1.0	0.1(HC) 0.068(NMHC)	0.06	0.005 (GDI)
	디젤	2014.9	0.50	0.17	0.08	0.005

1) EURO 1 은 type approval(인증차)/conformity of production(양산차)임.
2) EURO 1, EURO 2 에서는 Evap. (g/test)를 2.0으로 규제함.
3) EURO 3, EURO 4: 기존안/의회 개정안
4) EURO 3 에서 type approval(인증차)은 2000.1.1일부터, conformity of production (양산차)는 2001.1.1일부터 적용이며, 모든 M계열 차종 중, 최대중량 2500kg 이상인 차량은 제외임.
5) 2000년부터 시험모드의 초기 40초 아이들링 기간은 삭제
6) 배출가스보증기간(useful life): EURO3 80,000km, EURO5 100,000km 적용 (승용차 및 소형화물)
7) EURO-6 type approval(인증차)은 2014.9.1일부터, conformity of production (양산차)는 2015.9.1일부터 적용제안

3. 소형화물자동차 허용기준(Large Passenger Cars(〉2.5t GVW) and Light duty trucks(≤3.5t gvw))

· **운전모드: ECE-15 + EUDC (w/o 40sec. idling period); 단위: g/km**

		R.M(kg)	CO	HC+NOx	NOx	PM	적용년도
EURO 1		≤1250	2.72/3.16	0.97/1.13		0.14/0.18	1994.10
		1251–1700	5.17/6.0	1.4/1.6		0.19/0.22	
		〉1700	6.9/8.0	1.7/2.0		0.25/0.29	
EURO 2	가솔린	≤1250	2.2	0.5			1998.1
		1251–1700	4.0	0.7⇒0.6			
		〉1700	5.0	0.8⇒0.7			
	IDI 디젤	≤1250	1.0	0.7		0.08	
		1251–1700	1.25	1.1⇒1.0		0.14⇒0.12	
		〉1700	1.5	1.3⇒1.2		0.20⇒0.17	
	DI 디젤	≤1250	1.0	0.9		0.10	
		1251–1700	1.25	1.4⇒1.3		0.19⇒0.14	
		〉1700	1.5	1.7⇒1.6		0.25⇒0.2	
EURO 3	가솔린	≤1305	2.3	0.20(HC)	0.15		2000.1
		1305–1760	4.17	0.25(HC)	0.18		2002.1
		〉1760	5.22	0.29(HC)	0.21		2002.1
	디젤	≤1305	0.64	0.56	0.50	0.05	2000.1
		1305–1760	0.80	0.72	0.65	0.07	2002.1
		〉1760	0.95	0.86	0.78	0.10	2002.1
EURO 4	가솔린	≤1305	1.00	0.10(HC)	0.08		2005.1
		1305–1760	1.81	0.13(HC)	0.10		2006.1
		〉1760	2.27	0.16(HC)	0.11		2006.1
	디젤	≤1305	0.50	0.30	0.25	0.025	2005.1
		1305–1760	0.63	0.39	0.33	0.04	2006.1
		〉1760	0.74	0.46	0.39	0.06	2006.1
EURO 5	가솔린	≤1305	1.00	0.10(HC) 0.068(NMHC)	0.06	0.005	2010.9
		1305–1760	1.81	0.13(HC) 0.090(NMHC)	0.075	0.005	2010.9
		〉1760	2.27	0.16(HC) 0.108(NMHC)	0.082	0.005	2010.9

· 운전모드: 계속

		R.M(kg)	CO	HC+NOx	NOx	PM	적용년도
EURO 5	디젤	≤1305	0.5	0.23	0.18	0.005	2010.9
		1305-1760	0.63	0.295	0.235	0.005	2010.9
		〉1760	0.74	0.350	0.280	0.005	2010.9
EURO 6 (제안)	가솔린	≤1305	1.00	0.10(HC) 0.068(NMHC)	0.060	0.005	2015.9
		1305-1760	1.81	0.13(HC) 0.090(NMHC)	0.075	0.005	2015.9
		〉1760	2.27	0.16(HC) 0.108(NMHC)	0.082	0.005	2015.9
	디젤	≤1305	0.50	0.17	0.08	0.005	2015.9
		1305-1760	0.63	0.195	0.105	0.005	2015.9
		〉1760	0.74	0.215	0.125	0.005	2015.9

1) EURO 1 은 type approval(인증차)/conformity of production(양산차)

- 적용년도: 93.1.1 (new model) 94.1.1 (all model)
- 운전자포함 6인 이상 탑승차와 최대중량 2500kg 이상인 차량에도 적용됨.

2) EURO-5 type approval(인증차)은 2010.9.1일부터, conformity of production (양산차)는 2012.1.1일부터 적용

3) EURO-6 type approval(인증차)은 2015.9.1일부터, conformity of production (양산차)는 2016.9.1일부터 적용제안

4. 중량자동차 허용기준

· 운전모드: ECE-R49, ESC, ETC; 단위: g/kWh

	적용 년도	시험모드	CO	THC	NMHC	CH_4	NOx	PM	Smoke
EURO 1	92	ECE R49	4.5/4.9	1.1/1.23			8.0/9.0	0.612/0.68	
			4.5/4.9	1.1/1.23			8.0/9.0	0.36/0.40	
EURO 2	96.10	ECE R49	4.00	1.10			7.0	0.25	
	98.10	ECE R49	4.00	1.10			7.0	0.15	
EURO 3	1999.10 EEVs								
		ESC	1.5	0.25			2.0	0.02	0.15
		ETC	3.0		0.40	0.65	2.0	0.02	
EURO 3	2000.10	ECE R49	2.80	0.70			5.0	0.10	
		ESC	2.10	0.66			5.0	0.10	0.8
		ETC	5.45		0.78	1.6	5.0	0.16/0.21	
EURO 4	2005.10	ESC	1.50	0.46			3.5	0.02	0.5
		ETC	4.0		0.55	1.1	3.5	0.03	
EURO 5	2008.10	ESC	1.50	0.46			2.0	0.02	0.5
		ETC	4.00		0.55	1.1	2.0	0.03	
EURO 6	2013.01	ESC	1.50	0.13			0.4	0.01	
		ETC	4.00		0.16	0.5	0.4	0.01	

1) EURO 1 은 type approval(인증차)/conformity of production(양산차)
: 윗 칸은 $P \le 85$kW, 아래칸은 $P > 85$kW 적용

4) CH_4: 천연가스엔진만 적용

6) ESC(European Stationary Cycle): 정속모드
ETC(European Transient Cycle): 과도운전모드

4. 일본의 자동차배출가스 허용기준

- 승용자동차: 승차인원 10인 이하 차량
- 버스: 승차인원 11인 이상 차량
- 미니트럭(MT): 배기량〈660cc, 차길이≤3300mm, 차폭≤1400mm
- 소형화물차(LDV): GVWR≤1.7톤(gasoline & diesel)
  MDV(Medium Duty Vehicle) 1.7t〈GVW≤3.5t(gasoline)
  1.7t〈GVW≤2.5t(diesel pre 2005)
  1.7t〈GVW≤3.5t(diesel post 2005)
- 2005년: (11-모드 x 0.12) + (10.15 모드 x 0.88) 적용
  2008년: (new cold start mode x 0.25) + (10.15 모드 x 0.75) 적용
  2011년: (new cold start mode x 0.25)+(new warm start mode x 0.75) 적용
- 2005년: Light Duty Commercial Vehicle: GVE =1.7t
  Medium Duty Commercial Vehicle 1.7t〈GVW=3.5t

1. 승용차 허용기준

(1) 운전모드: 10 · 15 모드; 단위: g/km

엔진형태	적용년도	CO	HC	NOx	PM
배기량500cc 이하 휘발유, LPG	1990	17/13	2.7/2.1	0.74/0.5	-/-
	2000.10.1②	0.67	0.08	0.08	
휘발유, LPG	91.11.1	2.7/2.1	0.39/0.25	0.48/0.25	-/-
	2000.10.1②	1.27/0.67	0.17/0.08	0.17/0.08	
	2005	1.15	0.05(NMHC)	0.05	
	2009	1.15	0.059(NMHC)	0.05	0.005
경유, VW≤1.265t	94.10.1	2.7/2.1	0.62/0.40	0.72/0.50	0.34/0.20
	97.10.1③	2.7/2.10	0.62/0.40	0.55/0.4	0.14/0.08
	2002	0.63	0.12	0.28	0.052
	2005	0.63	0.024(NMHC)	0.14	0.013
	2009	0.63	0.024	0.08	0.005

(1) 운전모드: 계속

엔진형태	적용년도	CO	HC	NOx	PM
경유, VW≤1.265t	94.10.1	2.7/2.1	0.62/0.40	0.72/0.50	0.34/0.20
	97.10.1③	2.7/2.10	0.62/0.40	0.55/0.4	0.14/0.08
	2002	0.63	0.12	0.28	0.052
	2005	0.63	0.024(NMHC)	0.14	0.013
	2009	0.63	0.024	0.08	0.005
경유, VW>1.265t	94.10.1	2.7/2.1	0.62/0.40	0.84/0.60	0.34/0.20
	97.10.1③	2.7/2.10	0.62/0.40	0.55/0.4	0.14/0.08
	2002	0.63	0.12	0.30	0.056
	2005	0.63	0.024(NMHC)	0.15	0.014
	2009	0.63	0.024	0.08	0.005
도시 경유차량①	93.12.1			0.48/0.25	
모든 경유엔진	97.10.1③			0.4	-/0.08

1) 최대값/평균값:

- "평균값"은 년 2000대 이상 판매차량의 형식승인 기준 및 생산차량 통제기준(생산차량의 1% 시험 중간값) 임.
- "최대값"은 년 2000대 미만 판매차량의 형식승인 및 모든 생산차량의 통제기준임.

2) 경유 매연: 1994.4.1 40%, 1997.10.1 25%

3) ① 동경과 오사카지역에 등록된 차량

4) ② 신모델 2000.10.1, 생산차량과 수입 2002.9.1 부터 적용

5) ③ 신모델 97.10.1, 생산차량 99.7.1, 수입차 2000.4.1 부터 적용

6) 2005년(long term standard)부터 JC08 모드로 시험모드 변경

(2) 운전모드: 11 모드; 단위: g/test

엔진형태	적용년도	CO	HC	NOx	PM
휘발유 (배기량 550cc 이하 포함)	98.10.1	85/60	9.5/7.0	6.0/4.4	-/-
	2000.10.1	31.1/19.0	4.42/2.20	2.50/1.40	

(3) 저공해자동차

• 동경시에서 1996년에 2000년, 2005년 저공해자동차 보급계획 발표

차량종류	1996(실제보급대수)	2000년	2005년
전기자동차	331	40,000	40,000
천연가스자동차	269	35,000	80,000
하이브리드엔진	122	1,000	11,000
메탄올	349	1,300	2,000
LEV 차량(*)	63,862	228,200	567,000
총계	64,933	305,500	700,000

주: (*) 동경시에서 LEV 차량으로 지정해준 가솔린 및 디젤자동차

(4) CO_2 저감계획

• 2000년 판매 가솔린자동차는 1990년에 비해 8.5% 효율향상

• 2010년 승용차 연비 33.5mpg(1995년 대비 22.8% 향상)

2. 소형화물차(트럭, 버스) (GVW≤1.7t) 허용기준

(1) 운전모드: 10 · 15 모드; 단위 g/km

엔진형태		적용년도	CO	HC	NOx	PM
휘발유, LPG		91.11.1	2.7/2.1	0.39/0.25	0.48/0.25	-/-
		2000.10.1②	1.27/0.67	0.17/0.08	0.17/0.08	
휘발유, MT		91.11.1	17/13	2.7/2.1	0.74/0.50	-/-
		98.10.1	6.5	0.25	0.25	
		2002.10.1③	3.3	0.13	0.13	
		2007	4.02	0.05(NMHC)	0.05	
		2009	4.02	0.05	0.05	0.005
경유		93.10.1	2.7/2.1	0.62/0.40	0.84/0.60	0.34/0.20
	EIW〈1.265t	94.4.1	2.7/2.1	0.62/0.40	0.72/0.50	0.45/0.20
	EIW〉1.265t	94.4.1	2.7/2.1	0.62/0.40	0.84/0.60	0.45/0.20
		97.10.1④	2.7/2.10	0.62/0.40	0.55/0.4	0.14/0.08

(1) 운전모드: 계속

엔진형태		적용년도	CO	HC	NOx	PM
경유		2002	0.63	0.12	0.28	0.052
		2005	0.63	0.024 (NMHC)	0.14	0.013
		2009	0.63	0.024	0.08	0.005
도시 차량①		93.12.1	2.7/2.1	0.62/0.40	0.48/0.25	

1) EIW: Equivalent Inertia Weight
2) MT: Mini Truck(배기량<0.66리터; 길이<3300mm, 폭<1400mm)
3) 경유 매연: 1994.4.1 40%, 1997.10.1 25%
4) ① 동경과 오사카지역에 등록된 차량
5) ② 신모델 2000.10.1, 생산차량과 수입 2002.9.1 부터 적용
6) ③ 신모델 2002.10.1, 생산차량과 수입 2003.9.1 부터 적용
7) ④ 신모델 97.10.1, 생산차량 99.7.1, 수입차 2000.4.1 부터 적용
8) 2005년(long term standard)부터 JC08 모드로 시험모드 변경

(2) 운전모드: 11 모드; 단위 g/test

엔진형태	적용년도	CO	HC	NOx	PM
휘발유	91.11.1	130/100	17/13	8.5/6.5	-/-
	98.10.1	85/60	9.5/7.0	6.0/4.4	
	2000.10.1	31.1/19.0	4.42/2.20	2.50/1.40	

3. 소형화물차(트럭,버스) (1.7t〈GVW≤3.5t) 허용기준

• 종전의 1.7t〈GVW≤2.5t) 포함

(1) 운전모드: 10 · 15 모드; 단위 g/km

엔진형태	적용년도	CO	HC	NOx	PM
휘발유,LPG	91.11.1	17/13	2.7/2.1	0.98/0.70	-/-
	98.10.1	8.42/6.50	0.39/0.25	0.48/0.25	
	2001.10.1②	3.36/2.10	0.17/0.08	0.25/0.13	
	2005	2.55	0.05 (NMHC)	0.07	
	2009	2.55	0.05	0.07	0.007
도시 휘발유차①		17/13	2.7/2.1	0.63/0.40	-/-
모든 휘발유차	96.4.1	17/13	2.7/2.1	0.63/0.40	-/-
경유	94.4.1	2.7/2.1	0.62/0.40	1.82/1.30	0.43/0.25
	97.10.1③	2.7/2.1	0.62/0.40	0.98/0.70	0.16/0.09
	2003	0.63	0.12	0.49	0.06
	2005	0.63	0.024 (NMHC)	0.25	0.015
	2009	0.63	0.024	0.15	0.007
도시 경유차량①	93.12.1	2.7/2.1	0.62/0.40	0.98/0.70	0.16/0.09

1) 최대값/평균값:
2) 경유 매연: 1994.4.1 40%, 1997.10.1 25%
3) ① 동경과 오사카지역에 등록된 차량
4) ② 신모델 2001.10.1, 생산차량과 수입 2003.9.1 부터 적용
5) ③ 신모델 97.10.1, 생산차량 99.7.1, 수입차 2000.4.1 부터 적용

(2) 운전모드: 11 모드; 단위 g/test

엔진형태	적용년도	CO	HC	NOx	PM
휘발유	91.11.1	130/100	17/13	8.5/6.5	-/-
	98.10.1	104/76.0	9.50/7.00	6.60/5.00	
	2001.10.1	38.5/24.0	4.42/2.20	2.78/1.60	

4. 중량자동차 허용기준 (GVWR〉2.5톤)

(1) 시험방법: 가솔린 13모드, 디젤 13모드; 단위 g/kWh

차량종류		적용년도	CO	HC	NOx	PM
휘발유, LPG		92.10.1	136/102	7.9/6.2	7.2/5.5	-/-
		98.10.1	68.0/51	2.29/1.8	5.90/4.5	
		2001.10.1②	26.0/16.0	0.99/0.58	2.03/1.40	
		2005	21.3/16.0	0.31/0.23 (NMHC)	0.9/0.7	
		2009	16.0	0.23	0.7	0.01
도시 휘발유 차량①			136/102	7.9/6.2	5.9/4.5	-/-
IDI 경유		94.10.1	9.2/7.4	3.8/2.9	6.8/5.0	0.98/0.70
DI 경유		94.10.1	9.2/7.4	3.8/2.9	7.8/6.0	0.98/0.70
도시차량≤5.0톤		93.12.1			6.8/5.2	
		98			5.8/4.5	
경유차량	2.5t〈GVW≤3.5t	97.10.1③	9.2/7.4	3.8/2.9	5.8/4.5	0.49/0.25
		2003	3.46/2.22	1.47/0.87	4.22/3.38	0.35/0.18
	3.5t〈GVW≤12t	98.10.1④	9.2/7.4	3.8/2.9	5.8/4.5	0.49/0.25
		2003	3.46/2.22	1.47/0.87	4.22/3.38	0.35/0.18
		2005	2.95/2.22	0.23/0.17 (NMHC)	2.7/2.0	0.035/0.027
		2009	2.22	0.17	0.7	0.01
	GVW〉12t	99.110.1⑤	9.2/7.4	3.8/2.9	5.8/4.5	0.49/0.25
		2004	3.46/2.22	1.47/0.87	4.22/3.38	0.35/0.18
		2005	2.95/2.22	0.23/0.17	2.7/2.0	0.035/0.027
		2009	2.22	0.17	0.7	0.01

1) ① 신모델은 95.12.1, 생산차량은 96.11.1, 수입차는 97.4.1 부터 적용

2) ② 신모델 2001.10.1, 생산차량과 수입 2003.9.1 부터 적용

3) ③ 신모델은 97.10.1, 생산차량은 99.7.1, 수입차는 2000.4.1 부터 적용

4) ④ 신모델은 98.10.1, 생산차량은 99.9.1, 수입차는 2000.4.1 부터 적용

5) ⑤ 신모델은 99.10.1, 생산차량은 2000.9.1, 수입차는 2001.4.1 부터 적용

6) 2005년(long term standard)부터 JE05 모드로 시험모드 변경

참고문헌

공통

1. 내연기관, 김희철, 유병철, 문운당, 1970.
2. 최신 내연기관, 이재순, 보성문화사, 1996.
3. 内燃機關, 長尾不二夫, 일본, 1997.
4. 신 자동차용 가솔린엔진, 中島泰夫, 村中重夫, 山海堂, 1994.
5. 자동차용 디젤엔진, 宮下直, 山海堂, 1994.
6. 자동차배출가스종합대책, 환경부, 1995.11.
7. 환경백서, 환경부.
8. Reduced Emissions and Fuel Consumption in Automobile Engines, Fred Schafer and Richard van Basshuysen, Springer-Verlag, 1995.
9. Automobiles and Pollution, Paul Degober, Editions Technip, 1995.
10. Internal Combustion Engine Fundamentals, John B. Heywood, McGraw Hill, 1988.
11. Internal Combustion Engines and Pollution, Edward F. Obert, Intext Educational Publishers, 1968.
12. The Internal Combustion Engine in Theory and Practice, Charles Fayette Taylor, MIT Press, 1966.
13. Internal Combustion Engines, Richard Stone (구자예, 노수영, 배충식, 정경석, 황상순 공역), 1996.
14. Internal Combustion Engines, Richard Stone, Macmillan, 1992.
15. Diesel Engine Reference Book, L C R Lilly, Butterworths, 1984.
16. Thermal Radiation Heat Transfer, Robert Siegel and John R. Howell, Hemisphere Publishing Corporation, 1981.
17. Technical Feasibility of Reducing NOx and particulate Emissions from Heavy-Duty Engines, Acurex Environment Project 8450, 1992.
18. 한국자동차공학회지.
19. 자동차기술, 일본.

20. 자동차연구, JARI 보고서, 일본.
21. Automotive Environment Analyst, FT(영국).
22. Ward's Engine and Vehicle Technology Update, 미국.
23. Automotive Engineering, Journal of SAE.
24. Automotive Engineer, Journal of Imech.
25. Engine and Environment, AVL Proceeding.
26. Motor Trend, 미국.
27. Ward's AutoWorld, 미국.
28. Automotive Industries, 미국.
29. 자동차경제, 기아경제연구소.
30. 첨단환경기술.
31. www.dieselnet.com.

제1장

1. 대기환경론, 태드고디쉬 (한화진 등 역) 2005.
2. 조강래, "자동차 온실가스 및 배출가스 저감기술과제 도출을 위한 기획연구", 무저공해자동차사업단, 2009.
3. 박심수, "자동차 온실가스 저감대책 수립방안 마련을 위한 연구", 환경부, 2009.
4. 조규백 외, "저공해 자동차 중기 보급기준(2011-2015) 마련 조사·연구", 환경부, 2009. 12.

제2장

1. SI엔진의 성능, 배출가스, EGR 효과의 예측을 위한 Cycle Simulation 에 관한 연구, 정용일, 1985.
2. Michael P. Walsh, "Global Trends in Diesel Emissions Control A 1997 Update", SAE970179.
3. Pelham Hawker, et al., "Effect of a Continuously Regenerating Diesel Particulate Filter on Non-Regulated Emissions and Particle Size Distribution", SAE980189.

제3장

1. "전자제어고압연료분사시스템 ECD-U2", 내연기관, Vol 31, No 393, 1992, 일본.

2. 자동차의 NOx 저감대책에 관한 조사연구 보고서, 일본자동차연구소.
3. 디젤엔진에서 NOx 및 Smoke 저감기술개발, 교통안전공해연구소 세미나자료, 1995.
4. 박석일, "TICS 구조 및 작동", 아시아기보,
5. K. Nishizawa, et al., "A new Concept of Diesel Fuel Injection -Timing and Injection Rate Cotrol System", SAE870434.
6. Noboru Uchida, et al., "Combined Effects of EGR and Supercharging on Diesel Combustion and Emissions", SAE930601.
7. Susumu Kohketsu, et al., "EGR Technologies for a Turbocharged and Intercooled Heavy-Duty Diesel Engine", SAE970340.
8. M. Banzhaf and R. Lutz, "Heat Exchanger for Cooled Exhaust Gas Recirculation", SAE971822.
9. Waltner, A. et al., "Die Zukinftstechnologie des Ottomotors: strahlgefuehrte Direkteinspritzung mit Piezo-Injektor", 27. Internationales Wiener Motorensymposium, Fortschrittberichte VDI, Reihe 12, Nr.622. Duesseldrof: VDI Verlag, 2006.
10. www.bmw.com.
11. Richard van Basshuysen, "Gasoline Engine with Direct Injection", 1st edition, Vieweg+Teubner, GWV Fachverlage, Wiesbaden 2009.
12. PMP, "Particle Measurement Program Light-duty Inter-laboratory Correlation Exercise", Final Report, 2007.
13. John E. Dec, "Advanced compression-ignition engines-Understanding the in-cylinder process", Proceedings of the Combustion Institute, 2009.
14. S. Singh et al., "Validation of engine combustion models against detailed in-cylinder optical diagnostics data for a heavy-duty compression-ignition engine", Int. J. Engine Res. 8 (1) (2007) 97-126, 2007.
15. M.P.B. Musculus, "Multiple Simultaneous Optical Diagnostic Imaging of Early-Injection, Low-Temperature Combustion in a Heavy-Duty Diesel Engine", SAE 2006-01-0079.
16. M.P.B. Musculus, et al., "End-of-Injection Over-Mixing and Unburned

Hydrocarbon Emission in Low-Temperature-Combustion Diesel Engines", SAE 2007-01-0907.

제4장

1. Emission Control Technology for Stationary Internal Combustion Engines, MECA, 1995, 10.
2. Clean Air Technology News, MECA, 1997, Summer.
3. Challenges and Research Needs in Automotive Emission Control,
4. Pelham Hawker, et al., "Effect of a Continuously Regenerating Diesel Particulate Filter on Non-Regulated Emissions and Particle Size Distribution", SAE980189.
5. Richard L Bloom, et al., "Fiber Wound Diesel Particulate Filter Durability Experience with Metal Based Additives", SAE970180.
6. "The Impact of Sulfur in Diesel Fuel on Catalyst Emission Control Technology", MECA, 1999.3.
7. "Potential of Exhaust Aftertreatment and Engine Technologies to meet Future Emissions Limits", CONCAWE, 1999.9.
8. U. Meinig, K.-H. Spies, and R. DeBruyne, "Tests on a new diesel particulate system with traps of metal fleece", SAE paper No. 982597, 1998.
9. 박용열외 24명, "금속분말필터를 사용하는 첨가제방식 매연여과장치 시스템 개발", 환경공학 기술개발사업 보고서, 환경부, 2001.
10. Jin-ha Lee, Choong-ll Kwon, Seok-Jea Kim and Gwon-Koo Yeo, "Control of Diesel Catalyzed Particular System Ⅰ(The CPF system Influence Assessment According to a Regeneration Condition)", SAE paper 2005- 01-0661, 2005.
11. T. V. Johnson, "Diesel Emission Control in Review", SAE paper No.2006-01-0030, 2006.
12. 서형만, 한석재, 배기송, 정철화, 김충공, 김원근, "승용디젤 차량의 DPF soot량 검출 최적화에 관한 연구", 2010년 KASE 부문종합 학술대회 논문집 P.67~71, 2010.
13. 허행표, 박성근, 이홍우, 지요한, 윤금중, "유럽시장 대응을 위한 촉매형 매연여과장치 매핑전략", 한국자동차공학회 2007년도 춘계학술대회논문집 pp.189~194, 2007.

14. 황철균, 이상준, 유진환, 박철민, 이정훈, "매연포집필터를 적용한 디젤엔진에서 매연재생전략 도출 및 오일내 연료희석 저감을 위한 엔진제어방식에 대한 연구", 한국자동차공학회 2006년도 추계학술대회논문집 pp.382~389, 2006.
15. 윤병규, 김홍석, 홍순철, 정용일, "플라즈마 버너를 이용한 강제재생방식 DPF 시스템 재생제어에 관한 연구", 2010년 5월 부문종합 학술대회-배기 및 환경부문논문집 p.61~66, 2010.
16. 김홍석, 김진현, 신동길, 조규백, 정용일, 김강출, 이영재, "Peugot 607 경유승용차의 매연여과장치 특성분석", Transactions of KSAE, Vol. 12, No.3, pp.66~74, 2004.
17. Sougato Chatterjee, Ray Conway, Satish Viswanathan, Todd Jacobs, "Diesel Particulate Filter Technology for Low-Temperature and Low NOx/PM Application", 2004 DEER conference material of Johnson Matthey.
18. 현대모비스, "운행경유차 DPF Field Claim 유형분석", 교통환경연구소 워크샵 발표자료, 2007.
19. Ray Conway, "SCRT technology for retrofit of heavy duty diesel appliations", 2005 DEER conference material of Johnson matthey.
20. Stephan Bremm, et al., "Bluetec Emission Control System for the US Tier 2 Bin 5 Legislation", SAE paper 2008-01-1184.
21. Simon godwin, "Bluetec-heading for 50 state diesel", 2006 DEER conference material of DaimlerChrysler.
22. M. Hemingway, "NOx Remediation on Heavy-Duty Diesel Using On-Board Diesel Fuel Reforming", 2006 DEER conference material of Delphi.
23. 조영진, 원준희, 박준영, 강승천, 이동인, "대형디젤엔진의 SCR system 개발", 2008 한국자동차공학회 창립 30주년 기념학술대회 논문집 pp.232~237.
24. Claus Gorsmann, "Simultaneous removal of soot particles and nitrogen oxides from diesel exhaust", Johnson Matthey's presentation material, 2nd International CTI Forum, 2007.
25. Christine Lamert, "Urea SCR and DPF System for a Tier 2 Diesel Light-duty Truck", 2006 DEER conference material of Ford Motor company.
26. EPA, "Certification Procedure for Light-duty and Heavy-Duty Diesel

Vehicles Using Selective Caltalyst Reduction(SCR) Technologies", Draft Guidance Document, Nov. 2006.

제5장

1. Masahiko Hori, "The potential for coexisting global and urban environments from the next the next generation engine", 자동차연구(일본), 제18권, 제5호, 1996.
2. G.K.Fraidl, "Direct Gasoline Injection The best way towards ultra low fuel consumption? Actual trends and future concepts", KSAE Workshop of Engine & Lubricants, July 1997.
3. 이종태, "수소기관의 개발현황 및 특성", 한국자동차공학회지, Vol 18, No2, 1996.
4. 박심수외, "차세대자동차 수소연료를 사용하는 저공해엔진의 개발에 관한 연구", 현대자동차마북리연구소 연구보고서, 1994. 12.
5. "Fuel Cell Concepts and Technology", Automotive Engineering, 2000.3.
6. 김홍석 외, "그린카 4대 강국진입을 위한 기술개발 및 보급전략 마련 연구", 환경부, 2009. 9.
7. 김용래, 조성환 "수퍼클린 승용디젤엔진의 기술개발 동향", Auto Journal 2009. 10, p.16~24.
8. 김광연 "클린 승용디젤 차량의 연비향상 기술동향", Auto Journal 2009.10, p.25~32.
9. 코리아 오토포럼 "2007 자동차환경백서", 2007.
10. 산업자원부, "하이브리드자동차 기술 및 산업현황 분석" 최종보고서, 2007.
11. 현대자동차, "Hybrid R&D story", 2009.
12. 선양국, "하이브리드 자동차용 이차전지기술", Auto Journal 2009.02, p.49~54.
13. 오전근, "하이브리드 전기자동차 전지기술", Auto Journal 2009.02, p.38~43.
14. A&D 컨설턴트, "자동차의 파워혁명, 전기자동차의 모든 것", 2009.
15. Kazunori Handa, Hiroaki Yoshida, "Development of Next-Generation Electric Vehicle I-MiEV", Mitsubishi Motors Technical Review No.19, P. 66~70, 2007.
16. Franz Amaseder and Guenter Krainz, "Liquid Hydrogen Storage Systems Developed and Manufactured for the First Time for Customer Cars", SAE paper No. 2006-01-0432.

17. Berger Edgar et al., "The New BMW 12-cylinder Hydrogen Engine As Clean Efficient And Powerful vehicle Powertrain", FISITA conference, F2006P114, 2006.

제6장

1. Keith Owen, Trevor Coley, Automotive Fuel Handbook, SAE, 1990.
2. Timothy T. Maxwell, Jesse C. Jones, Alternative Fuels, SAE, 1995.
3. "바이오매스 에너지의 개발 및 활용.", 월간 신,재생에너지 기술동향 제7권 제7호.
4. Bruno Hery, "Introduction of clean gasoline in Europe.", ARCO, 1993.
5. Ethanol Performs, National Corn Growers Association, 1993.
6. Gilbert M. Masters, Introduction to Environmental Engineering and Science, Prentice-Hall, 1991.
7. Keith Oqen and Trevor Coley, Automotive Fuels Handbook, SAE, 1990.
8. Toxic Air Pollutants from Mobile Sources, Proceedings of a U.S. EPA/A&WMA International Specialty Conference, Air & Waste Management Association, 1992.
9. M.L. Poulton, "Alternative Fuels for Road Vehicles", Computational Mechanics Publications, 1994.
10. Shuichi Kajitani, "Possibility and Problems of Diesel Engine Operated with DME", 자동차기술 vol.52, No.7, 1998.
11. 한화진, "저공해연료자동차 보급 활성화 방안 연구", 한국환경기술개발원, 1996.
12. 박권하 외, "물혼합연료 및 EGR의 조합에 의한 디젤기관의 질소산화물과 매연미립자 동시저감 기술에 관한 연구", 한국박용기관학회지, 제21권 제4호, 1997.
13. "일미구에 있어서의 연료제조 프로세스의 특징과 금후의 과제", Engine Technology (일본), Vol.2, No1.
14, "자동차용 연료의 변천", 자동차기술 Vol.54, No.1, 2000.
15. 합성연료의 엔진성능에의 영향조사, 토요타자동차, 평성12.3.
16. Tsunehiko Nishina, 자동차용 대체에너지의 도입현황과 금후 전망, 자동차기술 Vol.53, No 5, 1999.
17. 仁科恒彦, 천연가스 등으로부터 합성연료와 엔진기술, 에너지총합공학연구소,

2000.5.30.
18. Kenji Ikushima, Soichi Yamamoto, 천연가스로부터 액체연료화의 기술개발, Engine Technology, Vol.1, No.2, 1999.

제7장

1. "Motor vehicle emission regulation and fuel specification in europe and the nuited states", CONCAWE report no 5/95.
2. "Relationships Between Smoke Measurements and Particulate Measurements", A.C. Alkidas, SAE 840412.
3. "Inspection/Maintenance in the 1990's", Jane Armstrong, SAE870621.
4. "Emissions and Age Distribution of Vehicles in the Colorado I/M Program", Jerry gallagher, SAE910336.
5. 한화진 외, "중장기 자동차용 연료품질기준 설정을 위한 연구", 환경부, 2000.2.
6. 정용일 외, "2000년 이후 중장기 자동차 배출허용기준 설정을 위한 조사연구 사업", 환경부, 2000.3.
7. 정용일 외, "2006년 이후 중장기 자동차 배출허용기준 설정을 위한 조사연구 사업", 한국자동차공업협회, 2002. 4.
8. 한화진 외, "2002년 이후 차기 자동차 연료품질 기준 설정 연구", 대한석유협회, 2002.6.
9. 한화진, 정용일 외, "중장기 대기보전 종합대책 수립연구", 환경부, 2005.12.
10. 이진욱, 정용일 외, "차차기 제작자동차 배출허용기준 설정 및 인증제도 개선방안 연구", 환경부, 2006.12.
11. 박심수, "자동차 온실가스 저감대책 수립방안 마련을 위한 연구", 환경부, 2009.
12. "World-wide Fuel Charter", ACEA.

제8장

1. 이진욱, 정용일 외, "차차기 제작자동차 배출허용기준 설정 및 인증제도 개선방안 연구", 환경부, 2006.12.
2. 추장민 외, "천연가스자동차 보급성과 평가 및 안정적 보급을 위한 합리적 방안 연구", 환경부, 2009.

찾아보기

단위환산표

1. 길이(length)

1 mile = 1.609 km = 5280 ft = 6.336×10^4 in

1 m = 3.281 ft = 39.37 in = 6.214×10^{-4} mile

1 ft = 0.3048 m = 12 in = 1.894×10^{-4} mile

1 in = 2.540×10^{-2} m = 8.333×10^{-2} ft = 1.578×10^{-5} mile

1 yard = 0.9144 m

1 m = 10^2 cm = 10^3 mm = 10^6 μm = 10^9 nm = 10^{10} Å

1 μm = 10^{-4} cm = 10^{-3} mm = 10^3 nm = 10^4 Å

2. 속도(velocity)

1 ft/sec = 0.3048 m/s　1 km/h = 0.62137 mile/h　1 ft/min = 0.048 m/min

3. 면적(area)

1 ft^2 = 0.0929030 m^2　1 in^2 = 6.4516×10^{-4} m^2　1 m^2 = 10.7639 ft^2

4. 중량(mass)

1 lbm = 0.453592 kg　1 kg = 2.20462 lbm　1 ounce(oz) = 28.35 g

1 ton = 1016 kg　1 slug = 32.174 lbm

5. 체적(volume)

1 liter = 0.2642 gal = 0.0353 ft^3 = 61.03 in^3

1 ft^3 = 0.028317 m^3 = 7.4805 gal　1 in^3 = 16.3871 cm^3　1 m^3= 35.315 ft^3

1 gallon = 3.785 L = 231 in^3

(1 gallon = 4.546 l; 유럽단위)

6. 비중(density)

1 lbm/ft^3 = 16.0185 kg/m^3　1 kg/m^3 = 0.062428 lbm/ft^3

7. 압력(pressure)

1 Pa = 1 N/m^2 = 10^{-5}bar,　1 kPa = 0.01 bar,　1 MPa = 10 bar

1 lbf/in^2 (psi) = 6.895 kN/m^2 = 2.036 inHg = 6.8046×10^{-2} atm

= 7.0307×10^{-2} kgf/cm^2

1 inHg = 3.39 kN/m^2 = 33864 dyn/cm^2 = 0.0334 atm = 0.491 lbf/in^2

1 inH_2O = 0.249 kN/m^2

1 atm = 14.696 lbf/in^2 = 760 mmHg = 29.92 inHg = 2116.21 lbf/ft^2

= 1.01325×10^5 N/m^2 = 1.033 kgf/cm^2

1 kgf/cm^2 = 9.80665 x 10^4 N/m^2 = 0.98bar = 735.55 mmHg = 0.9678 atm
= 14.22 psi

1 bar = 10^5 N/m^2 = 0.98692 atm = 100 kPa = 0.1 MPa = 14.51 psi
= 1.0204 kgf/cm^2

8. 에너지(energy, work, heat)

1 kJ = 1 kW·s = 0.94782 Btu = 0.23885 kcal

1 J = 1 N·m = 10^7 erg = 9.478 x 10^{-4} Btu

1 Btu = 1.0551 kJ = 0.25200 kcal = 778.16 ft·lbf

1 kcal = 4.1868 kJ = 3.9683 Btu

1 kW·s = 3.60x10^6 J

1 kW·h = 3413 Btu = 3.6x10^6 J = 859.85 Kcal = 3412.13 Btu

1 erg = 1 dyn·cm　　　1 ft·lbf = 1.3558 J

1 therm(= 10^5 Btu) = 105.5 MJ

9. 동력(power, heat rate)

1 W = 1 J/s = 860.13 cal/h = 3.413 Btu/h = 1.3596x10^{-3} PS = 1.341x10^{-3} hp
= 102.04 kg-m/s = 738.1 ft·lb/s = 0.2389 kcal/s

1 hp = 745.7 W = 550 ft·lbg/s = 2545 Btu/h = 1.0139 PS

1 ps = 0.985 hp = 735.5 W = 75.05 kg-m/s = 542.8 ft·lb/s = 0.1757 kcal/s

1 Btu/h = 0.29307 W = 0.25200 kcal/h

1 kcal/h = 1.1630 W = 3.9683 Btu/h

10. 힘(force)

1 N = 10^5 dyn　　　1 lbf = 4.44822 N

1 kgf = 9.80665 N = 1.0 kilopond　　　1 poundal (pdl) = 1 lb ft/s^2)

11. 열유속(heat rate per unit area, heat flux)

1 W/m^2 = 0.31700 Btu/(h·ft^2) = 0.85985 kcal/(h·m^2)

1 Btu/(h·ft^2) = 3.1546 W/m^2 = 2.7125 kcal/(h·m^2)

1 kcal/(h·m^2) = 1.1630 W/m^2 = 0.36867 Btu/(h·ft^2)

12. 열전달계수(heat transfer coefficient)

1 W/(m^2·K) = 0.17611 Btu/(h·ft^2·°R) = 0.85985 kcal/(h·m^2·K)

1 Btu/(h·ft^2·°R) = 4.8824 kcal/(h·m^2·K) = 5.6783 W/(m^2·K)

1 kcal/(h·m^2·K) = 0.20482 Btu/(h·ft^2·°R) = 1.1630 W/(m^2·K)

13. 열전도율(thermal conductivity)

1 W/(m·K) = 0.57779 Btu/(h·ft·°R) = 0.85985 kcal/(h·m·K)

1 Btu/(h·ft·°R) = 1.4882 kcal/(h·m·K) = 1.7307 W/(m·K)

1 kcal/(h·m·K) = 1.1630 W/(m·K) = 0.67197 Btu/(h·ft·°R)

14. 비열(specific heat)

1 kJ/(kg · K) = 0.23885 Btu/(lb · °R) = 0.23885 kcal/(kg · K)

1 Btu/(lb · °R) = 1 kcal/(kg · K) = 4.1868 kJ/(kg · K)

1 kcal/(kg · K) = 4.1868 kJ/(kg · K) = 1.0 Btu/(lb · °R)

15. 단위질량당 에너지(energy per unit mass)

1 kJ/kg = 0.42992 Btu/lb = 0.23885 kcal/kg

1 Btu/lb = 0.55556 kcal/kg = 2.3260 kJ/kg

1 kcal/kg = 4.1868 kJ/kg = 1.800 Btu/lb

16. 동점성계수(kinematic viscosity)

1 ft^2/s = 0.0929 m^2/s 1 m^2/s = 1 Pa · s/(kg/m^3) = 10^4 cm^2/s

17. 점성계수(viscosity)

1 lbm/ft · s = 1.488 kg/m · s = 0.672 Ns/m^2

1 cp(centipoise) = 0.000672 lbm/ft · s = 2.42 lbm/ft · h

18. 연료소비율(specific fuel consumption)

1 lb/hp · h = 0.608 kg/kW · h = 0.169 kg/MJ

1 g/PS · h = 1.3596 g/kW · h 1 g/bhp · h = 1.341 g/kW · h

19. 토크(torque)

1 ft · lbf = 1.356 N · m

20. 온도(temperature)

K = (5/9) °R = (5/9) · (°F + 459.67) = °C + 273.15

°R = (9/5) K = (9/5) · (°C + 273.15) = °F + 459.67

°F = (9/5) °C + 32 °C = (5/9) · (°F − 32)

21. 농도(concentration)

1% = 10000ppm

정용일
미국 럿거스 뉴져지주립대 공학박사, 내연기관 전공
현재: 한국기계연구원 무·저공해자동차사업단 단장
주요 연구분야: 저공해자동차 기술개발, 자동차환경정책

이진욱
서울대학교 공학박사, 자동차동력계통(피에조시스템) 전공
현재: 숭실대학교 기계공학과 조교수
주요 연구분야: 자동차 환경기술, 신형식 동력시스템

조규백
한국과학기술원 공학박사, 내연기관 전공
현재: 한국기계연구원 그린동력연구실 선임연구원
주요 연구분야: 경유차 후처리기술, 신연소 기술

김홍석
성균관대학교 공학박사, 내연기관 전공
현재: 한국기계연구원 그린동력연구실 선임연구원
주요 연구분야: 내연기관 신연소기술, 배기후처리기술